Wasseraufbereitung –
Grundlagen und Verfahren

Vulkan Verlag

gwf edition

Stefan Panglisch, Rudi Winzenbacher (Hrsg.)

Wasseraufbereitung – Grundlagen und Verfahren

DVGW Lehr- und Handbuch Wasserversorgung

3. Auflage 2025

Vulkan Verlag

Bibliografische Information der Deutschen Nationalbibliothek
Die Deutsche Nationalbibliothek verzeichnet diese Publikation in der Deutschen Nationalbibliografie; detaillierte bibliografische Daten sind im Internet über **www.dnb.de** abrufbar.

Wasseraufbereitung – Grundlagen und Verfahren
DVGW Lehr- und Handbuch Wasserversorgung
Stefan Panglisch, Rudi Winzenbacher (Hrsg.)
3. Auflage 2025

ISBN: 978-3-8356-7487-5 (Print)
ISBN: 978-3-8356-7488-2 (eBook)

Friedrich-Ebert-Straße 55, 45127 Essen, Deutschland
Telefon: +49 201 820 02-0, Internet: www.vulkan-verlag.de
E-Mail: bestellung@vulkan-verlag.de

Projektmanagement: Nico Hülsdau und Annamaria Weinert, M.A., Vulkan-Verlag GmbH, Essen
Lektorat: Annamaria Weinert, M.A., Vulkan-Verlag GmbH, Essen
Herstellung und Umschlaggestaltung: Melanie Zöller, Vulkan-Verlag GmbH, Essen
Titelbild: © Landeswasserversorgung Stuttgart
Satz: Schmidt Media Design, München
Druck: mediaprint solutions GmbH, Paderborn

Vorwort

Die zuverlässige Aufbereitung von unterschiedlichen Rohwässern zu Trinkwasser ist essenzielle Aufgabe für eine sichere und hochwertige Grundversorgung. In einer Zeit, in der wir globalen und lokalen Herausforderungen wie Klimawandel, demografischer Wandel, neue Schadstoffe, Energieeffizienzanforderungen oder digitale Transformation gegenüberstehen, ist es unerlässlich, geeignete Technologien und Verfahren kontinuierlich voranzutreiben. Voraussetzungen dafür sind ein fundiertes Basiswissen sowie Kenntnisse zum Stand der Technik moderner Anlagenkonzepte. Ziel muss es sein, gemeinsam eine langfristig resiliente und nachhaltige Trinkwasserversorgung zu gestalten – das liegt uns am Herzen.

Das Buch „Wasseraufbereitung – Grundlagen und Verfahren" nimmt sich dieser komplexen Thematik an und diskutiert umfassend die aktuellen Anforderungen, Standards und Methoden der Trinkwasseraufbereitung. Es berücksichtigt die Vorgaben der Trinkwasserverordnung vom 20. Juni 2023 und behandelt detailliert sowohl die Grundlagen als auch die praktische Umsetzung der Aufbereitung verschiedener Rohwassertypen – von geschützten Grundwasserreserven über Talsperren- und Seewässer bis hin zu Fließgewässern.

Ein besonderer Fokus liegt auf den Techniken zur Entfernung von Partikeln, Krankheitserregern sowie gelösten anorganischen und organischen Verbindungen wie etwa anthropogenen Spurenstoffen. Das Werk stellt dabei nicht nur etablierte Verfahren vor, sondern präsentiert auch innovative Ansätze, die bereits in der Praxis Anwendung finden. Darüber hinaus werden übergreifende Themen wie Rückstandsmanagement, Anlagenplanung und -konzeption sowie Qualitätssicherung eingehend erörtert.

Die Fortschreibung dieses Buches, das zur Reihe der DVGW-Kursbücher zur Wasserversorgung gehört, war angesichts der dynamischen Entwicklungen im Bereich der Wasseraufbereitungstechnik und der regulatorischen Rahmenbedingungen dringend geboten. Die Autoren, erfahrene Experten aus den DVGW-Gremien zur Regelwerksarbeit, haben all ihre Kenntnisse und praktischen Erfahrungen in dieses Werk einfließen lassen.

Wir danken den Autoren für ihr Engagement und ihre fundierten Beiträge sowie dem Vulkan-Verlag für die professionelle Begleitung bei der Erstellung dieser Neuauflage. Möge dieses Buch dazu beitragen, die Wasseraufbereitung in Deutschland und darüber hinaus auf höchstem Niveau zu halten und weiterzuentwickeln – für eine sichere und qualitativ hochwertige Trinkwasserversorgung, heute und in Zukunft.

Prof. Dr.-Ing. Stefan Panglisch, Duisburg
Dr.-Ing. Rudi Winzenbacher, Langenau

Autorenverzeichnis

Dr. rer. nat. Christoph Czekalla
HAMBURG WASSER
Billhorner Deich 2
20539 Hamburg
Kapitel 6

Dr.-Ing. Eckhard Dammann
HAMBURG WASSER
Billhorner Deich 2
20539 Hamburg
Kapitel 9

Martin Futterlieb, M.Sc.
Universität Duisburg-Essen
Lehrstuhl für Mechanische Verfahrenstechnik und Wassertechnologie
Lotharstraße 1
47057 Duisburg
Kapitel 3

Dr.-Ing. Brigitte Haist-Gulde
TZW: DVGW-Technologiezentrum Wasser
Karlsruher Straße 84
76139 Karlsruhe
Kapitel 4

Dr.-Ing. Sebastian Hesse
TZW: DVGW-Technologiezentrum Wasser
Karlsruher Straße 84
76139 Karlsruhe
Kapitel 8

Prof. Dr.-Ing. Martin Jekel, i.R.
ehemals Technische Universität Berlin
Fachgebiet Wasserreinhaltung am Institut für Technischen Umweltschutz
Straße des 17. Juni 135
10623 Berlin
Kapitel 2.2 und 2.3

Priv.-Doz. Dr.-Ing. habil. Klaus Johannsen
Technische Universität Hamburg
Institut für Wasserressourcen und Wasserversorgung
Am Schwarzenberg-Campus 3 (E)
21073 Hamburg
Kapitel 7

Dr. Arnd Mehling
Harzwasserwerke GmbH
Zur Granetalsperre 8
38685 Langelsheim
Kapitel 5

Dr.-Ing. Andreas Nahrstedt
IWW Analytik und Service GmbH
Moritzstraße 26
45476 Mülheim an der Ruhr
Kapitel 2.1 und 2.2

Prof. Dr.-Ing. Stefan Panglisch
Universität Duisburg-Essen
Lehrstuhl Mechanische Verfahrenstechnik und Wassertechnik
Lotharstraße 1
47057 Duisburg
zudem: DGMT Deutsche Gesellschaft für Membrantechnik e.V., Essen,
und IWW Zentrum Wasser, Mülheim an der Ruhr
Herausgeber und Kapitel 3

Prof. Dr.-Ing. Aki Sebastian Ruhl
Technische Universität Berlin
Fachgebiet Water Treatment, Sekr. KF4
Fasanenstraße 1a
10623 Berlin
zudem: Umweltbundesamt, Fachgebiet Wasseraufbereitung, Berlin
Kapitel 1

Dr.-Ing. Frank Urban
H_2U aqua.plan.Ing-GmbH
Pascalstraße10
47506 Neukirchen-Vluyn
Kapitel 10

Dr.-Ing. Rudi Winzenbacher
Zweckverband Landeswasserversorgung
Betriebs- und Forschungslabor
Am Spitzigen Berg 1
89129 Langenau
Herausgeber und Kapitel 11

Inhaltsverzeichnis

1

1 Anforderungen an Trinkwasser und die Trinkwasseraufbereitung

Prof. Dr.-Ing. Aki Sebastian Ruhl

1.1 Trinkwasserversorgung in Deutschland

Die kontinuierliche Verfügbarkeit von gesundheitlich unbedenklichem Trinkwasser wird in Deutschland größtenteils als selbstverständlich wahrgenommen und ist für einen hohen Lebensstandard unverzichtbar. Die auch im internationalen Vergleich hervorragende Qualität von Trinkwasser wird durch Berichte des Umweltbundesamts [1] und auch durch die Stiftung Warentest [2] bestätigt. Für den Erhalt dieses hohen Standards erfolgen kontinuierlich intensive Aktivitäten bei den Wasserversorgungsunternehmen, den Gesundheitsämtern, den regel- und normensetzenden sowie gesetzgebenden Einrichtungen und unzähligen weiteren Beteiligten. Die Weiterentwicklung wichtiger Anforderungen und deren Einhaltung gehören zum Erfolgsrezept für die Bereitstellung gesundheitlich unbedenklichen Trinkwassers in hoher Qualität und bedarfsdeckender Quantität.

Für die Bereitstellung von Trinkwasser wird in Deutschland insbesondere Grundwasser verwendet (siehe **Bild 1.1**). Durch lange Aufenthaltszeiten im Untergrund mit Einstellungen von Gleichgewichten und biologischen Transformationen und durch die Filtrationswirkung des Bodens weist Grundwasser vielerlei Vorteile auf. Uferfiltration und Grundwasseranreicherung nutzen die natürlichen Reinigungsprozesse im Boden ebenso und können durchaus ein qualitativ gutes Wasser nachliefern. Nichtsdestotrotz wird aufgrund kontinuierlicher Grundwasserentnahmen und verringerter Jahresniederschläge zunehmend von sinkenden Grundwasserständen berichtet.

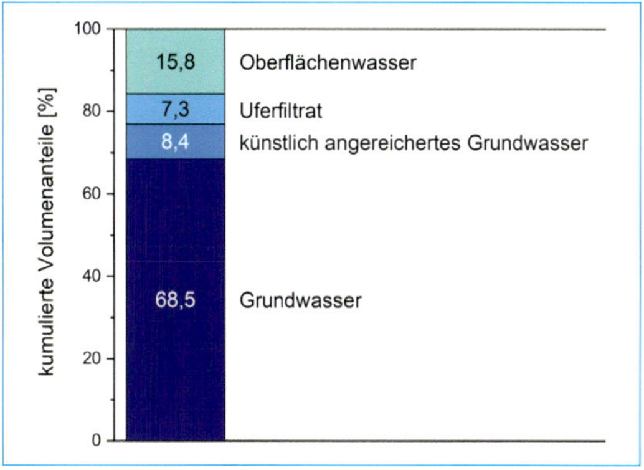

Bild 1.1: Volumenanteile der in Deutschland für Trinkwasserversorgung verwendeten Ressourcen [1]

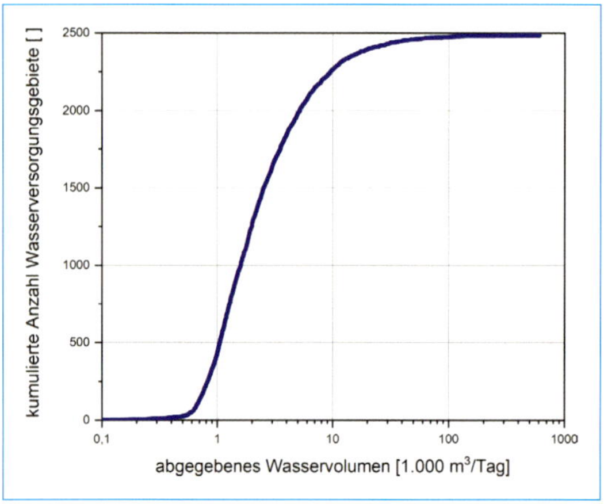

Bild 1.2: Größenverteilung großer Wasserversorgungsgebiete (mindestes 1.000 m^3 pro Tag oder über 5.000 versorgte Personen) in Abhängigkeit der Tagesmenge

Neben einigen sehr großen Fernwasserversorgungen aus Oberflächenwasser erfolgt die Trinkwasserversorgung größtenteils durch lokale Wasserwerke aus Grundwasser. Aufgrund der bereits hohen Qualität des Grundwassers sind oftmals nur wenige Aufbereitungsschritte erforderlich. Bei der Verwendung von Oberflächenwasser werden hingegen oftmals aufwendige Verfahrenskombinationen angewendet, weil Oberflächenwasser nicht so umfassend gegen Beeinträchtigungen geschützt ist und die Rohwasserqualität stärkeren Schwankungen unterliegen kann.

In Deutschland bestehen etwa 2.500 große Wasserversorgungsgebiete mit mindestens 1.000 m^3 pro Tag oder 5.000 versorgten Personen und mehr als 6.500 kleinere Wasserversorgungsgebiete mit mindestens 10 m^3 pro Tag oder 50 versorgten Personen. Die Anzahl noch kleinerer, für die Trinkwasserversorgung eingesetzten Systeme (z. B. Hausbrunnen) ist nicht genau bekannt, aber über 700.000 Menschen werden durch Hausbrunnen versorgt [3].

Die in **Bild 1.2** gezeigte Verteilung der etwa 2.500 großen deutschen Wasserversorgungsgebiete verdeutlicht, dass nur etwa 10 % der Wasserversorgungsgebiete Tagesvolumina von 10.000 m^3 und nur sehr wenige 100.000 m^3 überschreiten. Die Größe eines Wasserversorgungsgebiets bestimmt die Häufigkeit von überwachenden Wasseranalysen.

Von den über 6.500 kleineren Wasserversorgungsgebieten mit Tagesabgabemengen von unter 1.000 m^3 und weniger als 5.000 versorgten Personen liegen etwa 4.000 Wasserversorgungsgebiete bei Trinkwasservolumina von unter 200 m^3 pro Tag (siehe **Bild 1.3**).

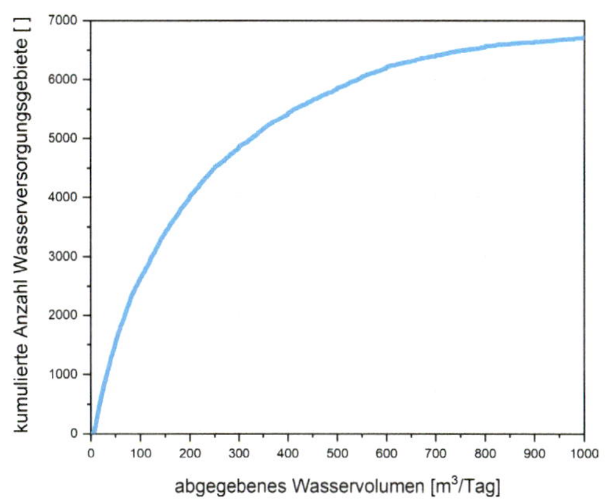

Bild 1.3: Kumulierte Anzahl kleiner Wasserversorgungsgebiete (Tagesabgabemengen unter 1.000 m³ und unter 5.000 versorgte Personen) in Abhängigkeit des täglich bereitgestellten Wasservolumens

1.2 Anforderungen an Trinkwasser

Trinkwasser ist ein natürliches Produkt, das durch Randbedingungen geprägt ist und sich regional in seiner chemischen Beschaffenheit unterscheidet [4].

Ein mehrjähriger Entwicklungs- und Abstimmungsprozess fand seinen erfolgreichen Abschluss mit der Veröffentlichung der neuen europäischen Trinkwasserrichtlinie im Dezember 2020 [5]. Die Anforderungen der Trinkwasserrichtlinie wurden anschließend innerhalb von zwei Jahren in nationale Verordnungen der europäischen Mitgliedsstaaten übertragen. Die neue Verordnung über die Qualität von Wasser für den menschlichen Gebrauch (Trinkwasserverordnung – TrinkwV) [6] definiert wichtige Anforderungen für vielfältige Aspekte der Qualität und Bereitstellung von Trinkwasser in Deutschland.

Allgemein anerkannte Regeln der Technik werden national über Veröffentlichungen des Deutschen Vereins des Gas- und Wasserfaches (DVGW) und durch das Deutsche Institut für Normung (DIN) definiert. Viele Normen sind auch auf europäischer Ebene (DIN EN) und international (DIN EN ISO) anerkannt. Trinkwasser gilt als unbedenklich, wenn die Grenzwerte der TrinkwV unterschritten und die allgemein anerkannten Regeln der Technik in allen Abschnitten der Trinkwasserversorgung (Gewinnung, Aufbereitung, Verteilung) eingehalten werden.

1.2.1 Wasserinhaltsstoffe

Da Wasser für hydrophile Substanzen ein hervorragendes Lösungsmittel darstellt, können sich darin neben partikulären und kolloidalen Stoffen und gelösten Gasen anorganische und organische Ionen und Moleküle in sehr geringen Spuren, aber auch in hohen Konzentrationen (bis einige hundert mg/L) finden. Während viele Wasserinhaltsstoffe (wie beispielsweise Minerale) sogar erwünscht sind, müssen gesundheitlich bedenkliche anthropogene Kontaminanten möglichst aus der Wasserressource (und der Umwelt) ferngehalten oder in der Aufbereitung auf unschädliche Konzentrationsbereiche verringert werden.

Während chemische Wasserinhaltsstoffe gewöhnlich nur chronisch durch kontinuierlichen Konsum über lange Zeiträume (oder akut durch extrem hohe Dosen) negative gesundheitliche Auswirkungen verursachen, können bereits wenige krankheitserregende Mikroorganismen schwere und im schlimmsten Fall sogar tödliche Krankheitsverläufe auslösen. Im Gegensatz zu chemischen Substanzen können sich bestimmte Mikroorganismen, die einen Transport mit dem Trinkwasser überstehen, im menschlichen Körper vermehren. Historische Beispiele für Epidemien (beispielsweise Cholera) bestehen auch für mehrere deutsche Ballungsgebiete.

1.2.2 Gesetzliche Vorgaben

Zentraler Rechtstext, der die Qualität von Trinkwasser regelt, ist die vom Bundesministerium für Gesundheit erlassene TrinkwV. Ermächtigungsgrundlagen für diese Verordnung sind das Infektionsschutzgesetz und die europäische Trinkwasserrichtlinie. Der elementare Grundsatz des vorsorgenden Gesundheitsschutzes (Vorsorgeprinzip) ist, dass Trinkwasser so beschaffen sein muss, dass keine Schädigung der menschlichen Gesundheit durch dessen Gebrauch oder Genuss verursacht wird („zu besorgen ist“, Besorgnisgrundsatz). Als grundlegende Vorgabe muss Trinkwasser „rein und genusstauglich“ [6] sein. Ein lebenslanger Konsum von Trinkwasser darf zu keinen negativen gesundheitlichen Auswirkungen führen. Spezifischere Eigenschaften und maximale Konzentrationen von Inhaltsstoffen in Trinkwasser werden in der TrinkwV vorgegeben.

Gegenüber der letzten TrinkwV von 2001 [7] wurden in der neuen TrinkwV Grenzwerte für perfluorierte Alkylsubstanzen (PFAS), das biogene Cyanotoxin Microcystin-LR und Bisphenol A eingeführt. Für einige bestehende Parameter, wie beispielsweise Blei und Chrom, wurden zukünftig verschärfte Grenzwerte übernommen. Für Trinkwasser aus Oberflächenwasser wurden somatische Coliphagen als Indikatorparameter aufgenommen.

Grenzwerte sind die strengsten Höchstwerte, die auf Basis toxikologischer Bewertungen abgeleitet werden. Bei Überschreitungen von Grenzwerten kann das zuständige Gesundheitsamt übergangsweise einen Höchstwert festlegen.

1.2.3 Summenparameter

Unter den allgemeinen Indikatorparametern sind elektrische Leitfähigkeit, Calcitlösekapazität, Färbung, Geruch, Geschmack, organisch gebundener Kohlenstoff („total organic carbon" (TOC)) und Trübung berücksichtigt.

Die elektrische Leitfähigkeit gibt Auskunft über den Salzgehalt und ist auf einen Wert von 2,79 mS/cm begrenzt. Die Calcitlösekapazität von maximal 5 mg/L gilt für pH-Werte unterhalb von 7,7 und dient dem Schutz von Werkstoffen.

1.2.4 Mikrobiologische Parameter

Die Wasserqualität negativ beeinträchtigende Mikroorganismen müssen auf Konzentrationen begrenzt werden, die technisch erreichbar sind. Eine Fokussierung mikrobiologischer Parameter auf wenige Grenzwerte hat sich über viele Jahre hervorragend bewährt. In Probenvolumina von 100 mL dürfen weder *Escherichia coli*, intestinale Enterokokken noch coliforme Bakterien gefunden werden. Dabei wird davon ausgegangen, dass humanpathogene Mikroorganismen nur dann auftreten können, wenn auch die größtenteils unschädlichen Mikroorganismen *E. coli* und intestinale Enterokokken, die ebenso wie Pathogene aber in viel höheren Konzentrationen von Wirtsorganismen (z. B. Menschen) ausgeschieden werden, vorliegen. Wenn die Barrieren der Trinkwasserversorgung diese Indikatororganismen vollständig eliminieren, kann das Auftreten von krankheitserregenden Bakterien ausgeschlossen werden. Bei Trinkwasserversorgungen aus Oberflächenwasser muss zusätzlich das Auftreten von *Clostridium perfringens* ausgeschlossen werden. Für eine Risikobewertung müssen auch somatische Coliphagen als Virenindikator quantifiziert werden. Bei Überschreitungen von 50 Plaque bildenden Einheiten sind Maßnahmen zu ergreifen.

Nach dem technischen Regelwerk muss Trinkwasser nicht steril, aber keimarm sein [4]. Nach der TrinkwV müssen Koloniezahlen für zwei unterschiedliche Inkubationstemperaturen (22 und 36 °C) regelmäßig erfasst werden. Bei 22 °C dürfen aus 1 mL nach der Trinkwasseraufbereitung maximal 20 Kolonien und am Wasserhahn maximal 100 Kolonien entstehen.

Legionellen können sich in Gebäuden im Warmwasser insbesondere im Temperaturbereich zwischen 22 und 55 °C) vermehren. Da Legionellen gravierende

Krankheitsverläufe bis hin zur Todesfolge verursachen können, sind diese in Trinkwasserinstallationen in Gebäuden zu überwachen.

Die anzuwendenden Untersuchungsverfahren sind in der TrinkwV vorgegeben. So werden in der TrinkwV zahlreiche Normen (DIN, DIN EN, ISO) namentlich genannt. Neue mikrobiologische Methoden können (nach umfassender Überprüfung durch das Umweltbundesamt) zugelassen werden.

1.2.5 Anorganische Parameter

Prinzipiell erfordert das Minimierungsgebot, dass Inhaltsstoffe mit unerwünschten Eigenschaften auf möglichst geringe Konzentrationen begrenzt werden. Neben Wasserinhaltsstoffen, die aufgrund toxikologischer Bewertungen Grenzwerte erhalten haben, müssen Grenzwerte von Indikatorparametern eingehalten werden.

Zu den toxikologisch bedenklichen anorganischen Inhaltsstoffen zählen in alphabetischer Reihenfolge Antimon, Arsen, Blei, Bor, Bromat, Cadmium, Chlorat, Chlorit, Chrom, Fluorid, Kupfer, Nickel, Nitrat, Nitrit, Quecksilber, Selen und Uran

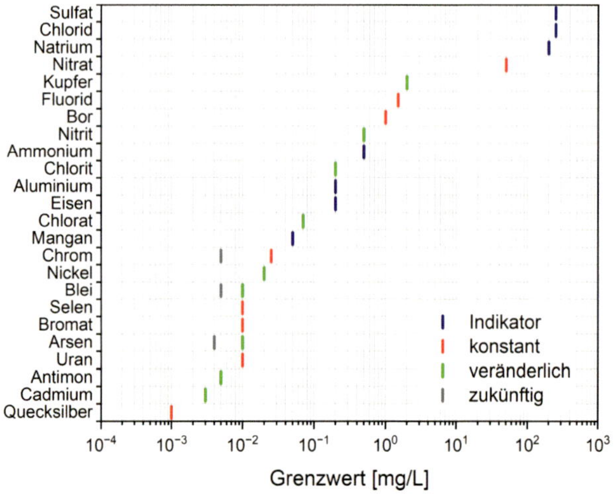

Bild 1.4: Grenzwerte für einzelne anorganische Wasserinhaltsstoffe mit Indikatorfunktion und mit toxikologisch begründeten Parametern, die im Verteilungsnetz konstant bleiben oder sich erhöhen können (mit Angabe zukünftiger Grenzwerte)

mit Grenzwerten zwischen 1 µg/L und 50 mg/L. Die in **Bild 1.4** vergleichend dargestellten Grenzwerte zeigen insbesondere für Schwermetalle Werte im Bereich weniger µg/L und für Arsen, Blei und Chrom zukünftig strengere Grenzwerte, die in 2028 (Arsen und Blei) und 2030 (Chrom) Gültigkeit erlangen. Es wird zwischen konstanten Parametern, die nach der Wasseraufbereitung unverändert bleiben, und veränderlichen Parametern, deren Konzentrationen sich durch Wechselwirkungen mit Leitungsmaterialien erhöhen können, unterschieden.

Die anorganischen Indikatorparameter umfassen Aluminium, Ammonium, Chlorid, Eisen, Mangan, Natrium, Sulfat und Wasserstoffionen. Wasserstoffionenkonzentrationen werden wie üblich als logarithmische pH-Werte angegeben und müssen im Bereich zwischen 6,5 und 9,5 liegen.

1.2.6 Organische Spurenstoffe

Die maximal zulässigen Konzentrationen organischer Wasserinhaltsstoffe gehen in einen Bereich deutlich geringerer Konzentrationen bis hinunter zu 10 ng/L für Benzo(a)pyren als niedrigsten Grenzwert (siehe **Bild 1.5**). Für PFAS wurden zwei Grenzwerte für die Konzentrationssummen von vier PFAS und von 20 PFAS

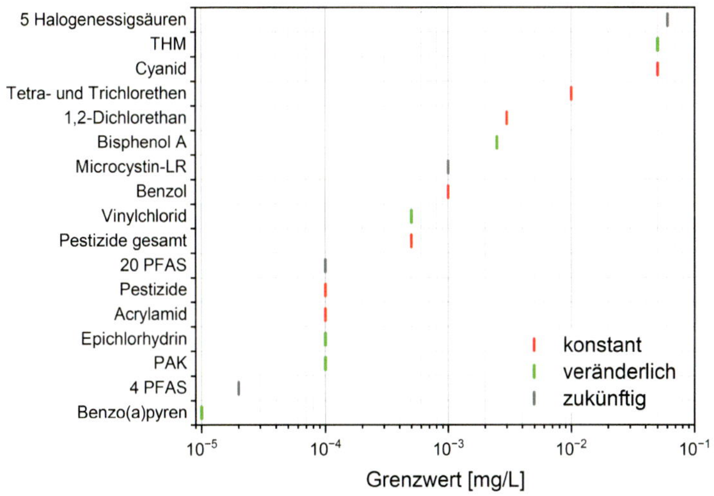

Bild 1.5: Toxikologisch begründete Einzel- und Summengrenzwerte für organische Wasserinhaltsstoffe

festgelegt. Die Summe von vier PFAS geht über die Anforderungen der europäischen Trinkwasserrichtlinie hinaus. Auch für halogenierte Essigsäuren gilt der Grenzwert für die Summe aus fünf Einzelsubstanzen unterschiedlich chlorierter und bromierter Essigsäuren. Für einzelne Pestizide gilt ein Grenzwert von 100 ng/L, und die Summe der einzelnen Pestizide darf den Summengrenzwert (alle Pestizide) von 500 ng/L nicht überschreiten.

Daneben bestehen weitere Grenzwerte für die Aktivität von Radionukliden, die in Deutschland allerdings eine untergeordnete Rolle spielen.

Für alle Parameter, die in der TrinkwV genannt sind, müssen analytische Verfahren in Form technischer Normen veröffentlicht worden sein, da ansonsten keine zuverlässige Grenzwerteinhaltung nachgewiesen werden könnte. Für chemische Parameter sind maximal erlaubte Messunsicherheiten vorgegeben.

1.2.7 Untersuchungsfrequenz

Der zeitliche Abstand zwischen mikrobiologischen und chemischen Analysen ergibt sich aus der Eingruppierung eines Parameters und der Größe der Wasserversorgung (siehe **Bild 1.6**). Zur Gruppe A der TrinkwV gehören die mikrobiolo-

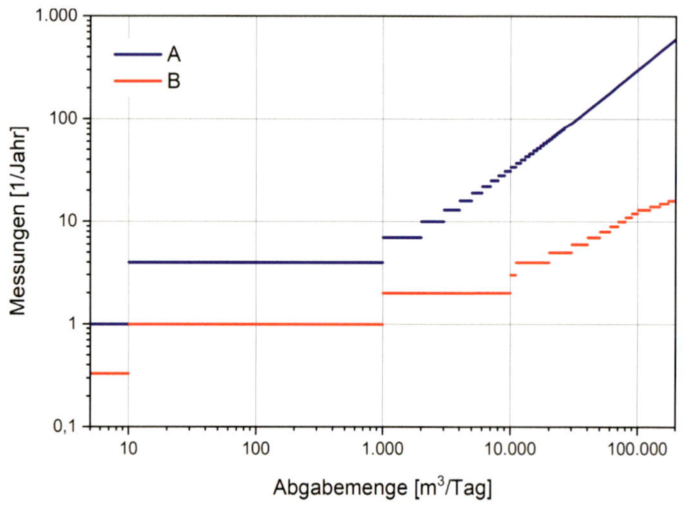

Bild 1.6: Häufigkeiten der Untersuchungen von Parametern der Gruppen A und B in Abhängigkeit von der Abgabemenge im Wasserversorgungsgebiet

gischen Parameter coliforme Bakterien, *Escherichia coli*, intestinale Enterokokken und Koloniezahlen bei 22 und 36 °C, die Summenparameter elektrische Leitfähigkeit, Färbung, Geruch, Geschmack, Trübung und pH-Wert (Wasserstoffionenkonzentrationen) und unter bestimmten Voraussetzungen weitere Parameter.

Die anderen zuvor thematisierten Parameter gehören zur Gruppe B, die wesentlich weniger häufig gemessen werden müssen, wie Bild 1.6 zu entnehmen ist. Die Häufigkeit reicht von einer Messung in drei Jahren bei Wasserversorgungsgebieten mit einer täglichen Trinkwasserabgabemenge unter 10 m^3 bis über monatliche Messungen bei 100.000 m^3 Tagesabgabe und darüber.

1.2.8 Leitwerte und gesundheitliche Orientierungswerte

Trinkwasser darf keine chemischen Verunreinigungen enthalten, die eine gesundheitliche Beeinträchtigung verursachen können. Trinkwasser kann organische oder anorganische Wasserinhaltsstoffe enthalten, die nicht durch Grenzwerte der TrinkwV geregelt sind. Für zahlreiche ungeregelte Substanzen, die in Trinkwässern in Konzentrationen über 0,1 µg/L nachgewiesen wurden, bestehen Trinkwasserleitwerte (LW_{TW}) oder gesundheitliche Orientierungswerte (GOW), die in regelmäßigen Abständen in Listenform durch das Umweltbundesamt veröffentlicht werden. Für Substanzen, für die umfangreiche toxikologische Daten aus chronischen Studien oder epidemiologische Daten vorliegen, können Trinkwasserleitwerte berechnet werden. Fehlen toxikologische Daten, so findet das GOW-Konzept [8] Anwendung. Sowohl Leitwerte als auch gesundheitliche Orientierungswerte helfen den Wasserversorgungsunternehmen und den Gesundheitsämtern, die gesundheitliche Relevanz einzuschätzen und gegebenenfalls geeignete Maßnahmen zu ergreifen.

1.2.9 Datenverfügbarkeit

Wasserversorgungsunternehmen sind verpflichtet, die versorgte Bevölkerung über die Qualität des lokalen Trinkwassers zu informieren. Diese Information erfolgt größtenteils durch Internetseiten. Eine Weitergabe der sehr umfangreichen Konzentrationsdaten an die zuständige nationale Behörde erfolgt nur, wenn es zu Grenzwertüberschreitungen kommt. Somit besteht keine nationale Übersicht über Inhaltsstoffe in Trinkwasser. Um einen Überblick zu gewinnen, sind Sammlungen der von Wasserversorgungsunternehmen bereitgestellten Daten erforderlich. Die automatisierte Datensammlung im Internet („web scraping") kann als hilfreicher Ansatz zur Datensammlung betrachtet werden, um grobe Einordnungen einzelner Parameter zu gewinnen [9].

1.3 Anforderungen an die Trinkwasseraufbereitung

Bei Verwendung von Grundwasserressourcen genügt im günstigsten Fall die filtrierende Untergrundpassage für eine hervorragende Wasserqualität, sodass keine weiteren qualitätsverbessernden Maßnahmen erforderlich sind. Wenn im Einzugsgebiet jedoch anthropogene oder (in Deutschland seltener) geogene Belastungen bestehen, kann auch bei Grundwasser eine Aufbereitung erforderlich sein. Im Fall anoxischer Grundwasserleiter werden an vielen Wasserwerksstandorten Eisen und Mangan rückoxidiert und dadurch entfernbar gemacht.

Besonderer Aufwand muss für eine Trinkwassergewinnung aus Oberflächenwasser betrieben werden, weil in Oberflächenwasser mit höheren Belastungen und stärkeren zeitlichen Schwankungen zu rechnen ist. Die damit verbundenen Herausforderungen spiegeln sich in den oben genannten zusätzlichen Grenzwerten für *Clostridium perfringens* und somatische Coliphagen wider. Die Aufbereitung von Oberflächenwasser muss eine Desinfektion beinhalten.

Aufbereitungsverfahren dürfen nur den in der neuen TrinkwV eingeführten Aufbereitungszwecken dienen. Zu diesen Zwecken gehören Entfernungen von Stoffen, Partikeln und Mikroorganismen in zentralen Aufbereitungsanlagen. Die physikochemische Zusammensetzung des Trinkwassers kann während der Aufbereitung und Verteilung verändert werden, um Grenzwerte an der Entnahmestelle der Verbraucher:innen einzuhalten, korrosionschemische Eigenschaften einzustellen, Leckagen zu suchen und die Wasserhärte einzustellen. Zudem dürfen mit Hauseingangsfiltern in Trinkwasserinstallation Feststoffpartikel (Durchmesser größer 80 µm) entfernt werden. Desinfektion darf anlassbezogen bei der zentralen Aufbereitung, der Verteilung (inklusive Hausinstallation) oder der Speicherung eingesetzt werden. Wenn nicht ausgeschlossen werden kann, dass von Trinkwasser eine gesundheitliche Besorgnis aufgrund mikrobieller Belastungen ausgeht, muss die Aufbereitung eine Desinfektion enthalten. Generell muss Trinkwasser bereits vor der Desinfektion die Anforderungen der TrinkwV erfüllen. Die Desinfektion ist somit keine Option, eine unzureichende Wasserqualität zu verbessern, sondern eine technische Möglichkeit, im Sinne des Multi-Barrieren-Konzepts die Trinkwasserqualität aufrechtzuerhalten und zu garantieren.

Wasserwerke können regelmäßig von den lokalen Gesundheitsämtern unangemeldet besucht werden.

1.3.1 Risikoabschätzung und Risikomanagement

Der risikobasierte Ansatz und das dahinterstehende Konzept „Water Safety Plan" (WSP) [10] sehen vor, alle Bestandteile des Wasserversorgungssystems (Wassereinzugsgebiet, Aufbereitung und Verteilung) systematisch auf mögliche Risiken zu untersuchen und diese zu bewerten. Ein großer Mehrwert dieses Ansatzes besteht darin, dass die Beteiligten motiviert werden, die gesamte Versorgungskette systematisch zu hinterfragen und somit ein noch detaillierteres Verständnis möglicher Schwachstellen zu fördern. Der Fokus wird dabei von der reinen Kontrolle des Trinkwassers zu einer stärkeren Beherrschung der Prozesse gelenkt. Auch ein besseres Kennenlernen des technischen Regelwerkes wird mit dem WSP-Konzept angestrebt. Da für die Erstellung einer Risikoabschätzung unterschiedliche Interessensgruppen kooperieren müssen, ergibt sich ein intensivierter Austausch bis hin zu internationalen Kooperationen.

Die Weltgesundheitsorganisation (WHO) und das Umweltbundesamt empfehlen seit vielen Jahren das WSP-Konzept, welches nun auch in der TrinkwV verankert ist. Für die Bewertung und Beherrschung von Risiken im Einzugsgebiet wurde die TrinkwV durch die Trinkwassereinzugsgebieteverordnung [11] ergänzt. Genaue Vorgaben zur Ausgestaltung der Umsetzung der neuen Anforderungen befinden sich in intensiver Abstimmung. Zur Unterstützung der Umsetzung stellt das Umweltbundesamt unter anderem Schulungsmaterialien [12] und ein Handbuch für kleine Wasserversorgungssysteme [10] zur Verfügung.

1.3.2 Technische Regeln

Da die TrinkwV nur generelle Anforderungen für Trinkwasser und Trinkwasseraufbereitung und andere Bereiche regulieren kann, sind für unzählige Aspekte weitere Vorgaben erforderlich. Bei der Gewinnung, Aufbereitung, Verteilung und Speicherung von Trinkwasser sind mindestens die allgemein anerkannten Regeln der Technik (a. a. R. d. T.) einzuhalten. Hinter dieser Generalklausel der TrinkwV verbirgt sich das technische Regelwerk des DIN-DVGW-Gemeinschaftsfachbereichs Trinkwasser. Es ergänzt die TrinkwV mit in der Praxis bewährten Festlegungen zur Erreichung der gesetzlichen Ziele. Das DIN organisiert die Erstellung von Produkt- und Prüfnormen, während über den DVGW Funktionalnormen und insbesondere Verfahrensnormen erstellt werden. Aufgrund der Formulierung, dass mindestens die a. a. R. d. T. einzuhalten sind, ist prinzipiell eine Abweichung vom Regelwerk möglich, wenn die gesetzlichen Ziele anders eingehalten werden.

Das technische Regelwerk wird in ehrenamtlicher Tätigkeit mit Unterstützung durch hauptamtliche Mitarbeitende des DIN und des DVGW entwickelt. Das Regelwerk besteht aus Normen und Arbeits- und Merkblättern und berücksichtigt wichtige Aspekte von Planung, Bau, Einrichtung, Prüfung, Betrieb und Instandhaltung von Anlagen, Installationen und Produkten der Wasserversorgung [13]. Dem Verantwortungsbereich des Arbeitsausschusses Wasseraufbereitungsverfahren, der auch die Verfassenden dieses Fachbuchs stellt, unterliegen zahlreiche Arbeitsblätter speziell zu dieser Thematik.

1.3.3 Aufbereitungsstoffe und Desinfektionsverfahren

Bei der Trinkwasseraufbereitung dürfen nur Aufbereitungsstoffe eingesetzt werden, die eine umfassende Überprüfung erfolgreich durchlaufen haben und als Ergebnis als zugelassene Stoffe gelistet sind. Die Liste zulässiger Aufbereitungsstoffe und Desinfektionsverfahren (auch kurz §-20-Liste genannt) [14] wird durch eine eigene Geschäftsstelle am Umweltbundesamt geführt. Die Aufbereitung umfasst hierbei den gesamten Pfad von der Gewinnung, über die Aufbereitung, Verteilung bis zur Speicherung von Trinkwasser. Die Liste unterteilt die Aufbereitungsstoffe in solche, die als Lösungen und Gase (Teil 1a), als Feststoff (Teil 1b) und zur Desinfektion (Teil 1c) eingesetzt werden. Anschließend werden Desinfektionsverfahren (Teil 2) geregelt. Aufbereitungsstoffe, die lediglich im Verteidigungsfall, bei Katastrophen oder Großschadensereignissen zum Einsatz kommen dürfen, werden in einem weiteren Abschnitt der Liste (Teil 3) aufgeführt. Eine Zuwiderhandlung (z. B. Verwendung nicht zugelassener Aufbereitungsstoffe oder Desinfektionsverfahren) kann nach TrinkwV eine Straftat darstellen.

Die §-20-Liste enthält die zugelassenen Aufbereitungsstoffe mit zugehörigen Identifizierungsnummern (CAS („chemical abstracts service“) und EINECS („European inventory of existing commercial chemical substances“)). Weiterhin unterscheidet die Liste zwischen 29 verschiedenen Verwendungszwecken, für die Aufbereitungsstoffe ausschließlich eingesetzt werden dürfen. Die Liste legt Reinheitsanforderungen für Aufbereitungsstoffe durch Verweise auf die jeweils gültigen Produktnormen (größtenteils DIN EN) fest. Damit ein Aufbereitungsstoff eingesetzt werden darf, ist eine Produktnorm zwar notwendig, aber nur die Kombination mit einem Eintrag in der §-20-Liste ist hinreichend. Weiterhin definiert die Liste je nach Anwendbarkeit maximal zulässige Zugabemengen und maximal zulässige Restkonzentrationen, relevante Reaktionsprodukte und sonstige Bemerkungen.

Beispielsweise beginnt der Listenteil zu Aufbereitungsstoffen, die als Lösungen oder Gase eingesetzt werden, alphabetisch mit Aluminiumchlorid (wasserfrei), das mit der CAS-Nummer 7446-70-0 und der EINECS-Nummer 231-208-1 registriert ist, dessen Verwendung für Flockung und Fällung zugelassen ist und dessen Reinheitsanforderungen durch DIN EN 17034 genormt sind. Die maximal zulässige Dosis beträgt 9 mg/L Aluminium, und nach Abschluss der Aufbereitung dürfen nur technisch unvermeidbare und technologisch unwirksame Konzentrationen im Wasser verbleiben. Zu beachtende Reaktionsprodukte und weitere Bemerkungen sind für diesen Aufbereitungsstoff nicht definiert.

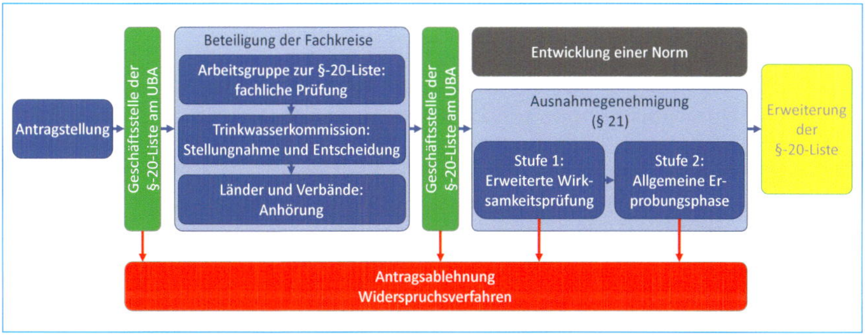

Bild 1.7: Ablaufschema des Zulassungsverfahrens für Aufbereitungsstoffe oder Desinfektionsverfahren

Neue Aufbereitungsstoffe oder Desinfektionsverfahren werden auf Antrag in einem geregelten Zulassungsverfahren durch die Geschäftsstelle am Umweltbundesamt bewertet. In dem Zulassungsverfahren wird geprüft, ob der Stoff oder das Verfahren über eine hinreichende Wirksamkeit für den angestrebten Verwendungszweck verfügt und ob durch den Einsatz keine vermeidbaren und unvertretbaren negativen Auswirkungen auf die menschliche Gesundheit und die Umwelt resultieren. Das zweistufige Zulassungsverfahren sieht eine breite Beteiligung von Fachkreisen (Arbeitsgruppe zur §-20-Liste, Trinkwasserkommission, Länder, Behörden und Verbände) vor (siehe **Bild 1.7**). In der ersten Stufe, der sogenannten erweiterten Wirksamkeitsprüfung (EWP), wird der Stoff oder das Verfahren unter Berücksichtigung der Prüfpunkte (Wirksamkeit, Gesundheit, Umwelt) an einem exemplarischen Standort (meist ein Wasserwerk) für ein Jahr versorgungswirksam eingesetzt. In der zweiten Stufe, der sogenannten allgemeinen Erprobungsphase, ist der Stoff oder das Verfahren bereits in ganz Deutschland einsetzbar und die Geschäftsstelle erhält von allen Anwender:innen Rückmeldung, ob sich der Einsatz in der Praxis bewährt. Spätestens in dieser Stufe muss die notwendige Produktnorm (für einen Aufbereitungsstoff) oder Funktionalnorm (für ein Desinfektionsverfahren) erstellt werden. Nach erfolgreichem Abschluss beider Stufen wird der Stoff oder das Verfahren in die §-20-Liste übernommen.

1.3.4 Herausforderungen der Trinkwasseraufbereitung

Durch menschliche Aktivitäten sind unzählige chemische Substanzen im Einsatz, sodass es nicht verwundert, dass sich viele Stoffe in der Umwelt, in Trinkwasserressourcen und schließlich im Trinkwasser wiederfinden. Insbesondere organische Spurenstoffe können aufgrund intrinsischer Stoffeigenschaften nicht immer vollständig entfernt werden.

1.3.5 Umweltauswirkungen

Auch wenn Trinkwasser gegenüber Flaschenwasser extrem deutlich geringere sekundäre Umweltwirkungen (und Kosten) aufweist [15, 16], entstehen durch Transport (Pumpen) und Aufbereitung von Trinkwasser relevante Umweltwirkungen wie etwa CO_2-Emissionen. Beispielsweise werden für die Entfernung von organischen Spurenstoffen durch Ozonung oder Adsorption an Aktivkohle durchaus relevante Energiemengen, Ressourceneinsätze und damit verbundene Treibhausgasemissionen verursacht [17].

1.3.6 Private Nachbehandlung von Trinkwasser

Auf dem Markt werden zahlreiche kommerzielle Geräte zur Nachbehandlung von Trinkwasser angepriesen, um die chemische Zusammensetzung des Wassers durch unterschiedliche Verfahren zu verändern. Bei einer Trinkwasseraufbereitung nach den allgemein anerkannten Regeln der Technik mit Überwachung durch das Gesundheitsamt erscheint eine nachträgliche Behandlung in der Hausinstallationen nur in sehr wenigen Ausnahmefällen gerechtfertigt [18]. Von einer weiteren Nachbehandlung von einwandfreiem Trinkwasser in Haushalten wird abgeraten [19], da das Risiko einer Qualitätsverschlechterung durch nicht fachgerechten Betrieb nicht vernachlässigbar ist.

Literatur

[1] Umweltbundesamt: Bericht des Bundesministeriums für Gesundheit und des Umweltbundesamtes an die Verbraucherinnen und Verbraucher über die Qualität von Wasser für den menschlichen Gebrauch (Trinkwasser) in Deutschland (2017-2019), 2021

[2] Stiftung Warentest: Gutes aus dem Hahn. test 7 (2019): S. 21-25

[3] Umweltbundesamt: Gesundes Trinkwasser aus eigenen Brunnen und Quellen, Empfehlungen für Betrieb und Nutzung, 2013

[4] Deutsches Institut für Normung: Zentrale Trinkwasserversorgung – Leitsätze für Anforderungen an Trinkwasser, Planung, Bau, Betrieb und Instandhaltung der Versorgungsanlagen. Berlin, 2017

[5] Directive (EU) 2020/2184 of the European Parliament and of the Council of 16 December 2020 on the quality of water intended for human consumption (recast). In: EU, editor. Official Journal of the European Union, 2020

[6] Bundesministerium für Gesundheit: Verordnung über die Qualität von Wasser für den menschlichen Gebrauch (Trinkwasserverordnung – TrinkwV). In: B. f. Gesundheit, editor. Bundesgesetzblatt, 2023

[7] Bundesministerium für Gesundheit: Verordnung über die Qualität von Wasser für den menschlichen Gebrauch (Trinkwasserverordnung – TrinkwV 2001). In: B. f. Gesundheit, editor. Teil I Nr. 12. Bundesgesetzblatt, 2016

[8] Dieter, H. H.: Health related guide values for drinking-water since 1993 as guidance to assess presence of new analytes in drinking-water. Int J Hyg Environ Health 217 (2014): S. 117-132

[9] Saal, L.; Ruhl, A. S.: Automated scraping and analyses of drinking water quality data. International Journal of Hygiene and Environmental Health 255 (2024):114295

[10] Umweltbundesamt: Das Water-Safety-Plan-Konzept: Ein Handbuch für kleine Wasserversorgungen, 2014

[11] Bundesministerium für Umwelt, nukleare Sicherheit und Verbraucherschutz: Verordnung über Einzugsgebiete von Entnahmestellen für die Trinkwassergewinnung (Trinkwassereinzugsgebieteverordnung, TrinkwEGV). In: Bundesministerium für Umwelt, nukleare Sicherheit und Verbraucherschutz, editor. Bundesgesetzblatt, 2023

[12] Umweltbundesamt: Schulung zum Risikomanagement in der Trinkwasserhygiene, 2024

[13] DVGW: Geschäftsordnung. Tätigkeit der DVGW-Fachgremien und Ausarbeitung des DVGW-Regelwerkes. DVGW-Regelwerk, 2021

[14] Umweltbundesamt: Bekanntmachung der Liste zulässiger Aufbereitungsstoffe und Desinfektionsverfahren gemäß § 20 der Trinkwasserverordnung. In: Umweltbundesamt, editor. Bundesanzeiger, 2023

[15] Fantin, V.; Scalbi, S.; Ottaviano, G.; Masoni, P.: A method for improving reliability and relevance of LCA reviews: The case of life-cycle greenhouse gas emissions of tap and bottled water. Science of The Total Environment 476-477 (2014): S. 228-241

[16] Garfí, M.; Cadena, E.; Sanchez-Ramos, D.; Ferrer, I.: Life cycle assessment of drinking water: Comparing conventional water treatment, reverse osmosis and mineral water in glass and plastic bottles. Journal of Cleaner Production 137 (2016): S. 997-1.003

[17] Jekel, M.; Ruhl, A. S.: Anthropogene Spurenstoffe und Krankheitserreger im urbanen Wasserkreislauf – Bewertung, Barrieren und Risikokommunikation (ASKURIS). Universitätsverlag der Technischen Universität Berlin, Berlin, 2016

[18] Umweltbundesamt: Risiken durch die Nachbehandlung von Trinkwasser in der Trinkwasser-Installation. In I. 3.1, editor, 2021

[19] Umweltbundesamt: Trinkwasser aus dem Hahn. Dessau-Roßlau, 2020

2 Flockung, Sedimentation und Tiefenfiltration

2.1 Grundlagen und Verfahrenstechnik

Dr.-Ing. Andreas Nahrstedt

2.1.1 Partikel und Kolloide als Wasserinhaltsstoffe

Wasser ist ein disperses System, d. h. seine sowohl gelösten als auch ungelösten Inhaltsstoffe liegen im Wasser verteilt vor. Um die Vielfalt der Inhaltsstoffe zu klassifizieren, werden eine Reihe unterschiedlicher Kriterien angewendet:

- Größe (Durchmesser) [1]
- Übliche Konzentrationsbereiche ihres Auftretens
- Chemische Zusammensetzung/Aufbau: organisch, anorganisch, (mikro)biologisch
- Ladung: anionisch, kationisch, nicht elektrolytisch
- u.v.m.

Eine grundlegende Klassifikation der gelösten und ungelösten Inhaltsstoffe für die Verfahren der Fest-Flüssig-Trennung, zu denen Flockung [1], Sedimentation und Tiefenfiltration zählen, erfolgt über die Größendimension der Teilchen, und zwar in den drei Dispersitätsgraden gemäß **Tabelle 2.1** [2]:

- Teilchen mit einem Durchmesser oberhalb von etwa 500 bis 1000 nm werden als Partikel bezeichnet. Das grobdisperse Verteilungssystem von Partikeln in Wasser nennt man Suspension. Partikel sind i. d. R. gekennzeichnet durch einen Körper mit definierter Phasengrenzfläche sowie einer definierten Größe und Masse, die sich bei den Prozessen der Wasseraufbereitung maßgeblich auswirken. Zu dieser Klasse zählen die Grobverunreinigungen der Rohwässer wie Feinsande, Pflanzenbestandteile, Algen, Pilze, Protozoen, Bakterien, Sporen und all deren Bruchstücke (Debris).

Tabelle 2.1: Klassifikation in Dispersitätsgrade gemäß [2] (dispergere (lat.): verteilen)

Kriterium	System
$d_p > 1.000$ nm	Suspension, Partikel
$1.000 \text{ nm} \geq d_p \geq 1$ nm	kolloidale Lösung, Kolloide
$1 \text{ nm} > d_p$	echte Lösung

- Im Bereich von ca. 500 oder auch 1.000 nm bis hinab zu 1 nm spricht man von Kolloiden, die kolloid-dispers verteilt sind und in kolloidalen Lösungen auftreten. Die Wirkung ihrer Teilchenoberflächen, die sich auf Strömungswiderstand, auf das elektrostatische Potenzial, auf das elektrodynamische sowie auf hydrophiles oder hydrophobes Verhalten auswirken, wird hier im Vergleich zur Wirkung ihrer Massen wesentlich dominanter. Klare Phasengrenzen verschwinden. Silikate, Eisenoxidhydrate und große organische Makromoleküle können z. B. als Kolloide auftreten. Auch Viren gehören in diese Klasse.
- Unterhalb der Grenze von etwa 0,5 bis 1 nm spricht man von echt gelösten Stoffen, wie beispielsweise bei Ionen.

Obwohl Partikel/Kolloide eines Rohwassers gesundheitlich unbedenklich sein können, gibt ihre hohe Anzahlkonzentration (etwa 100 bis 1.000 Partikel/Kolloide pro Milliliter erzeugen bereits eine Trübung von nur 0,1 FNU [2]) Anlass, ihnen vorsorglich folgende Potenziale zu unterstellen [3, 4]:

- Pathogene Eigenschaften (pathogene Viren, Bakterien, Parasiten)
- Beeinträchtigung der Prozesse zur Abtrennung von Pathogenen
- Minderung der Wirkung von Desinfektionsmaßnahmen (Pathogene umhüllen, Desinfektionsmittel zehren, UV-Strahlung abschwächen)
- Verursacher von Desinfektionsnebenprodukten (z. B. als Vorläufersubstanz oder als Anlass für hohe Dosierkonzentrationen des Desinfektionsmittels)
- Beeinflussung des Aufkeimungspotenzials durch Erhöhung der Nährstoffverfügbarkeit (z. B. lysierende Algen)
- Bildung von wartungsintensiven Ablagerungen bei der Trinkwasserspeicherung oder -verteilung
- Beeinträchtigung des Trinkwassers hinsichtlich Akzeptanz und Genusstauglichkeit (Wahrnehmung der Trübung durch den Konsumenten; DIN 2000 [5] fordert appetitliches, genusstaugliches, klares Trinkwasser)

Aus diesen Gründen wird insbesondere bei Rohwässern unter dem Einfluss von Oberflächenwasser eine sehr weitgehende Partikelabscheidung gefordert:

- Für Trinkwasser gilt der generelle Trübungsgrenzwert von 1 NTU (Anlage 3 TrinkwV 2023 [7]).
- In § 24 und Anlage 5 TrinkwV 2023 [7] wird – gestuft nach der Trinkwasserabgabemenge eines Wasserwerks – eine periodische bis kontinuierliche Messung des Betriebsparameters Trübung im Filtrat eines Filtrationsverfahrens in der partikelabscheidenden Filterstufe der Aufbereitung gefordert. Es müssen 95 % aller erfassten Messwerte ≤ 0,3 FNU sein und kein Messwert darf > 1 NTU liegen („Referenzparameter"). Hiervon entbunden sind zentrale Wasserversorgungsanlagen, die Grundwasserressourcen nutzen, bei denen die Trübung durch Eisen oder Mangan verursacht wird.

- In der Liste der Aufbereitungsstoffe und Desinfektionsverfahren [8] gemäß § 20 TrinkwV 2023 („§-20-Liste") wird vor einem Desinfektionsverfahren, sei es ein chemisches oder eine UV-Bestrahlung, das Erreichen einer möglichst weitgehenden Partikelelimination mit Unterschreiten einer Trübung von 0,1 bis 0,2 FNU im Rahmen eines Multi-Barrieren-Konzeptes gefordert.
- Die Wirksamkeit der Partikelabscheidung kann mittels Trübungsmessung oder alternativ auch mittels Partikelzählverfahren überwacht werden (DVGW-Arbeitsblatt W 213-6 [2]). Allerdings können auch Online-Sensoren für diese Parameter die mikrobiologischen Untersuchungen an Zu- und Abläufen entsprechender Verfahrensstufen nicht ersetzen (W 213-1 [6]).

2.1.2 Verfahren der Partikel- und Kolloidabscheidung

Für die Abscheidung von Partikeln/Kolloiden bei der Trinkwasseraufbereitung (TWA) stehen eine ganze Reihe unterschiedlicher Verfahren zur Verfügung [6], die sowohl einzeln als auch in Kombination (zum Teil schon bei der Wassergewinnung) zur Anwendung kommen, wie in **Bild 2.1** schematisch gezeigt wird:

- Vorabscheidung grober Partikel mittels Rechen, Sieb- oder Spaltfiltration
- Konditionierung von Partikeln, Kolloiden und zum Teil auch von echt gelösten Stoffen mittels Flockung und/oder Fällung, um sie für das nachfolgende Abtrennverfahren abtrennbar oder effektiver abtrennbar zu machen
- Bei hohen Feststofffrachten die Sedimentation, um nachgeschaltete Filtrationsverfahren zu entlasten. Bei sehr kalten Wassertemperaturen, wie in den

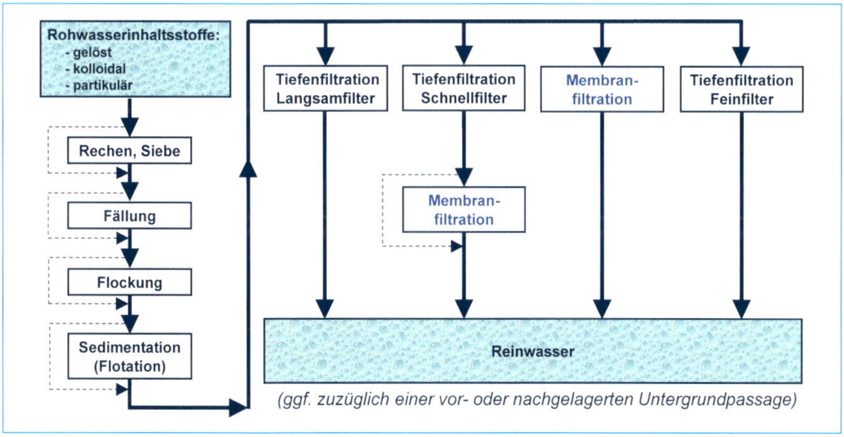

Bild 2.1: Blockschaltbild der Verfahren und Verfahrenskombinationen zur Partikel- und Kolloidabscheidung bei der TWA

skandinavischen Ländern, die geringe Sedimentationsgeschwindigkeiten hervorrufen, werden anstelle der Sedimentation häufig Flotationsverfahren eingesetzt.
- Die Tiefenfiltration, die sowohl als Langsam- als auch als Schnellfiltration (seltener Feinfiltration) ausgeführt werden kann und neben der reinen Abscheidung als Hybridprozess auch weitere Aufbereitungsfunktionen übernehmen kann, wie z. B. die Ozonvernichtung oder die mikrobiologische Stabilisierung des Wassers etc.
- Als Alternative oder als Ergänzung zur Tiefenfiltration (ggf. auch zur Sedimentation) die Membranverfahren Mikro- und Ultrafiltration (siehe Kapitel 3)

2.1.3 Flockung

In Rohwässern, die unter dem Einfluss von Oberflächenwasser stehen, aber auch in Wässern aus bestimmten Aufbereitungsstufen (wie z. B. nach einer Oxidation oder einer Entkarbonisierung), können Partikel und Kolloide vorliegen, die sich innerhalb wirtschaftlich dimensionierter Verfahrensstufen zur Sedimentation/Flotation oder auch Schnellfiltration (direkt beschickt oder nachgeschaltet) nur unzureichend abtrennen lassen. Maßgeblich hierfür können mehrere, oft in Kombination vorliegende Eigenschaften der Trübstoffteilchen sein: geringe Größe, geringe Dichte, starke Oberflächenladung. All diese Eigenschaften stabilisieren ihren feinverteilten Zustand im Wasser und erschweren somit eine effiziente Abtrennung.

An diesem Punkt setzt die Flockung an, wobei der Begriff Flockung mehrere Einzelprozesse bündelt, wie das Schema in **Bild 2.2** verdeutlicht. Unter Zugabe

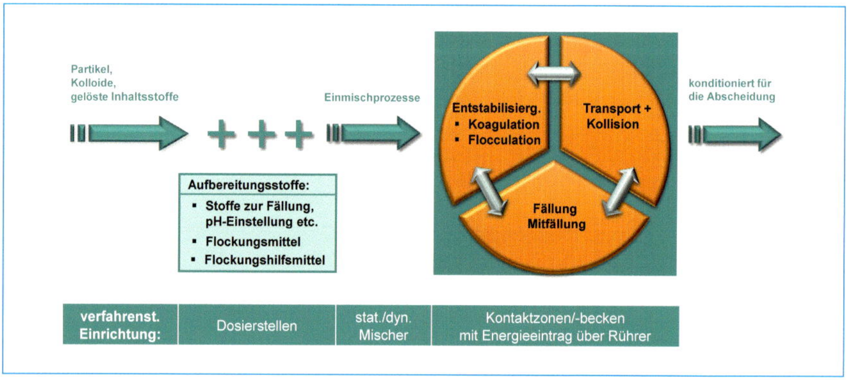

Bild 2.2: Schematische Darstellung aller Einzelschritte eines Flockungsprozesses

von Aufbereitungsstoffen werden Partikel oder Kolloide und zum Teil auch echt gelöste Wasserinhaltsstoffe per Entstabilisierung, Fällung oder Mitfällung in einen gut abtrennbaren Zustand überführt. „Gut abtrennbar" ist dabei eine individuelle Zielstellung für das jeweils nachgeschaltete Abtrennverfahren.

Vor einer Mikro- oder Ultrafiltrationsstufe dient die Flockung insbesondere auch dazu, während der Filtration auf der Membran eine Schicht aus Flockungsmittelhydroxid auszubilden, die bei der periodischen Rückspülung dafür sorgt, dass möglichst sämtliche Membranbeläge (Foulingschichten) hydromechanisch gut ausgetragen werden und das Fouling somit weitgehend reversibel auftritt. Das macht diese Membranprozesse energieeffizient. Mitfällungseffekte sind dabei i. d. R. erwünscht.

2.1.3.1 Aufbereitungsstoffe für die Flockung

Chemikalien zur Flockung und Fällung müssen wie alle übrigen Aufbereitungsstoffe zur TWA in der §-20-Liste der TrinkwV [8] zugelassen und die dort definierte Normenkonformität (exakter Verweis auf eine Produktqualität bei Normen mit mehreren Qualitätsstufen und teilweise auch explizite Qualitätsanforderungen) aufweisen. Als Flockungsmittel werden dort (in der Version vom Januar 2023) unter Begrenzung ihrer maximalen spezifischen Dosiermenge aufgelistet:

- Salze oder Lösungen monomerer dreiwertiger Aluminiumionen:
  Aluminiumchlorid nach DIN EN 17034: $AlCl_3$
  Aluminiumsulfat nach DIN EN 878: $Al_2(SO_4)_3$
  Aluminiumchloridhydroxidsulfat nach DIN EN 17034: $AlCl_y(SO_4)_z(OH)_{3-y-2z}$
  Natriumaluminat nach DIN EN 882: $NaAlO_2$

- Salze oder Lösungen dreiwertiger Eisenionen
  Eisen-III-chlorid nach DIN EN 888: $FeCl_3$
  Eisen-III-sulfat nach DIN EN 890: $Fe_2(SO_4)_3$
  Eisen-III-chloridsulfat nach DIN EN 891: $FeCl(SO_4)$

- Zweiwertige Eisensalze, wobei das Eisen dann im Wasser zu dreiwertigem Eisen oxidiert wird:
  Eisen-II-sulfat nach DIN 889: $Fe(SO_4)$

Löst man die dreiwertigen Metallsalze (Me-Salze) des Aluminiums oder Eisens in Wasser, so dissoziiert das Salz zunächst in die Metallkationen und die Anionen (Sulfat, Chlorid). Es bilden sich dadurch 3-wertige hydratisierte Metallionen $|Me(H_2O)_6|^{3+}$. Diese Ionenform existiert nur in stark saurer Lösung. Bei einem realen Wasser mit seinem Puffersystem, das je nach Säurekapazität den pH-Wert

Tabelle 2.2: Hydrolyse der dreiwertigen Metallsalze unter stufenweiser Freisetzung von Protonen mit einer je nach Pufferung des Wassers einhergehenden Abnahme des pH-Werts (nach W 217 [1])

$[Al(H_2O)_6]^{3+}$	$+ H_2O$	$\rightleftharpoons$	$[Al(H_2O)_5(OH)]^{2+}$	$+ H_3O^+$	pH ↓
$[Al(H_2O)_5(OH)]^{2+}$	$+ H_2O$	$\rightleftharpoons$	$[Al(H_2O)_4(OH)_2]^{+}$	$+ H_3O^+$	
$[Al(H_2O)_4(OH)_2]^{+}$	$+ H_2O$	$\rightleftharpoons$	$[Al(H_2O)_3(OH)_3]$	$+ H_3O^+$	
$[Al(H_2O)_3(OH)_3]$	$+ H_2O$	$\rightleftharpoons$	$[Al(H_2O)_2(OH)_4]^{-}$	$+ H_3O^+$	
$[Fe(H_2O)_6]^{3+}$	$+ H_2O$	$\rightleftharpoons$	$[Fe(H_2O)_5(OH)]^{2+}$	$+ H_3O^+$	pH ↓
$[Fe(H_2O)_5(OH)]^{2+}$	$+ H_2O$	$\rightleftharpoons$	$[Fe(H_2O)_4(OH)_2]^{+}$	$+ H_3O^+$	
$[Fe(H_2O)_4(OH)_2]^{+}$	$+ H_2O$	$\rightleftharpoons$	$[Fe(H_2O)_3(OH)_3]$	$+ H_3O^+$	
$[Fe(H_2O)_3(OH)_3]$	$+ H_2O$	$\rightleftharpoons$	$[Fe(H_2O)_2(OH)_4]^{-}$	$+ H_3O^+$	

stabilisiert, durchlaufen monomere Metall-Hydrat-Komplexe in Sekundenbruchteilen eine Kette an Hydrolysereaktionen, bei denen jeweils ein Proton (H^+) freigesetzt wird. Die einzelnen Hydrolyse-/Protolysegleichgewichte sind **Tabelle 2.2** zu entnehmen [1]. Das pH-abhängige Verteilungsgleichgewicht zeigt **Bild 2.3** exemplarisch für die Aluminium-Spezies.

Bei diesen Hydrolyse-/Protolysereaktionen treten als ladungsneutrale Spezies die schwerlöslichen Aluminium- bzw. Eisenhydroxide auf, die meist in der wasserfreien Form $Al(OH)_3$ bzw. $Fe(OH)_3$ angegeben werden. Diese schwerlöslichen Hydroxide fallen beim Überschreiten ihrer Löslichkeit (ihres Löslichkeitsprodukts) nicht wie gewöhnliche Salze in Form von Kristallen, sondern in Form voluminöser Flocken aus.

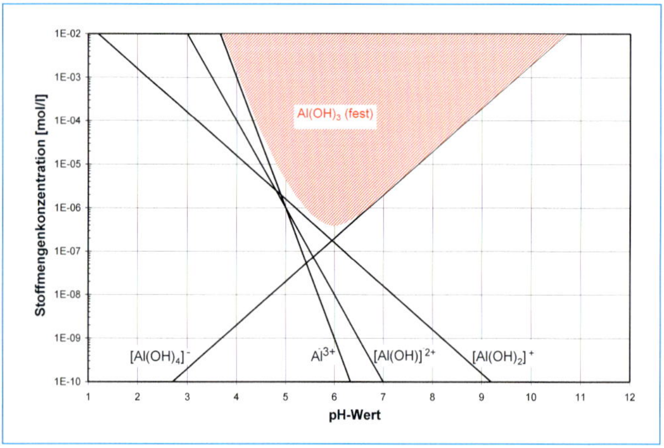

Bild 2.3: Zustandsdiagramm der Hydrolysekomplexe für dreiwertige Aluminiumionen in wässriger Lösung

Als weiteres Flockungsmittel können auch vorpolymerisierte Aluminiumprodukte (nach DIN EN 17034, 885, 886) eingesetzt werden. Diese Produkte weisen mehrkernige (polynukleare) Aluminiumkomplexe auf und enthalten bereits OH^- Ionen (das x-fache in Bezug auf die jeweilige Anzahl an Aluminiumionen), was dazu beiträgt, bei der Anwendung den pH-Wert eines Wassers entsprechend weniger stark zu vermindern. Bei ihnen ist die Abhängigkeit der Restlöslichkeit des Aluminiums bei höheren pH-Werten geringer als bei den einfachen Al-Salzen und die für einen gewünschten Flockungseffekt erforderlichen Dosiermengen fallen geringer aus. Sie lassen sich mittels der folgenden Summenformeln beschreiben:

- Dialuminiumchloridpentahydroxid: $Al_2(OH)_5Cl$ mit: $x = 5/2$
- Polyaluminiumchloridhydroxid: $Al(OH)_xCl_y$ mit: $x = 3-y$
- Polyaluminiumhydroxidchloridsulfat: $Al(OH)_xCl_y(SO_4)_z$ mit: $x = 3-y-2 \cdot z$
- Polyaluminiumhydroxidchloridsilikat: $Al(OH)_xCl_y(SiO_v)_w$ mit: $x = 3-y-2 \cdot w \cdot (v-2)$
- Polyaluminiumhydroxidsilikatsulfat: $Na_uAl\,(OH)_x(SO_4)_z(SiO_v)_w$ mit: $x = 3-2 \cdot z-2 \cdot w \cdot (v-2)+u$

Die Basizität B ist hierbei die Maßzahl für den relativen Neutralisationsgrad der Produkte:

$$B = \frac{x}{3} \qquad (2.1)$$

B Basizität [-]

x relatives Verhältnis der molaren Stoffmenge an OH^--Ionen zur molaren Stoffmenge an Al^{3+}-Ionen in den polynuklearen Verbindungen [-]

Als Flockungshilfsmittel werden wasserlösliche Polymere eingesetzt. Handelsübliche Produkte weisen Molekulargewichte von ca. 10^6 bis 10^7 g/mol auf, was einem Moleküldurchmesser in Lösung von etwa 0,1-1 µm entspricht [1]. Entsprechend ihrer Ladung in wässriger Lösung unterscheidet man nichtionische, anionische und kationische Polymere [9]. Sie unterstützen die Bildung gut abtrennbarer und scherfester Makroflocken [1]. In der §-20-Liste [8] werden nur die anionischen und nichtionischen Polyacrylamide zugelassen und der Monomergehalt ihrer Produkte muss weniger als 200 mg Acrylamid/kg Produkt betragen:

- Anionische Polyacrylamide nach DIN EN 1407 [1]:

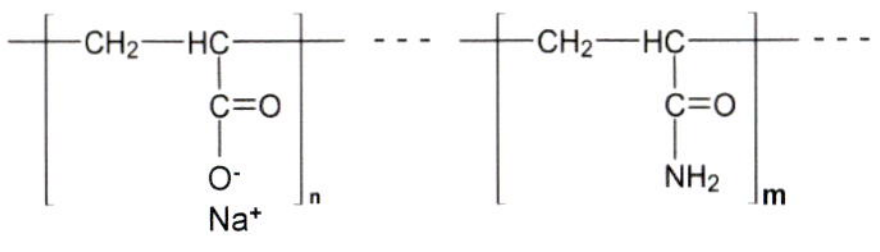

- Nicht-ionische Polyacrylamide nach DIN EN 1407 [1]:

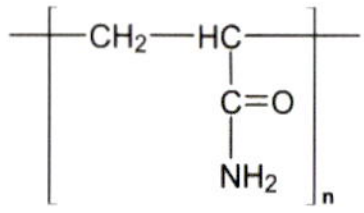

Weitere Aufbereitungsstoffe können genutzt werden, um den Flockungsprozess zu stabilisieren und effektiver zu gestalten, indem

- ein geeigneter pH-Wert oder eine ausreichende Pufferung (Säurekapazität) eingestellt wird: Säuren, Basen, Soda, Kalkmilch, CO_2,
- ein Fällungsprozess für gelöste Wasserinhaltsstoffe durch Oxidation erfolgt, z. B. unter Einsatz von: Luft, O_2, Ozon, Kaliumpermanganat
- eine Fällung von Calciumcarbonat angestrebt wird: Lauge, Kalkmilch, Soda ...,
- zur Verbesserung der Flockengröße und -dichte bei der Sedimentation dem Flockungsprozess Pulveraktivkohle oder Feinsand zugegeben wird.
- Zur Dosierung der flüssigen Aufbereitungsstoffe werden Kolbenpumpen (**Bild 2.4**), Membranpumpen, Schlauchpumpen, bei höherer Viskosität auch Exzenterschneckenpumpen eingesetzt. Für die Feststoffe (z. B. Flockungshilfsmittelgranulat, gebrannter oder gelöschter Kalk) sind separate Ansetzstationen mit Silo, Feststoffdosierer und Lösetank erforderlich. Gase werden i. d. R. mittels Pumpe und Injektor im Bypass eingetragen.
- Für die Einmischung der Aufbereitungsstoffe werden i. d. R. statische oder dynamische Mischer eingesetzt (siehe **Tabelle 2.3**). Dynamische Mischer können inline in einer Rohrleitung oder als gerührtes Becken (Rührkammer)

Bild 2.4: Dosierschrank mit Dosierpumpen und Sensorik für die Messung der Dosier- bzw. Verbrauchsmengen gemäß §-20-Liste

2

Tabelle 2.3: Misch- und Entstabilisierungsanlagen der Flockung

Grundtyp	Varianten
Rohre	• ohne Einbauten oder mit Blenden • mit Verengungen oder Erweiterungen • mit statischen und dynamischen Mischern • mit Hochgeschwindigkeitsinjektion • mit mehrfachen Dosierdüsen
Rührkammern	• Verweilzeiten von 20 s bis 3 min • Schergefälle (G-Wert) von 200 s^{-1} bis über 1.000 s^{-1} • Kontrolle von Rückvermischung und Verweilzeitverteilung • Rührerleistung variabel
Turbulenzzonen	• vor, bei oder nach Pumpen • hydraulische Sprünge • Überfallwehre

ausgeführt werden. Aber auch hydraulische Sprünge (abrupte Querschnittserweiterungen, Blenden) und Überfälle sowie Kreiselpumpen oder auch nur ihr Druckrohr können sich als gute Mischorgane eignen. Insbesondere für die gewünschte Wirkung der Flockungsmittel ist aufgrund der schnellen Reaktionskinetik ihre effektive, d. h. sehr schnelle und homogene Verteilung im Wasserkörper unerlässlich.

- Der Mischeffekt wird durch die Scherung des Wassers erwirkt. **Bild 2.5** zeigt diesen Schergradienten bzw. G-Wert als Maß für die Zunahme der Strömungsgeschwindigkeit in einer Raumrichtung z. B. im Abstand zur Rohr- oder Beckenwand. Der dazu notwendige spezifische Energiebedarf ε (Gleichung (2.2)) wird bei statischen Mischern aus dem auftretenden Druckverlust gespeist oder muss bei dynamischen Mischern per Antrieb über ein Rührorgan in den Wasserkörper eingetragen werden. Der G-Wert ist über die kinematische Viskosität ν abhängig von der Wassertemperatur.

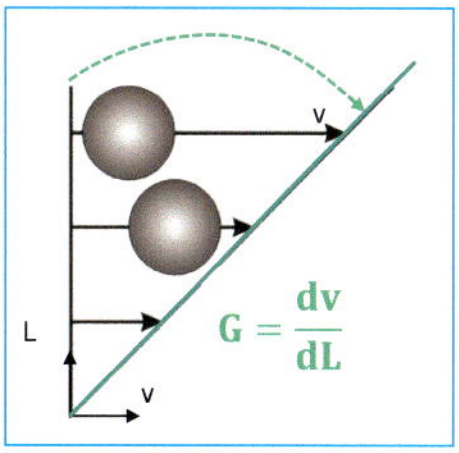

Bild 2.5: Sich ausbildender Schergradient bzw. G-Wert in der Strömung für Mischeffekte oder für einen Partikel-/Flockentransport mit entsprechendem Kollisionseffekt

$$G = \frac{dv}{dL} = \sqrt{\frac{\varepsilon}{\nu}} \tag{2.2}$$

G G-Wert bzw. mittlerer Schergradient in der Strömung [1/s]
v lokale Strömungsgeschwindigkeit [m/s]
L Abstand öder Länge [m]
ε pro Wassermasse und Zeit eingetragene Energie [J/kg/s]
ν kinematische Viskosität des Wassers [m²/s]

2.1.3.2 Mechanismen der Flockung

Es werden folgende Flockungsmechanismen unterschieden, die auch dem Gesamtschema der Flockung in Bild 2.2 zu entnehmen sind:

- Entstabilisierung: Per Elektrodiffusion reichern sich positiv geladene Ionen (Kationen) nahe negativer Oberflächenladungen der Trübstoffteilchen an (siehe **Bild 2.6**), während die Lösung dort gleichzeitig an negativ geladenen Ionen (Anionen) verarmt. Das von den Oberflächen der Trübstoffteilchen im Wasserkörper erzeugte elektrostatische Feld wird dadurch in einem bestimmten Maße kompensiert („Kompression der elektrischen Doppelschicht" durch die gegensinnig geladenen Ionen). Die elektrostatischen Abstoßungskräfte zwischen zwei in Wechselwirkung stehenden Trübstoffteilchen werden verringert bzw. ihrer Reichweite beraubt. Ist die Konzentration an Kationen hinreichend hoch, können sich Trübstoffteilchen so dicht annähern, dass van-der-Waals-Anziehungskräfte im Nahbereich die Oberhand gewinnen. Die ursprüngliche Verteilungsform als Einzelpartikel wird instabil (Entstabilisierungseffekt) und es tritt eine Koagulation ein, d. h. eine Kollision mit Haftung der Teilchen aneinander. Die Wirksamkeit von Kationen steigt dabei ganz wesentlich mit ihrer Wertigkeit, was den Einsatz dreiwertiger Metallionen erklärt.

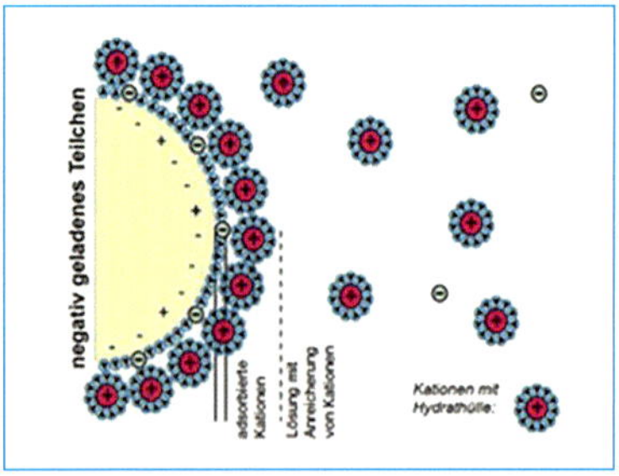

Bild 2.6: Schematische Darstellung der elektrischen Doppelschicht um ein Partikel mit Hydratschicht, adsorbierter Schicht aus Anionen und wässriger Lösung mit vermehrter Kationen- und verringerter Anionenkonzentration

- Fällung, Mitfällung: Die zur Koagulation verwendeten mehrwertigen Metallionen (Al^{3+}, Fe^{3+}) bilden in Lösung Hydrolyseprodukte, wobei ein Anteil bei mittleren pH-Werten als Aluminium- bzw. Eisenhydroxid ausfällt. Bei der Ausscheidung des Hydroxids aus der Lösung werden andere Feststoffe in die entstehenden Flocken eingeschlossen. Diese Einschluss- bzw. Mitfällungsflockung (Sweep Coagulation) ermöglicht die Entfernung aller Arten von Kolloiden oder Partikeln, deren Zusammenlagerung durch ihre äußere Struktur verhindert wird (z. B. gewisse Algenarten). Eine Restabilisierung der partikulären Stoffe kann hierbei nicht eintreten. Die erforderliche Dosiermenge ist nur geringfügig von der Trübstoffkonzentration abhängig. Die Eisen- oder Aluminiumhydroxo-Komplexe können auch mit organischen Verbindungen reagieren, was zu deren Mitfällung und zu einem entsprechenden Mehrverbrauch an Flockungsmittel führt [10], der proportional zum fällbaren Anteil des im Wasser enthaltenen DOC ist. Dieser Anteil ist vom pH-Wert abhängig. Gelöstes ortho-Phosphat (PO_4^{3-}) kann ebenfalls durch Fällung in Flocken eingebunden werden [1].
- Flokkulation: Nach der Entstabilisierung erfolgt der Aufbau von Flocken durch Partikel- und Flockenkollisionen. Häufig wird dies zweistufig vorgenommen, wobei in der zweiten Stufe polymere Flockungshilfsmittel eingesetzt werden.
- Transportvorgänge: Diese Vorgänge bringen die zuvor entstabilisierten Trübstoffteilchen durch Partikel- oder Fluidbewegungen in gegenseitigen Kontakt. Bei stabiler Haftung führt dies zur Ausbildung von Mikro- und Makroflocken (Flokkulation). Transportvorgänge, die durch Diffusion infolge thermischer (Brown'scher) Bewegung zustande kommen, nennt man perikinetisch; Transportvorgänge, die durch Strömungsbewegung (Geschwindigkeitsgradienten im Wasserkörper infolge Energieeintrag oder Druckverlust) verursacht werden, bezeichnet man als orthokinetisch. Bei Sedimentationsvorgängen kann zudem eine unterschiedliche Sinkgeschwindigkeit der Partikel zu Kollisionen und damit zu einer Aggregation führen (Flokkulation aufgrund differentieller Sedimentation).

Polymere Flockungshilfsmittel werden i. d. R. zur Unterstützung der Flokkulation nach der Entstabilisierung durch ein Flockungsmittel und nach der ersten Flokkulationsstufe mit Aufbau von Primärflocken eingesetzt. Teile der langkettigen Polymere können an Partikeln oder Primärflocken irreversibel adsorbieren. Durch ihre räumliche Ausdehnung sind sie in der Lage, dies an mehreren Partikeln gleichzeitig zu tun, was Abstände überbrückt. Andere Modelle gehen davon aus, dass durch die Adsorption der Polymere Teilzonen (Patches) auf Trübstoffteilchen neutralisiert oder umgeladen werden, sodass sich infolgedessen zwei Trübstoffteilchen so ausrichten, dass sich vermehrt gegensinnig geladene Areale gegenüberstehen, was sich zu einer anziehenden Kraft summiert. Flockungshilfsmittel können daher auch als primärer Zusatz für die Entstabilisierung genutzt werden. Hierzu wären insbesondere kationische Flockungshilfsmittel hilfreich, die aber in Deutschland keine Trinkwasserzulassung (§-20-Liste) haben. Der vernetzende

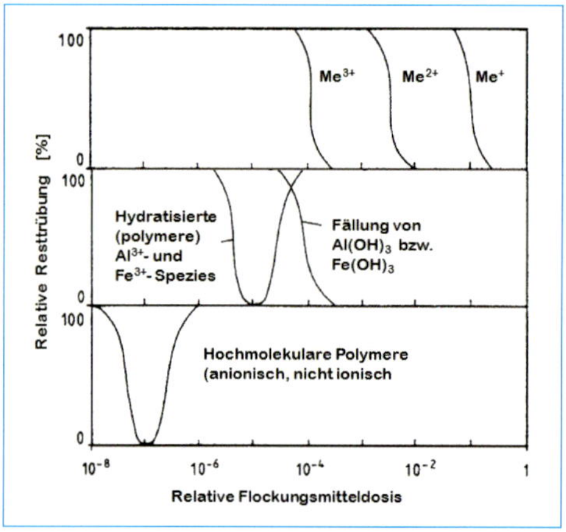

Bild 2.7: Schematische Darstellung der relativen Resttrübung als Maß der Flockungseffektivität in Abhängigkeit der relativen Flockungsmitteldosis (oben: Kompression der Doppelschicht mit Kationen; Mitte links: Ladungsneutralisation mit Al^{3+}- und Fe^{3+}; Mitte rechts: Mitfällung mit $Al(OH)_3$ bzw. $Fe(OH)_3$; unten: Brückenbildung bei hochmolekularen anionischen und nichtionischen Polymeren)

Effekt der Polymere macht ausgebildete Flocken zudem stabiler gegenüber einer hydrodynamischen Beanspruchung.

Die beschriebenen Flockungsmechanismen zeichnen sich durch einen sehr unterschiedlichen Bedarf an Flockungsmittel aus. **Bild 2.7** zeigt in qualitativer Weise den Einfluss der Flockungsmitteldosis auf die relative Resttrübung, die bei optimaler Flockung nahe 0 % liegen kann (nach [1]). Bei der Adsorptionskoagulation mit Fe^{3+}- oder Al^{3+}-Salzen sowie anionischen Polymeren können zu hoch gewählte Dosierkonzentrationen zu einer Umladung der Partikeloberflächen führen, was die Partikelentfernung ineffektiver macht. Es empfiehlt sich daher, die Flockungswirkung zuvor im Becherglasversuch [12] oder mit einer Pilotanlage [13] zu testen.

Zur Erzeugung gut abtrennbarer Flocken wird insbesondere für Sedimentationsverfahren ein mehrschrittiger Prozess bevorzugt, indem in einem ersten Schritt nach Einmischung des Flockungsmittels in Rohrabschnitten oder Rührbecken unter moderateren G-Werten kleine Primärflocken ausgebildet werden. **Tabelle 2.4** listet die dazu geeignete Anlagentechnik auf. I. d. R. findet erst danach unter Flockungshilfsmittelzugabe der Aufbau größerer scherstabiler Flocken unter der Wirkung sehr kleiner G-Werte statt, die aufgrund ihrer Dichte gut sedimentieren.

Bei den Sedimentationsverfahren der TWA werden häufig kleine Anteile ihrer Dünnschlämme in die Stufen zur Flockenausbildung (Flokkulation) rückgeführt. Es entsteht durch die höhere Trübstoffkonzentration eine höhere Kollisionsrate mit den Primärflocken sowie letztlich größere und kompaktere Flocken für den Sedimentationsprozess. Die Wirkung von Flockung und Sedimentation wird zudem

Tabelle 2.4: Anlagen für den ein- oder mehrstufigen Aufbau von Agglomeraten (Flokkulation)

Grundtyp	Details
Rührbecken	• Verweilzeiten von 2 bis 40 min • Schergefällte (G-Wert) von 100 s^{-1} bis 10 s^{-1} • zwei und mehr Becken in Reihe mit fallendem Schwergefälle • Anpassung an Durchsatz und Rohwasser
Statische Systeme	• durchströmte Kamern mit hydraulisch wirksamen Einbauten • einfache, aber durchflussabhängige Systeme • Fließgeschwindigkeit 0,1 bis 0,2 m/s
Rohre	• schnelle Flockenbildung bei Rohrlängen von mehr als 20 m • Begrenzung des Durchsatzes nach unten oder oben

unabhängiger und stabiler gegenüber Schwankungen der Rohwasserbeschaffenheit.

Bei Einsatz von Filtrationsverfahren zur Flockenabtrennung unterscheidet man die Flockenfiltration mit einer analogen Vorgehensweise von der Flockungsfiltration, bei der man nur den ersten Schritt in einer Flockungsstufe ausführt und den zweiten Schritt den hydrodynamischen Randbedingungen des Filterüberstaus und der Filterporen überlässt.

2.1.4 Grundlagen der Sedimentation

Unter Sedimentation versteht man das Absinken und Absetzen von Partikeln in Flüssigkeiten unter dem Einfluss der Schwerkraft entsprechend ihrer Größe, Dichte und Form [1]. Zur TWA wird das Verfahren meist als Vorreinigungsstufe der Filtration bei hochbelasteten Rohwässern oder nach Flockung eingesetzt. Der Flockungsprozess sollte dabei so gesteuert werden, dass ausreichend hohe Sedimentationsgeschwindigkeiten erzielt werden können.

Die stationäre Sedimentationsgeschwindigkeit eines Partikels (hier idealisiert als Kugel) kann mittels einer Bilanz aller angreifenden Kräfte im stationären Zustand (keine Trägheitskräfte mehr vorhanden) berechnet werden (siehe **Bild 2.8**):

- Gewichtskraft $F_{Gewicht}$
- Auftriebskraft $F_{Auftrieb}$
- Strömungswiderstand $F_{Widerstand}$

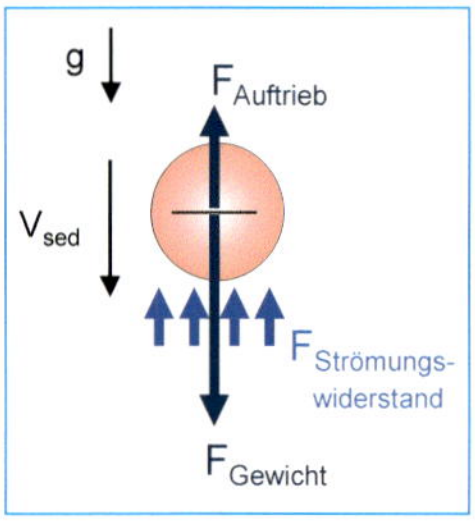

Bild 2.8: Schema der an einem sedimentierenden Partikel im stationären Zustand angreifenden Kräfte

Die um den Auftrieb verminderte Gewichtskraft steht im Gleichgewicht mit dem bei Sinkgeschwindigkeit ausgebildeten Strömungswiderstand. Für Partikel mit einer Größe und Dichte, die vom Wasser schleichend umströmt werden (Reynoldszahl Re < 1), lässt sich die Sedimentationsgeschwindigkeit nach Stokes berechnen:

$$v_{sed} = \frac{g}{18} \cdot \frac{\Delta\rho}{\eta} \cdot d_p^2 \tag{2.3}$$

v_{sed} Sedimentations- (oder ggf. auch Aufstiegs-)geschwindigkeit) [m/s]
g Erdbeschleunigung [m/s²]
$\Delta\rho$ Differenz aus Partikeldichte und Wasserdichte ($\rho_p - \rho_w$) [kg/m³]
η dynamische Viskosität des Wassers [Pa·s]
d_p Partikeldurchmesser [m]

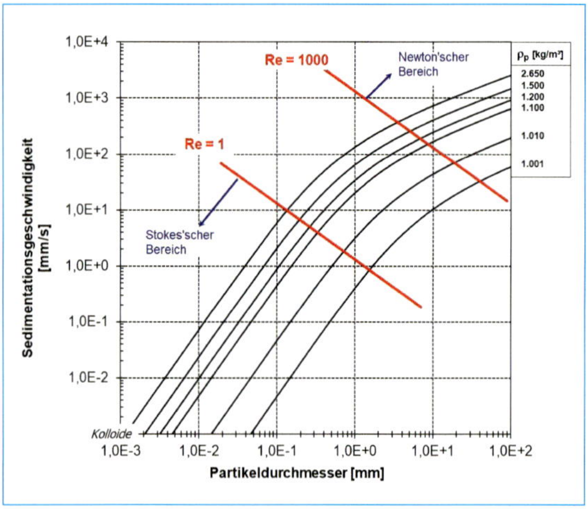

Bild 2.9: Sedimentationsgeschwindigkeit von kugelförmigen Partikeln in Abhängigkeit ihrer Durchmesser und Dichten ρ_p in Wasser bei 20 °C

Für das Diagramm in **Bild 2.9** wurden Sedimentationsgeschwindigkeiten von kugelförmigen Partikeln mit verschiedenem Durchmesser und verschiedener Dichte über den Stokes-Bereich hinaus berechnet. Im Übergangsbereich vom Partikel zum Kolloid schwindet die Partikelmasse mehr und mehr, sodass die Sedimentationsgeschwindigkeit stark abnimmt und ihre Priorität verliert: Die Teilchenbewegungen werden zunehmend von der Brown'schen Molekularbewegung in statistisch regelloser Richtung beeinflusst.

Für die Berechnung von Partikelbahnen wird die Sedimentationsgeschwindigkeit im Wasserkörper in Richtung Erdbeschleunigung mit der Strömungsgeschwindigkeit des Wassers z. B. in einem horizontal durchströmten rechteckigen Becken überlagert (siehe **Bild 2.10**). Der rein im Becken in horizontaler Richtung erzielte Sedimentationsweg eines Partikels ist daher abhängig von dessen Sedimentationsgeschwindigkeit v_{sed} und der mittleren Verweilzeit t_v des Wassers im Becken:

$$\bar{t}_v = \frac{V_B}{\dot{V}} \tag{2.4}$$

$\bar{t}_v$ mittlere Verweilzeit des Wassers im Becken [s]
$\dot{V}$ Volumenstrom des Wassers [m³/s]
H_B Beckenfüllhöhe [m]
F_B Beckenquerschnittsfläche/-oberfläche ($F_B = V_B / H_B$) [m²]
V_B Beckenfüllvolumen ($V_B = H_B \cdot F_B$) [m³]

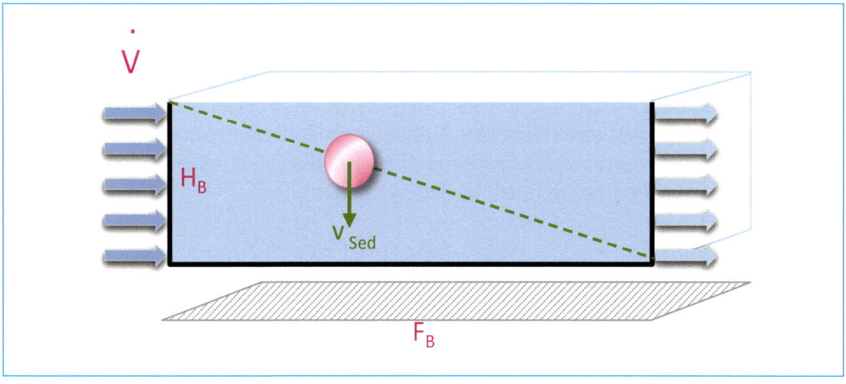

Bild 2.10: Schema der Partikelsedimentation und Partikelbahn in einem vom Wasser horizontal homogen durchströmten rechteckigen Becken

Als Grenzfall muss ein Partikel die gesamte Füllhöhe des Beckens H_B als horizontale Sedimentationsstrecke zurücklegen (vergleiche Bild 2.10):

$$v_{sed} > \frac{H_B}{\bar{t}_v} = \frac{H_B \cdot \dot{V}}{H_B \cdot F_B} = \frac{\dot{V}}{F_B} \tag{2.5}$$

Dieses Grenzkriterium wird als Flächenbelastung $\dot{V}/F_B$ eines Beckens bezeichnet, die einer Aufstromgeschwindigkeit des Wassers im Becken entspricht.

Eine bessere Raumnutzung der Beckenvolumina kann erzielt werden, indem Pakete aus Schrägplatten (sogenannte Lamellen) oder aus Röhren mit einem Neigungswinkel um 60° [1] eingebaut werden. Das verkürzt die Sedimentationswege für die Trübstoffe. Die Neigung der Platten stellt sicher, dass darauf angesammelter Dünnschlamm mittels Schwertrübeffekte im Gegenstrom zur Wasserströmung nach unten in Richtung Beckenboden abfließt.

2.1.5 Grundlagen der Tiefenfiltration

2.1.5.1 Allgemeines

Die Tiefenfiltration stellt in den meisten der weltweit betriebenen Wasserwerke, in denen Grund- oder Oberflächenwässer zu Trinkwasser aufbereitet werden, als zentrale Verfahrensstufe ein sehr bewährtes und vielseitiges Verfahren dar [14]. Im Gegensatz zur Oberflächenfiltration (siehe **Bild 2.11**), wie sie bei der Mikro- oder Ultrafiltration angewendet wird, werden bei der Tiefenfiltration die Partikel oder Kolloide im Innern bzw. in der Tiefe poröser Filterschichten (Filterbett) zurückgehalten.

Die Filterschichten bestehen aus einer Schüttung körniger Materialien wie Quarzsand, Anthrazit, Bims oder Filterkoks. Diese Filtermaterialien sind Aufbereitungsstoffe gemäß TrinkwV und die breite Auswahlmöglichkeit eröffnet für die Tiefenfiltration eine Reihe unterschiedlicher Hybridprozesse, d. h. eine Kombination der Partikelabscheidung mit weiteren Verfahrenszielen.

Damit die Tiefen- bzw. Raumwirkung derartiger Filter im Zuge des Aufbereitungsprozesses erhalten bleibt, müssen die abzuscheidenden Trübstoffe wesentlich kleiner sein als die Porenweiten der Filterschicht. Andernfalls bildet das Filterbett per Siebwirkung seiner oberen Fläche bereits nach kurzer Filtrationsdauer einen sogenannten Filterkuchen mit einem entsprechend hohen Druckverlustanstieg aus. Die Filterlaufzeiten wären entsprechend kurz und der Anteil an Filtrat, der zur häufigen Filterspülung eingesetzt werden müsste, würde entsprechend anstei-

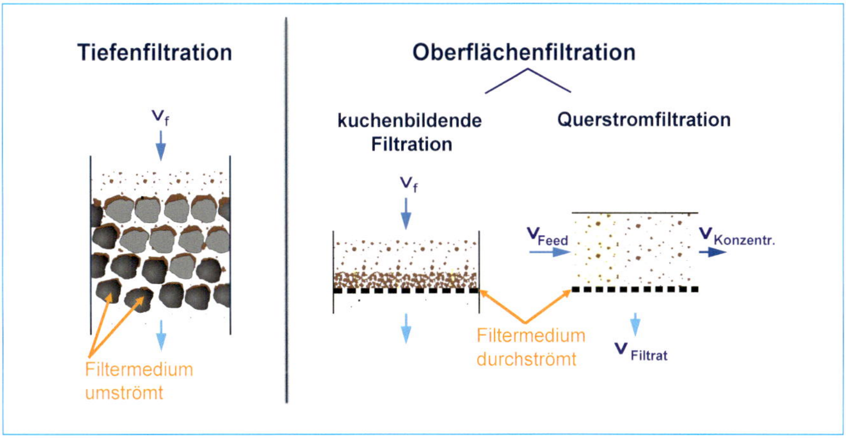

Bild 2.11: Schematische Darstellung der unterschiedlichen Wirkungsweise von kuchenbildender und Querstromfiltration gegenüber der Tiefenfiltration [15]

gen (Minderung der Filtratausbeute). Damit auftretende Druckverluste aber auch bei einer reinen Raumwirkung nicht zu schnell ansteigen, kann die Tiefenfiltration nur bei geringer Feststoffkonzentrationen (Feststoffvolumenkonzentration bis etwa 0,05 %) zum Einsatz kommen [14]. Bei höheren Konzentrationen (auch infolge Flockung und/oder Fällung) ist daher eine Vorabscheidung z. B. per Sedimentation oder Flotation notwendig bzw. sinnvoll.

Der Vorgang der Partikelabscheidung in einem Tiefenfilter lässt sich in zwei Teilschritte untergliedern [14]:

1. Transport der Teilchen im Innern der Filterschüttung aus der Suspension an die Oberfläche des Filtermaterials oder dessen Beladungsschicht heran, bis es zum Kontakt kommt. Hierfür sind verschiedene Transportmechanismen verantwortlich.
2. Haftung der Teilchen nach erfolgtem Kontakt, sodass eine stabile, permanente Ablagerung resultiert. Hierfür sind verschiedene Haftmechanismen verantwortlich.

Hinzu kommt als dritter grundlegender Prozess, die Resuspendierung bereits abgeschiedener Teilchen, die während der Filtration unerwünscht ist, aber nach dem Filtrationsbetrieb eine Regeneration der filtrierenden Schichten mittels Filterspülung ermöglicht. Die Vorgänge in einem Tiefenfilter sind sehr komplex. Die Vielfalt geometrischer Eigenschaften der verschiedenen Filtermaterialien (Größe, Kornform, Oberflächenstruktur) wirken auf die Strömungsverhältnisse in einer

Filterschicht. Die in Wechselwirkung mit dem Wasser ausgebildeten Oberflächeneigenschaften der Filtermaterialien (beispielsweise elektrostatisches und elektrodynamisches Verhalten), die sich bei der Filtration unter anwachsenden Beladungsschichten zudem kontinuierlich verändern, nehmen ebenfalls auf die Abscheidung Einfluss. Analoges kann man aus der variantenreichen Art der abzuscheidenden Partikel/Kolloide und ihren Eigenschaften folgern, die mit der Oberfläche der Filtermaterialien oder ihrer Beladungsschichten in Wechselwirkung treten. Trotz der sehr umfangreichen Literatur über die Tiefenfiltration besteht somit immer noch eine Reihe ungeklärter Probleme und eine umfassende Theorie zur Berechnung des Verhaltens von Tiefenfiltern ist bis heute nicht verfügbar [14]. Daraus lässt sich unmittelbar der Bedarf an Versuchen und Pilotierungen (siehe Empfehlungen hierzu in DVGW-Arbeitsblatt W 213-3 [16]) zur Dimensionierung optimal arbeitender Tiefenfilter für spezifische aufbereitungstechnische Probleme ableiten.

Die Vielfalt verschiedenster Tiefenfilter lässt sich nach Betriebs- oder Bauweise unterschiedlich einteilen:

- Filtrationsgeschwindigkeit
  - Langsamfilter (um 0,1 m/h)
  - Schnellfilter (um 10 m/h)

- Bauweise
  - Hydraulisch offene Filter
  - Hydraulisch geschlossene Filter
  - Feinfilter

- Behälterwerkstoff
  - Stahl
  - Stahlbeton

- Filterschicht
  - Einschichtfilter
  - Mehrschichtfilter

- Betriebsweise
  - Überstaufiltration
  - Unterstau-/Trockenfiltration

In Anlehnung an die DIN 19605 [17] dient als Hauptmerkmal die gewählte Filtergeschwindigkeit v_f, die als Leerrohrgeschwindigkeit definiert ist (Volumenstrom pro angeströmte Filterquerschnittsfläche).

2

2.1.5.2 Langsamfilter/Langsamsandfilter

Die Bezeichnung „Langsamfilter" leitet sich von ihren relativ geringen Filtergeschwindigkeiten von 0,05 bis 0,3 m/h (Wertebereich etwa Meter pro Tag) ab. Ihre Reinigungsprozesse für Oberflächenwässer haben in früheren Jahren der TWA eine dominierende Rolle gespielt und maßgeblich zur Seuchenprävention beigetragen. Sie zeigen einen guten Rückhalt gegenüber Protozoen, Bakterien und Viren. Ihre Prozesse gleichen weitgehend denjenigen einer natürlichen Bodenfiltration. Neben mechanischen Siebeffekten und physikalisch-chemischen Tiefenfiltrationsmechanismen (Transport- und Haftvorgänge) sind auch mikrobiologische Prozesse von Bedeutung (aerobe biologische Vorgänge, Nitrifikation, allgemeine Mineralisierung [18, 19]).

Langsamfilter nach DVGW-Arbeitsblatt W 213-4 werden i. d. R. als oben offene, unten jedoch gekapselte Becken ausgeführt, die bis zu 10.000 m^2 Filterfläche aufweisen können und am Boden mit Drainagesystemen für die Filtratableitung versehen sind (siehe **Bild 2.12**). Die wirksame Filterschicht, die von oben nach unten durchströmt wird, besteht aus einer 0,8 bis 1,3 m hohen Schüttung aus Quarzsand, dessen Korngröße im Bereich von 0,2 bis 1 mm variieren kann (i. d. R. 0,1 bis 0,5 mm). Der aus der Sieblinie des Filtermaterials abgeleitete Ungleichförmigkeitsgrad U (siehe Kapitel 2.1.5.4) sollte < 5 (besser wären < 3) sein. Die Höhe des zur Durchströmung erforderlichen Wasserüberstaus kann bis zu 1,5 m betragen (DVGW-Arbeitsblatt W 213-4).

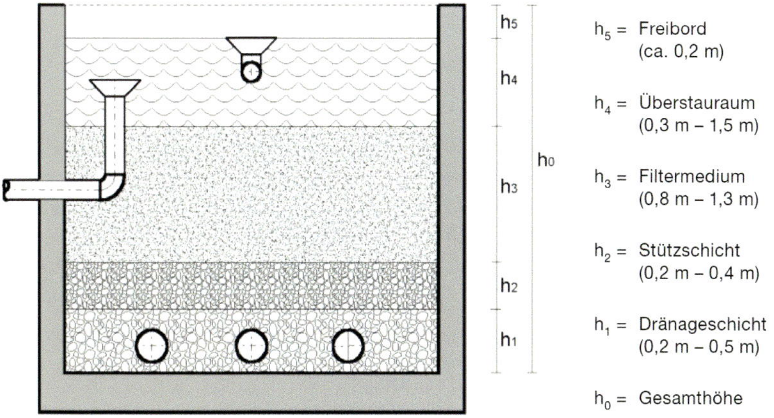

Bild 2.12: Aufbauprinzip eines Langsamfilters [19]

Ein frisch in Betrieb genommener Filter entwickelt seine volle Wirksamkeit erst, wenn es zur Ausbildung der sogenannten Schmutzdecke in der obersten Filterschicht gekommen ist, die sich aus den zurückgehaltenen Wasserinhaltsstoffen durch ein sehr komplexes Zusammenwirken der verschiedenartigen Abscheidemechanismen und den dort heimisch gewordenen Mikro- und Makroorganismen aufbaut. Daher sollte ein anfängliches „Trockenfallen“ des Filters vermieden werden. Die Schmutzdecke kann eine Höhe bis zu einigen Zentimetern erreichen und in ihr laufen die Reinigungsvorgänge bei der Langsamfiltration hauptsächlich ab. Da an der Oberfläche dieser Schicht oft Siebeffekte eine wesentliche Rolle spielen, können Langsamfilter insbesondere bei stark ausgebildeter Schmutzdecke nicht mehr als reine Tiefenfilter betrachtet werden.

Zur Ausbildung der sogenannten Schmutzdecke werden mehrere Tage Einarbeitungszeit benötigt. Die gesamte Filterlaufzeit beträgt in der Regel einige Monate. Am Ende eines Filterlaufs ist der Druckverlust in der obersten Filterschicht so stark angestiegen, dass der geforderte Wasserdurchsatz selbst bei maximaler Überstauhöhe nicht mehr aufrecht zu erhalten ist. Die dann notwendige Filterregeneration geschieht i. d. R. durch Abschälen der obersten 1 bis 2 cm an „kolmatierter“ Filterschicht. Dieser Zyklus kann so lange wiederholt werden, bis die gesamte Höhe der Filterschüttung auf etwa 0,4 bis 0,8 m abgenommen hat. Dann wird die Filterschicht mit frischem oder gewaschenem Sand neu aufgeschüttet.

Durch Wasserinhaltsstoffe, wie Algen, Eisen, Mangan, Härtebildner usw., kann es zu Verbackungen, Verockerungen oder Kalkausscheidungen im Filtermedium kommen, was bei der Planung zu berücksichtigen ist. Bei Wässern mit hohen Feststofffrachten und hohem Gehalt an organischen Stoffen können zur Entlastung von Langsamfiltern Stufen zur groben Voraufbereitung vorgeschaltet werden.

2.1.5.3 Schnellfilter

Mit der Bezeichnung Schnellfilter ist der Hinweis auf die im Vergleich zu den Langsam- und Feinfiltern hohe Filtergeschwindigkeit verbunden, die im Mittel bei etwa 10 m/h liegt und im Bereich der Schwimm- und Badebeckenwasseraufbereitung auch bis 30 m/h betragen kann. Eine ausreichende Entfernung der aus einem Rohwasser stammenden Partikel mit mikrobiologischer oder gesamthygienischer Relevanz gelingt mittels Tiefenfiltration i. d. R. nur in Verbindung mit einer Flockung und bei Filtergeschwindigkeiten unterhalb von 15 m/h [16].

Die Kombination aus hoher Geschwindigkeit und relativ grobkörnigem Filtermaterial im mm-Bereich forciert bei der Schnellfiltration die gewünschte Tiefenwirkung. Das Filterbett besteht aus einer oder mehreren (optionalen) Stützschichten, auf welche die filtrativ wirksamen Filterschichten mit einer Schütthöhe von 1 bis

2,5 m aus körnigen Materialien gelagert werden, um eine hohe Filtratqualität bei Filterlaufzeiten von einzelnen Tagen bis einzelne Wochen mit geringem relativen Spülwasserbedarf, d. h. bei hoher Wasserausbeute, sicherstellen zu können.

Die Trübstoffabscheidung innerhalb der Filterschicht beruht primär auf physikalisch-chemischen Transport- und Haftmechanismen, die aber auch von biologischen Vorgängen beeinflusst sein können. Die wirksame Schicht von Schnellfiltern besteht aus körnigen Materialien in engen Kornbändern (minimaler bis maximaler nominaler Korndurchmesser), deren mittlere Durchmesser von 0,4 bis 4 mm reichen.

Die Schnellfiltration hat zusammen mit der Mikro- und Ultrafiltration die weitaus größte praktische Bedeutung unter den Filtrationsverfahren bei der Aufbereitung von Trinkwasser, aber auch von Schwimm- und Badebeckenwasser. Bei der weitergehenden Abwasserreinigung werden Tiefenfilter hinter biologischen Stufen zur Trübstoffabscheidung und nach vorheriger Phosphatfällung eingesetzt.

2.1.5.4 Filtermaterial

Filtermaterialien für die TWA sind in der §-20-Liste [8] geführt und müssen die darin geforderten Normenkonformität (Auflistung im Kapitel „Technische Regeln für Filtermaterialien") aufweisen. Als Filtermaterialien der Schnellfilter dienen überwiegend Quarzsand, Anthrazit, Filterkoks („H"-Material) und Bims (siehe Übersichtstabellen in DVGW-Arbeitsblatt W 213-2 [20]). Bei Verwendung eines feinkörnigen Filtermaterials sind für eine gute Reinigungsleistung nur geringe Schichthöhen erforderlich. Dies hat allerdings den Nachteil einer sehr schnellen Erschöpfung der Trübstoffaufnahmekapazität des Filters, was zu kurzen Filterlaufzeiten und geringer Filtratausbeute führen kann. Abhilfe schaffen Kombinationen von zwei aufeinander abgestimmten Filterschichten übereinander mit grobem Korn geringer Dichte oben (bei der üblichen Betriebsweise im Abstrom) und feinem Korn hoher Dichte unten (z. B. Zweischichtfilter, wie in **Bild 2.13** schematisch gezeigt). Die Abstimmung der kombinierten Materialien aufeinander hat so zu erfolgen, dass beide Filterschichten zusammen spülbar sind: Unter dem Aufstrom einer Spülung sollte die untere Schicht bei nur wenig höherer Spülgeschwindigkeit in einen fluidisierten Zustand übergehen als die obere Schicht. Auch die Bettexpansion beider Schichten sollte eine ähnliche Abhängigkeit von der Spülgeschwindigkeit aufweisen.

Das für einzelne Schichten verwendete Filtermaterial sollte jeweils eine möglichst enge Korngrößenverteilung (Kornband) aufweisen, da im Zuge der Filterspülung Feinkorn nach oben transportiert wird, sich in der oberen Filterschicht anreichert und ein nachteiliges Umschlagen des Filtrationsprozesses von der Tiefen- zur

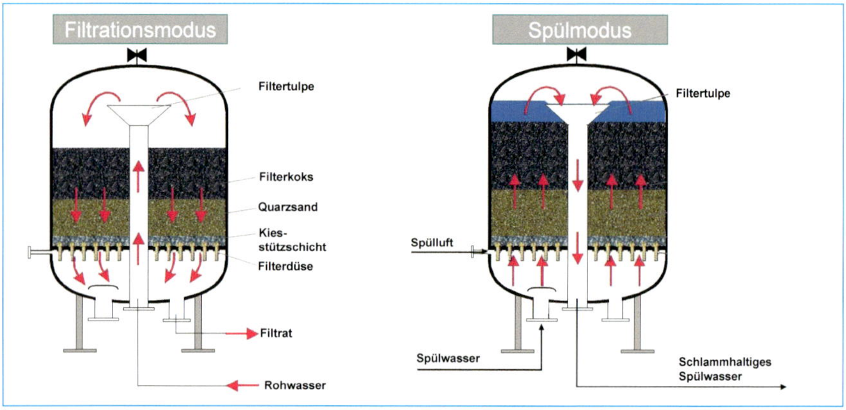

Bild 2.13: Schnitt durch einen im Abstrom betriebenen Zweischichtfilter in Kesselbauform für die Betriebsmodi Filtration (links) und Filterspülung (rechts)

Oberflächenfiltration zur Folge haben kann. Der Ungleichförmigkeitsgrad U beschreibt die Breite einer Korngrößenverteilung über das Verhältnis der Maschenweite zweier Prüfsiebe mit den Massendurchgängen für ein Material von je 60 % bzw. 10 % ($U = d_{60\%}/d_{10\%}$). Er sollte unter 1,5 liegen (DVGW-Arbeitsblatt W 213-2, DIN-EN 12901, DIN-EN 12902). Da sich nach dem Ein-/Nachfüllen neuer Filtermaterialien nach den ersten Spülungen immer etwas Feinkorn an der Bettoberfläche anreichert, sollte diese obere Feinschicht vor der Inbetriebnahme von Hand entfernt werden (Abschälen).

2.1.5.5 Bau- und Betriebsweise von Schnellfiltern

Ein klassisches Schnellfilter in geschlossener zylindrischer Kesselbauweise aus Stahl ist schematisch in Bild 2.13 dargestellt. Es wird i. d. R. von oben nach unten durchströmt (Abstrombetrieb), besteht aus einer Rohwasserverteilungsvorrichtung (Tulpe), der/den wirksamen Filterschicht(en), ggf. der/den Stützschichten (optional) und dem Filterboden bzw. Düsenboden. Der Düsenboden trägt das Filtermaterial und überführt das filtrierte Wasser homogen über den Querschnitt in die Reinwasserkammer unter dem Düsenboden. Er ist entweder mit Filterdüsen bestückt, die mit feinen Schlitzen versehen sind, oder aus speziellen, porösen oder geschlitzten Bauteilen zusammengesetzt. Insbesondere bei der Verwendung von feinem Filtermaterial werden zwischen wirksamer Filterschicht und Filterboden eine oder mehrere sogenannte Stützschichten aus Quarzkies vorgesehen, die eine ca. zwei- bis vierfach gröbere Körnung als das darüber liegende Material aufweisen.

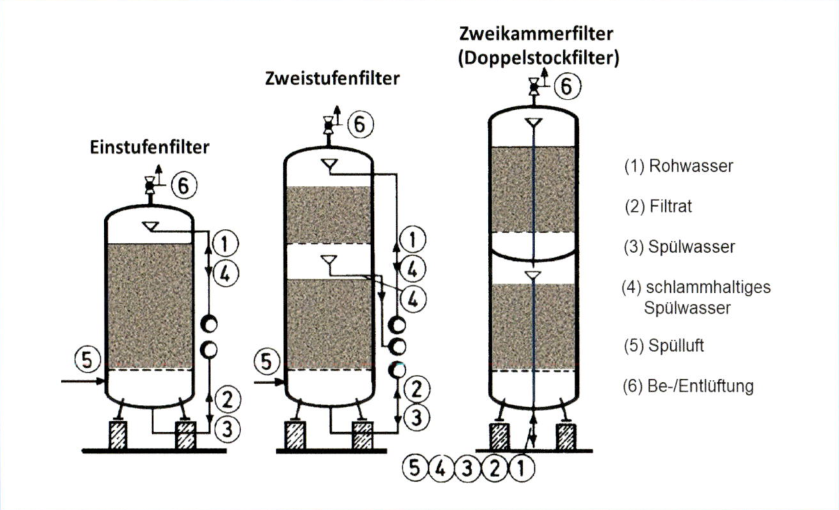

Bild 2.14: Verschiede Ausführungsformen geschlossener Schnellfilter [15]

Weitere in der Praxis verwirklichte Ausführungsformen zeigt **Bild 2.14**. Geschlossene Schnellfilter werden in der Regel als zylinderförmige Behälter aus Stahl gefertigt. Sie erreichen in stehender Ausführung Filterflächen bis zu 50 m². Die üblichen Druckverluste variieren zwischen 0,2 und 1 bar bei Filtergeschwindigkeiten von etwa 5 bis 30 m/h. In den letzten Jahren werden geschlossene Filter zunehmend auch rechteckig in Stahlbeton gefertigt.

Bei großen Wasseraufbereitungsanlagen werden häufig aus geschaltem Stahlbeton gebaute Galerien aus einzelnen offenen Filterzellen mit Einzelfilterflächen von bis zu 150 m² eingesetzt. Dabei muss der im Filterbett auftretende Druckverlust hydrostatisch durch einen entsprechenden Überstau über der Filterschicht ausgeglichen werden, dessen Höhe zwischen 0,3 und 3 m WS (entspricht 30 bis 300 hPa Druckverlust) variiert. Die realisierbaren Filtergeschwindigkeiten werden dadurch limitiert und liegen im Bereich von 3 bis 10 m/h. Ein Beispiel für eine offene Schnellfilteranlage zeigt **Bild 2.15**. Hierbei werden auch Sonderkonstruktionen eingesetzt, bei denen auf den klassischen Düsenboden mit Reinwasserkammer verzichtet wird und an seiner Stelle ein spezielles Rohr- oder Kanalsystem für die Filtratableitung und die Verteilung der Spülmedien auf dem Filterboden angebracht werden.

Die unterschiedlichen Anwendungen von Schnellfiltern bei der Wasseraufbereitung können zu folgenden Hauptgruppen zusammengefasst werden [15]:

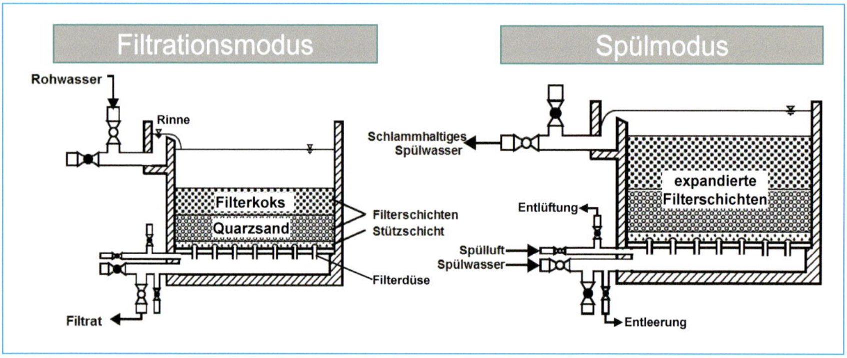

Bild 2.15: Beispielhafte Darstellung eines offenen Schnellfilters in den Betriebsmodi Filtration (links) und Spülung (rechts)

a) Abscheidung von Einzelteilchen, wie sie als Trübstoffe in Oberflächenwässern vorliegen (anorganische Stoffe wie beispielsweise Tonmineralien und/oder organische Teilchen, wie Pflanzenzellen, Algen, Bakterien, Viren etc.). Als weiterer Anwendungsfall ist die Abtrennung von $CaCO_3$-Partikeln nach einer Entkarbonisierungsstufe zu nennen.
b) Abscheidung von Teilchenagglomeraten und Hydroxidflocken in Fällen, in denen originäre Einzelteilchen nur schlecht abzufiltrieren sind und vor der Schnellfiltration mittels Flockung eine Agglomeration oder eine Einbettung in Eisen- oder Aluminiumhydroxidflocken durchgeführt wird. Hierbei können z. T. auch gelöste Stoffe (z. B. Anteile des DOC oder Phosphorverbindungen) mit eingebunden werden.
c) Enteisenung und Entmanganung, d. h. Entfernung von gelösten zweiwertigen Eisen- und Mangan-Ionen, die vor oder während des eigentlichen Filtrationsprozesses durch chemische oder biochemische Oxidation in Eisenhydroxid und Mangandioxid überführt werden.
d) Unterstützung chemisch-katalytischer Prozesse (z. B. Abbau von Ozon, von gebundenem Chlor) und auch biologischer Prozesse (z. B. Nitrifikation, biologische Stabilisierung).

Darüber hinaus können auch Filtermaterialien mit speziellen Funktionen eingesetzt werden, wie beispielsweise zum Ionenaustausch ohne eine Regenerationsmöglichkeit (z. B. zur Entfernung von PFAS, Radionukliden oder von Phosphat).

Im Normalfall ist der Raum zwischen den Körnern des Filtermaterials inklusive ihrer Trübstoffbeladungsschichten vollständig mit Wasser ausgefüllt. Im Gegensatz dazu wird bei der sogenannten Trockenfiltration Luft im Gleich- oder Gegenstrom zum Wasser durch die Filterschüttung geführt. Dieses Sonderverfahren kann bei der Wasseraufbereitung dann eingesetzt werden, wenn so starke aerobe Abbauprozesse oder Oxidationsvorgänge in der Filterschüttung ablaufen, dass eine stetige Nachlieferung von Sauerstoff aus der mitgeführten Luft erforderlich ist. Die Trübstoffrückhaltung im Trockenfilter kann dabei zu Instabilitäten neigen.

Beim Betrieb von Schnellfiltern hat es sich bewährt, die Filtergeschwindigkeit während eines Filterlaufs konstant zu halten. Da der Strömungswiderstand in der Filterschicht durch die Trübstoffablagerungen mit der Filterlaufzeit zunimmt, muss dies entweder durch eine geregelte Drosselung im Filterauslauf erreicht werden, die mit der Druckverlustzunahme im Filterbett abnimmt, oder bei offener Filterbauweise durch eine entsprechend zunehmende Überstauhöhe. In manchen Fällen bevorzugt man einen Betrieb mit variabler Filtergeschwindigkeit, wobei diese während eines Filterlaufs gegen Ende etwa auf die Hälfte des anfänglichen Werts abnimmt. Da mit abnehmender Geschwindigkeit die Wahrscheinlichkeit des Abreißens und Auswaschens von bereits abgeschiedenen Trübstoffen im Filter stark verringert wird, kann ggf. eine im Durchschnitt etwas bessere Filtratqualität erzielt werden.

Die Laufzeit von Schnellfiltern liegt i. d. R. zwischen 10 und 100 h. Wie in **Bild 2.16** qualitativ gezeigt wird, ändert sich in diesem Zeitraum sowohl die Filtratqualität (ausgedrückt als Konzentration c) als auch der Druckverlust über der Filterschüttung (Δp_v). Als Maß für die Trübstoffkonzentration wird für die kontinuierliche Überwachung von Filteranlagen in der Praxis meist eine einfache Trübungsmessung nach DIN-EN-ISO 7027 herangezogen [2]. Immer mehr kommen jedoch auch Online-Partikelzählgeräte zum Einsatz, die nach dem Prinzip der Streulicht- oder Extinktionsmessung am Einzelteilchen einen Zusammenhang zwischen Partikel-Anzahlkonzentration und Partikelgröße liefern [2]. Das Arbeitsblatt W 213-6 nennt auch weitere Online-Sensoren, wie z. B. die Durchflusszytometrie zur Erfassung der Gesamtzellzahl/Intaktzellzahl von Bakterien.

Man kann drei charakteristische Phasen eines Filterlaufs unterscheiden (siehe Bild 2.16). Bis zum Zeitpunkt t_1 nimmt die Trübstoffkonzentration im Filtrat ab und

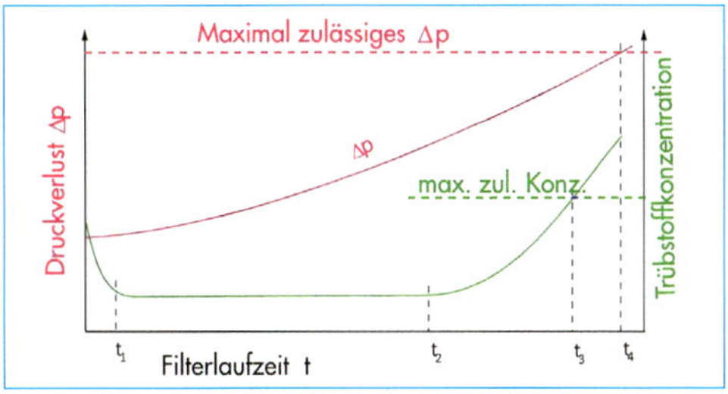

Bild 2.16: Veränderung des Druckverlusts Δp_v und der Trübstoffkonzentration c im Filtrat mit der Filterlaufzeit t [15]

die Filtratqualität wird besser. Als Grund hierfür können sowohl die bei der letzten Spülung nur unvollständig aus dem Filter ausgetragenen Trübstoffe sowie ein Einarbeitungsverhalten des Filters genannt werden, dass insbesondere dann stark ausgeprägt sein kann, wenn chemisch-katalytische oder biologische Vorgänge für die Trübstoffabscheidung wichtig sind. Zwischen t_1 und t_2 bleibt die Trübstoffkonzentration im Filtrat annähernd konstant. Bei t_2 beginnt die Durchbruchsphase des Filters, die so lange andauern kann, bis bei t_3 die maximal zulässige Trübstoffkonzentration erreicht ist und der Filter gespült werden muss [15].

Bild 2.16 ist auch zu entnehmen, wie der Druckverlust über der Filterschüttung mit der Filterlaufzeit zunimmt und bei t_4 seinen maximal zulässigen Wert erreicht. Eine der wesentlichen Optimierungsaufgaben bei der Schnellfiltration besteht darin, die beiden den Filterlauf limitierenden Zeiten t_3 und t_4 möglichst zusammenfallen zu lassen. In der Praxis wird in vielen Fällen aus Sicherheitsgründen t_3 ca. 10 bis 20 % größer als t_4 gewählt und als primäres Kriterium für die Beendigung eines Filterlaufs das Erreichen des maximal zulässigen Druckverlusts herangezogen. In der Praxis werden neben den Limits für die Parameter Filtrattrübung und Druckverlust i. d. R. zusätzliche für Laufzeit und/oder Filtratvolumen gesetzt.

2.1.5.6 Spülung von Schnellfiltern

Nach beendeter Filterlaufzeit müssen die Schüttschichten eines Schnellfilters regeneriert werden. Dies erfolgt in der Regel durch eine Spülung, deren Prozesse dem jeweils rechten Teil von Bild 2.13 und Bild 2.15 zu entnehmen sind und deren Wirkung im Wesentlichen auf zwei Teilschritten beruht:

- Ablösung der abgeschiedenen Trübstoffe vom Filterkorn durch eine Scherbeanspruchung der um- und überströmten Filterkornoberflächen sowie durch eine Korn-Korn-Interaktion und
- Abtransport der abgelösten Stoffe (und ggf. von Luft) aus der Filterschicht und dem Filtrationsraum.

Mit einer Filterspülung werden aber deutlich mehr Ziele verfolgt [16]:

- Verhindern und Beseitigen von Verbackungen und Verklebungen des Filtermaterials
- Entfernen der auf dem Bett und im Filter am Korn angelagerten Stoffe, im Regelfall periodisch im Anschluss an die Filtrationsphase
- Beseitigen von gebildeten Gasblasen bei der Filtration sowie Lufteinschlüssen infolge Filtration, Luftspülung oder auch simultaner Luft-/Wasserspülung, die das Bett bei der Filtration partiell blockieren würden

- Auflockern des Filtermaterials zur Wiederherstellung einer günstigen Lagerungsdichte und eines ausreichenden Kornzwischenraumvolumens
- Ordnen und Ebnen der Schichtungen (Beseitigung von Auskolkungen)
- Bei Bedarf Austragen von Feinstkorn (Unterkorn, Filtermaterialabrieb) im Anschluss an eine Befüllung oder Auffüllung des Filters mit neuem Filtermaterial oder Anreichern des Feinstkorns auf der Bettoberfläche, sodass es mittels Schälung von Hand entfernt werden kann.

Folgende Konstruktionsmerkmale von Filtern, Betriebsbedingungen und Vorgehensweisen wirken sich günstig auf den Spülerfolg und Spüleffizienz (= Spülerfolg im Kontext des Bedarfs an Spülmedien und Energie) aus:

- Ausreichende Dimensionierung des Düsenbodens und ggf. seiner Anker, sodass keine Verlagerung/Verformung/Beschädigung auftreten kann; er muss absolut plan, in Waage ausgerichtet und in der Lage sein, dem Spüldruck bei Nullförderhöhe der Spülwasserpumpe (bei Vollblockade aller Filterdüsen) standzuhalten.
- Düsenböden, die mit mehr als 60 Düsen je m^2 Filterfläche (DIN 19605) bestückt werden können (aber auch nicht mehr als 81 Düsen je m^2 Filterfläche)
- Zur Ermöglichung einer Luftspülung sollten Düsen vom Typ „Luftpolsterdüse" verwendet werden (vergleiche **Bild 2.17**), die die Ausbildung eines sogenannten Luftpolsters unter dem Düsenboden erwirken, von wo aus die Luft von

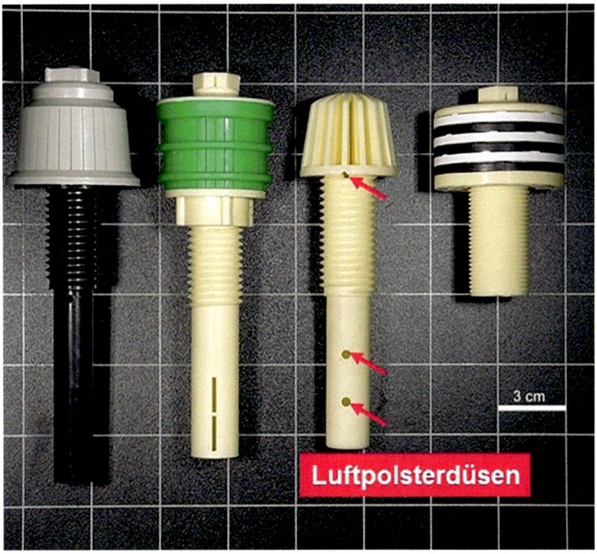

Bild 2.17: Filterdüsen in verschiedenen Bauformen [15]

oben (!) die Luftschlitze in den Schäften der Luftpolsterdüsen erreicht. Luftpolsterdüsen sorgen für eine Gleichverteilung der Spülmedien und auch für eine möglichst vollständige Entlüftung des Düsenbodens.
- Beim Verzicht auf Stützschichten sind die Schlitzweiten der Düsen auf das Filtermaterial der unteren Filterschicht abzustimmen (Vermeidung von Korndurchtritt).
- Die Abstimmung von Schlitzweite, Schlitzanzahl und Düsenanzahl je Filterfläche sollte derart aufeinander erfolgen, dass die Düsen für die notwendige Wasserspülgeschwindigkeit (bei Spülwassertemperatur) einen geringen, aber ausreichenden Druckverlust erzeugen. Nur auf diese Weise können die Düsen auf eine homogene Wasserverteilung über den Filterquerschnitt aktiv einwirken [21].
- Einmündung des Spülwassers in den Filtratraum ohne die direkte Anströmung einzelner oder mehrerer Düsen (ggf. Einbau von Strömungsbrechern)
- Einmündung der Spülluft nur in der Luftpolsterzone (ggf. Einbau eines Verteilorgans)
- Ausreichend dimensionierte Ablauftrichter (Filtertulpen) und Rinnen, sodass Mitreiß- oder Heber-Effekte für das Filtermaterial an Überfallkanten unterbleiben
- Der Ablauftrichter und die gesamte Rohrleitung für die Spülwasserableitung müssen ausreichend große Querschnitte aufweisen, damit sich an ihnen definierte Freifall- oder Überfallkanten von wenigen Millimetern Höhe ausbilden können und ein Rück- oder Aufstau des Wasserspiegels im Filter unterbleibt (DIN 19605 fordert eine „drucklose Spülwasserableitung").
- Verzicht auf unnötig hoch gewählte Freiborde (Höhendifferenz zwischen Oberkante Filtermaterial und Überlaufkante Ablauftrichter) schützen zwar vor dem Austrag von Filtermaterial, sie machen eine Wasserspülung aber auch ineffizient. Die Schütthöhen sollten immer so gewählt werden, dass ein Freibord stets so knapp wie tatsächlich notwendig gehalten wird. Hierbei sind verschiedene Bettexpansionen infolge Temperaturänderungen beim Spülwasser zu berücksichtigen.
- Die Absenkung des Wasserspiegels im Filter vor einer Luftspülung sollte niveaugesteuert (Ultraschallsensor oder bei Filtrationsprozessen ohne Kornwachstum Rohrleitung mit Absenkschleife) und nicht zeitgesteuert erfolgen.
- Ausreichend dimensionierte Pumpen, Spülluftgebläse und deren Rohrleitungen, um die für eine Wasser- oder Luft-Spülgeschwindigkeit benötigten Volumenströme realisieren zu können
- Automatisch gesteuerte Spülprogramme mit einstellbarer Parametrierung

Bei Einschichtfiltern wird die Spülung oft nur mit Wasser durchgeführt, wobei die Strömungsgeschwindigkeit so groß sein muss, dass die Filterschüttung um mindestens 10 bis 15 % expandiert und das Festbett in ein Fließbett übergeht (Fluidisierung mit unregelmäßiger Bewegung des einzelnen Filterkorns). Das aufsteigende schlammhaltige Spülwasser wird bei der Durchlaufspülung simultan über seitliche Rinnen oder zentral angeordnete Tulpen abgeleitet. Bei der Durchlaufspülung für offene Filter erfolgt die Ableitung zeitlich nachgelagert über stirnseitige Klappen. Ohne die Spülung mit Luft ergibt sich ggf. der Nachteil, dass Verbackungen des Filtermaterials in der obersten Filterschicht u. U. nicht vollständig aufgebrochen werden, sich mit der Zeit im unteren Bereich der Filterschüttung ansammeln und zu erheblichen Leistungsminderungen führen.

Mit zunehmender Spülwassergeschwindigkeit steigt der Druckverlust über dem starren Filterbett zunächst steil an, bis der Lockerungspunkt erreicht wird und bei einer zuvor stark verdichteten Schüttung wieder etwas absinkt. Das Bett beginnt ab diesem Punkt mit weiterer Steigerung der Spülgeschwindigkeit mehr und mehr zu expandieren und sein Korn führt eigenständige Bewegungen aus. Die Reinigungswirkung ergibt sich hier sowohl durch die Scherbeanspruchung der Beladungsschichten als auch durch eine Korn-Korn-Interaktion. Die bei einer bestimmten Spülgeschwindigkeit z. T. starke Abhängigkeit der resultierenden Bettausdehnung von der Wassertemperatur (Viskositätsänderung) ist zu beachten!

Die bevorzugte Möglichkeit zur Bewältigung von Verbackungsproblemen und zur Erreichung einer intensiven Filterkornreinigung besteht in der zusätzlichen Verwendung von Luft als Spülmedium. Dabei wird in einer ersten Phase der Wasserspiegel im Filter abgesenkt und die knapp überstaute Filterschicht nur mit Luft aufgewirbelt, was eine Zerkleinerung eventueller Filterkornverbackungen bewirkt. Daran anschließend wird oft simultan mit Luft und Wasser (nur bei Einschichtfiltern) und danach nur noch mit Wasser gespült (Klarspülung, ggf. auch zum Austrag von Luft).

In analoger Weise geht man bei Mehrschichtfiltern vor, doch wird hier in den meisten Fällen auf eine simultane Luft-Wasser-Spülung verzichtet, da diese Kombination eine zu intensive Durchmischung der Filtermaterialien hervorrufen würde. In einem solchen Falle kann nur eine umfangreiche Trennspülung mit Wasser die Entmischung der unterschiedlichen Filtermaterialien bewirken und somit den ursprünglichen Schichtenaufbau des Filters wiederherstellen. Dies setzt aber voraus, dass relativ hohe Spülwassergeschwindigkeiten realisierbar sind und Freiborde vorliegen, bei denen die Ausdehnung der Filterschüttung über 40 % betragen kann.

Eine gute Spülwirkung und eine saubere Trennung der Schichten ist aber grundsätzlich nur dann möglich, wenn die Filtermaterialien bezüglich Dichte und Korndurchmesser derart aufeinander abgestimmt sind, dass der Lockerungspunkt (Übergang zur Fluidisierung) einer oberen Filterschicht bei einer Spülgeschwindigkeit auftritt, die etwa 10 % tiefer liegt als diejenige beim Lockerungspunkt der unteren Filterschicht.

In der Regel werden für eine Filterspülung insgesamt etwa 15 bis 20 Minuten benötigt. Die Spülluft- wie auch die Spülwassergeschwindigkeiten variieren je nach Korngröße und Korndichte zwischen etwa 40 und 100 m/h bei Filterbettausdehnungen von 10 bis max. 50 % (optimal hinsichtlich der Reinigungswirkung sind etwa 20 %).

Bei einem gut konzipierten Filterspülprogramm sollte der Wasserverbrauch pro Spülung nicht höher als 2 bis 5 m^3/m^2 Filterfläche sein und weniger als 5 % des Filtratvolumens betragen [15]. Hängt die Trübstoffabscheidung im Filter stark von biologischen oder chemisch-katalytischen Vorgängen ab, so kann eine zu intensive Filterspülung von Nachteil sein, da dann erst wieder eine relativ lange Filtereinarbeitungszeit benötigt wird. In der TWA sollte ein Schnellfilter jedoch mindestens einmal pro Woche und grundsätzlich nach Stillstandzeiten gespült werden [15].

2.1.5.7 Makroskopische Modelle für das Verhalten von Schnellfiltern

Die im Folgenden vorgestellten Mechanismen der Trübstoffabscheidung in Schnellfiltern treten in analoger Form auch in Langsamfiltern oder in den Wirrfaserstrukturen von Feinfiltern auf. Um einen Schnellfilter optimal auslegen und betreiben zu können, ist es zweckmäßig, unter gegebenen Eingangsbedingungen sowohl die volumetrische Konzentration c einer bestimmten Partikelart als auch die Filterbeladung σ als Funktion der Filterschichttiefe z sowie der Filterlaufzeit t vorauszubestimmen. Von der Beladung σ wiederum hängt auch der Verlauf des Drucks p in der Filterschüttung ab und davon letztlich der gesamte Druckverlust über der Filtersäule. Zur Beschreibung von c, σ und p als Funktion von z und t benötigt man neben einer Massenbilanz einen kinetischen Ansatz, der den Stoffübergang von der strömenden Phase an das stationäre Filtermaterial beschreibt, sowie einen Ansatz für den Druckverlauf im Filter. Dazu lassen sich an einem differentiellen Element einer Filterschüttung (siehe **Bild 2.18**) folgende Gleichungen aufstellen [1]:

- Massen- bzw. Volumenbilanz (unter Vernachlässigung axialer Dispersionseffekte) [15]:

$$v_f \cdot \frac{\partial c}{\partial z} + \frac{\partial(\varepsilon \cdot c)}{\partial t} + \frac{\partial \sigma}{\partial t} = 0 \tag{2.6}$$

ε Schüttungsporosität [–]
c Volumenkonzentration einer bestimmten Trübstoffart [m^3/m^3]
σ auf das Filtervolumen bezogene Beladungsvolumen [m^3/m^3]

Bild 2.18: Differentielles Element der Filterschüttung eines Tiefenfilters

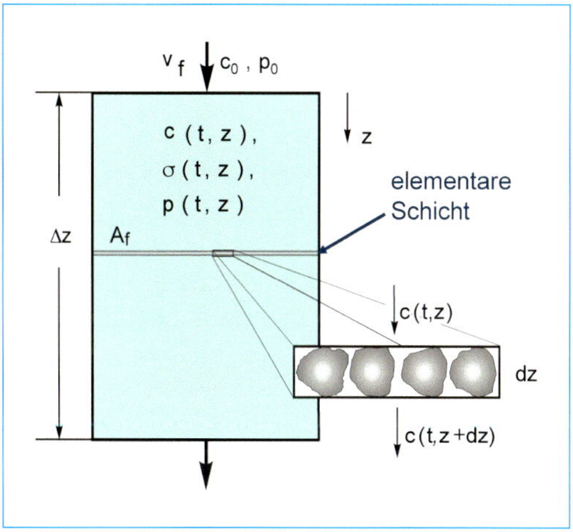

t Filterlaufzeit [h]
z Filterschichttiefe [m]
v_f Filtergeschwindigkeit [m/h]

$$v_f = \frac{\dot{V}}{A_f} \tag{2.7}$$

$\dot{V}$ Volumenstrom [m³/h]
A angeströmte Filterquerschnittsfläche [m²]

Der erste Term der Volumenbilanz beschreibt für die differentielle Filterschicht den konvektiven Partikeltransport, der zweite den Speicherterm für den Partikelgehalt ($\varepsilon \cdot c$) in der flüssigen Phase und der dritte den Speicherterm auf der festen Phase, also die mit der Zeit wachsende Beladung σ des Filtermaterials. Die Porosität ε ist dabei eine Funktion der Beladung σ. Bei längeren Filterlaufzeiten kann der Speicherterm ($\varepsilon \cdot c$) für die Suspension in Gleichung (2.6) gegenüber der Beladung σ vernachlässigt werden [22]. Führt man zudem eine sogenannte Kontaktzeit θ ein, in der die Verweilzeit eines Flüssigkeitselements auf dem Weg von z = 0 bis z = z berücksichtigt ist, so erhält man aus Gleichung (2.6) [14, 15, 23]:

$$v_f \left(\frac{\partial c}{\partial z}\right)_\theta + \left(\frac{\partial \sigma}{\partial \theta}\right)_z = 0 \qquad (2.8)$$

$$\text{mit: } \theta = t - \int_0^z \frac{\varepsilon}{v_f} dz \qquad (2.9)$$

- Ansatz für die Abscheidekinetik, für den i. A. der von Iwasaki vorgeschlagene und experimentell mehrfach bestätigte Ansatz erster Ordnung gewählt wird [14, 15]:

$$\frac{\partial c}{\partial z} = -\lambda \cdot c \qquad (2.10)$$

λ Filterparameter oder auch Filterkoeffizient [m^{-1}]

Zu Beginn der Filterlaufzeit in der sogenannten Anfangs- oder Einarbeitungsphase, in der die Filterbeladung noch keinen Einfluss auf die Partikelabscheidevorgänge ausübt, kann für eine homogene Filterschüttung die Gleichung (2.10) mit $\lambda = \lambda_0$ integriert werden zu:

$$c = c_0 \cdot \exp(-\lambda_0 \cdot z) \qquad (2.11)$$

d. h. die Partikelkonzentration c nimmt exponentiell mit der Filterschichttiefe z ab. Daraus ist unmittelbar zu folgern, dass mit ausreichender Bemessung der Schichttiefe sehr geringe Filtratkonzentrationen resultieren, ein vollkommener Partikelrückhalt aber nicht erzielt werden kann.

- Ansatz für den Druckverlust bzw. Druckgradient

  $\frac{\partial p}{\partial z}$ Druckgradient in der Filterschicht [Pa/m]

Zur Beschreibung von λ_0 (für die differentielle Filterschicht) bzw. dem daraus zu ermittelnden elementaren Abscheidegrad γ_0 (für die elementare Filterschicht, die ein Bett mit der Höhe eines Filterkorndurchmessers repräsentiert, $\gamma_0 \approx \lambda_0 \cdot d_k$) kann man davon ausgehen, dass γ_0 sich zusammensetzt aus dem Produkt der Transportwirksamkeit $\gamma_{0,T}$ und der Partikelhaftwahrscheinlichkeit $\gamma_{0,H}$ [14, 15, 23]:

$$\gamma_0 = \gamma_{0,T} \cdot \gamma_{0,H} \quad (2.12)$$

$\gamma_{0,T}$ Transportwirksamkeit [-]
$\gamma_{0,H}$ Partikelhaftwahrscheinlichkeit [-]

$\gamma_{0,T}$ gibt dabei an, welcher Anteil einer bestimmten Partikelart, die in eine elementare Filterschicht eintritt, darin zum Kontakt mit der Filterkornoberfläche kommt. $\gamma_{0,H}$ gibt an, mit welcher Wahrscheinlichkeit dieser Partikelanteil an der Kontaktstelle stabil haftet.

Die Transportwirksamkeit, also der Kontakt zwischen Trübstoffteilchen und der Oberfläche des Filtermaterials, erfolgt bei den üblichen stark verdünnten Suspensionen im Wesentlichen über folgende Transportmechanismen, wobei von einer laminar durchströmten Filterschüttung ausgegangen werden kann (vergleiche **Bild 2.19**) [14, 15]:

- Transport infolge der Einschnürung von Strombahnen, wenn ein Trübstoffteilchen der Strombahn folgt und sein Abstand zur Kornoberfläche schwindet. Dieser Transportmechanismus wird als Sperreffekt oder Interception bezeichnet und betrifft größere Teilchen mit Durchmessern über 1 µm.
- Transport infolge Sedimentation, wenn Trübstoffteilchen aufgrund ihres Sedimentationsvermögens die Strombahnen verlassen (bei Teilchen mit Durchmessern über 1 µm und mit maßgeblicher Dichtedifferenz zum Wasser)
- Transport durch Diffusion, da Trübstoffteilchen unterhalb von 1 µm mit abnehmendem Durchmesser immer stärker der Brown‘schen Bewegung unterliegen

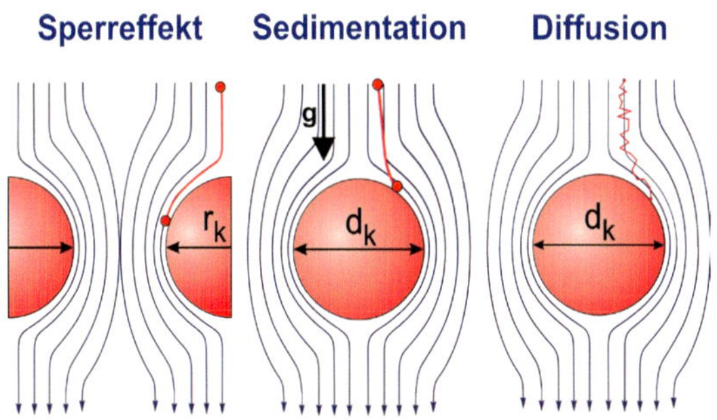

Bild 2.19: Schematische Darstellung der klassischen Partikelabscheidemechanismen bei der Tiefenfiltration von Flüssigkeiten [15]

- Der Transport durch die Trägheit von Trübstoffteilchen, der bei der Gasfiltration dominiert, spielt bei der Wasseraufbereitung und ihren üblichen Filtergeschwindigkeiten keine Rolle.

Die Transportwirksamkeit als eine Folge der Überlagerung all dieser makroskopischen Mechanismen zeigt das Diagramm in **Bild 2.20**, wobei Ergebnisse aus der Modellierung und aus entsprechenden Experimenten einander gegenübergestellt werden. Deutlich ist das für die Tiefenfiltration typische Abscheideminimum bei einer Partikelgröße um 1 µm zu erkennen, was den Bedarf an einer Verschiebung der Partikelgröße durch den Ausbau von größeren Flocken unterstreicht.

Die hier aufgeführten klassischen Partikelabscheidemechanismen müssen bei einer mikroskopischen Betrachtung der Prozesse aber noch um zahlreiche weitere ergänzt werden:

- Hydrodynamische Kräfte und Momente, die den wandnahen Strömungsprofilen am Partikel und/oder Filterkorn, deren reale Gestalt sowie der Teilchenrotation geschuldet sind
- Wechselwirkung zwischen Kollektor- und Partikeloberfläche infolge von Doppelschichtkräften (Wechselwirkung elektrostatischer Ladung an beiden Oberflächen im Zusammenspiel mit den Ionen des Wassers) und von van-der-Waals-Kräften (elektrodynamische Wechselwirkung)
- Einfluss der geometrischen Oberflächenstruktur der Filtermaterialien

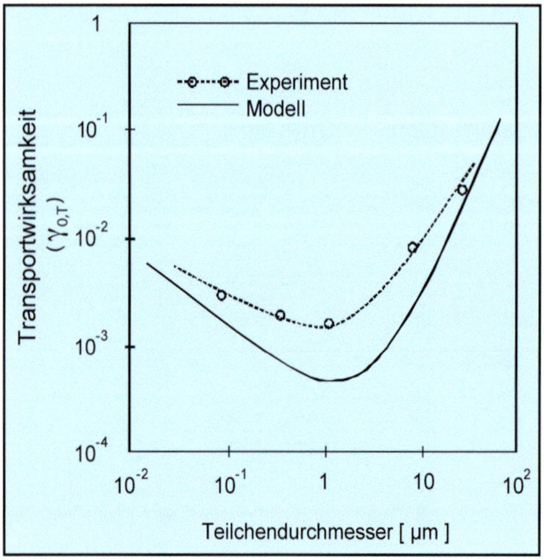

Bild 2.20: Abhängigkeit der Transportwirksamkeit von der Partikelgröße [15]

- Bei Verwendung polymerer Filterhilfsmittel ggf. ein Einfangmechanismen durch Polymerketten

Neben dem Transport ist die Haftung der Teilchen von entscheidender Bedeutung für die Gesamtwirksamkeit eines Tiefenfilters. Stein [24] hat bereits 1940 beobachtet, dass offensichtlich nicht jeder Kontakt zu einer stabilen Ablagerung führt und dass hierbei starke Einflüsse der stofflichen Eigenschaften vorliegen. Im Rahmen von Arbeiten zu den physikalisch-chemischen Grundlagen der Partikelhaftung wurden sowohl Doppelschichtkräfte als auch van-der-Waals-Kräfte unter dem Einfluss chemischer Parameter als maßgeblich identifiziert [1, 25, 26]. Außerdem gibt es eine Reihe von experimentellen Befunden über die Wirkung von Flockungshilfsmitteln [27].

Die Oberflächenstruktur der Filtermaterialien kann sich sowohl auf die Transport- als auch auf die Haftvorgänge deutlich auswirken [14]. Rauigkeiten können in der Anfangsphase der Filtration die Transportwirksamkeit verbessern oder eine stabilere Partikelablagerung ermöglichen. Vertiefungen wirken mit ihrer zirkulierenden Flüssigkeit günstig auf die Partikelanlagerungskinetik und es greifen im Vergleich zur äußeren Oberfläche wesentlich geringere Scherkräfte an den Teilchen an. An diesem Punkt setzen auch neuere Entwicklungen von leistungsfähigeren Filtermaterialien an.

Literatur

[1] DVGW-Arbeitsblatt W 217 (A): Die Flockung in der Wasseraufbereitung – Teil 1: Grundlagen. Ausgabe Mai 2021. WVGW-Verlag, Bonn

[2] DVGW-Arbeitsblatt W 213-6(A): Filtrationsverfahren zur Partikelentfernung – Teil 6: Überwachung mittels Trübungs- und Partikelmessung. Ausgabe Dezember 2021, WVGW-Verlag, Bonn

[3] Clark, R. M.: Regulatory Considerartions. In: McEwen, J. B. (Hrsg.): Treatment process selection for particle removal. AWWA Research Foundation, Denver, CO (1998), S. 7 ff.

[4] Wiesner, M.; Klute, R.: Properties and Measurements of Particulate Contaminants in Water. In: McEwen J. B. (Hrsg.): Treatment process selection for particle removal. AWWA Research Foundation, Denver, CO (1998), S. 35 ff.

[5] DIN 2000: Zentrale Trinkwasserversorgung – Leitsätze für Anforderungen an Trinkwasser, Planung, Bau, Betrieb und Instandhaltung der Versorgungsanlagen. Ausgabe Oktober 2000, Beuth-Verlag, Berlin

[6] DVGW-Arbeitsblatt W 213-1(A): Filtrationsverfahren zur Partikelentfernung – Teil 1: Grundbegriffe und Grundsätze. Ausgabe Juli 2023. WVGW-Verlag, Bonn

[7] TrinkwV 2023: Zweite Verordnung zur Novellierung der Trinkwasserverordnung. BGBl. I Nr. 159 S. 1-65, Bonn, 23. Juni 2023

[8] Bekanntmachung der Liste zulässiger Aufbereitungsstoffe und Desinfektionsverfahren gemäß § 20 der Trinkwasserverordnung (Stand: Januar 2023). BAnz AT 27.01.2023 B12, S. 1-27

[9] DVGW-Arbeitsblatt W 219 (A): Einsatz von anionischen und nichtionischen Polyacrylamiden als Flockungshilfsmittel bei der Wasseraufbereitung. Ausgabe Mai 2010. WVGW-Verlag, Bonn

[10] Amirtharajah, A.; Tambo, N.: Mixing in Water Treatment. In: Amirtharajah, A.; Clark, M.; Trussel, R. R. (Hrsg.): Mixing in Coagulation and Flocculation. AWWA Research Foundation, Denver, CO (1991)

[11] Hanke, K.: Wasseraufbereitung; Chemie und chemische Verfahrenstechnik. VDI-Verlag GmbH, Düsseldorf (1991)

[12] DVGW-Arbeitsblatt W 218 (A): Flockung in der Wasseraufbereitung – Teil 2: Flockungstestverfahren. Ausgabe November 1998. WVGW-Verlag, Bonn

[13] Hess, A.F.: Testing Techniques for Process Selection and Optimization. In: McEwen, J. B. (Hrsg.): Treatment process selection for particle removal. AWWA Research Foundation, Denver, CO (1998), S. 187 ff.

[14] Gimbel, R.: Abscheidung von Trübstoffen aus Flüssigkeiten in Tiefenfiltern. Veröffentlichungen des Bereichs und des Lehrstuhls für Wasserchemie am Engler-Bunte-Institut der Universität Karlsruhe, Heft 25 (1984), ZfGW Frankfurt

[15] Gimbel, R.; Nahrstedt, A.: Grundlagen der Tiefenfiltration. In: Gimbel, R.; Jekel, M.; Ließfeld, R. (Hrsg.): DVGW Lehr- und Handbuch Wasserversorgung Bd. 6: Wasseraufbereitung – Grundlagen und Verfahren. Oldenbourg Verlag, München 2004, S. 115-192

[16] DVGW-Arbeitsblatt W 213-3(A): Filtrationsverfahren zur Partikelentfernung – Teil 3: Schnellfiltration. Ausgabe September 2015. WVGW-Verlag, Bonn

[17] DIN 19605: Festbettfilter zur Wasseraufbereitung – Aufbau und Bestandteile. Ausgabe Mai 2016, Beuth-Verlag, Berlin

[18] Graham, N. J. D.: Slow Sand Filtration. Ellis Horwood Ltd., Chichester (1988)

[19] DVGW-Arbeitsblatt W 213-4(A): Filtrationsverfahren zur Partikelentfernung – Teil 4: Langsamfiltration. Ausgabe November 2023. WVGW-Verlag, Bonn

[20] DVGW-Arbeitsblatt W 213-2(A): Filtrationsverfahren zur Partikelentfernung – Teil 2: Beurteilung und Anwendung von gekörnten Filtermaterialien. Ausgabe September 2015. WVGW-Verlag, Bonn

[21] Stetter, D.; Rudow, H.; Nahrstedt, A.: Spülbildkontrolle und Betriebsoptimierung bei der Enteisenung und Entmanganung. bbr (2012) Nr. 11, S. 60-67

[22] Herzig, J.P.; Ledere, D.M.; Le Goff, P.: Flow of Suspension through Porous Media – Application to Deep Filtration Ind. and Engng. Chemistry 62 (1970), Nr. 5, S. 8 ff.

[23] Tien, C.: Granular Filtration of Aerosols and Hydrosols. Butterworths Publishers, Boston (1989)

[24] Stein, P. C.: A Study of the Theory of Rapid Filtration of Water through Sand. Ph.D. Thesis, Mass. Inst. of Technology (1940)

[25] Ives, K. J.; Gregory, J.: Surface Forces in Filtration. Proc. of the Soc. for Water Treatment and Examination 15 (1966), S. 93-116

[26] Gregory, J.: Interfacial Phenomena. The Scientific Basis of Filtration, Noordhoff-Leyden (1975), S. 53-90

[27] Gimbel, R.; Sontheimer, H.: Untersuchungen zur Wirksamkeit von kationischen Polyelektrolyten bei der Trübstoffentfernung in Schnellfiltern. Vom Wasser 51 (1978), S. 65-80

Technische Regeln für Filtermaterialien

DIN-EN 12901: Produkte zur Aufbereitung von Wasser für den menschlichen Gebrauch – Anorganische Filterhilfs- und Filtermaterialien; Definitionen. Beuth-Verlag, Berlin

DIN-EN 12902: Produkte zur Aufbereitung von Wasser für den menschlichen Gebrauch – Anorganische Filterhilfs- und Filtermaterialien; Prüfverfahren. Beuth-Verlag, Berlin

DIN-EN 12904: Produkte zur Aufbereitung von Wasser für den menschlichen Gebrauch – Sand und Kies. Beuth-Verlag, Berlin

DIN-EN 12905: Produkte zur Aufbereitung von Wasser für den menschlichen Gebrauch – Expandierte Aluminiumsilikate. Beuth-Verlag, Berlin

DIN-EN 12906: Produkte zur Aufbereitung von Wasser für den menschlichen Gebrauch – Bims. Beuth-Verlag, Berlin

DIN-EN 12907: Produkte zur Aufbereitung von Wasser für den menschlichen Gebrauch – Thermisch behandelte Kohleprodukte. Beuth-Verlag, Berlin

DIN-EN 12909: Produkte zur Aufbereitung von Wasser für den menschlichen Gebrauch – Anthrazit. Beuth-Verlag, Berlin

DIN-EN 12910: Produkte zur Aufbereitung von Wasser für den menschlichen Gebrauch – Granatsand. Beuth-Verlag, Berlin

DIN-EN 12911: Produkte zur Aufbereitung von Wasser für den menschlichen Gebrauch – Mangangrünsand. Beuth-Verlag, Berlin

DIN-EN 12912: Produkte zur Aufbereitung von Wasser für den menschlichen Gebrauch – Baryt. Beuth-Verlag, Berlin *(Anmerkung: aktuell kein Aufbereitungsstoff der §-20-Liste TrinkwV)*

DIN-EN 12915-1: Produkte zur Aufbereitung von Wasser für den menschlichen Gebrauch – Granulierte Aktivkohle – Teil 1: Frische granulierte Aktivkohle. Beuth-Verlag, Berlin

DIN-EN 12915-2: Produkte zur Aufbereitung von Wasser für den menschlichen Gebrauch – Granulierte Aktivkohle – Teil 2: Reaktivierte granulierte Aktivkohle. Beuth-Verlag, Berlin

DIN-EN 13752: Produkte zur Aufbereitung von Wasser für den menschlichen Gebrauch – Mangandioxid. Beuth-Verlag, Berlin

DIN-EN 13753: Produkte zur Aufbereitung von Wasser für den menschlichen Gebrauch – Granuliertes aktiviertes Aluminiumoxid. Beuth-Verlag, Berlin

DIN-EN 14368: Produkte zur Aufbereitung von Wasser für den menschlichen Gebrauch – Mit Mangandioxid beschichteter Kalkstein. Beuth-Verlag, Berlin

DIN-EN 14369: Produkte zur Aufbereitung von Wasser für den menschlichen Gebrauch – Eisenumlagertes aktiviertes Aluminiumoxid. Beuth-Verlag, Berlin

DIN EN 15029: Produkte zur Aufbereitung von Wasser für den menschlichen Gebrauch – Eisen(III) hydroxidoxid. Beuth-Verlag, Berlin

DIN EN 15798: Produkte zur Aufbereitung von Schwimm- und Badebeckenwasser – Filtermaterialien. Beuth-Verlag, Berlin

EN-Normentwurf (Januar 2022): Products used for treatment of water intended for human consumption and swimming pool water – Glass beads and glass granulate. CEN/TC 164/ WG 9 "Drinking water treatment", Secretariat AFNOR *(Anmerkung: aktuell kein Aufbereitungsstoff der §-20-Liste TrinkwV)*

2.2 Praxisbeispiele und Optimierungsstrategien

Dr.-Ing. Andreas Nahrstedt und Prof. Dr.-Ing. Martin Jekel

2.2.1 Einsatzbereiche und Aufbereitungsziele der Partikelentfernung

2.2.1.1 Einsatzbereiche der Partikelentfernungsverfahren

In **Bild 2.21** sind die Einsatzbereiche der verschiedenen Verfahren zur Partikelentfernung in Abhängigkeit von der Massenkonzentration an Partikeln im Rohwasser und vom mittleren charakteristischen Partikeldurchmesser dargestellt [nach 1]:

Für partikuläre Rohwasserinhaltsstoffe mit einer mittleren Größe über 100 µm und Trübstoffkonzentrationen über 50 mg/L stellt die Sedimentation das kosteneffektivste Verfahren zur Fest-Flüssig-Trennung dar. Sofern die Feststoffkonzentrationen unter 50 mg/L und die mittlere Partikelgröße in der Größenordnung über 30 µm liegen, sind Siebprozesse am effektivsten. Über einen weiten Bereich bei Partikelkonzentrationen unter 50 mg/l bietet sich die Direktfiltration über Kornmassefilter ohne vorgeschaltete Sedimentation an. Liegen Trübstoffkonzentrationen über 50 mg/L vor, ist davon auszugehen, dass die Kapazität von Kornmassefiltern für Trübstoffe zu schnell erschöpft ist und somit eine Flockungs- und Sedimentationsstufe als Vorbehandlung vor der eigentlichen Filterstufe erforderlich erscheint. In der Literatur finden sich jedoch auch Angaben, wonach eine Direktfiltration ohne entsprechende Vorbehandlung des Rohwassers lediglich bis zu einer Trübung in der Größenordnung von 5 FNU (Formazine Nephelometric Units) oder auch NTU (Nephelometric Turbidity Units) gelingt. Gerade vor dem Hintergrund erhöhter mikrobiologischer Anforderungen an das Trinkwasser erscheint dieser Wert als Obergrenze für einstufige Anlagen mit Schnellfiltern realistisch [2].

Mikro- und Ultrafiltrationsverfahren bieten die Option, dass sie sowohl mit einer höheren Feststoffkonzentration beschickt werden können und zudem eine jederzeit mikrobiell-hygienisch einwandfreie Filtratqualität sicherstellen. Zur Steuerung von (partikulärem) Fouling können polymere und keramische Membranen als

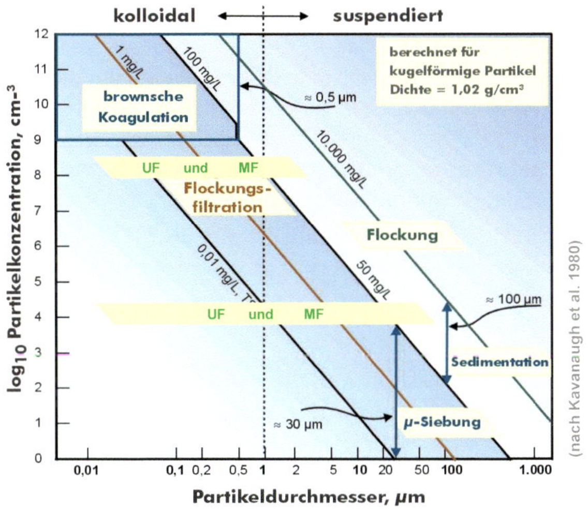

Bild 2.21: Einsatzbereiche von Partikelabtrennverfahren inklusive Flockung in Abhängigkeit von der Partikelvolumenkonzentration und der Partikelgröße (Partikeldurchmesser) [nach 1]

Hybridprozess mit einer vorgeschalteten Flockung und keramische Membranen als Hybridprozess mit einer vorgeschalteten Ozonung betrieben werden (siehe Kapitel 3 „Membranverfahren").

2.2.1.2 Aufbereitungsziele der Partikelentfernung

Rohwässer, die Oberflächenwassern entnommen werden oder durch Oberflächenwasser in ihrer Beschaffenheit maßgeblich beeinflusst werden, enthalten praktisch immer partikuläre Stoffe (Trübstoffe). Diese müssen mittels effektiver, d. h. der Rohwasserqualität angepasster, energieeffizienter und wirtschaftlicher Abscheideverfahren möglichst weitgehend abgetrennt werden. Hier ist diese Aufgabe nicht nur aus ästhetischen Gründen („Trinkwasser soll klar sein") geboten, sondern man entfernt mit den Partikeln auch die mikrobiologischen Verunreinigungen, wie partikulär vorliegende Algen, Bakterien, Dauerstadien der Protozoen und Parasiten und als Kolloide vorliegende Viren.

Werden bei der Trübstoffabscheidung auch flockungsaktive Stoffe (vor allem die Al^{3+}- oder Fe^{3+}-Verbindungen) eingesetzt, können auch die Konzentrationen einiger gelöster Stoffe verringert werden (DOC, Spurenmetalle), was auch durchaus ein Hauptziel von Flockungsverfahren sein kann, wie z. B. bei huminstoffreichen und gefärbten Rohwässern mit erhöhten DOC-Werten (TrinkwV: SAK_{436nm} ≤ 0,5 m^{1}).

In reinen Grundwässern treten partikuläre Stoffe als Inhaltsstoffe nur in geringen Konzentrationen im Brunnenwasser auf. Sie enthalten eine Gesamtzellzahlkonzentration im Bereich 10^4 Zellen/ml an natürlichen Bakterien aus dem Mikrobiom des Bodens, ein Auftreten von pathogenen Mikroorganismen ist jedoch nicht zu besorgen. Ungelöste Wasserinhaltsstoffe werden bei Grundwässern jedoch häufig im Zuge ihrer Aufbereitung gezielt erzeugt, wenn Fällungsverfahren im Rahmen

- der Enteisenung (chemische Oxidation) / Entmanganung (biokatalytische Oxidation),
- der Entkarbonisierung (Kalkfällung) oder
- eventuell bei Sonderverfahren, wie z. B. bei der Arsenentfernung mit Fe^{3+}-Salzen

zum Einsatz kommen. Im Bereich Grundwasseraufbereitung soll mit einer Partikelentfernung, i. d. R. einer Schnellfiltration, ein klares Trinkwasser mit Trübungswerten ≤ 1,0 NTU (Grenzwert TrinkwV [3]) erzeugt werden, da nicht mit kritischen mikrobiologischen Rohwasserbelastungen zu rechnen ist. Für Filtrationsverfahren nach einer Entkarbonisierung gelten (bei Drucklegung) jedoch Monitoringpflichten und Referenzwerte für die Trübung ihrer Filtrate gemäß Anhang 5 TrinkwV [3]: 95 % aller Betriebswerte ≤ 0,3 NTU und 100 % ≤ 1,0 NTU.

Bei Oberflächenwässern und bei Quell- und Karstwässern mit unzureichender Filterwirkung des Untergrunds, in die insbesondere bei Starkregenereignissen Partikel eingetragen werden können, hat die Partikelabtrennung eine sehr hohe Priorität erhalten. Wegen der Dauerstadien von Parasiten (sogenannte Zysten und Oozysten von Giardien und Cryptosporidien) mit ihrer hohen Persistenz gegenüber Chlor und Chlordioxid ist hier mit mikrobiell-hygienischen Gefährdungen zu rechnen [4], die sich mit einer optimierten Partikelabtrennung deutlich verringern lassen. Unabhängig von der oft stark schwankenden Rohwasserqualität sind hierbei Trübungswerte in jedem Ablauf eines Filters möglichst unter 0,2 NTU einzuhalten [4]. § 24 und Anhang 5 TrinkwV [3] fordern explizit für 95 % aller Betriebswerte für das Filtrat ≤ 0,3 NTU und für 100 % ≤ 1,0 NTU.

Optimierungsuntersuchungen und die Aufbereitungskontrolle werden hier sinnvollerweise mit der Partikelanalyse (zählende und größenanalysierende Messverfahren) durchgeführt [5], die in Form robuster Prozesssensoren oder mobiler Messkoffer speziell für Schwerpunktuntersuchungen verfügbar sind. Diese Verfahren sind nur eingeschränkt standardisiert und es gibt keine verbindlichen Vorgaben für Zielkonzentrationen [6].

In den folgenden Abschnitten werden typische Probleme mit praktischen Lösungsansätzen zur Partikelentfernung vorgestellt und dazu die wichtigsten Erfahrungen aufgeführt. Da jedoch gerade Oberflächenwässer (auch Quell- und Karstwässer) sehr unterschiedliche Zusammensetzungen aufweisen können, ist eine dem jeweiligen Fall angepasste Verfahrenskonzeption und Stufenoptimierung notwendig und sinnvoll [7, 8, 9]. Für die hier häufig eingesetzten Flockungs- und Flockenabtrennverfahren sind Testverfahren im Labor bzw. im Pilotmaßstab mit Durchflussbetrieb verfügbar und empfehlenswert, um eine bestmögliche Partikelabtrennung zu erreichen [7].

Eine unvermeidliche Folge aller Partikelabtrennverfahren ist der Anfall von Rückständen als schlammhaltige Wässer oder Schlämme. Deren Weiterbehandlung, Verwertung oder endgültige Ablagerung unter Erzeugung einleitbarer Klarwässer sollte in die Verfahrensplanung einbezogen werden. Hierzu wird auf das Kapitel 9 „Aufbereitungsrückstände“ verwiesen.

2.2.2 Anforderungen an die Flockung

Neben dem bereits oben genannten Generalziel der Partikelentfernung ergeben sich spezifisch zu Flockungsverfahren weitere Anforderungen:

- Die zugesetzten Flockungsmittel (FM, Aluminium- und Eisen-Salze) und Flockungshilfsmittel (FHM, neutrale und anionische organische Polymere) sind in der Dosiermenge zu minimieren, um die damit verbundene Aufsalzung zu begrenzen und unnötige Reststoffkonzentrationen zu vermeiden, allerdings ohne Kompromisse bei der Partikelabtrennung einzugehen. Die §-20-Liste der TrinkwV [10] nennt maximal zulässige Dosiermengen mit beantragungspflichtigen Ausnahmen.
- Die zudosierten Stoffe müssen bis auf unvermeidbare, technisch und hygienisch unwirksame Restkonzentrationen wieder entfernt werden (Aluminium ≤ 0,2 mg/L (TrinkwV) mit Zielwert < 0,05 mg/L (DVGW W 217 [8]), Eisen ≤ 0,2 mg/L (TrinkwV) mit Zielwert < 0,01 mg/L (DVGW W 217 [8]), Polymere mit Zielwert < 10 µg/L (DVGW W 219 [9])). Die §-20-Liste der TrinkwV [10] fordert eine wöchentliche Kontrolle.
- Die eingesetzten Chemikalien müssen den jeweiligen Reinheitsanforderungen in der §-20-Liste der TrinkwV entsprechen, bei verschiedenen Qualitätsstandards ist die beste verfügbare Qualität einzusetzen [10].
- Flockungschemikalien erfordern bei der Herstellung von Dosierlösungen besondere Vorkehrungen bezüglich Verdünnung, Beschaffenheit von Verdünnungswasser, Lösungszeiten, Reifezeiten, pH-Einstellung usw., wobei die Empfehlungen und Angaben der Hersteller zu beachten sind.

- Die §-20-Liste der TrinkwV [10] fordert die Kontrolle der Zugabe, d. h. die Erfassung und Dokumentation der Verbrauchsmengen.
- Komponenten der Ansetzstationen für Flockungshilfsmitteln (FHM) können zu Aufkeimungseffekten beitragen, wenn sie nicht periodisch gereinigt und gewartet werden.
- Vorpolymerisierte Aluminiumprodukte (mit starken Unterschieden) und FHM sind nur begrenzt lagerfähig.
- In Lagertanks von FM können sich Schlämme ausbilden und ansammeln.

2.2.2.1 Mess- und Zielparameter der Flockung

Die Anwendung der Flockung zur Entfernung gelöster organischer Stoffe (DOC), wie sie relativ häufig in Ländern mit trübstoffarmen, aber huminstoffhaltigen Oberflächengewässern zu finden ist, soll hier nicht betrachtet werden. Damit richtet sich das Optimierungsziel auf kolloidale und suspendierte Feststoffe, für die verschiedene Messparameter verfügbar sind. Die abfiltrierbaren Feststoffe (in mg/L) eignen sich als Messgrößen allenfalls für Rohwässer und Abläufe der Sedimentations- und Flotationsanlagen. Der Parameter betont prinzipiell die Partikelflocken mit Durchmessern über der Porengröße der Laborfiltermembran und dabei vor allem die masseseitig wichtigen großen Teilchen, die aber oft nur einen kleinen Anteil an der gesamten Anzahl ausmachen [6].

Die weitaus am meisten eingesetzte Trübungsmessung (Nephelometrie) ist ein bewährter, integraler und schnell bestimmbarer Indikator für ungelöste Wasserinhaltsstoffe, und zwar im Bereich größerer Kolloide bis zu Partikeln. Bei einer nicht zu hohen Partikelanzahlkonzentration verhalten sich Trübung und Partikelanzahlkonzentration dann linear zueinander, wenn eine wässrige Suspension verdünnt wird, d. h. sich die Partikelgrößenverteilung und die Oberflächeneigenschaften (Brechungsindizes) nicht verändern. In den Rohwässer der TWA und erst durch die Aufbereitungsschritte passiert aber genau dies. Die Normung der Trübungsmessung (DIN EN ISO 7027-1) hat zwar dazu geführt, dass überwiegend einheitlich langlebige Infrarotlichtquellen genutzt werden und das Streulicht der Trübung unter einem Winkel von 90° zum einfallenden Licht gemessen wird, doch kann eine davon abweichende Trübungsmessung verfahrenstechnisch sinnvoll sein (die Norm lässt Weißlichtquellen zu, mit einer Detektion der Vorwärtsstreuung werden spezifisch größere Teilchen ab etwa 1 µm bevorzugt erfasst). Messwerte unterschiedlicher Trübungsmesssysteme in der Einheit NTU oder FNU zeigen eine komplexe Anhängigkeit von diesen Randbedingungen und können daher oft nicht gut miteinander korrelieren. Auch bei ihrer Kalibrierung bestehen Freiheitgrade.

Die Messung der Blockung des Durchlichts durch Trübstoffe (Turbidimetrie, d. h. Extinktion eines Partikelkollektivs mit der Einheit Formazine Attenuation Units, FAU) ist wegen der geringen Sensitivität für die oben genannte Aufgabe ungeeignet [6].

Das Hauptproblem der Trübungsmessung ist der untere Messbereich (unter ca. 0,2 NTU, besonders unter 0,1 NTU), weil hier diverse Einflussgrößen wichtig werden, die mit der Partikelkonzentration nicht zusammenhängen, wie:

- Herstellung eines „Nullwassers" für die Kalibrierung/Justierung und den Nullabgleich mit einem herstellerspezifischen Offset für den „Nullpunkt", der die Eigenstreuung des reinen Wassers berücksichtigen soll, den die Norm jedoch nicht explizit vorgibt
- Sorgfalt der Trübungsmessung in der Aufbereitungspraxis (Eignung Messwasserentnahmestelle, Druckhaltung zur Vermeidung von Ausgasungen, Luftblasenabscheider, Wartung von Messgerät und Messwasserleitung)
- Optische und elektronische Einstreuung bei einfacheren Geräten

Der Einsatz von Partikelzählverfahren ist sinnvoll, um die Partikelanzahl in einem abgetasteten Wasservolumen in Abhängigkeit der Partikelgröße (ab einem Durchmesser von etwa 0,5 bis 1 µm aufwärts) zu erfassen und so für Partikeltrennverfahren

- Abhängigkeiten ihrer Effektivität besser zu erfassen und zu verstehen sowie
- die Qualität der Abläufe gezielter beurteilen zu können,

und zwar beides insbesondere für Größenbereiche, in denen Parasiten und Mikroalgen vertreten sein können.

Dazu werden Messgeräte (robuste Online-Sensoren für die Aufbereitungspraxis, hochauflösende portable Messkoffer) mit zwei unterschiedlichen Messverfahren angeboten:

- Streulichtmessung am Einzelpartikel
- Lichtblockung am Einzelpartikel

Letzteres hat sich in der TWA durchgesetzt, insbesondere im Rahmen von Optimierungen bei Pilot- oder Betriebsversuchen für partikelabscheidende Verfahrensstufen, zur Bewertung einer erzielten Aufbereitungseffektivität sowie bei Membranverfahren [6].

Die vorliegenden Erfahrungen (siehe **Bild 2.22**) mit den Trübungsmessungen zeigen, dass im Zielbereich einer TWA aus Oberflächenwasser mit Trübungen bei ca. 0,1 NTU oft keine Korrelation der Partikelzahl mit der Trübung besteht. Ein solches Wasser kann ggf. nur 10 oder ggf. auch 2.000 Partikel/mL (> 2 µm) aufweisen [6]. Für höhere Trübstoffkonzentrationen sind die Korrelationen bei einem spezifischen Wasser manchmal besser.

Im Rahmen der Flockung lassen sich weitere (nur eingeschränkt onlinefähige) Messgrößen nutzen, wie

- Zetapotenzial bzw. elektrophoretische Beweglichkeit,
- Flockengrößen und Flockeneigenschaften und
- partikuläre und gelöste Restkonzentrationen an Aluminium- und Eisen-III bzw. auch von polymeren FHM.

Es können aber auch spezifischere Analysensysteme wie die Durchflusszytometrie zur Erfassung der Gesamt- oder Intaktzellzahl(-konzentration) oder Monitoringsysteme für Algen eingesetzt werden [6].

Die Bedeutung der Parameter für die Oberflächenladung von Partikeln oder Flocken kann für manche Anwendungsfälle recht hoch sein. Bei einer Flockung mit Adsorptionsladungsneutralisation kann die erwünschte vollständige Reduzierung der Partikelladung überwacht werden, worüber ein optimaler Flockungsprozess gesteuert werden kann. Hierzu sind aber jeweils recht umfangreiche Untersuchungen vorab nötig, um die Verwendbarkeit festzustellen, was gerade für Rohwässer mit schnell wechselnder Charakteristik (hohe Trübungsanstiege bei Hochwässern usw.) interessant erscheint.

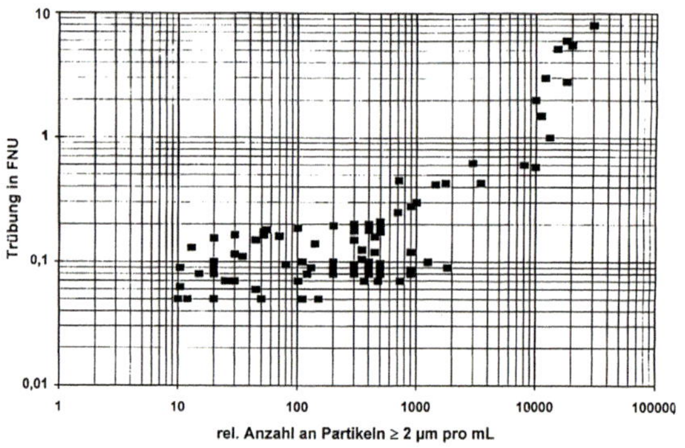

Bild 2.22: Zusammenhang zwischen Trübungsmesswert und Partikelanzahlkonzentration (> 2 µm) für Rohwässer und Filtrate der TWA [6]

2.2.2.2 Flockungstestverfahren

Nur in seltenen Fällen wird ohne jegliche Voruntersuchungen eine Flockungsstufe in die Aufbereitung eingeführt und dort erstmalig im Einfahrbetrieb optimiert, da die Sicherheit der Aufbereitung absolute Priorität hat. Vorläuferprojekte sind als Blaupause für die Aufbereitung anderer Rohwässern i. d. R. nicht geeignet. Hier bieten diverse Flockungstestverfahren die Möglichkeit, wesentliche chemische, physikalische und verfahrenstechnische Parameter zu variieren, um relative Optima zu finden oder die aktuell besten Flockungsbedingungen bei rasch wechselnder Rohwasserqualität festzulegen. Die Bandbreite der Testverfahren reicht von einfachen Labortests im Batchverfahren mit 1 bis 4 L Probe bis zu größeren Pilotanlagen im Durchlaufbetrieb (oft 10 bis 100 m³/h), die sich sehr der Bemessung einer Großanlage nähern. Pilotanlagen sind i. d. R. so aufgebaut, dass den Verfahrensstufen für die Flockungsprozesse auch die zu planenden oder die in der Großtechnik bereits vorhandenen Trennverfahren folgen.

Der DVGW hat ein Arbeitsblatt [7] erstellt, in dem die kleinen Batch-Testverfahren eingehend beschrieben sind (Becherglas-Sedimentationstest, auch Jar-Test genannt, siehe **Bild 2.23**; Flockungsfiltrationstest; Flockungsflotationstest). Prinzipiell sind diese Flockungstestverfahren besser für die Optimierung der chemischen Parameter einer Flockung (Art und Konzentration an Flockungsmittel bzw. -hilfsmittel; pH-Wert; Zugabe von Sonderstoffen) geeignet als für die physikalisch-technischen Parameter (Schergefälle bzw. G-Wert und Verteilung desselben; Verweilzeitverteilung; Rückvermischung), weil diese nicht sehr gut denen der Großanlage angepasst werden können [7].

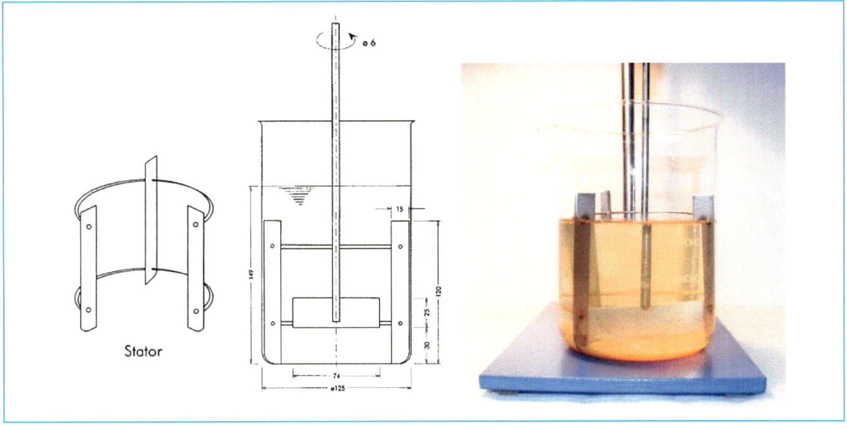

Bild 2.23: Flockungstestapparatur nach DVGW W 218 [7]

Die Kombinationsmöglichkeiten durch die große Anzahl auf den Flockungsprozess einflussnehmender Parameter und ihre Variationsmöglichkeiten kann zu einer hohen Anzahl an Flockungstests führen. Um mit einem vertretbaren Aufwand eine Übersicht über die tatsächlich maßgeblichen Parameter und deren Optima für wichtige Zielgrößen (z. B. Sedimentationsgeschwindigkeit, relative Trübungs-/Partikelentfernung, Restkonzentration an FM u. v. m.) zu erhalten, kann es sinnvoll sein, Flockungstest mittels statistischer Versuchsplanung (als Software erhältlich) zu parametrieren. Hier steht am Anfang die mögliche Anzahl oder das Budget an ausführbaren Einzeltests, die Auswahl der zu variierenden Parameter und die gewünschte Anzahl ihrer jeweiligen Variationen (z. B. zwei FM-Typen, drei Dosierkonzentrationen für das FM u. s. w., siehe **Bild 2.24**). Die Diskrepanz zwischen der Anzahl an wünschenswerten und an machbaren Versuchen führt im Vorfeld zu einer gezielten Reduzierung an Parametern oder der Variation ihrer Werte. Man wird so gelenkt, sich auf wesentliche Parameter zu fokussieren, wenn bei der Auswertung eine bestimmte Genauigkeit zur Interpolation der Messdaten angestrebt wird.

Die Anzahl der ausgewählten Parameter gibt für die Matrix, in der die Messergebnisse für die einzelnen Zielgröße erfasst und auch interpoliert werden, die Dimension vor. Diese Dimension ist Grundlage des Koordinatensystems für einen Raum, in dem die Messergebnisse als interpolierte Flächen aus beliebigen Perspektiven, d. h. in Abhängigkeit von Parameterkombinationen betrachtet und interpretiert werden können (siehe **Bild 2.25**). In ihnen spiegelt sich die Wechselwirkung der berücksichtigten Parameter wider. Neigung und Krümmung der Flächen verweisen auf die Lage der Optima mit einer für die einzelnen Ziele individuellen Position. Zur Absicherung der Ergebnisse können dann Versuche in den als in der Summe optimal identifizierten Zielzonen der Parameter dienen.

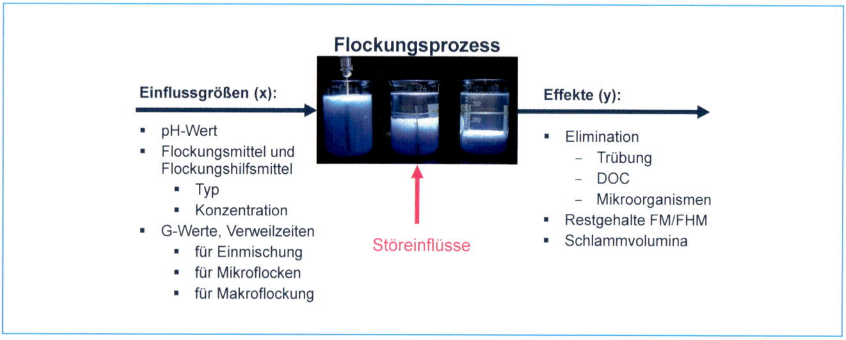

Bild 2.24: Maßgebliche Eingangsparameter für die statistische Versuchsplanung der Flockung und ihre Auswirkung auf ausgewählte Zielgrößen

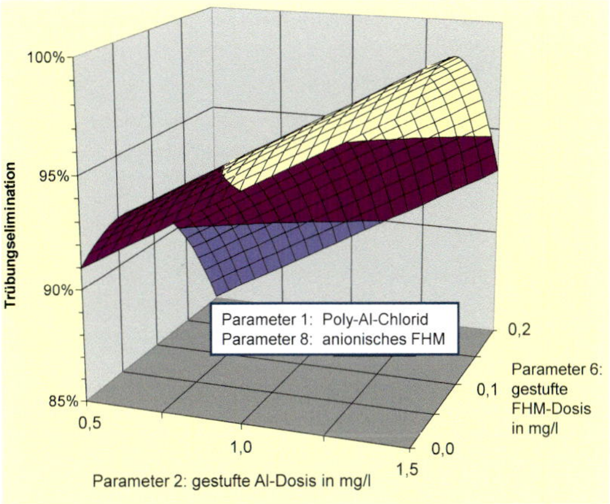

Bild 2.25: Interpolierte Fläche für die Trübungselimination als Ergebnis statistisch geplanter Becherglasversuche mit Kleinfilter nach W 218 in Abhängigkeit: der gestuft variierten Flockungsmitteldosis (Parameter 2 in mg/l Al) eines Polyaluminiumchlorids (Parameter 1) und der Dosis (Parameter 6) eines anionischen Flockungshilfsmitteltyps (Parameter 8)

Erhält man mit derartigen Laborversuchen vielversprechende Ergebnisse, wird man eine Pilotanlage konzipieren und für weitere Untersuchungen nutzen, z. B. auch um schwierige Betriebszustände (Lastwechsel, saison- und effektbasierte Rohwasserschwankungen) zu erfassen und kontrollieren zu können. Dabei sind Untersuchungszeiträume von oft bis zu einem Jahr und auch mehr nötig, um mit einer hohen Sicherheit die Großanlage entsprechend einstellen zu können.

2.2.3 Verfahrenstechnik der Flockung

Tabelle 2.5 gibt einen Überblick über die verschiedenen Stufen des Flockungsprozesses vor der Feststoffabtrennung.

2.2.3.1 Mischung und Entstabilisierung

Im ersten Schritt wird der relativ geringe Volumenstrom einer Dosierlösung im Rohwasserstrom verteilt. Durch Turbulenzen an der Dosierstelle vollzieht sich die Grobmischung, gefolgt von einem diffusiven Transport in Feinwirbel. Je größer das Volumenstromverhältnis Rohwasser/Dosierlösung ist, desto schwieriger ist die Einmischung. Eine gute und schnelle Einmischung ist von wesentlicher Bedeutung für den gesamten Flockungserfolg.

Die Entstabilisierung verläuft in der Regel schneller als die Mischung und wird daher in der technischen Ausführung im Mischungsreaktor mit hoher Turbulenz ablaufen. Als Misch- und Entstabilisierungsapparate werden die unterschiedlichs-

Tabelle 2.5: Die verfahrenstechnischen Einzelstufen des Flockungsprozesses

Verfahrensschritt	Aufgabe
1. Vorbereitende Schritte	• Vorozonung: Oxidation mit Fällung, Beeinflussung Oberflächeneigenschaften • Einstellung pH-Wert und pH-Pufferung (Ziel ist aber pH-Wert nach Flockung!)
2. Dosierung und Mischung	Gleichmäßige (und für Flockungsmittel rasche) Verteilung der Flockungschemikalien
3. Entstabilisierung	Entstabilisierung von Trübstoffen und Kolloiden
4. Aggregation zu Mikroflocken	Schnelle Aggregation von entstabilisierten Trübstoffen zu kleinen Flocken bei hohen Schergradienten ohne Flockungshilfmittel
5. Aggregation zu Makroflocken	Aggregation zu abtrennbaren Flocken mit bzw. ohne Flockungshilfsmittel

ten Systeme verwendet. Die Auflistung in **Tabelle 2.6** erhebt keinen Anspruch auf Vollständigkeit, umfasst aber die wichtigsten Mischsysteme. Nähere Einzelheiten zu Rohr- und Rührkammersystemen werden im Folgenden beschrieben.

Tabelle 2.6: Misch- und Entstabilisierungseinrichtungen für die Flockung

Grundtyp	Varianten
Rohre	• ohne Einbauten oder mit Blenden • mit Verengungen oder Erweiterungen • mit statischen und dynamischen Mischern • mit Hochgeschwindigkeitsinjektion • mit mehrfachen Dosierdüsen
Rührkammern	• Verweilzeiten von 20 s bis 3 min • Schergefälle (G-Wert) von 200 s^{-1} bis über 1.000 s^{-1} • Kontrolle von Rückvermischung und Verweilzeitverteilung • Rührerleistung variabel
Turbulenzzonen	• vor, bei oder nach Pumpen • hydraulische Sprünge • Überfälle, Wehre

2

2.2.3.1.1 Rohrleitungen mit und ohne Einbauten

Bei diesen Systemen ist die erzeugte Mischturbulenz von der Strömungsgeschwindigkeit im Rohr und somit vom Durchsatz abhängig. Einfache Rohre ohne Einbauten mit einer Dosierleitung, die am Rande oder in der Mitte endet, sind trotz häufiger Anwendung keine günstigen Mischapparate. Eine Ausnahme hierzu stellt jedoch die Hochgeschwindigkeitsinjektion dar, weil der Dosierstrom mit einer sehr hohen Geschwindigkeit zugeführt wird, die als Mischenergie u. a. beim Aufprall auf der gegenüberliegenden Rohrseite genutzt wird [11].

Bei Einbauten unterscheidet man die Blendensysteme, die Rohrverengungen und möglichst sprungartige Rohrerweiterungen sowie die statischen Mischer. Bei allen Einbauten muss man mit Problemen rechnen, wenn gröbere Feststoffe mit dem Rohwasser mitkommen, oder wenn sich Niederschläge auf den Einbauten absetzen. Gute Erfahrungen wurden mit der Dosierung unmittelbar vor einer plötzlichen Rohrerweiterung oder im Bereich der Erweiterung gemacht, wenn dort mehrfach Dosierdüsen angebracht sind (bei großen Rohrdurchmessern).

Werden Rohleitungen mit stark variierenden Volumenströmen betrieben, können in diese hinter den Dosierstellen dynamische Inline-Mischer eingebaut werden, wodurch die Rohrleitung zu einer zylindrischen Mischkammer wird.

2.2.3.1.2 Mischkammern mit Rührern

Diese Mischeinrichtungen sind weitverbreitet und zeichnen sich dadurch aus, dass eine deutliche Rückvermischung eintritt. Die Turbulenzen im Reaktor sind nicht an allen Stellen gleich groß, und es kann zu Kurzschlussströmungen kommen. Andererseits kann der Energieeintrag durch die Rührerdrehzahl optimiert werden und ist damit unabhängig vom Reaktordurchsatz einstellbar. Die Vermeidung der Nachteile setzt verschiedene Maßnahmen bei der geometrischen Gestaltung der Rührkammer und des Rührers voraus (bewährte Systeme oder Design mittels computergestützter Simulation). Die Aufenthaltszeiten (bis zu 5 min) können bei Intensivrührung bis auf ca. 20 s verringert werden, wobei mittlere G-Werte von über 1.000 s^{-1} sehr empfehlenswert sind.

2.2.3.1.3 Wehr und Wasserüberfälle

In der Aufbereitungspraxis haben sich auch Wasserüberfälle (Wehre, Quelltöpfe, Schussrinnen) bewährt, in die entlang der Überfallkante FM injiziert wird.

2.2.3.2 Flockenbildung

Die Effektivität der Abtrennverfahren Sedimentation, Flotation und Tiefenfiltration (Schnellfilter) ist auf eine jeweils gezielt ausgerichtete Ausbildung von Flocken angewiesen, bei Verfahren mit Porenmembranen (Ultra- und Mikrofiltration) ist das nicht der Fall. Für sie ist es ausreichend, wenn im Nachgang der Einmischung der Fällungsprozess des FM vor Erreichen der Membran sehr weitgehend abgeschlossen ist, d. h. das Löslichkeitsminimum für Aluminium oder Eisen erreicht wird.

Ziel der ein- oder mehrstufig gestalteten Verfahren zur Flockenbildung ist es, in kurzer Zeit mit geringem Aufwand gut abscheidbare Flocken zu produzieren. Die wichtigsten Reaktortypen sind in **Tabelle 2.7** aufgeführt und werden hier kurz beschrieben.

Tabelle 2.7: Merkmale verschiedener Reaktortypen zur Flockenbildung (Flokkulation)

Grundtyp	Details
Rührbecken	• Verweilzeiten von 2 bis 40 min • Schergefälle (G-Wert) von 100 s^{-1} bis über 10 s^{-1} • zwei und mehr Becken in Reihe mit fallendem Schergefälle • Anpassung an Durchsatz und Rohwasser
Statische Systeme	• duchströmte Kammern mit hydraulisch wirksamen Einbauten • einfache, aber durchflussabhängige Systeme • Fließgeschwindigkeit 0,1 bis 0,2 m/s
Rohre	• schnelle Flockenbildung bei Rohrlängen von mehr als 20 m • Begrenzung des Durchsatzes nach unten oder oben
Schlamm-schwebeschicht	• Nutzung der Sedimentation von Flocken für die Aggregation • aufwärts strömendes Wasser lässt sedimentierende Schlammschicht schweben • Pulsation des aufwärts strömenden Wassers kann die Aggregation unterstützen (Pulsator) • lange Aufenthaltszeiten
Schlamm-kontaktverfahren	• Rückführung von abgetrennten Flocken bzw. Dünnschlamm in die Mikro- oder Makroflockung – Erhöhung der Kontaktrate – Stabilisierung einer schwankenden Rohwassertrübung

2.2.3.2.1 Becken mit Rührwerken

Die klassischen Flockungsanlagen weisen ein oder mehrere solcher Becken mit rechteckiger oder runder Geometrie und verschiedenen Rührwerksystemen auf. Die Aufenthaltszeiten liegen dabei insgesamt (über alle Becken gerechnet) bei 2 bis 40 min, wobei eine Rührerleistung von 10 bis 30 W/m^3 Reaktorvolumen eingetragen wird. Die Umfangsgeschwindigkeit der Rührer liegt bei 0,5 bis 1,5 m/s.

Üblicherweise werden zwei oder mehr Becken in Serie geschaltet, in denen der Energieeintrag (Schergefälle oder G-Wert) in der Fließrichtung reduziert wird, um in einem ersten Schritt kleine kompakte und im letzten Becken große Flocken zu bilden. In die Becken kann Rücklaufschlamm aus den Abtrennanlagen und ein polymeres FHM (Einmischung notwendig) zugegeben werden.

Der Vorteil der Rührbecken liegt auch hier in den breiten Anpassungsmöglichkeiten bei Durchsatz und Qualitätsschwankungen. Nachteilig sind die unter Umständen auftretenden Kurzschlussströmungen und ungleichmäßige Geschwindigkeitsgradienten (Turbulenzverteilung).

2.2.3.2.2 Durchströmte Kammern mit statischen Einbauten

Diese Flockungssysteme sind sehr einfach, da sie keine mechanisch beweglichen Teile benötigen. Üblicherweise werden in Kanäle Becken feste Schikanen eingebaut (Blenden, enge Durchlässe). Das damit erreichbare Schergefälle (erzeugt durch den Druckverlust) ist deutlich durchsatzabhängig. Die Aufenthaltszeiten betragen oft mehr als 20 Minuten. Diese Flockersysteme werden heute fast nur in Entwicklungsländern verwendet.

2.2.3.2.3 Rohre

Die Flockenbildung in Rohren hat hinsichtlich der für jeden Rohrdurchmesser möglichen Strömungsgeschwindigkeit ihre Grenzen, wobei Ablagerungen einerseits und Flockenzerstörung andererseits eintreten können [11]. Der Energieeintrag erfolgt durch den Druckverlust, der vom Durchsatz bzw. der Strömungsgeschwindigkeit abhängt.

2.2.3.2.4 Schlammschwebeschichten

Bei diesen Verfahren, die meistens direkt in die Sedimentationsverfahren integriert sind (Acelator®, (Super-)Pulsator®, Turbo-LME®), findet eine zusätzliche Flockenbildung in einer zuvor mittels Sedimentation ausgebildeten Schicht aus Flocken statt, die durch das aufwärtsströmende Wasser in Schwebe gehalten wird. Die entstabilisierten Trübstoffe werden von den schwebenden großen Flocken eingebunden, d. h. man stellt hier eine hohe Volumenkonzentration an Feststoffen ein, während die Energieeinträge meistens gering sind. Bei manchen Verfahren wird der Rohwasserstrom pulsierend ((Super-)Pulsator®), zugegeben, um die Flockenbildung zu verbessern. Der gealterte Schlamm wird in Absetztrichtern abgezogen. Bei den Schwebebettverfahren ist die Anfahrzeit relativ lang, man erreicht aber insgesamt höhere Flächenbelastungen als in horizontalen, konventionellen Absetzbecken.

Neben diesen Hauptgruppen an Flockungsreaktoren gibt es noch eine Reihe von Sonderverfahren, die in der Praxis noch kaum Eingang gefunden haben.

2.2.3.3 Flockungs- und Flockenabtrennanlagen

Die Trennverfahren der Sedimentation und Flotation sowie der Filtration werden in eigenen Abschnitten behandelt, jedoch sollen hier einige Aspekte angesprochen werden, die für die Flockung besonders wichtig sind. Prinzipiell werden der Sedimentation und Flotation noch Schnellfilter nachgeschaltet, da beide Trennverfahren noch keine Trinkwasserqualität liefern. Die Filtration ist als direkter Abtrennschritt auf die Rohwässer (typischerweise aus Seen und Talsperren) beschränkt, die nach der Flockenbildung relativ wenig Schwebstoffe (bezogen auf ihr Volumen) aufweisen. Bei ihnen ist die FM-Dosis in der Regel auch deutlich niedriger als bei den anderen Verfahren.

Die Sedimentationsverfahren sind die häufigste Methode der Flockenabtrennung und lassen sich nach ihren Verfahrensprinzipien in die folgenden Gruppen einteilen:

- Horizontal durchströmte Absetzbecken
- Verfahren mit Schlammrückführung in die Flockung
- Verfahren mit Feinsanddosierung in die Flockungsstufe, um die Flockendichte und somit die Sedimentationsgeschwindigkeit zu erhöhen
- Aufwärts durchströmte Absetzbecken mit Schlammschwebeschichten
- Aufwärts durchströmte Absetzbecken mit besonderen Einbauten wie z. B. Parallelplattenabscheider/Lamellenabscheider

Sehr viele der betriebenen Anlagen beinhalten dabei zwei oder mehr dieser Grundverfahren in einem Bauwerk. Hier sollen einige Anlagetypen vorgestellt und kurz beschrieben werden. Die klassische Flockungs- und Sedimentationsanlage ist zusammen mit den wichtigsten Dimensionierungsparametern in **Bild 2.26** dargestellt. Der horizontal durchströmte Absetzteil ist hier rechteckig, kann aber auch als Rundbecken (wie auch der innenliegende Flockungsreaktor) ausgeführt

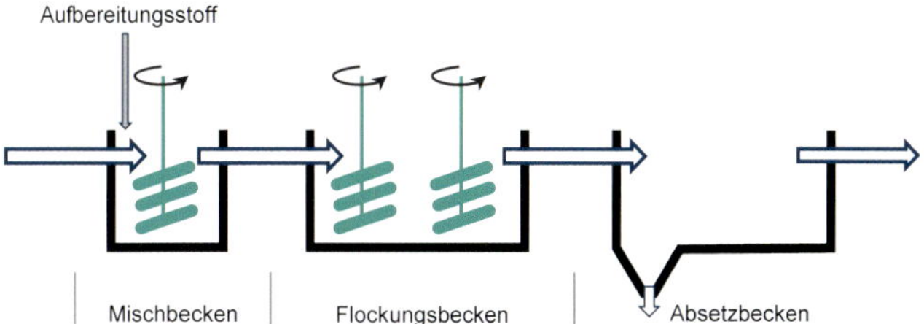

Parameter	Mischbecken	Flockungsbecken	Absetzbecken
Aufenthaltszeit:	2 – 5 min	10 – 80 min	90 – 180 min
Umfangsgeschw. Rührorgan:	~ 5 m/s	0,5 – 1,5 m/s	
Rührleistung/Beckeninhalt:	50 – 200 W/m³	10 – 30 W/m³	

Bild 2.26: Schema einer klassischen Sedimentationsanlagen mit Misch-, Flockungs- sowie rechteckigem Sedimentationsbecken und typischen Dimensionierungsdaten

werden. Die Gesamtverweilzeiten betragen hier mindestens zwei Stunden und daher resultieren erhebliche Bauvolumina.

In der Flockungstechnik wurden dann Anlagen mit externer oder interner Schlammrückführung sowie Schlammschwebeschichten eingeführt, die vor allem deutlich kürzere Verweilzeiten aufwiesen.

Die alleinige Anwendung des Schlammkontaktverfahrens mittels schwebender Flockenschicht bei aufwärts strömendem Wasser wurde in einer Reihe von Anlagen verwirklicht, von denen hier der Pulsator in **Bild 2.27** vorgestellt wird [12]. Der Name resultiert aus der pulsierenden Zufuhr von Rohwasser (mit FM, aber ohne Flockenbildungszone) in den Sedimentationsraum, die mittels einer Vakuumanlage und eines Belüftungsventils an der zentralen Zulaufkammer erreicht wird.

Eine sehr effektive Flockungs-Sedimentationsanlage wurde im Werk Langenau der Landeswasserversorgung entwickelt und ist in **Bild 2.28** dargestellt [13]. Die Flockenbildung erfolgt in einer Reihe von Rührkammern, bei denen zuerst FM, dann Rücklaufschlamm und danach FHM eingemischt und die Flocken gezielt ausgebildet werden. Im Abscheiderteil wurde eine Parallelplattenanlage über einem Eindicker mit Krählwerk angeordnet. Die gesamte Aufenthaltszeit für das Wasser liegt hier bei nur ca. 25 min (Volllast), und es werden sehr gute Ablaufqualitäten und hohe Schlammdichten erreicht.

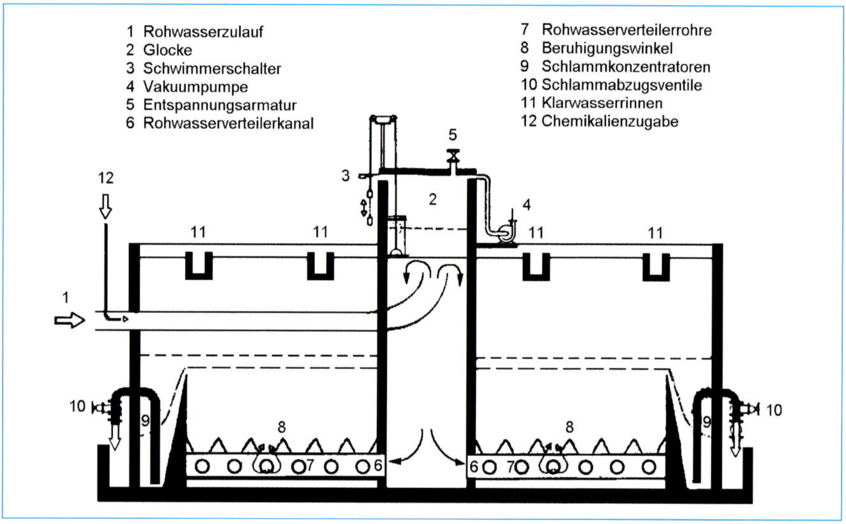

Bild 2.27: Flockungs- und Sedimentationsanlage vom Typ Pulsator® mit zentraler und pulsierender Rohwasserzufuhr aus einer Vakuumkammer, horizontalen Rohwasserverteilerrohren am Boden und einem Aufstrom des geflockten Wassers durch einen Sedimentationsraum mit Schlammschwebeschicht und einer Reihe parallel angeordneter Klarwasserabzugsrinnen an der Wasseroberfläche [12]

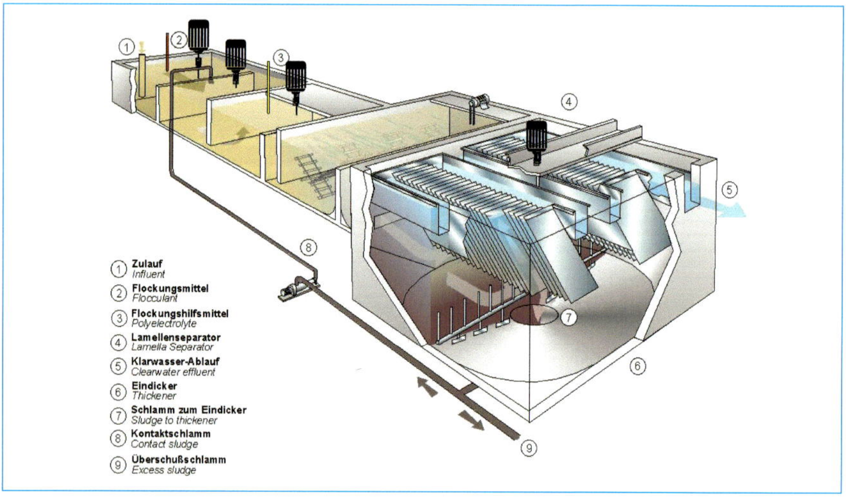

Bild 2.28: Turbo-LME®-Verfahren (Passavant)

2.2.3.4 Flockung und Wasserqualität

Eine effiziente Flockung mit Flockenabtrennung ist die Voraussetzung zur Minimierung der Trübung und der Partikelkonzentration eines Wassers. Da sich die mikrobiologischen Belastungen durch Bakterien, Viren und Protozoen in einer Flockungsstufe oft gut einbinden bzw. abtrennen lassen, ist auch diesbezüglich mit deutlichen Verbesserungen der Qualität durch Flockung zu rechnen. Die Wirkungsgrade liegen hierbei typischerweise so hoch, dass die Restbelastung an Trübung auf < 1 % sinkt, was wiederum der Wirksamkeit und Sicherheit der Desinfektionsstufe zugutekommt. Die Resttrübung nach der Aufbereitung von Oberflächenwässern sollte dabei 0,1 NTU erreichen und möglichst unterschreiten. Dies dient vor allem dazu, die Sicherheit in Bezug auf Protozoen zu erhöhen, die mit Chlor und Chlordioxid nur unzureichend inaktiviert werden. Der niedrige Trübungswert bedingt neben einer Flockungsoptimierung die entsprechende Kontrolle und Betriebsweise der Schnellfilter.

Bei den gelösten anorganischen Wasserinhaltsstoffen wird ortho-Phosphat sehr gut entfernt, wenn die Metallsalzdosierung ausreicht. Es werden Rest-P-Konzentrationen von ca. 10 µg/L P als erzielbar angesehen. Die Phosphatbindung erfolgt entweder über eine Fällung des unlöslichen Al- oder Fe(III)-Phosphat oder über die Adsorption am amorphen Al- bzw. Fe-Hydroxid. Die Phosphatfällung wird in der Abwasserreinigung und bei der Bekämpfung der Eutrophierung von Seen und Talsperren, wo die Zuläufe aufbereitet werden, genutzt.

Eine Reihe weiterer anorganischer Spurenstoffe, insbesondere Schwermetalle und Radionuklide, sind mit einer Flockung zum Teil recht gut entfernbar. Hier ist ein besonderes Augenmerk darauf zu richten, dass die jeweiligen pH-Wert-Bereiche insbesondere für die zur Flockung eingesetzten Aluminiumverbindungen für eine optimale Fällung des Al-Hydroxids recht eng sind und die Löslichkeit von $Al(OH)_3$ deutlich höher ist als die von $Fe(OH)_3$. Mit einer optimierten Flockung und Flockenabtrennung liegen die Restaluminiumkonzentrationen jedoch typischerweise unter 0,1 mg/L Al [14]. Das DVGW-Arbeitsblatt W 217 gibt als Zielwert für die Flockung 0,05 mg/L Al vor [8], während der Trinkwassergrenzwert 0,2 mg/L beträgt [3].

Bei den gelösten organischen Stoffen ist die Flockung eines der verbreitetsten Verfahren zur Entfernung der Humin- und Fulvinsäuren. Hierbei sind die Polyhydroxokomplexe der Metalle besonders wirksam, was dazu führt, dass das Optimum für die Entfernung der gelösten organischen Stoffe (DOC) meistens bei etwas tieferen pH-Werten liegt, entsprechend dem Stabilitätsbereich für die Hydrolyseprodukte.

Das Optimum für die Trübungselimination deckt sich nicht mit der besten Entfernung der organischen Substanz. Auch die Restkonzentration an Metallionen der FM ist erhöht, falls der pH-Wert für die organischen Stoffe optimiert wird. In der Regel werden die Flockungsanlagen zur Huminstoffentfernung eine pH-Wert-Anhebung nach der Flockenabtrennung, aber vor der Filtration beinhalten, um die geforderte Restkonzentration für das Metallion einzuhalten.

Neben der Farbentfernung durch die Flockung wirkt sich die verringerte organische Belastung des Wassers besonders günstig auf nachgeschaltete Verfahrensstufen der Oxidation/Desinfektion mit Chlor, Chlordioxid und Ozon (geringere Zehrung mit weniger Nebenprodukten) und die Aktivkohleadsorption aus.

Die günstigen Bedingungen für eine gezielte DOC-Entfernung sind nach bisherigen Erfahrungen:

- pH-Wert-Bereich bei ca. 5-6,5 (Al^{3+}) bzw. ca. 4-6 (Fe^{3+})
- bezogene Dosiermengen von ca. 0,25-1 mg Al/mg DOC bzw.
- 0,5-2 mg Fe^{3+}/mg DOC

Die DOC-Entfernungsgrade hängen von der Molekulargewichtsverteilung (detektierbar mittels LC-OCD) und dem Charakter der Huminstoffe ab und liegen damit in einem weiten Bereich von 10 bis zu 90 %, häufig bei 30 bis 70 %.

Organische Polymere bzw. Polyelektrolyte werden als FHM zudosiert. Sie sollten geringe Monomergehalte aufweisen (siehe §-20-Liste) und bis auf vernachlässigbare Restkonzentrationen wieder entfernt werden. Entsprechend dem DVGW-Arbeitsblatt W 219 [9] sind nach einer Aufbereitung Polymerkonzentrationen von unter 10 µg/L einhaltbar, vorausgesetzt die Dosiermenge wird minimiert, die Einmischung wird richtig durchgeführt und eine Sekundärdosierung von Metallsalz wird zwischen Sedimentation und Filtration eingefügt. Kationische Polyelektrolyte sind aufgrund einer fehlenden Restpolymeranalytik und wegen der Besorgnis um eine Gesundheitsgefährdung in der deutschen Trinkwasseraufbereitung nicht zugelassen [10, 13].

2.2.3.5 Optimierung der Flockung

Die Prozessstufe „Flockung" in der Wasseraufbereitung bezieht sich eigentlich nur auf den Teil, in dem durch Flockungschemikalien, geeignete Strömungsverhältnisse und ausreichende Verweilzeiten Flocken gebildet werden, die in nachfolgenden Stufen abgetrennt werden. Die originalen dispersen Feststoffe der Rohwässer sollen dabei so weit wie möglich aggregiert und separiert werden. In der fachsprachlichen Terminologie schließt man bei der Flockung oft noch die

Flockenabtrennung durch Sedimentation ein [8]. Will man eine Flockungsstufe optimieren, wird man sich praktisch immer auch mit den jeweils notwendigen Feststoff-Trennverfahren befassen müssen, weil der Gesamtwirkungsgrad die wichtigste Zielgröße ist. Demgegenüber ist die Erzeugung von Flocken mit günstigen Abtrenneigenschaften für Sedimentation, Flotation und/oder Schnellfiltration eine sekundäre Optimierungsaufgabe. Anders ausgedrückt: Große, gut absetzbare Flocken (z. B. mit polymeren FHM erzeugt) bedingen nicht automatisch eine minimale Resttrübung nach der Schnellfiltration, weil es eventuell nicht gelingt, die kolloidalen Partikel voll zu entstabilisieren und in die Flocken einzubinden. Vor dem Hintergrund der Diskussion um eine weitgehendere Partikelabtrennung wegen der Parasitenproblematik ist die Prioritätssetzung klar: optimale Partikelentfernung, besonders für Teilchen ab ca. 3-5 µm im Durchmesser. Dieser Abschnitt widmet sich gezielt dieser Aufgabe und behandelt die Optimierungsmöglichkeiten und Vorgehensweisen in der Flockung.

2.2.3.5.1 Chemische Parameter der Optimierung

Die wichtigsten chemischen Einflussgrößen bzw. Einstellparameter (Art und Konzentration des Flockungs- und Flockungshilfsmittels, pH-Wert) sind voneinander durchaus abhängig, d. h. eine optimierte Parameterkombination sollte das Ziel sein. Dabei sind entsprechende Randbedingungen wichtig und zu beachten, wie die Rolle der Pufferung des Rohwassers bei pH-Einstellung, die Belastbarkeit des Flockentrennverfahrens (speziell bei Schnellfiltration), die Aufsalzung, die Schlammbehandlung und -entwässerung oder der Preis der benötigten Chemikalien.

Auswahl des Flockungsmittels

Eine ganze Reihe von Aluminium- und Eisen-Salzen sind für die Trinkwasseraufbereitung geeignet und zugelassen (siehe detaillierte Auflistung im voranstehenden Kapitel). Es ist bereits bei der Planung von Flockungstests sowie im Zuge einer Ausschreibung von Lieferchargen/-gebinden darauf zu achten, dass die erforderliche Reinheit der Chemikalien durch den Lieferanten/Produzenten garantiert wird (DVGW W 204 [16]). Als Grundtypen sind verfügbar [10]:

- Aluminiumsulfat/-chlorid/-chloridhydroxidsulfat sowie Natriumaluminat
- Vorhydrolysierte, polymere (poly- und dinukleare) Aluminiumverbindungen mit unterschiedlicher Basizität
- Eisen-III-chlorid, -sulfat oder -chloridsulfat
- Eisen-II-sulfat, das im Wasserwerk oxidiert wird

In den letzten Jahren wurden auch polymerisierte, vorhydrolysierte Eisen-III-Produkte untersucht. Sie sind aktuell jedoch weder kommerziell erhältlich noch in der §-20-Liste aufgeführt und müssten im Wasserwerk selbst hergestellt werden, da sie begrenzt lagerstabil sind.

Aufgrund der vielen Einflussfaktoren auf die Flockungswirkung mit den oben genannten Metallsalzen gibt es nur wenige Regeln zur Auswahl ohne Versuche.

Bis auf Natriumaluminat haben alle FM eine pH-senkende Wirkung, wobei die Polyaluminiumsalze aufgrund ihrer Basizität eine geringere pH-Absenkung verursachen.

Die einfachen Aluminiumsalze und einige Polylaluminiumsalze lassen sich allgemein wegen der begrenzten Löslichkeit nur im (nach Flockung vorliegenden) pH-Bereich von ca. 6 bis 7,5 verwenden (siehe **Bild 2.29**), da ansonsten mit Restkonzentrationen im Filtrat von über ca. 0,1 mg/L Al zu rechnen ist (DVGW W 217 [8] empfiehlt ≤ 0,05 mg/L Al, Grenzwert der TrinkwV ist 0,2 mg/L Al), was nicht einer optimalen Aufbereitung entspricht [13, 14, 15]. Das dimere Dialuminiumchloridpentahydroxid (wird auch als Polyaluminiumchlorid vertrieben) mit einer Basizität von 83 % ist mit einer minimalen Restlöslichkeit zwischen pH 7 und 8,5 hingegen für deutlich höhere pH-Werte geeignet (siehe Bild 2.29). Die in der Praxis auftretenden unteren und oberen pH-Grenzen hängen zudem von den anderen Wasserinhaltsstoffen und der Temperatur ab.

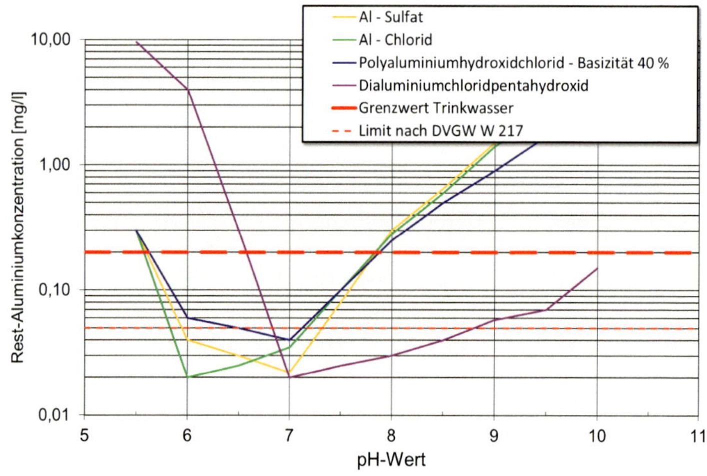

Bild 2.29: Laborergebnisse zur Restlöslichkeit des Aluminiums verschiedener Aluminiumflockungsmittel in Abhängigkeit des pH-Werts

Die Polyaluminiumsalze können entweder die Partikelabtrennung gegenüber den anderen FM verbessern oder es wird für den gleichen Effekt eine geringere Dosiermenge benötigt. Die Flocken werden eventuell größer, sodass auf eine Polymerdosierung (FHM) verzichtet werden könnte.

Die Eisen-III-Salze bieten sich für pH-Werte über ca. 7,5 als FM an. Sie sind in der Regel kostengünstiger, aber schwieriger im Betrieb zu handhaben. Die eisenhaltigen Rückstände lassen sich i. d. R. einfacher verwerten. Diese Aspekte sind, verglichen mit der prioritären Aufgabe der Partikelentfernung, aber allenfalls zweitrangige Auswahlkriterien.

Leider gibt es keine Regeln bzw. Empfehlungen für die besten FM-Arten für ein gegebenes Rohwasser, weshalb dringend anzuraten ist, Flockungstests durchzuführen, wie sie auch für die Festlegung der Dosiermenge nötig sind. Es sind die Dosierobergrenzen für die FM in der §-20-Liste gemäß zur TrinkwV in der jeweilig aktuellen Fassung zu beachten, die bei Drucklegung lauten: 9 mg/L als Al^{3+} und 6 bzw. 12 mg/L als Fe^{3+} [10].

Dosiermengen an Flockungsmittel

Anhand einer relativ groben Einteilung der Rohwässer lassen sich Erfahrungswerte für Dosiermengenbereiche angeben, innerhalb derer eingehendere Versuche zur Festlegung einer optimalen Dosiermenge zu empfehlen sind. Unterschieden werden die Rohwässer nach:

- Trübstoffkonzentration (Trübung)
- Gelöste organische Stoffe (DOC) mit überwiegend natürlicher Herkunft (Fulvin- und Huminsäuren)

Wässer mit niedrigen Trübungen (etwa unter 1-2 NTU) und DOC-Werten (unter 1-2 mg/L) lassen sich typischerweise mit einer „Flockungsfiltration" aufbereiten (FM-Einmischung, keine gezielte Aggregation, direkte Schnellfiltration), wobei auch relativ geringe FM-Zugaben benötigt werden (ca. 0,05 bis 0,5 mg/L Al^{3+} bzw. 0,05 bis 1 mg/L Fe^{3+}). Bei diesen geringen Zugabemengen tritt i. d. R. keine sichtbare Flockung auf, sondern die Partikelabscheidung wird in den Schnellfiltern deutlich verbessert.

In organisch dominierten, trübstoffarmen Rohwässern (ca. 1-2 NTU, DOC ca. 2 mg/L) wird die FM-Dosierung zunehmend vom DOC bestimmt. Im Regelfall wird hier auch ein leicht saurer pH-Wert um pH 6,0 bis 6,5 günstig sein und es werden oft spezifische FM-Dosiermengen von ca. 0,3 bis 0,6 mg Al^{3+}/mg DOC bzw. ca. 0,6 bis 1,2 mg Fe^{3+}/mg DOC benötigt. Es wird eine Aggregationsstufe erforderlich, gefolgt von direkter Filtration, Sedimentation oder (hier oft günstiger) Flotation.

FM-Überdosierungen führen zu einer unnötigen Flockenmenge, jedoch nicht direkt zu einem schlechten Gesamtwirkungsgrad.

In trübstoffreichen Rohwässern mit mittleren Trübungen über einigen NTU und, besonders wichtig, hohen Spitzentrübungen, aber geringen DOC-Werten, wird die direkte Filtration an Grenzen stoßen, sodass eine Flockenabtrennung mit Sedimentation/Flotation nötig ist. Die FM-Dosiermengen dürften hier bei ca. 1-5 mg/L Al^{3+} bzw. 2-10 mg/L Fe^{3+} liegen, von Ausnahmen abgesehen. Es dominiert der Mitfällungsmechanismus, der keine Restabilisierung bedingt, aber bei Überdosierungen zu spezifisch leichten, unnötigen Flocken führt und das Verfahren inklusive Filtration belastet.

Rohwässer mit hohen Trübungen und DOC-Werten sind normalerweise nur mit entsprechenden FM-Dosiermengen und Sedimentation/Flotation plus Filtration zu reinigen, wobei auch die bereits genannten Regeln gelten sollten: 1-5 mg/L Al^{3+} bzw. 2-10 mg/L Fe^{3+} oder die Orientierung an der auf den DOC bezogenen Dosierung (0,3 bis 0,6 mg Al^{3+}/mg DOC, 0,6 bis 1,2 mg Fe^{3+}/mg DOC), je nachdem, welche Werte höher sind. Probleme mit Restabilisierungen durch Überdosierung sind hier nicht zu erwarten.

pH-Wert-Einstellung

Aufgrund der Hydrolyse- und Fällungsreaktionen der Metallsalze und der damit einhergehenden verschiedenen Koagulationsmechanismen kann der pH-Wert in der Flockungsstufe eine durchaus zu optimierende Größe sein. Dazu ist eine pH-Korrektur vor dem Flockungsprozess so vorzunehmen, dass sich ein gewünschter pH-Wert nach Abschluss der Flockenbildung einstellt. Dies gilt gerade bei den oft wenig gepufferten Oberflächenwässern, wo bereits die Säurewirkung der FM-Salze eine pH-Absenkung mit sich bringt und zum Teil durch Basenzusatz kompensiert werden muss. Allerdings können auch Korrosionsprobleme bei sauren pH-Werten auftreten. Lässt sich der pH-Wert relativ leicht einstellen, sollte geprüft werden, ob nicht im schwach sauren Bereich ein Optimum gefunden wird, z. B. um pH = 6 bis 6,8 für Al-Salze. Für Fe-III-Salze ist dieses pH-Optimum oft deutlich breiter und eventuell noch stärker in den sauren Bereich verschoben [15].

Mit basischem Natriumaluminat lassen sich die pH-Werte des Rohwassers leicht anheben.

Für leicht basische Rohwässer ist die Frage zu klären, ob eine Flockung ohne eine explizite pH-Einstellung möglich ist: Ggf. kann durch die Dosierung eines sauer wirkenden FM ein Ziel-pH-Wert erreicht werden oder es kann ein Produkt mit Dialuminiumchloridpentahydroxid eingesetzt werden, das den pH-Wert aufgrund seiner hohen Basizität zwar wenig senkt, jedoch im Bereich pH 7 bis 8,5 eine sehr geringe Aluminiumrestlöslichkeit aufweist.

Allgemein gilt, dass das pH-Optimum schärfer und schmaler bei geringeren FM-Dosierungen auftritt und eventuell auch schwieriger zu finden und anzusteuern ist. Etwas höhere FM-Dosierungen lassen daher eher einen sicheren Betrieb zu. Die genaue, konstante pH-Einstellung in sehr schwach gepufferten Wässern ist schwierig. Hier ist die vorherige Aufhärtung/Aufkarbonisierung sinnvoll, wie z. B. mit der Teilstromaufhärtung z. B. über einen Kreislauf eines Anteils an aufgehärtetem Produktwasser.

Polymere Flockungshilfsmittel

Nichtionische und anionische Polymere gemäß §-20-Liste lassen sich zur Flockungsverbesserung einsetzen, wobei die Empfehlungen des DVGW-Arbeitsblatts W 219 [9] zu beachten sind. Die polymeren FHM dienen typischerweise zur Verbesserung der Flockeneigenschaften (Flockengröße, Scherfestigkeit etc.), um eine bessere Abtrennung zu erreichen bzw. Überlastungen zu kompensieren. Da sie zur Entlastung der Schnellfilter nach Sedimentation und Flotation beitragen, wird dort eine indirekte positive Wirkung auf die Partikelentfernung (geringe mögliche Partikelkonzentration) zu erwarten sein. Ansonsten ist die Wirkung auf die Resttrübung oder Restpartikelzahl recht gering, jedoch erheblich für Oberflächenbelastungen bzw. Filtrationsgeschwindigkeiten, Durchbruch und Filterverstopfung.

Voroxidation

Für Oberflächenwässer mit gelösten organischen Stoffen ab 1 mg/L DOC sowie Algenzellen kann eine Voroxidation mit Ozon oder Permanganat die Partikelentfernung merklich unterstützen. Daneben können auch gelöste Wasserinhaltsstoffe wie Eisen und Mangan in eine ungelöste und somit abtrennbare Form überführt werden. Der Einsatz von Chlor oder Chlordioxid mit einer ähnlichen oxidativen Wirkung ist nach der TrinkwV nicht zulässig. Es ist bei Ozon zu erwarten, dass vergleichsweise geringe Ozonzugaben im Bereich von 0,5 bis 2 mg/L (DVGW W 225 [17]) nötig sind, und dass bezüglich der Ozonzugabe ein Optimum auftreten kann. Es werden direkte Koagulationseffekte (sogenannte Mikroflockung) berichtet, aber auch deutliche unterstützende Effekte in Verbindung mit den Metallsalzen. Die relativen Verbesserungen durch die Vorozonung liegen oft bei 30 bis 70 % (und bis zu über 90 % (DVGW W 225 [17])) gegenüber dem Referenzverfahren ohne Voroxidation. Bei Permanganatzugabe genügen oft 1 bis 4 mg/L, was auch ohne das Mangan im Rohwasser zu unlöslichem Braunstein führt, der abgetrennt werden muss (DVGW W 227 [18]).

2.2.3.5.2 Physikalische Parameter der Optimierung

Entsprechend den Hauptphasen der Flockung [15]

- Mischung und Entstabilisierung,
- Mikroflockenbildung und
- Makroflockenbildung

können über die Parameter Energieeintrag bzw. mittleres Schergefälle, Verweilzeit und Verweilzeitverteilung oder abgestufte mehrfache Reaktoren die physikalischen Bedingungen jeweils optimiert werden [15]. Der ausreichend schnellen Einmischung des FM und auch der FHM kommt größte Bedeutung zu, da möglichst jedes vorhandene Teilchen mit der richtigen Menge an FM zusammengebracht werden muss. Da Flockung und Flockenabtrennung Wirkungsgrade von über 99 % erreichen können und sollen, wird deutlich, dass eine unzureichende Mischung (geringe Mischgüte, sodass die Reaktionskinetik des FM schneller ist als dessen Verteilung im Wasserkörper) bei breiter Verweilzeitverteilung (d. h. hohe Rückvermischungsraten, Bypasseffekte) zu nichtentstabilisierten Teilchen bzw. restabilisierten Teilchen führen kann, was den Abtrennerfolg negativ beeinflusst. Bei besonders intensiver Mischung ist nach 1-2 s die FM-Verteilung im Wasserkörper erreicht, weshalb der absolute Energiebedarf je Kubikmeter Wasser gering, je Kubikmeter Reaktorvolumen aber hoch ist. Hier sind mittlere Schergradienten G von über 1.000 s^{1} zu empfehlen (siehe DVGW-Arbeitsblatt W 217 zur Berechnung [8]).

In der zweiten Flockungsphase, der Mikroflockung, wird bei relativ hohen G-Werten um 100 s^{-1} die Partikelkollision zur Aggregation erzeugt. Ziel ist es, kleinere Flocken mit hoher Dichte und Stabilität zu erzeugen. Theoretisch gelingt es dabei auch, Teilchen mit Durchmessern ab ca. 1 µm nach dem orthokinetischen Mechanismus zu flocken, was hinsichtlich der Parasiten wichtig erscheint. Die jeweiligen Verweilzeiten liegen oft bei 2 bis 15 min, abhängig vom nachgeschalteten Trennverfahren. Über die verwendeten Reaktorarten (Rührkessel, Rohre, statische Systeme) gibt Tabelle 2.7 Auskunft.

Die Makroflockenbildung mit oder ohne polymerem FHM dient letztlich der Erzeugung gut absetzbarer, flotierbarer oder filtrierbarer Flocken ohne einer wesentlich weiteren Koagulation von Primärteilchen. Mit der Optimierung der verfahrenstechnischen Bedingungen in dieser Stufe können evtl. die Klarwasserqualität einer Sedimentationsstufe (Vermeidung des Austrags von Primärflocken) sowie Filterlaufzeit und Durchbruchsverhalten nachgeschalteter Schnellfilter verbessert werden. Maßgebliche Optionen zur Steigerung ihrer Filtratqualität sind i. d. R. nicht gegeben.

2.2.3.6 Störungen der Flockung und Abhilfemaßnahmen

Auch unter der Voraussetzung, dass die verfahrenstechnische Ausführung einer Flockungsanlage richtig gestaltet wurde, können doch unterschiedliche Störungen des Flockungsprozesses eintreten, deren Ursachen meistens bei den Rohwasserbedingungen und ungenügend abgestimmten chemischen Bedingungen liegen. Dies trifft vor allem dann zu, wenn rohwasserseitig sehr schnelle und große Veränderungen zu erwarten sind, wie z. B. bei direkten Flusswasserentnahmen. Andere Arten von Störungen treten bei Algenentwicklungen im Rohwasser auf, verursacht durch ein hohes Nährstoffangebot und günstige klimatische Bedingungen. Inwieweit solche Störungen sich auswirken, hängt deutlich vom Verfahren der Flockung und Flockenabtrennung ab. Als recht kritisch ist die direkte Filtration anzusehen, da Menge und Eigenschaften der Flocken dort nicht in weiten Bereichen variieren sollten.

Bei direkten Flusswasserentnahmen treten infolge von Hochwässern zum Teil kurzzeitig sehr hohe Feststoffkonzentrationen auf (anorganische Trübstoffe), die sehr hohe Gesamtwirkungsgrade der Flockung erfordern. In diesen Anlagen, die in der Regel eine Sedimentation vor den Filtern aufweisen, müssen die Dosiermengen an Flockungschemikalien erhöht werden, entweder orientiert an entsprechenden Erfahrungen oder abgeleitet aus aktuell durchgeführten Flockungstests im Labor [19]. Auch eine Änderung des Typs der FM kann hier ein Vorteil sein. Insgesamt schwieriger zu beherrschen sind die Störungen aufgrund von gelösten und an Feststoffen adsorbierten organischen Substanzen, insbesondere wenn diese die Hydrolyse der Metallsalze und die Aggregation behindern. Mit höheren Metallsalzdosierungen kann man auch hier Verbesserungen erreichen. Eine andere Möglichkeit ist die gezielte Senkung des pH-Werts in den Bereich einer optimalen Elimination der organischen Stoffe, wobei allerdings korrosionschemische Aspekte für die Anlagenteile und die Restkonzentrationen an Metallionen zu beachten sind. In einer Reihe von Fällen hat sich die Vorozonung mit ca. 1-2 mg/L als günstig für die Beseitigung von Störungen durch organische Stoffe erwiesen. Die früher häufig eingesetzte Vorchlorung hatte manchmal auch eine unterstützende Wirkung auf die Flockung, ist aber schon lange wegen der kritischen Nebenproduktbildung nicht mehr zulässig (siehe die jeweils zugelassenen Verwendungszwecke einzelner Aufbereitungsstoffe in der §-20-Liste [10]).

Verschiedene Algenarten haben sich als besonders problematische Störungsursachen für Flockungsprozesse erwiesen, vor allem wenn die Zellen selbst schlecht in Flocken einzubinden sind und wenn die algenbürtigen Stoffwechselprodukte die Aggregation durch die hydrolisierenden Metallionen behindern, z. B. durch einen Schutzkolloideffekt oder die Komplexierung der FM. Diese Störungen können durch eine Vorozonung oder durch die Verwendung von vorhydrolysierten Aluminiumsalzen gemildert oder beseitigt werden.

Es empfiehlt sich in allen Fällen, auf das Aufbereitungsverfahren abgestimmte Flockungstests vorzunehmen, um die chemischen Flockungsbedingungen vorab zu verbessern. Geeignete Flockungstestverfahren bei diskontinuierlicher bzw. kontinuierlicher Fahrweise sind dem DVGW-Arbeitsblatt W 218 [7] zu entnehmen. Diese Testverfahren haben sich insbesondere bei der Optimierung der Chemikaliendosismengen bewährt.

Seit einigen Jahren sind automatische Steuerungsanlagen für die Flockung erfolgreich im Einsatz oder werden noch entwickelt. Hierzu sei auf einen Tagungsband über die optimierte Dosierung von Flockungs- und Flockungshilfsmitteln im Trink- und Abwasserbereich verwiesen [15, 19]. Künstliche neuronale Netze wurden vor wenigen Jahren zur Flockungssteuerung erfolgreich eingeführt [19].

Abschließend sei auf die dritte Edition eines klassischen Buches zur Flockung in Trink- und Abwasser von Bratby verwiesen [20].

2.2.4 Technische Sedimentation

2.2.4.1 Dimensionierung eines Sedimentationsbeckens

Aus der bekannten Sinkgeschwindigkeit kann die mögliche Flächenbelastung einer Sedimentationsstufe berechnet und damit die Dimensionierung eines konkreten Sedimentationsapparats vorgenommen werden (siehe voriges Kapitel). In der Realität der Sedimentation ist allerdings in einem Sedimentationsbecken stets mit zusätzlichen förderlichen oder störenden Effekten zu rechnen. Schematisch ist die Sedimentation der Teilchen für reale Fälle in **Bild 2.30** dargestellt.

Die fett gezeichnete Gerade zeigt den Weg eines Teilchens durch das horizontal durchströmte Rechteckbecken unter idealisierten Bedingungen. Real kann einmal

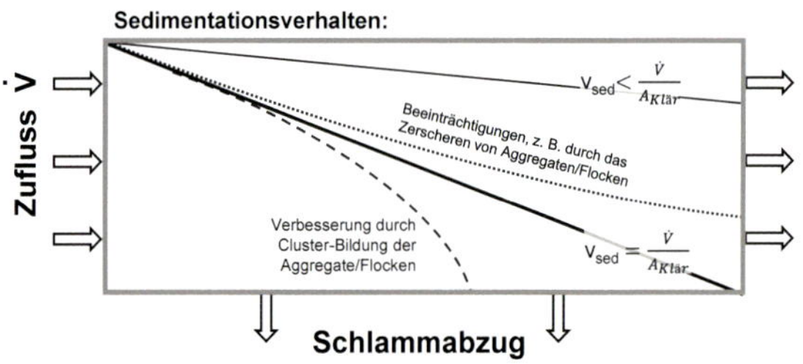

Bild 2.30: Abweichungen der Sedimentationsgeschwindigkeit von der Auslegungsgröße in der Aufbereitungspraxis

die Flockung während der Sedimentation die Absetzgeschwindigkeiten erhöhen (sogenannte differentielle Sedimentation, in der große Flocken auf kleine, langsame Flocken auftreffen). Andererseits kommt es im unteren Teil der Becken zur Behinderung der Sedimentation aufgrund des dort hohen Volumenanteils der Feststoffe und einer Behinderung des Wasseraufstroms. Die Annahme einer Kolbenströmung wäre ebenfalls nichtzutreffend, weil Veränderungen des Strömungsprofils durch konvektive Einflüsse sowie nachteilige Effekte durch die Schlammräumeinrichtungen nicht berücksichtigt sind.

2.2.4.2 Technische Ausführungen von Sedimentationsanlagen

Die überwiegende Zahl von Sedimentationsanlagen in Wasserwerken dient der Abtrennung von zuvor gebildeten Flocken, während Anlagen ohne Flockung zur Vorreinigung von Flusswässern mit höheren Trübstoffkonzentrationen eingesetzt werden, z. B. vor Versickerungsanlagen einer Grundwasseranreicherung. Recht oft werden für letzteren Fall einfachere Systeme wie Vorsperren oder ehemalige Versickerungsbecken verwendet, die gleichzeitig auch als Rohwasserspeicher dienen können und als Erdbecken mit geschütteten Wällen und dichter Sohle ausgeführt sind. Bauwerke zur Vorsedimentation sind vor allem dann gerechtfertigt, wenn die Trübstoffkonzentrationen des Rohwassers bei starken Niederschlägen auf über 1 g/L ansteigen und die anschließenden Flockungsanlagen mit der Abscheidung überlastet werden oder die Steuerung der Flockung bei den Trübstoffspitzen nicht mehr ausreichend gelingt. Die Vorsedimentation findet man überwiegend in subtropischen und tropischen Ländern, wo bei Starkregen die Flüsse hohe Konzentrationen an erodierten Feststoffen bis über 50 g/L TS aufweisen können und beispielsweise die Trübung von wenigen NTU innerhalb von Stunden auf über 1.000 NTU ansteigt. Häufiger verbreitet sind Anlagen zur Vorabscheidung von Feststoffen, die mit einem Rechen beginnend bis zur Mikrosiebung gestuft ausgeführt werden und auch dem Anlagenschutz (Pumpstufe) dienen.

In diesem Abschnitt werden die Sedimentationssysteme nur als Reaktoren unterschiedlicher Prinzipien und Bauformen vorgestellt. **Tabelle 2.8** gibt einen Überblick über Sedimentationsanlagen. Nachfolgend werden von diesen einige typische Beispiele gezeigt und erläutert. **Bild 2.31** stellt ein klassisches, rechteckiges Absetzbecken dar, bei dem ein umlaufendes Band mit Schlammsammlern die abgesetzten Feststoffe in einen Schlammtrichter transportiert, wo sie abgezogen werden. Diese Rechteckbecken wurden bis zu einer Länge von 60 m gebaut und zeichnen sich durch ein Länge-Breite-Verhältnis von > 5 aus. Die Oberflächenbeschickung liegt im Bereich von 0,5 bis 2 m/h, wobei die höheren Werte für geflockte Rohwässer gelten.

Tabelle 2.8: Kriterien der Ausführung von Sedimentationsanlagen

Kriterium	Details
Bauform	• rechteckige Becken, Länge > Breite • runde Becken • vieleckige Becken (Entschlammungstechnik variabel)
Strömungsführung	• horizontal (bei Rundbecken: von innen nach außen oder umgekehrt) • vertikal (schräg, auf- oder absteigend)
Einbauten	• ohne Einbauten • Parallelplattenpakete, Röhrenmodule, Wellbahnplatten • Klarwassersammelrinnen • Schlammräumersysteme (auch mit Eindickfunktion)
Auslegung	• Oberflächenbeschickung = $V/A_{Klär}$ (in m/h) • Beckentiefe • Ein- und Ablaufgestaltung zur Idelisierung des Strömungsverhaltens

Die meisten der Rundbecken mit Durchmessern bis zu 50 m (siehe **Bild 2.32**) weisen einen zentralen Zulauf, ein umlaufendes Schlammräumersystem sowie Klarlaufüberfallwehre auf, die radial und außen angebracht sind. Die Strömungsgeschwindigkeit sinkt hier mit der Entfernung vom Einlaufbauwerk in der Beckenmitte („Königsstuhl"). Horizontal durchströmte Rechteck- und Rundbecken können Tiefen von 3 bis 6 m aufweisen, wodurch die Bildung von Flocken bei der Sedimentation selbst begünstigt wird. Bei sehr einfachen Systemen wird auf die maschinelle Schlammräumung verzichtet und die Becken werden periodisch stillgelegt und entschlammt.

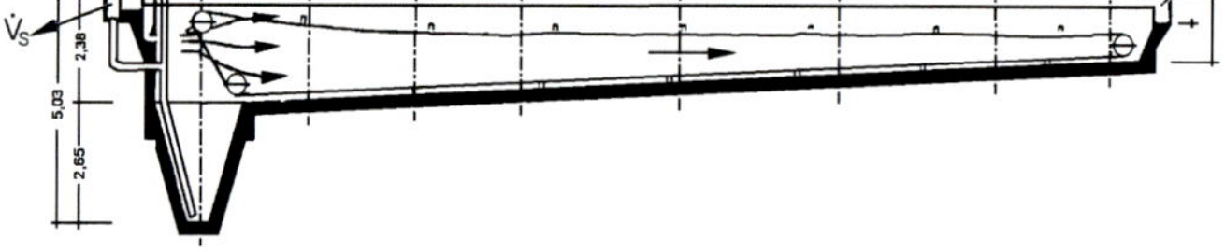

Bild 2.31: Beispiel eines längs durchströmten rechteckigen Absetzbeckens mit umlaufender Räumerkette und stirnseitigem Schlammabzug

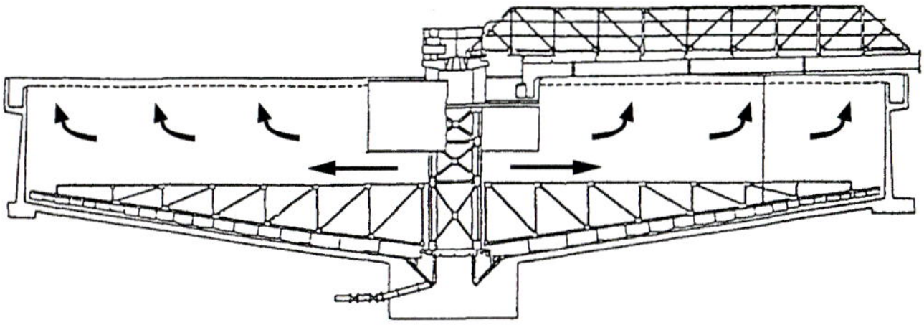

Bild 2.32: Beispiel eines radial durchströmten Rundbeckens mit zentralem Zulauf, umlaufendem Räumer (Krählwerk) und zentralem Schlammabzug

Einen deutlichen Fortschritt bei der Sedimentationstechnik und eine deutliche Verringerung der Anlagengröße brachten die Systeme mit Einbauten, wie Parallelplatten, Lamellen- bzw. Röhrenpakete oder auch gewellten Platten (siehe voriges Kapitel). Diese werden in der Regel schräg in Winkeln um 60° angeordnet, damit die Feststoffe per Schwerkraft nach unten rutschen. Die Strömungsführung kann prinzipiell im Gleichstrom, Kreuzstrom oder Gegenstrom erfolgen, wobei der Gegenstrom bei der Trinkwasseraufbereitung die größte Verbreitung erfahren hat.

Die Abstände der Platten liegen oft bei 5 bis 10 cm und verkürzen damit den Absetzweg eines Partikels oder einer Flocke von wenigen Metern auf ca. 10 bis 15 cm. Hieraus resultieren deutlich geringere Verweilzeiten für gleiche Wirkungsgrade oder ein höherer Trenngrad für die Feststoffe.

Die Dimensionierung über die Oberflächenbeschickung oder auch Flächenbelastung (m/h) erfordert die Berechnung der summierten Projektionsflächen aller Platten (Klärfläche) als Bezugswert (siehe **Bild 2.33**):

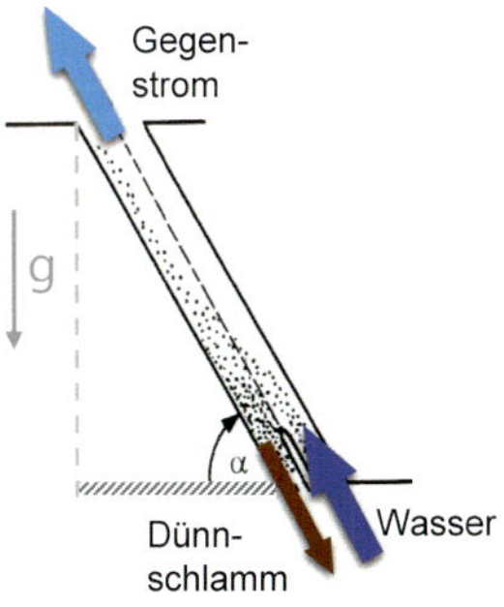

Bild 2.33: Prinzip eines Parallelplattenabscheiders im Gegenstrombetrieb (schraffiert: Projektionsfläche der Platte mit einem Anstellwinkel α gegenüber der Horizontalen)

$$A_{\text{Klär, Plattenpaket}} = n \cdot A_{\text{Platte}} \cdot \cos \alpha$$

$$A_{\text{Klär, ges.}} = A_{\text{Beckengrundfläche}} + A_{\text{Klär, Plattenpaket}}$$

Der Vorteil dieser Systeme ergibt sich aus der dichten Packung und damit hohen Zahl der Platten oder Lamellen. Letztere können in einer Sechseck-Wabenstruktur („Bienenwaben“) hergestellt werden, die durchströmte Röhren formen. Sie sind selbsttragend und lassen sich in vorhandene Becken einfügen, um die Klärfläche zu erhöhen und eine Steigerung der Oberflächenbeschickung (höherer Durchsatz oder verringerte Anlagengröße) zu erwirken. **Bild 2.34** zeigt die Beispiele für ein Rund- und Rechteckbecken, wobei das Gegenstromprinzip verwendet wird.

Parallelplatten- und Lamellensysteme sind bei sehr hohen Feststoffkonzentrationen dann überfordert, wenn das Abrutschen der abgesetzten Feststoffe nicht mehr schnell genug erfolgt, d. h. es tritt dann ein Schlammaustrag ins Klarwasser ein, was nachgeschaltete Filter überfordern kann. Die Platten und Lamellen sollten periodisch gereinigt werden, um festsitzende Schlämme zu vermeiden. Auch ein Bewuchs, z. B. durch Algen oder Biofilme, sollte hierdurch limitiert werden. Infolge der deutlich kleineren Baugrößen sind die Investitionskosten für solche Systeme verglichen mit dem klassischen Rund- und Rechteckbecken oft niedriger.

Allen Absetzsystemen gemeinsam ist die große Bedeutung der Strömungsstörungen bzw. deren Unterdrückung. Bei offenen Becken können Winde zu Walzenströmungen führen oder es treten Dichteströmungen auf, wenn sich die Temperatur ändert. Die Sonneneinstrahlung kann eine Algenbildung in den Klarwasserzonen begünstigen und deren Sauerstoffproduktion kann bei Luftdruckwechsel (Gewitterfront) zu Flotationseffekten führen. Weiterhin sind Ein- und Auslaufbereiche des Wassers wichtige Kriterien, besonders bei den Parallelplatten bzw. Lamellen. Technische Sedimentationssysteme sind deshalb oft weniger effektiv, als man aus Labor- und Pilotversuchen erwartet (Scale-up-Problem).

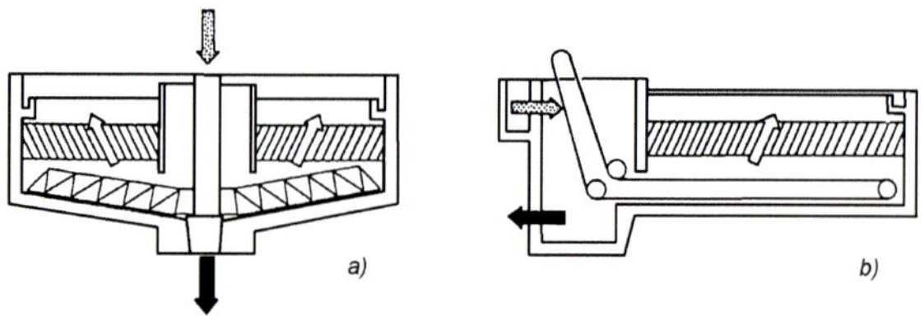

Bild 2.34: Schema für Sedimentationsbecken mit zusätzlicher Klärfläche durch Gegenstrom-Lamellenpakete: a) Rundbecken, b) Rechteckbecken

Deshalb kommt einer Auslegung aufgrund von Erfahrungswerten und, bei der Flockung mit Sedimentation, der Vorbehandlung und ihrer Optimierung eine hohe Bedeutung zu.

2.2.5 Schnellfiltration

2.2.5.1 Trübstofffiltration

Die hier beschriebenen praxisnahen Aspekte der Schnellfiltration betreffen deren Anwendung bei der Trübstoffentfernung aus Oberflächenwässern mit hygienischen Risiken. Bei der direkten Trinkwasseraufbereitung kommen praktisch ausschließlich Zweischichtfilter zum Einsatz. Sofern die Trübungswerte im Rohwasser dauerhaft < 5 NTU betragen, sollte die erforderliche Reinigungsleistung in der Regel durch eine einstufige Flockung mit Filtration, gegebenenfalls mit vorheriger Ozonung, erzielt werden können, wobei eine nachgeschaltete Desinfektion unabdingbar ist [2, 4]. Weitergehende Aufbereitungsmaßnahmen (z. B. Sedimentation, Flotation oder Vorfiltration mit Mikrosieben) sind, wie bereits erwähnt, erforderlich, sofern merklich höhere Trübstoffkonzentrationen bzw. weitere Inhaltsstoffe im Rohwasser vorliegen, die ebenfalls zu entfernen sind.

Der Filterschichtaufbau eines Zweischichtfilters besteht häufig aus einer Unterschicht, meist Quarzsand der Körnung 0,71 bis 1,25 mm, und einer darüber befindlichen gröberen Filterschicht im Korngrößenbereich 1,5 bis 3 mm. In der Oberschicht werden am häufigsten Anthrazit, Hydroanthrasit-H („thermisch behandeltes Kohleprodukt“ bzw. Koks oder Voraktivat) und Bims als Filtermaterial eingesetzt [21]. Der Filterschichtaufbau ist so zu wählen, dass einerseits die erforderliche Korn- und Porengröße für die Abtrennung der partikulären Rohwasserinhaltsstoffe gegeben ist sowie andererseits eine ausreichende Ausdehnung und Klassierung beider Filterschichten durch die Filterspülung gelingt. Somit sind beide Filtermaterialien mit ihrer jeweiligen Korndichte (im vollständig benetzten Zustand) hinsichtlich ihrer Korngröße aufeinander abzustimmen: Die obere Schicht sollte ihren Lockerungspunkt und eine bestimmte Bettexpansion stets bei etwas geringerer Wasserspülgeschwindigkeit erreichen als die untere Filterschicht. Für die Auswahl der Filtermaterialien ist das DVGW-Arbeitsblatt W 213-2 (A) heranzuziehen [21].

Die obere Filterschicht erzeugt im Vergleich zur unteren größere Kapillarvolumina, an denen auch die leicht höhere Porosität beteiligt ist, die auf Kornform und -rauigkeit beruht. Sie dient primär der Entfernung der höheren (volumetrischen) Fracht der größeren Partikel bzw. Flockenaggregate, während der Unterschicht die Aufgabe der Feinfiltration zukommt. Je nach Aufgabenstellung können auch weitere Filtermaterialien geeigneter Körnung eingesetzt werden.

Die wesentlichen Einflussgrößen auf den Partikelrückhalt bei der Filtration sind aufgelistet [22]:

1. Rohwasserbeschaffenheit (Belastung, Schwankungen)
2. Filtertyp (Einschicht-, Zweischichtfilter)
3. Filterschichtaufbau (Filtermaterialien)
4. Flockungsmittel (Menge, Art der Zugabe, Typ, Energieeintrag)
5. Filtergeschwindigkeit (Bereich, Schwankungen)
6. Flockungshilfsmittel (Menge, Art der Zugabe, Typ)
7. Vorozonung (Ozonzugabemenge, Eintragsart)
8. Filterlaufzeit (Beladungszunahme, Druckverlust)
9. Spülung (Verfahren, Spüldauer, Spülgeschwindigkeit)
10. Erstfiltratabschlag

Um einen ausreichend hohen Rückhalt der Partikel im Filterbett zu gewährleisten, müssen verschiedene Anforderungen an den Filterbetrieb erfüllt sein [2, 22]:

1. Die Filteranlage sollte mit einer möglichst konstanten Durchsatzmenge beaufschlagt werden. Kurzzeitige Änderungen in der Durchsatzmenge sollten unterbleiben. Nach der 3 %-Regel (maximal 3 % Änderung je Minute) sollte eine Änderung der Durchsatzmenge von 0 auf 100 % kontinuierlich über einen Zeitraum von mindestens 30 min vorgenommen werden.
2. Stillstandzeiten während des Betriebs sollten weitestgehend unterbleiben, da jedes erneute Anfahren einer Filteranlage zu einem gewissen Partikeldurchbruch führt. Dieser Effekt ist umso stärker ausgeprägt, je weitergehend der Filter bereits mit Trübstoffen belastet ist. Deshalb wird vorgeschlagen, gegebenenfalls eine Filterspülung vor der erneuten Wiederinbetriebnahme vorzunehmen bzw. Erstfiltrat abzuleiten.
3. Die Filtergeschwindigkeit sollte bei der Partikelfiltration aus Oberflächenwässern einen Wert von 10 bis max. 15 m/h nicht überschreiten. Offene Filteranlagen können aus hydraulischen Gründen üblicherweise ohnehin nur mit Filtergeschwindigkeiten bis 15 m/h betrieben werden. Höhere Filtergeschwindigkeiten sind lediglich in hydraulisch geschlossenen Druckfilteranlagen möglich und bei Verfahren sinnvoll, die nicht der Partikelabscheidung dienen, wie ggf. bei der Kontaktenteisenung.
4. Um einen ordnungsgemäßen Filterbetrieb zu gewährleisten, muss das Filterbett einer ausreichenden Spülung mit einem weitestgehenden Trübstoffaustrag unterzogen werden. Dazu ist abhängig vom Filterschichtaufbau die Spülwassermenge so zu wählen, dass der Lockerungspunkt erreicht bzw. überschritten wird und außerdem die Klassierung der beiden Filtermaterialien und das Ebnen des Betts in der abschließenden Klarspülphase erreicht wird. I. d. R. werden Zweischichtfilter, die mit Quarzsand (Körnung 0,71 bis 1,25 mm) und Anthrazit (Körnung 1,4 bis 2,5 mm) befüllt sind, mit einer Spülgeschwin-

digkeit von gut 60 m/h Luft (bei großen Filterflächen zu bessern Luftverteilung ggf. auch mehr) und während der Klarspülphase mit ca. 60 m/h Wasser gespült. Der Einfluss der temperaturabhängigen Viskosität auf die notwendige Spülgeschwindigkeit und deren ggf. saisonal notwendige Anpassung ist zu beachten. Der Spülwasserbedarf liegt üblicherweise zwischen dem 2- bis 4-fachen des Filterbettvolumens.

5. Nach Beendigung der Filterspülung muss mit dem Start der Filtration eine Erstfiltratableitung („Erstfiltratabschlag") so lange erfolgen, bis sichergestellt ist, dass die Einfiltrationsphase abgeschlossen ist, d. h. eine ausreichend geringe Partikelkonzentration im Filtrat erreicht ist. In der Regel wird hierfür das ca. 1- bis 2-fache des Filtermaterialvolumens an Erstfiltrat abgeschlagen. Auf einen Erstfiltratabschlag kann ggf. dann verzichtet werden, wenn nach der fluidisierenden Wasserspülung und nach dem Setzen (Erstarren) der Filterschichten eine zweite Nachspülphase unterhalb der Lockerung so erfolgt, dass Resttrübungen aus dem Filterbett und aus dessen Überstauraum nahezu vollständig ausgetragen werden [23, 24]. Zudem muss sichergestellt sein, dass der Filter kein Einarbeitungsverhalten für den Rückhalt der mit dem Rohwasser frisch zugeführten Trübstoffe zeigt.
6. Um sicherzustellen, dass partikuläre Rohwasserinhaltsstoffe im Filter mit ausreichendem Wirkungsgrad zurückgehalten werden, muss eine automatische Überwachung erfolgen. Bewährt hat sich in der Praxis die kontinuierliche Trübungsmessung, wobei nach Erreichen einer Trübung im Ablauf eines Einzelfilters von beispielsweise 0,1 NTU der Spülvorgang einzuleiten ist. Die Empfehlungen der Trinkwasserkommission sehen einen Trübungswert von maximal 0,2 NTU in jedem Filterablauf vor [4]. Die TrinkwV fordert (nach Abgabemenge des Wasserwerks gestaffelt) ein konsequentes Monitoring der Filterstufen und die Einhaltung einer Filtrattrübung von 0,3 NTU bei mindestens 95 % aller erfassten und dokumentierten Betriebsmesswerte [3].

Geeignet erscheint ein Filterbetrieb, bei dem ein deutlicher Anstieg des Druckverlusts vor dem Durchbruch der Partikel erfolgt, sodass nach Erreichen eines vorgegebenen Druckverlusts des Filters dieser automatisch außer Betrieb geht, was jedoch nicht in jedem Fall möglich ist. Für den Filtrationsbetrieb sollten stets für alle der vier folgenden Parameter Voralarmwerte und Alarmwerte mit Abbruch der Filtration und Anmeldung zur Spülung hinterlegt werden:

1. Max. Trübung im Filtrat (ggf. auch Werte für weitere erfasste Wasserqualitätsparameter praxisrobuster Online-/Inline-Sensoren)
2. Maximaler Druckverlust / maximale Höhe Filterüberstau
3. Maximale Filterlaufzeit
4. Maximal aufbereitetes Filtratvolumen

2.2.5.2 Flockungsmittel- und Flockungshilfsmitteldosierung

Zur Verbesserung der Trübstoffabscheidung im Filter erfolgt häufig die Zugabe eines FM, wobei Eisen- bzw. Aluminiumsalze eingesetzt werden (siehe **Bild 2.35**). Hierbei sind die Einsatzbereiche der Aufbereitungsstoffe bezüglich der pH-Werte zu beachten, wie bereits erläutert wurde. In einigen Fällen wird zusätzlich auch ein FHM unter anderem mit dem Ziel zugegeben, eine Verlängerung der Filterlaufzeit zu erreichen.

Die FM-Dosierkonzentrationen liegen in der Praxis im Bereich zwischen 0,1 und 2 mg/L Fe bzw. 0,1 und 1 mg/L Al, wobei in Einzelfällen z. B. bei Vorliegen huminstoffhaltiger Wässer (DOC-Konzentration über 2 mg/L) auch höhere Zugabemengen gewählt werden. Die Dosierkonzentration an FHM liegt üblicherweise im Bereich von 0,05 und 0,2 mg/L Produkt. Höhere Zugabemengen können zu einer Verstopfung des Filters mit der Folge eines deutlichen Durchsatzrückgangs führen.

Ansetzstationen für FHM bedürfen einer regelmäßigen gründlichen Reinigung, um bereits beim Ansetzen Aufkeimungseffekte zu minimieren. Einer möglichen Verkeimung der Dosierstammlösung kann beispielsweise zudem durch UV-Desinfektion begegnet werden. Selbst die Dosierung geringer FM-Mengen bei Rohwässern mit vergleichsweise geringer Feststoffbelastung (< 1 NTU) führt zu einer deutlichen Verbesserung des Partikelrückhalts bei der Filtration. Bereits durch die Zugabe von 0,05 bis 0,1 mg/L Fe^{3+} konnte der Partikelrückhalt beispielsweise bei der Aufbereitung von Bodenseewasser wesentlich verbessert werden [25]. Bei solch niedrigen Dosiermengen an Fe^{3+} kann nicht mehr von einer Flockung ausgegangen werden, vielmehr handelt es sich um eine Fe-gestützte Schnell-

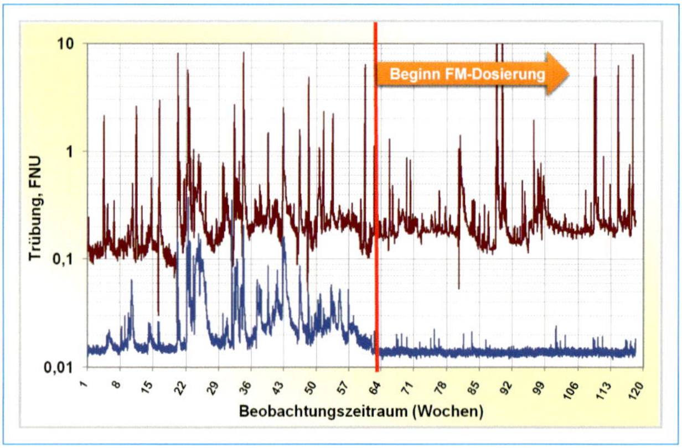

Bild 2.35: Partikelanzahlkonzentration im Filtrat eines Zweischichtfilters vor und nach Start einer Flockungsmitteldosierung (Flockungsmittel Fe^{3+}, Rohwasser ist Talsperrenwasser)

filtration, weil es vor dem Filter nicht zu messbaren Flocken kommt, sondern das Filterkorn durch Eisenhydroxid-Kolloide konditioniert wird, mit der Folge einer wesentlich besseren Partikelabscheidung.

2.2.5.3 Einfluss der Vorozonung auf den Partikelrückhalt

Neben der Dosierung von FM und FHM führt eine zusätzliche Ozonung darüber hinaus zu einer weitergehenden Verringerung der Partikelkonzentrationen im Ablauf eines Zweischichtfilters, der mit FM-Zugabe betrieben wird. In **Bild 2.36** sind Partikelanzahlkonzentrationen im Ablauf eines Versuchsfilters für je einen Filterlauf ohne bzw. mit Zugabe von Ozon sowie unter Anwendung weiterer Vorbehandlungsvarianten dargestellt. Die FM-Menge betrug 0,05 mg/L Fe^{3+}. Als Rohwasser diente Seewasser. Aus dem Diagramm in Bild 2.36 wird ersichtlich, dass die Ozonung im vorliegenden Fall den Partikelrückhalt um den Faktor 10 verbessert. Kombiniert man daher die Vorozonung mit der Dosierung von FM, kann ein starker Synergieeffekt genutzt werden. Der Gesamtwirkungsgrad übersteigt dann 99 % Rückhalt der Partikelanzahlkonzentrationen und es sind im Filtrat keine Partikel über ca. 5 µm enthalten, was im Blick auf die hygienischen Risiken durch die Dauerstadien der Parasiten (Durchmesser von über 4 µm) sehr wichtig ist.

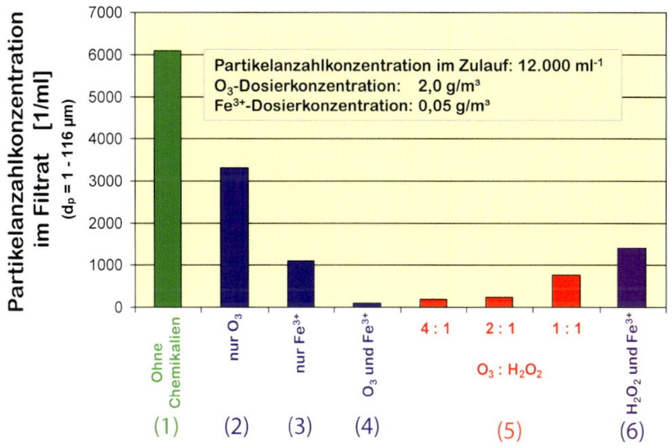

Bild 2.36: Minimierungsstrategien für die Partikelanzahlkonzentration (1) im Filtrat von Zweischichtfiltern mittels: (2) Ozonzugabe, (3) Fe^{3+}-Unterstützung, (4) Kombination beider vorh. Maßnahmen, (5) „Peroxon"-AOP-Prozess (Ozon + Wasserstoffperoxid), (6) Fe^{3+} + Wasserstoffperoxid [nach 25]

2.2.5.4 Kontrolle von Filteranlagen

Ein ordnungsgemäßer Betrieb einer Anlage zur Oberflächenwasseraufbereitung setzt eine kontinuierliche Überwachung des Aufbereitungserfolgs voraus, um auf rohwasserseitige Veränderungen unverzüglich reagieren zu können. Die Trübungsmessung hat sich hierfür aus betrieblicher Sicht bewährt [6]. Neben der Trübung im Filterablauf ist für die Überwachung des ordnungsgemäßen Betriebs einer Flockenfiltrationsanlage die Bestimmung der Restkonzentrationen an FM (Fe oder Al) erforderlich.

In einigen Talsperrenwasserwerken werden darüber hinaus die Konzentrationen an Algen im Reinwasser bestimmt. Nach einer betriebsinternen Empfehlung der Arbeitsgemeinschaft Trinkwassertalsperren (ATT) ist das Aufbereitungsziel bei der Nutzung von Talsperrenwasser dann erreicht, sofern eine Trübung von 0,1 NTU, eine Chlorophyll-a-Konzentration von 0,1 µg/L und eine Konzentration an suspendiertem organischen Stickstoff von 2 µg/L N_{org} im Trinkwasser eingehalten wird [26]. Das DVGW-Arbeitsblatt W 213-6 [6] stellt Messgeräte für das At-Line-Monitoring (manuelle Probenahme, aber Messung in der Nähe der Probenahmestelle) von Algen und Adenosintriphosphat (ATP) vor. Ein weiteres Aufbereitungsziel kann die Minderung des DOC und der Färbung sein, was mittels Sensoren für die Parameter SAK_{254} und SAK_{436} erfolgt.

Die Erfassung mikrobiologischer Parameter erlaubt dem Betreiber einer Trinkwasseraufbereitungsanlage keine unmittelbare Aussage über den momentanen Zustand der Anlage. Eine Steuerung und Regelung einer Anlage ist durch die Erfassung mikrobieller Parameter deshalb nicht möglich. Dagegen sind solche Untersuchungen wichtig, um zusätzlich zu anderen Messgrößen gegebenenfalls Defizite im Aufbereitungsprozess erkennen zu können. Voraussetzung für eine aussagekräftige Beurteilung ist die zeitgleiche Bestimmung mehrerer mikrobiologischer Parameter, da nur damit gesicherte Aussagen getroffen werden können.

Zur Optimierung der Aufbereitungstechnik werden neben der Trübungsmessung auch die Partikelkonzentrationen im Ablauf derjenigen Filterstufe gemessen, die als letzte Stufe der Partikelelimination dient. Üblicherweise werden Partikelkonzentrationen im Bereich zwischen 1 und 100 µm erfasst, wobei allerdings zur Auswertung des Partikelrückhalts nur bestimmte Größenklassen herangezogen werden [6], was den Einsatz von kostengünstigen Prozessmessgeräten erlaubt, welche diese Klassen fokussierten.

Literatur

[1] Kavanaugh, M. C.; Montgomery, J. M.; Tate, C. H.; Trussell, A.R.; Trussell, R. R.; Treweek, G.: Use of Particle Size Distribution Measurements for Selection and Control of Solid/

Liquid Separation Processes. In: Particulates in Water. American Chemical Society: Advances in Chemistry 189 (1980), S. 305 ff.

[2] Baldauf, G.: Partikelentfernung – Praxis, Teil II, in: DVGW-Lehr- und Handbuch Wasserversorgung/Wasseraufbereitung – Grundlagen und Verfahren. Jekel, M., Gimbel, R., Ließfeld, R. (Herausgeber), R. Oldenbourg Verlag GmbH, München 2003

[3] TrinkwV 2023: Zweite Verordnung zur Novellierung der Trinkwasserverordnung. BGBl. I Nr. 159 S. 1-65, Bonn, 23. Juni 2023

[4] Trinkwasserkommission des Umweltbundesamtes: Anforderungen an die Aufbereitung von Oberflächenwässern zu Trinkwasser im Hinblick auf die Eliminierung von Parasiten. Bundesgesundheitsblatt 12 (1997), S. 484-485

[5] Nahrstedt, A.: Die Novelle der Trinkwasserverordnung: Bewertung und Kontrolle der Filterwirksamkeit mit Hilfe von Trübungsmessung und Partikelzählverfahren zur Sicherstellung einer mikrobiologisch einwandfreien Trinkwasserqualität – Teil V. bbr 52(2001) Nr. 12, S. 34-40

[6] DVGW-Arbeitsblatt W 213-6 (A): Filtrationsverfahren zur Partikelentfernung; Teil 6: Überwachung mittels Trübungs- und Partikelmessung. Ausgabe Dezember 2021, WVGW-Verlag, Bonn

[7] DVGW-Arbeitsblatt W 218 (A): Flockung in der Wasseraufbereitung – Teil 2: Flockungstestverfahren. Ausgabe November 1998, WVGW-Verlag, Bonn

[8] DVGW-Arbeitsblatt W 217 (A): Die Flockung in der Wasseraufbereitung – Teil 1: Grundlagen. Ausgabe Mai 2021, WVGW-Verlag, Bonn

[9] DVGW-Arbeitsblatt W 219 (A): Einsatz von anionischen und nichtionischen Polyacrylamiden als Flockungshilfsmittel bei der Wasseraufbereitung. Ausgabe Mai 2010, WVGW-Verlag, Bonn

[10] Bekanntmachung der Liste zulässiger Aufbereitungsstoffe und Desinfektionsverfahren gemäß § 20 der Trinkwasserverordnung (Stand: Januar 2023). BAnz AT 27.01.2023 B12, S. 1-27

[11] Grohmann, A.: Über die Anwendung der Flockenbildung in Rohren zur Wasserreinhaltung und Phosphorelimination. Zeitschrift für Wasser- u. Abwasserforschung 14 (1981), S. 104-109

[12] SUEZ-Degrémont Handbook, www.suezwaterhandbook.com, 2024

[13] Werner, G: Anwendung neuer Technologien im Rahmen der Wasserbereitstellung bei einer Fernwasserversorgung. In: Neuere Technologien in der Trinkwasserversorgung. 14. Wassertechnisches Seminar. Berichte aus Wassergütewirtschaft und Gesundheitsingenieurwesen der Technischen Universität München, Nr. 95 (1990), S. 23-39

[14] Jekel, M.: Aluminiumsalze als Flockungsmittel. In: Trinkwasser aus Talsperren, ATT, Oldenbourg-Verlag, München 1991

[15] Jekel, M.; Gimbel, R.: Optimal dosing of coagulants and flocculants. Berichte aus dem IWW-Institut, Mülheim, Band 10 (1994)

[16] DVGW-Arbeitsblatt W 204 (A): Aufbereitungsstoffe in der Trinkwasserversorgung – Regeln für Auswahl, Beschaffung und Qualitätssicherung. Ausgabe Juni 2024 (Entwurf). WVGW-Verlag, Bonn

[17] DVGW-Arbeitsblatt W 225 (A): Ozon in der Trinkwasseraufbereitung. Ausgabe Juni 2015. WVGW-Verlag, Bonn

[18] DVGW-Arbeitsblatt W 227: Permanganat in der Wasseraufbereitung. Ausgabe Oktober 2016. WVGW-Verlag, Bonn

[19] Winzenbacher, R.; Gebhardt, J.; Müller, S.: Intelligent process control by use of artificial neural networks and genetic algorithms during treatment of danube water. In: Proc. of the International Conference of Particle Separation. Advances in Particle Separation – Science, Technology, Practice. Berlin, 18.-20.06.2012

[20] Bratby, J.: Coagulation and Flocculation in Water and Wastewater Treatment. IWA-Publishing, 3. Auflage, 2016

[21] DVGW-Arbeitsblatt W 213-2 (A): Filtrationsverfahren zur Partikelentfernung – Teil 2: Beurteilung und Anwendung von gekörnten Filtermaterialien. Ausgabe September 2015. WVGW-Verlag, Bonn

[22] DVGW-Arbeitsblatt W 213-3 (A): Filtrationsverfahren zur Partikelentfernung – Teil 3: Schnellfiltration. Ausgabe Juli 2017. WVGW-Verlag, Bonn

[23] Bäcker, C.: Spülbedingungen für Tiefenfilter und deren Auswirkungen auf die Erstfiltratqualität. Dissertation an der Universität Duisburg-Essen (2010). Verfügbar unter: https://duepublico2.uni-due.de/servlets/MCRFileNodeServlet/duepublico_derivate_00024713/Baecker_Diss.pdf

[24] Bäcker, C.; Nahrstedt, A.: Einfluss der Spülung von Tiefenfiltern auf die Erstfiltratqualität. Essener Tagung 2009, Aachen, S. 38-1 bis 38-12

[25] Schick, R.; Müller, R.; Stabel, H.-H.: Zur Methodik der Bestimmung von Partikelkonzentration und -größenverteilung im Bodenseewasser. Vom Wasser 90 (1998), S. 159-174

[26] Bernhardt, H.; Clasen, J.: Entnahme von Mikroorganismen, dargestellt am Beispiel der Talsperrenwasseraufbereitung. gwf-Wasser | Abwasser 137 (1996), Nr. 2, S. 109-116

2.3 Uferfiltration und Grundwasseranreicherung

Prof. Dr.-Ing. Martin Jekel

2.3.1 Einleitung

Uferfiltration und künstliche Grundwasseranreicherung gehören zu den am längsten genutzten Verfahren der Trinkwassergewinnung respektive Trinkwasseraufbereitung (neben der Langsamsandfiltration). Sie werden seit ca. 150 bis 200 Jahren erfolgreich eingesetzt und dienen vor allem der Reinigung von hygienisch belasteten Oberflächengewässern durch eine effiziente, oft vollständige Rückhaltung von Krankheitserregern [1, 2, 3]. So kann häufig auf eine Desinfektion vor der Trinkwasserverteilung verzichtet werden, was Qualitätsprobleme aufgrund von Desinfektionsnebenprodukten oder Verunreinigungen in Desinfektionsmitteln vermeidet.

Beide Verfahren zeichnen sich dadurch aus, dass überwiegend die oberen Grundwasserleiter für die Reinigung und Speicherung genutzt werden und hierfür lange Verweilzeiten und Reaktorvolumina zur Verfügung stehen sollten. Daher beanspruchen die Uferfiltration und die Grundwasseranreicherung entsprechende Flächen und Einzugsgebiete, die in Ballungsräumen schwieriger verfügbar sind. Dort aber reicht die natürliche Grundwasserneubildung in der Regel nicht zur Deckung des Trinkwasserbedarfs aus, weshalb mit Beginn der industriellen Entwicklung um 1850 bis 1870 eine Reihe von Städten ihr Dargebot mittels Uferfiltration und Grundwasseranreicherung im nahen Umfeld erhöhen mussten.

Wenn die Untergrundpassage hinsichtlich Verweilzeit gut ausgelegt ist, kann erwartet werden, dass ein hygienisch einwandfreies neues Grundwasser gewonnen wird. In Deutschland wird hierfür seit Langem die sogenannte 50 Tage-Regel angewandt, die für Porengrundwasserleiter abgeleitet wurde und eine sichere Grundwassergewinnung ohne Desinfektionsnotwendigkeit erlaubt [4].

Uferfiltration und Grundwasseranreicherung werden ob ihrer Eigenschaften (naturnahe robuste Gewinnungs-/Aufbereitungsverfahren, breite Wirkung gegenüber chemischen Stoffen sowie mikrobiellen Belastungen) nach wie vor sehr geschätzt. In den letzten Jahren wurden deshalb viele vertiefende Untersuchungen durchgeführt, um die bei diesen Verfahren ablaufenden komplexen Reinigungsprozesse besser zu verstehen. Insbesondere im Hinblick auf neue problematische Krankheitserreger (inklusive Antibiotikaresistenzen) und organische Spurenstoffe müssen die wesentlichen Prozessparameter eingehend studiert werden. Auf besonders starkes Interesse stoßen Uferfiltration und Grundwasseranreicherung bei Schwellen- und Entwicklungsländern, aber auch bei der indirekten Abwasserwiederverwendung zu hochwertigen Zwecken (einschließlich Stützung des Trinkwasserbedarfs).

Wesensmerkmal der Anreicherungsverfahren ist, dass Wasser durch eine Infiltrationseinrichtung in den Untergrund zwangseingebracht wird und dies nach ausreichender Reinigungszeit den Grundwasserleiter erreicht. Die zahlreichen dabei eingesetzten und technisch erprobten Infiltrationseinrichtungen können eingeteilt werden in (siehe **Bild 2.37**):

- Oberirdische Infiltration (a)
- Unterirdische Infiltration (b)
- Uferfiltration (c)

Die einzelnen Verfahrenstechniken, die zugrunde liegenden Reinigungsmechanismen und die zu erreichende Reinigungsleistung werden in den nachfolgenden Unterabschnitten noch näher erläutert, wobei der Schwerpunkt auf der Zielstellung Trinkwassergewinnung liegt.

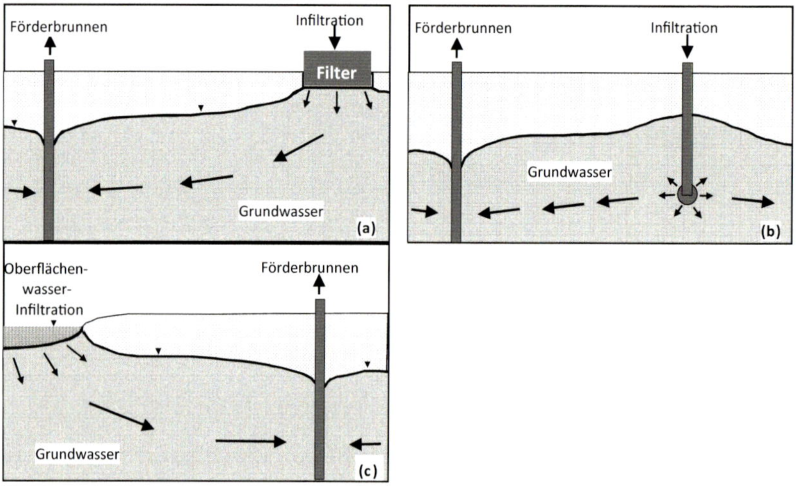

Bild 2.37: Schemata der drei grundlegenden Infiltrationstechniken: (a) oberirdische Infiltration, (b) unterirdische Infiltration, (c) Uferfiltration [3]

Allen Verfahrensvarianten gemein ist ein erheblich ausgleichender Effekt bei saisonal schwankenden Rohwassertemperaturen (in Oberflächenwässern typischerweise von nahe 0 °C bis zu 28 °C). Es kann also ein Wasser gewonnen werden, das eine deutlich geringere Temperaturvarianz um die natürliche Grundwassertemperatur zeigt. Das wirkt sich positiv auf das Problem einer prinzipiell schnelleren Wiederverkeimungsgefahr bei hohen Temperaturen im Verteilungsnetz aus (Aspekt für ein desinfektionsfreies Betriebskonzept).

Stehen die kalkulierten Flächen (bzw. Aquifervolumina) nicht in ausreichendem Maße zur Verfügung, kann die Untergrundpassage immer noch sehr effizient in eine kombinierte Aufbereitung eingebunden werden. So wird Uferfiltrat nach kürzeren Verweilzeiten, wie an einigen Stellen am Rhein, typischerweise als Mischung mit landseitigem Grundwasser nachaufbereitet, oft mittels der Stufen Ozonung und/oder Aktivkohlefiltration („Düsseldorfer Verfahren“ [5]). Im Vorfeld einer künstlichen Grundwasseranreicherung kann es ebenfalls indiziert sein, das herangezogene Oberflächenwasser vorzureinigen, mit durchaus nutzbaren Synergieeffekten. Die langjährigen Erfahrungen mit solch integrierten bzw. kombinierten Systemen, beispielsweise an der Ruhr, haben die herausragende Bedeutung der unterirdischen Aufbereitung (einschließlich Speicherung für Trockenzeiten) mehrfach bestätigt.

Eine sehr wesentliche Voraussetzung für die Nutzung der Uferfiltration und Grundwasseranreicherung ist die umfassende hydrogeologische Erkundung und Modellierung. Gerade bei Neueinrichtungen sind erhebliche fachliche, finanzielle und zeitliche Aufwendungen erforderlich, um zu prüfen, ob diese natürlichen Stufen technisch und wirtschaftlich einsetzbar sind. Es ist davon auszugehen, dass Risiken für Fehlschläge bestehen, beispielsweise hinsichtlich der langfristigen Uferdurchlässigkeit (Kolmationsgefahr). Wiederum liegen genügend Erfahrungen an verschiedenen Oberflächengewässern vor, die bei ähnlichen hydrogeologischen Verhältnissen und in Verbindung mit vergleichbaren Wasserqualitäten genutzt werden können. Die künstliche Grundwasseranreicherung gilt in dem Kontext kontrollierbarer als die Uferfiltration, da sie deren Kolmationsrisiko umgeht. Dafür ist hier mit einem zusätzlichen technischen Aufwand für eine Vorreinigung oder die Regeneration der Infiltrationsbecken zu rechnen.

2.3.2 Uferfiltration an Flüssen und Seen

Viele Flüsse im Mittelgebirge und im Flachland werden von hydraulisch verbundenen Grundwasserleitern begleitet, weil sich in den geologischen Prozessen dort gut durchlässige Kiese und Sande aus der Erosion im Einzugsgebiet abgelagert haben. Im natürlichen Wasserhaushalt kommt es dort sowohl zur Exfiltration in das Grundwasser bei Hochwassersituationen, als auch zur Infiltration von landseitig erneuertem Grundwasser in Niedrigwasserphasen (Drainagewirkung der Flüsse).

Durch den Bau von Gewinnungsbrunnen in der Nähe zum Flussufer (oft mit 50 bis 500 m Abstand) wird ein dauerhafter Wasserfluss vom Ufer bzw. Flussboden zur Landseite induziert. Das gewonnene Uferfiltrat ist dann immer eine Mischung von Fluss- oder Seewasser und von landseitigem Grundwasser, was mit geeigneten Indikatoren quantitativ ermittelt werden kann (z. B. mit konservativen Tracern, wie Chlorid, oder mit persistenten Spurenstoffen wie EDTA).

Ein Beispiel vom Rhein bei Düsseldorf zeigt die Fließverhältnisse der Uferfiltration (siehe **Bild 2.38**).

Es ist zu erkennen, dass das Rheinwasser hier nicht nur über das Ufer, sondern über den Flussboden infiltriert und dass sehr unterschiedlich lange Fließpfade auftreten. Das Uferfiltrat ist daher immer eine Mischung nicht nur mit landseitigem Grundwasser, sondern auch von unterschiedlich alten Flusswasseranteilen. Die Qualitätsparameter gleichen sich durch diese hydraulischen Verhältnisse sehr gut aus. Spitzenbelastungen im Fluss bei Unfällen oder kurzzeitigen Einleitungen werden nur mit wenigen Prozenten im Uferfiltrat auftreten, wichtiger sind die dauerhaften Belastungen für die Qualität [5]. Die Kolmation im Flussufer bzw.

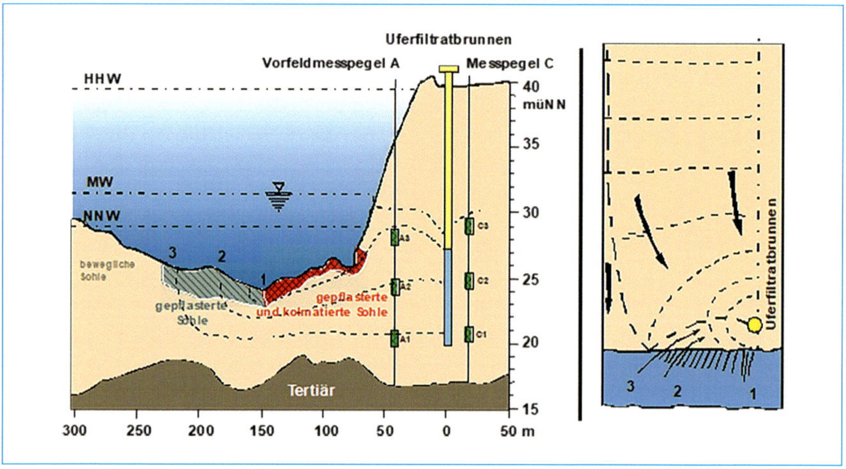

Bild 2.38: Darstellung der Strömungsverhältnisse bei der Uferfiltration am Rhein (Vertikal- und Horizontalschnitt) [5]

Flussboden wird durch die jährlichen Hochwässer hydraulisch entfernt, im Sinne einer Querspülung, sodass eine ausreichende Permeabilität erhalten werden kann. Jedoch ist anzumerken, dass bei einer hydraulischen Überbeanspruchung der Uferfiltration die Kolmationsprobleme zunehmen und die Ergiebigkeit der Brunnen zurückgehen kann.

Abhängig von der Rohwasserqualität sind die Uferfiltrationsstrecken an Flüssen entweder aerob bis anoxisch, wobei auch ein saisonaler Wechsel auftreten kann (anoxisch eher im Sommer, aufgrund geringerer Sauerstoffgehalte und stärkerer Zehrung). Früher war die Uferfiltration am Rhein bei hohen organischen Belastungen oft dauerhaft anoxisch bzw. anaerob. **Bild 2.39** zeigt schematisch die Änderungen der Wasserqualität entlang einer Fließstrecke einer Uferfiltration.

In der eigentlichen Infiltrationszone findet die physikalische Abtrennung fast aller kolloidalen und suspendierten Stoffe statt (Filtereffekt), was auch zu Kolmationserscheinungen (Clogging) führt. Gleichzeitig bildet sich hier ein Biofilm aus, in dem schon wesentliche Anteile von organischen Stoffen abgebaut werden.

Die Abbauprozesse in der Infiltrationszone sind besonders bedeutsam für die Einstellung der Redoxbedingungen. Eine biologische Umsetzung erfolgt von im Oberflächenwasser gelösten organischen Kohlenstoffverbindungen (gemessen als DOC), namentlich dem abbaubaren Anteil davon. Außerdem kann im Oberflächenwasser mitgeführter partikulärer organischer Kohlenstoff (POC) sowie in

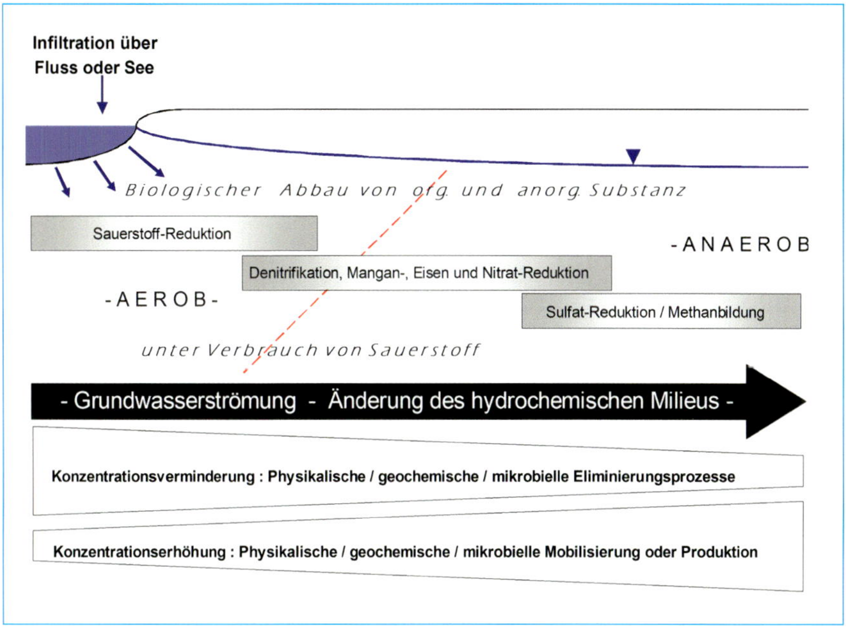

Bild 2.39: Schema der Vorgänge bei der Uferfiltration an Flüssen und Seen [3]

der Kolmationszone vorhandener POC (Algen, Detritus, auch höhere Organismen) abgebaut werden. Bei der Uferfiltration an Flüssen guter Qualität, wie am Rhein, ist der Beitrag des POC eher geringer, bei Seen und gestauten Gewässern dagegen oft mitbestimmend. Am Tegeler See in Berlin ist der Umsatz des POC höher im Vergleich zum abbaubaren DOC des Sees, die Uferfiltrationsstrecke wird dort daher schnell anoxisch bzw. anaerob. Allenfalls im Winter kann sich die aerobe Zone weiter ausdehnen, weil der biologische Abbau verlangsamt ist.

Ammonium im Rohwasser wird aerob schnell nitrifiziert. Der Umschlag zur Denitrifikation erfolgt, wenn der gelöste Sauerstoff verbraucht ist. Reicht das vorhandene Nitrat nicht für den Abbau aus, startet die Reduktion vorhandener Mangan- und Eisenoxide mit Freisetzung der reduzierten Metallionen. Danach kann, abhängig vom Eintrag an abbaubaren organischen Stoffen, auch Sulfat zu Sulfid reduziert werden oder durch anaerobe Gärung sogar Methan entstehen.

Sulfid und Methan erfordern bei höheren Gehalten eine andere Auslegung der Trinkwasseraufbereitung, während Eisen und Mangan einfach zu entfernen sind und oft auch im landseitigen Grundwasser natürlicherweise vorhanden sind. Die

Redoxzonen sind oft nicht scharf getrennt, weil sich im Untergrund auch Mikromilieus ausbilden, sodass sich z. B. in schlecht zugänglichen Poren mit Haftwasser sauerstofffreie Bedingungen ausbilden, während das mobile Grundwasser aerob sein kann.

Seen im Flachland liegen oft in sandigen Gebieten mit Grundwasseranschluss, sodass auch dort die Uferfiltration umgesetzt werden kann, z. B. in Berlin, wo insgesamt ca. 60 % des Trinkwassers aus Uferfiltrat an den aufgestauten Flussseen der Havel- und Spreekette gewonnen wird. Hierzu zeigt **Bild 2.40** ein Querschnittsschema der Uferfiltration am Tegeler See. In den Brunnen am Tegeler See kann das Uferfiltrat bis zu über 80 % der Gewinnung ausmachen [6].

Es ist zu erkennen, dass auf der Seeseite weit überwiegend Uferfiltrat gefunden wird, auf der Landseite dagegen echtes Grundwasser. Das Mischwasser im Produktionsbrunnen weist einen Uferfiltratanteil von ca. 75 % auf (ermittelt über mehrere konservative Tracersubstanzen). Zudem ist bei relativ langen Verweilzeiten im Bereich von einigen Monaten zu sehen, dass das Redoxpotenzial vom aeroben Bereich direkt am Ufer abnimmt, bis in den anoxischen/anaeroben Bereich nahe dem Produktionsbrunnen, entsprechend dem Grundschema in Bild 2.39.

Weil die Wasserspiegel der Seen recht konstant sind oder bei Flussseen (wie an Spree und Havel) durch Einstau konstant gehalten werden, fehlt die Spülwirkung von periodischen Hochwässern. Die Kolmation durch organische partikuläre

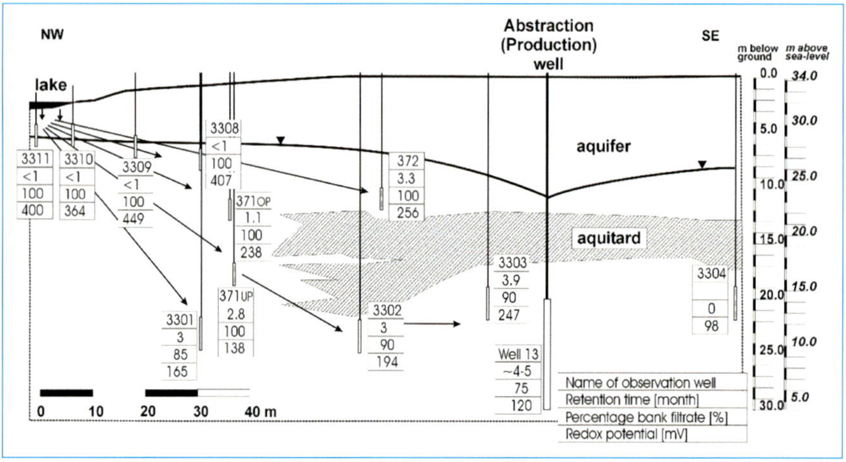

Bild 2.40: Querschnittsschema der Uferfiltration am Tegeler See [6], mit Angaben zur Verweilzeit, dem Anteil des Uferfiltrats und zum Redoxpotenzial

Stoffe im Ufer wird hier durch eine hohe biologische Aktivität durch Fressketten verringert, wodurch partikuläre Organik wie Algenablagerungen abgebaut werden. Zwar findet man eine deutliche Verringerung der Durchlässigkeit mit Beiwerten (k_f) um 10^{-6} m/s, die jedoch ausreicht für die Wassergewinnung [7]. Die Infiltration aus dem See findet vor allem im Uferbereich bis in ca. 5 bis 10 m Tiefe statt, nicht über das schlechter durchlässige tiefere Sediment. Das Uferfiltrat an Seen wird durch die hohe biologische Abbauaktivität schnell anoxisch und anaerob, sodass Eisen und Mangan in Lösung gehen, aber auch die Sulfatreduktion eintritt, gelegentlich auch die Methanbildung.

Grundsätzlich wird die Uferfiltration für folgende Ziele ausgelegt:

- Natürliche Vorreinigung des Flusswassers, insbesondere Filtration aller partikulären und hygienisch relevanten Substanzen. (Hierzu wird die Uferfiltration auf kurze Verweilzeiten im Bereich von Tagen und kurze Abstände der Brunnen zum Ufer ausgelegt. Beispiele dafür findet man vor allem in den USA. Eine nachgeschaltete Aufbereitung ist unvermeidbar.)
- Gezielte Erneuerung von Grundwasser, sodass die hygienische Qualität von echten, geschützten Grundwässern ohne Desinfektion erreicht wird. (Viele europäische Uferfiltrationsstandorte sind so ausgelegt. Die Nachaufbereitung ist hier oft recht einfach, wie Enteisenung, Entmanganung und Stabilisierung. Beim Vorkommen von persistenten Spurenstoffen werden eine Ozonung und/oder eine Aktivkohlefiltration nachgeschaltet.)
- Bedeutsame Wasserspeicherung in den Uferfiltrationsbereichen zur Kompensation von Niedrigwasserphasen der Flüsse. (Bei Hochwässern findet oft eine starke Infiltration statt, die für Trockenzeiten genutzt werden kann. Zudem ist dann auch die Qualität des Flusswassers bei gelösten Stoffen besser, was zu einem besseren Uferfiltrat führt.)

Wichtige Auslegungsparameter für Uferfiltrationssysteme sind:

- Durchlässigkeitsbeiwerte des Grundwasserleiters und der Infiltrationszone
- Abstand und Ausbautiefe der Brunnen (Vertikal- oder Horizontalbrunnen) zum Ufer
- Räumliche Anordnung der Brunnen und Abstand untereinander (Brunnengalerien)
- Kolmation in der eigentlichen Infiltrationszone und die Prozesse der Erhaltung der Durchlässigkeit
- Minimale, mittlere und maximale Verweilzeiten des Uferfiltrats, abhängig vom Abstand zum Ufer, dem Wasserspiegel im Gewässer und den Fließpfaden des Uferfiltrats und deren Änderung beim Betrieb der Brunnen und Brunnengalerien

- Mischungsverhältnisse von Uferfiltrat und landseitigem Grundwasser, abhängig von Wasserstand im Fluss oder im See, der Brunnenplatzierung und der lokalen natürlichen Grundwasserneubildung und damit dem Grundwasserstand

2.3.3 Grundwasseranreicherung

Die natürliche Grundwasseranreicherung ist das Vorbild für die künstliche Zuführung von Oberflächenwasser in den oberen Grundwasserleiter (durch Injektion auch in die tieferen Horizonte). Die technischen Ausführungen dieser Grundwasseranreicherung sind vielfältig und umfassen folgende Systeme [3, 4]:

- Naturnahe Versickerung von Wasser über den natürlichen Oberboden, z. B. in Feuchtwiesen, Dünensenken, Waldflächen etc.
- Versickerung über künstlich angelegte, unten offene Sandbecken, die ähnlich zu Langsamsandfiltern ausgelegt sind und betrieben werden
- Injektionsbrunnen, die für die Anreicherung von tieferen Grundwasserhorizonten oder bei Platzmangel für den oberen Grundwasserleiter eingesetzt werden
- Sickerschlitzgräben, die abgedeckt und spezifisch für höhere Leistungen ausgelegt sind (platzsparend einsetzbar)

Bild 2.41 zeigt schematisch einige Beispiele für Grundwasseranreicherungsanlagen zur Versickerung oder Injektion in gesättigte bzw. ungesättigte Grundwasserleiter.

Die Sickerbecken mit durchlässigem Sand werden periodisch (nach einigen Monaten bis ein Jahr) manuell oder maschinell geschält, analog zu den klassischen Langsamsandfiltern (die unten geschlossen sind). Die Schmutzdecke mit ca. 3 bis 7 cm Sandschicht wird entfernt und der Sand gewaschen und später wieder aufgelegt. Die Sandschicht wird oft sukzessive bis auf ca. 50 cm abgeräumt, danach wird die gesamte Sandschicht komplett ausgebaut, gereinigt und das Sickerbecken neu aufgefüllt. Damit lassen sich langfristige Kolmationsprobleme erfolgreich verhindern.

Zu hohe Trübstoffgehalte des Rohwassers können durch eine Vorbehandlung (Mikrosiebe, Sedimentation, Filtration mit und ohne Flockung) verringert werden. Die Ozonung vor der Infiltration kann den Wirkungsgrad der biologischen DOC-Entfernung deutlich steigern. Das Algenwachstum im Beckenüberstand kann durch Abdeckungsmaßnahmen, periodisches Trockenfallen der Becken oder durch Dosierung von Permanganat kontrolliert werden.

Die typischen Infiltrationsgeschwindigkeiten der Sickerbecken liegen wie bei klassischen Langsamsandfiltern im Bereich von wenigen Metern pro Tag. Für

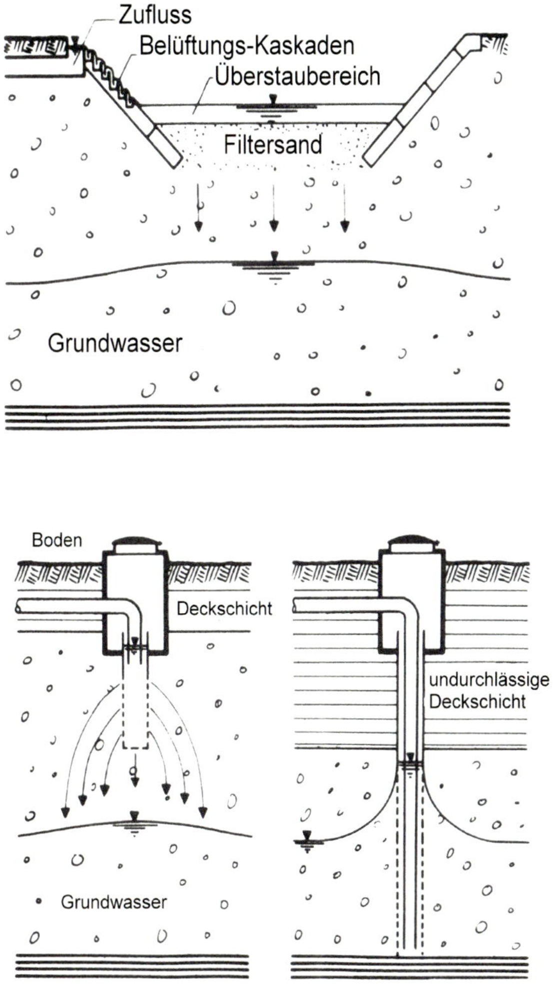

Bild 2.41: Grundwasseranreicherungssysteme mit Sickerbecken und Injektion in ungesättigte und gesättigte Grundwasserleiter [3]

Hochleistungsinjektionssysteme (z. B. Sickerschlitzgräben) sind die flächenbezogenen Anreicherungsraten deutlich höher, sie erfordern daher oft eine gute Wasserqualität in Bezug auf Trübstoffe und abbaubare Substanzen (wegen sonst möglicher Biofilmbildung und Kolmation) nahe zur Trinkwasserqualität.

2.3.4 Aufbereitungswirkungen der Uferfiltration und Grundwasseranreicherung

2.3.4.1 Hygienische Parameter

Für sandige Grundwasserleiter kann die 50 Tage-Regel als Bemessung für eine hygienisch sichere Aufbereitung im Untergrund angesehen werden. Die vielfältigen und guten Erfahrungen mit zahlreichen Uferfiltrationsstrecken und gut dimensionierter Grundwasseranreicherung beweisen, dass damit eine sehr robuste Aufbereitung möglich ist. Hygienische Gefährdungen sind eher nur direkt an den Brunnen (oberflächiger Zutritt von kontaminiertem Wasser) oder im Verteilungssystem denkbar.

Sind die minimalen Verweilzeiten zeitweise oder immer kürzer als 50 Tage, oder weist der Untergrund ungünstige Fließverhältnisse auf (Kurzschlussströmungen, z. B. in Karstgrundwasserleitern), dann kann aus Sicherheitsgründen nicht auf eine Desinfektion verzichtet werden. Ein besonderes Thema ist die Diskussion um den Virenrückhalt, bei dem immer wieder berichtet wird, dass es zu Durchbrüchen kommen könnte. Für ausreichend lange Untergrundpassagen ist dies nicht bewiesen, lediglich für kurze Passagen ist anzunehmen, dass Viren nicht vollständig abfiltriert werden [8].

Die Überwachung der Qualität des Uferfiltrats und des angereicherten Grundwassers in Vorfeldmessstellen und in Produktionsbrunnen kann mit den hygienischen Parametern und auch mit einer laufenden Trübungsmessung erfolgen.

2.3.4.2 Physikalische Parameter

Die saisonal stark schwankende Temperatur von Oberflächenwasser wird durch die hydraulische Dispersion, die Mischung mit landseitigem Grundwasser und die Wärmekapazität des Grundwassersubstrats deutlich nivelliert, sodass im neu gewonnenen (Misch-)Grundwasser deutlich geringere Temperaturschwankungen beobachtet werden. Bei langen Uferfiltrationsstrecken mit Verweilzeiten von ca. einem halben Jahr (wie in Berlin) wird daher im Sommer kälteres Winterwasser und im Winter wärmeres Sommerwasser gewonnen. Die Temperatur kann auch als Tracer für die Verweilzeit genutzt werden, allerdings mit einer Retardierung durch die Wärmekapazität des Untergrunds.

Die elektrische Leitfähigkeit ist ein geeigneter Indikator für neues Grundwasser, wenn sie deutlich von dem des natürlichen Grundwassers abweicht. Viele gelösten Salzionen wie Chlorid sind konservative Tracer und ändern sich in der Untergrundpassage nicht.

2.3.4.3 Chemische Wasserqualität

Anorganische Stoffe

Von den gelösten anorganischen Stoffen sind vor allem die Stickstoffverbindungen wichtig. Ammonium und Nitrit werden aerob gut zu Nitrat nitrifiziert. Nitrat wird in anoxischen Zonen der Uferfiltration denitrifiziert. In Grundwasseranreicherungen ist dies selten der Fall, da sie in der Regel aerob sind. Sauerstoff wird bei den Abbauprozessen verbraucht und kann in den ungesättigten Bereichen aus der Bodenluft nachgeliefert werden. Die Bildung von CO_2 im Untergrund kann zu einer pH-Absenkung beitragen, aber auch zur Lösung von vorhandenen Carbonatmineralien und daher zu einer gewissen Aufhärtung. Jedoch enthalten die Oberflächenwässer immer eher niedrige bis mittlere Härtegrade, sodass auch die landseitigen und manchmal recht harten Grundwässer dadurch verdünnt werden. Die Verdünnung ist auch dann vorteilhaft, wenn vom landseitigen Grundwasser Belastungen mit Nitrat oder anderen Kontaminationen zu befürchten sind.

Organische Stoffe

a) Gelöste organische Stoffe (DOC)

Die Untergrundpassage ist ein hervorragender Bioreaktor zur mikrobiologischen Umsetzung von leicht und schwerer abbaubaren Stoffen (AOC). Die langen Verweilzeiten und die Adaption durch langsam wachsende, spezialisierte Bakterien bedingen einen vollständigen AOC-Umsatz, der in technischen Bioreaktoren mit viel kürzeren Verweilzeiten (z. B. biologische Aktivkohle) nicht oder nur schwer erreichbar ist. Die resultierende mikrobiologische Stabilisierung erlaubt eine sichere Verteilung ohne Desinfektion und ohne Wiederverkeimungsprobleme (wobei die kühleren Temperaturen in der Sommerzeit günstig sind). Der DOC wird aerob besonders gut und schnell abgebaut, sodass innerhalb von wenigen Wochen ein stabiler DOC-Endwert erreicht werden kann. Unter anoxischen Bedingungen ist der DOC-Abbau deutlich verzögert, weil Nitrat einen geringeren Energiegewinn bietet. Hierbei sind Verweilzeiten von wenigen Monaten vorteilhaft, wie in Berlin gezeigt wurde [9]. Am Ende der Untergrundpassage werden dabei vergleichbare DOC-Werte erreicht.

Der prozentuale DOC-Abbau in der Uferfiltration liegt oft bei 20 bis 50 % und ist abhängig vom Gehalt an abbaubaren Stoffen im Oberflächenwasser und den Abbaubedingungen im Untergrund. In der Grundwasseranreicherung sind ähnliche DOC-Abbaugrade zu erwarten. Durch die Vorbehandlung kann hier mittels einer Ozonung eine merklich bessere DOC-Entfernung erreicht werden, abhängig von der spezifischen Ozondosierung, typischerweise mit ca. 1 bis 2 mg O_3/mg DOC [10].

b) Organische Spurenstoffe

Die Vielfalt der organischen Spurenstoffe mit sehr unterschiedlichen Eigenschaften bezüglich Sorption am Untergrundmaterial bzw. biologischer Abbaubarkeit unter verschiedenen Redoxbedingungen lässt erwarten, dass hier ein weiter Bereich der Entfernbarkeit gemessen wird: vom vollständigen Abbau bis zur vollständigen Persistenz (diese Stoffe sind dann auch als Tracer verwendbar, wie der Komplexbildner EDTA).

Die Uferfiltration am Rhein ist sicherlich eine der mengenseitig wichtigsten Beispiele in Deutschland. Hierzu sind einige Daten zu organischen Spurenstoffen aus der Gruppe von wichtigen Pharmazeutika in **Bild 2.42** dargestellt, die aus einer aeroben Passage stammen [11].

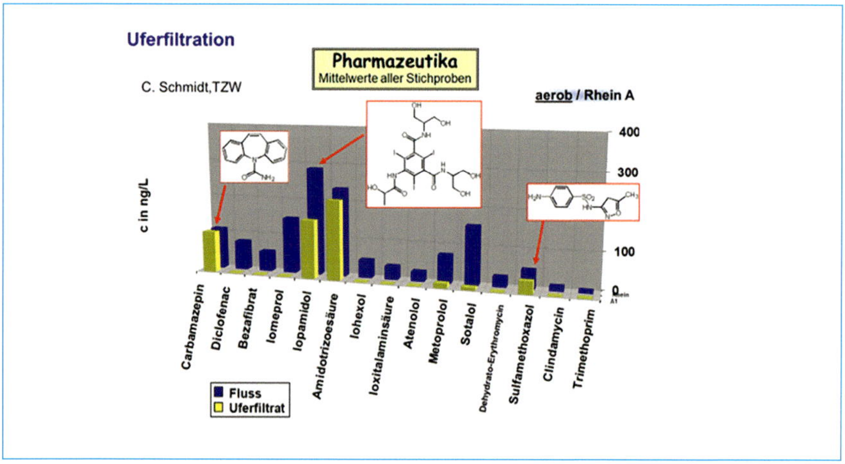

Bild 2.42: Aerober Abbau von einigen Pharmazeutika am Rhein (nach [11], modifiziert)

Tabelle 2.9: Entfernung ausgewählter organischer Spurenstoffe in der Uferfiltration und Grundwasseranreicherung am Tegeler See in Prozent (Schwellenwert: Teilabbau bis zu einer Restkonzentration, Zeiteinfluss: Abbau dauert über einen Monat) [12]

Substanz	Aerob	Nitrat-reduzierendes Milieu	Mn-reduzierendes Milieu	Fe-reduzierendes Milieu	Bemerkung
1,5-NDSA	0	0	0	0	persistent
2,7-NDSA	54	47	28	22	Schwellenwert
1,7-NDSA	47	57	29	20	Schwellenwert
AAA	95	98	90	56	Metabolit
Carbamazepin	16	8	23	51	Schwellenwert
Clarithromycin	>95	>97	>97	>97	Antibiotikum
Clindamycin	95	97	98	27	Zeiteinfluss
Clofibrat	70	66	90	51	Metabolit
Diclofenac	91	85	61	61	Zeiteinfluss
EDTA	11	-6	-14	-15	aus Abbau von DTPA
Iopromid	94	95	99	70	nur Transformation, keine Deiodierung

Man erkennt, dass Carbamazepin (ein Antiepileptikum) hier nicht abgebaut wird, also als aerober Tracer verwendbar ist (im anaeroben Millieu ist dies anders). Zwei iodierte Röntgenkontrastmittel aus der Diagnostik (Iopamidol, Amidotrizoesäure) sind nur gering bzw. schwer abbaubar. Einen Teilabbau sieht man bei Sulfamethoxazol, das als Antibiotikum im Einsatz ist. Alle anderen Stoffe werden sehr gut, zum Teil bis auf unter die Nachweisgrenze, abgebaut.

Eine breitere Auswahl an organischen Spurenstoffen in der Uferfiltration und Grundwasseranreicherung ist in **Tabelle 2.9** aufgeführt, wo die Berliner Ergebnisse als Auszug aus einem großen Verbundvorhaben zusammengestellt sind [12]. Dabei werden verschiedene Redoxbedingungen definiert, die zu recht unterschiedlichen Entfernbarkeiten führen. Bei den aeroben Abbaudaten sind die Daten aus der Grundwasseranreicherung am Tegeler See enthalten.

Man erkennt, dass viele der Stoffe sehr gut abgebaut werden, einige nur mittelmäßig, andere dagegen nicht. Für einige Vertreter sind klare Abhängigkeiten von

Tabelle 2.10: Indikatoren für den redoxabhängigen Abbau in Uferfiltration und Grundwasserpassage (aus [13], modifiziert)

Abbau im Untergrund	Indikator	Weitere Stoffvertreter
Vollständig, aerob	Diclofenac	Ibuprofen, Trimethoprim und alle anderen Antibiotika, Phenazon, AAA
Teilweise, aerob/anoxisch	Sulfamethoxazol	FAA, 2,7 und 1,7-Naphthalinsulfonsäuren, Gabapentin
Teilweise, nur anaerob	Carbamazepin	iodierte Röntgenkontrastmittel, AOI, Clofibrinsäure
Kein Abbau, weder aerob oder anoxisch/anaerob	Primidone	1,5-Naphthalinsulfonsäure, EDTA, PFOA, PFOS, N,N-Dimethylsulfamid, MTBE

den Redoxbedingungen erkennbar (z. B. bei Diclofenac und Iopromid). Die Antibiotika werden hier durchweg gut abgebaut. Eine Ausnahme ist der Komplexbildner EDTA, der selbst nie abgebaut wird, aber durch einen vorlaufenden Abbau aus einem anderen Komplexbildner gebildet wird.

Aus diesen Daten sowie vielen anderen Beobachtungen wurde **Tabelle 2.10** entwickelt, die eine Aufteilung von wichtigen Spurenstoffen mit Blick auf die biologische Abbaubarkeit im Allgemeinen vornimmt, und damit dienen sie auch als Indikatoren für die Stoffumsetzungen.

Die Abbaufähigkeiten des Untergrunds sind, bedingt durch hohe Verweilzeiten und eine angepasste Mikrobiologie sehr gut nutzbar. Die Erfahrungen an den deutschen Flüssen und Seen zeigen insgesamt, dass bis zu 80 % aller detektierten Spurenstoffe entfernt werden, andere werden teilweise abgebaut, einige wenige Stoffe verbleiben, sodass dann die Verdünnung durch das natürliche Grundwasser zur Minderung der Gehalte führt. Bedarfsweise können viele dieser restlichen Spurenstoffe dann mit einer nachgeschalteten Aufbereitung (Ozon bzw. Aktivkohle) beherrscht werden. Allerdings können auch Stoffbelastungen auftreten, die damit nicht wirtschaftlich entfernbar sind, wie die iodierten Röntgenkontrastmittel, kurzkettige per- und polyfluorierte Tenside (als PFT oder PFAS bezeichnet) oder der Süßstoff Acesulfam, weil sie nur schlecht mit Ozon reagieren und nicht an Aktivkohle adsorbierbar sind. Es wird hierzu auf die laufend ergänzte Liste der GOW-Werte des Umweltbundesamts verwiesen (Gesundheitliche Orientierungswerte, [14]).

Diese günstigen Ergebnisse hinsichtlich des Abbaus der organischen Spurenstoffe werden auch von Uferfiltrationsstandorten in anderen Ländern berichtet [15, 16]. Hierzu wurde auch die neueste Analysentechnik, die Non-Target-Analytik eingesetzt, die ein breiteres Stoffspektrum abdeckt [15] und bei der auch nicht identifizierte Spurenstoffe detektiert werden können. Bei drei Uferfiltrationsanlagen mit relativ geringen Verweilzeiten in der Schweiz konnte nachgewiesen werden, dass von den in den in den Flüssen detektierten Stoffen ca. 45 bis 59 % vollständig abgebaut werden und dass nur sehr wenige Spurenstoffe einen Referenzwert von 0,1 µg/L überschritten [15].

Literatur

[1] Jülich, W.; Schubert, J. (Hrsg.): Proceedings of the International Riverbank Filtration Conference. IAWR Rheinthemen 4 (2000), S. 57-65

[2] Grischek, T.; Ray, C. (2009): Bank filtration as managed surface – groundwater interaction. Int. J. of Water 5(2), S. 125-139. DOI: 10.1504/IJW.2009.028722

[3] Schulte-Ebbert, U. (2004): Künstliche Grundwasseranreicherung und Untergrundpassage. In: DVGW Lehr- und Handbuch Wasserversorgung Bd. 6: Wasseraufbereitung – Grundlagen und Verfahren. Oldenbourg Industrieverlag München/Wien 2004, S. 422

[4] DVGW-Arbeitsblatt W 126: Planung, Bau und Betrieb von Anlagen zur künstlichen Grundwasseranreicherung für die Trinkwassergewinnung. Ausgabe September 2007, WVGW-Verlag, Bonn

[5] Sontheimer, H.: Trinkwasser aus dem Rhein? Bericht über ein vom Bundesminister für Forschung und Technologie gefördertes Verbundforschungsvorhaben zur Sicherheit der Trinkwassergewinnung aus Rheinuferfiltrat bei Stoßbelastungen, Academia, Sankt Augustin 1991

[6] Jekel, M. et al.: Organic Substances in Bank filtration and Groundwater Recharge – Process Studies. Endbericht zu Projekt NASRI, Natural and artificial systems for recharge and infiltration. Kompetenzzentrum Wasser, Berlin 2006

[7] Gross-Wittke, A.; Gunkel, G. et al.: Temperature effects on bank filtration: redox conditions and physical-chemical parameters of pore water at Lake Tegel, Berlin, Germany. Journal of Water and Climate Change 01.1 (2010), S. 55-66

[8] Lopez-Pila, J.; Szewzyk, R.; Dizer, H.: Using bacteriophages, indicator bacteria and viral pathogens for assessing the health risk of drinking water obtained by bank filtration. Umweltbundesamt (UBA). Abschlussbericht des NASRI-Projekts Berlin, Kompetenzzentrum Wasser, Berlin 2006

[9] Grünheid, S.; Amy, G. et al.: Removal of bulk dissolved organic carbon (DOC) and trace organic compounds by bank filtration and artificial recharge. Water Research 39 (2005), S. 3.219-3.228

[10] Hübner, U.; Miehe, U. et al.: Optimized removal of dissolved organic carbon and trace organic contaminants during combined ozonation and artificial groundwater recharge. Water Research 46 (2012), S. 6.059-6.068

[11] Schmidt, C. K.; Lange, F. T.; Brauch, H.-J.: Characteristics and evaluation of natural attenuation processes for organic micropollutant removal during riverbank filtration. Water Science & Technology: Water Supply Vol. 7 No. 3 (2007), Q IWA Publishing, S. 1-7

[12] Wiese, B.; Massmann, G. et al.: Removal kinetics of organic compounds and sum parameters under field conditions for managed aquifer recharge. Water Research 45 (2011), S. 4.939-4.950

[13] Jekel, M.; Ruhl, A. S. et al. (2013): Anthropogenic organic micro-pollutants and pathogens in the urban water cycle: assessment, barriers and risk communication (ASKURIS). Environmental Sciences Europe 25(20), S. 1-8

[14] Umweltbundesamt: Liste der nach GOW bewerteten Stoffe im Trinkwasser. März 2023. Verfügbar unter: https://www.umweltbundesamt.de/dokument/gow-liste-pdf

[15] Hollender, J. et al.: Comprehensive micropollutant screening using LC-HRMS/MS at three riverbank filtration sites to assess natural attenuation and potential implications for human health. Water Research X, Vol. 1 (2018), 100007, ISSN 2589-9147. Verfügbar unter: https://doi.org/10.1016/j.wroa.2018.100007

[16] Kondor, A. S. et al.: Efficiency of the bank filtration for removing organic priority substances and contaminants of emerging concern: A critical review. Environmental Pollution, Vol. 340, Part 2 (2024), 122795, ISSN 0269-7491. Verfügbar unter https://doi.org/10.1016/j.envpol.2023.122795

3 Membranverfahren – Grundlagen und Praxisanwendungen

Prof. Dr.-Ing. Stefan Panglisch und Martin Futterlieb, M. Sc.

3.1 Einteilung der Membranprozesse

Bei den druckgetriebenen Membranprozessen zur Trinkwasseraufbereitung werden generell vier Varianten unterschieden: Umkehrosmose (UO oder auch RO von Reverse Osmosis), Nanofiltration (NF), Ultrafiltration (UF) und Mikrofiltration (MF) (siehe **Bild 3.1**). UO-Membranen weisen die dichteste Struktur aller

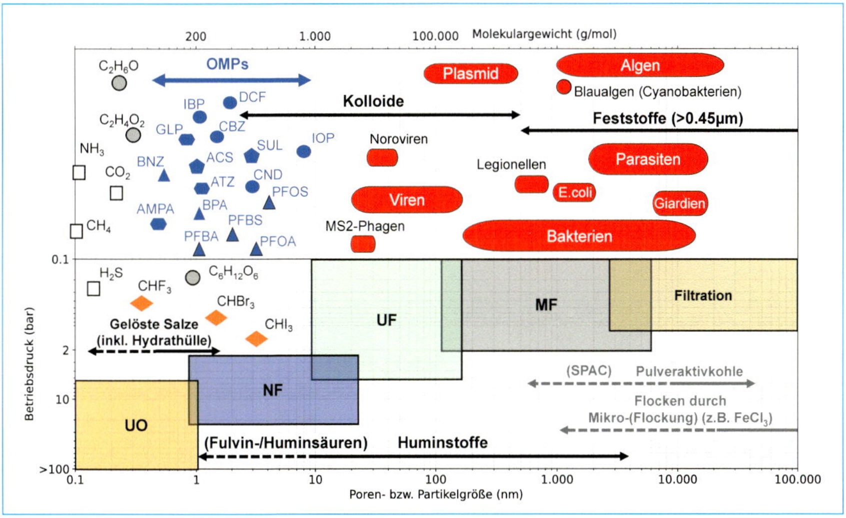

Bild 3.1: Unterscheidung und Einsatzbereich der druckgetriebenen Membranprozesse sowie typische Größen und Molekulargewichte von ausgewählten Wasserinhalts- und Aufbereitungsstoffen

- ● **Medizinische Rückstände:** Diclofenac (DCF), Ibuprofen (IBF), Carbamazepin (CBZ), Iopromid (IOP)
- ⬣ **Pflanzenschutzmittel:** Glyphosat (GLP), Atrazin (ATZ), Aminomethylphosphonsäure (AMPA)
- ⬟ **Lebensmittelzusatzstoffe:** Acesulfam (ACS), Sucralose (SUL)
- ▲ **Industriechemikalien:** Bisphenol A (BPA), Benzotriazol (BNZ) sowie verschiedene per- und polyfluorierte Chemikalien – PFAS (PFBA, PFBS, PFOA, PFOS)
- ◆ **Trihalogenmethane (THMs)**
- □ **Gelöste Gase**

Membrantypen auf und haben keine Poren im herkömmlichen Sinne. Mit Nanostrukturanalysen lassen sich in der Membranmatrix freie Porenvolumen und feinste Kanalstrukturen mit einem Durchmesser von ca. 0,5 nm erkennen, was nur wenig größer ist als ein Wassermolekül. Der Transport der Wassermoleküle erfolgt somit eher diffusiv und nicht in einem viskosen Fluss bzw. als kohärente Einheit. Da dennoch die transmembrane Druckdifferenz die treibende Kraft für den Wassertransport ist, spricht man von Druckdiffusion. Wasserinhaltsstoffe können damit auch nicht konvektiv zusammen mit dem Wasser die Membran passieren. Deren Transport erfolgt ebenfalls durch Diffusion, wobei die treibende Kraft hier das Konzentrationsgefälle über die Membran ist.

UF-Membranen besitzen Poren im Bereich von ca. 10 bis 50 nm, MF-Membranen von ca. 50 bis 1.000 nm. Diese beiden Membrantypen werden als poröse Membranen bezeichnet. Der Transport der Wassermoleküle erfolgt viskos, die der Wasserinhaltsstoffe zusammen mit dem Wasser konvektiv. Damit ist sowohl für den Transport des Wassers als der Wasserinhaltsstoffe die transmembrane Druckdifferenz die treibende Kraft.

Die Poren von NF-Membranen liegen im Größenbereich von ca. 1 bis 10 nm. Derartige Membranen haben damit sowohl dichten als auch porösen Charakter. NF-Membranen weisen in den Poren eine hohe Ladungsdichte auf, wodurch sie spezifische Rückhaltungseigenschaften erhalten.

Prozesse mit dichten Membranen müssen grundsätzlich mit höherem Druck betrieben werden als Prozesse mit porösen Membranen, da sie zum einen, aufgrund ihrer Dichtheit, eine geringere Permeabilität aufweisen. Weiterhin halten sie im Gegensatz zu porösen Membranen auch solche Wasserinhaltsstoffe zurück, die eine signifikante osmotische Druckdifferenz verursachen. Diese verringert den netto für die Wasserproduktion zur Verfügung stehenden Transmembrandruck.

Die transmembrane Druckdifferenz, mit der die UO zu betreiben ist, hängt vom Anwendungsgebiet, bzw. vom osmotischen Druck, des aufzubereitenden Wassers ab. Betriebsdrücke bis zu 80 bar (Meerwasserentsalzung) und mehr (Deponiesickerwasseraufbereitung) sind möglich, bei der Enthärtung und zur Entfernung von Neutralsalzen aus Grund- und Oberflächenwässern sind allerdings nur Drücke im Bereich von 6 bis 12 bar üblich. Aufgrund der vergleichsweise geringen Betriebsdrücke werden die hierzu eingesetzten Membranen auch als Niederdruckumkehrosmose-Membranen bezeichnet (auch LPRO von Low Pressure Reverse Osmosis).

Die Grenzen zwischen UO, LPRO und NF sind fließend. Insbesondere handelsübliche NF-Membranen können unterschiedliche Eigenschaften aufweisen. So wird zwischen „offenen" und „dichten" NF-Membranen unterschieden, wobei die eher dichten NF-Membranen ähnliche Charakteristika wie LPRO-Membranen aufweisen. Aufgrund ihres etwas geringeren Membranwiderstands und des geringeren Einflusses einer transmembranen osmotischen Druckdifferenz können NF-Membranen mit niedrigerem Druck betrieben werden als UO-Membranen.

Poröse Membranen weisen einen gegenüber dichten Membranen erheblich verringerten Membranwiderstand auf und halten praktisch keine Wasserinhaltsstoffe zurück, die einen signifikanten osmotischen Druck verursachen würden. Der zum Betrieb notwendige transmembrane Druck reduziert sich bei der MF und UF daher i. d. R. auf Drücke zwischen 0,1 und 2 bar.

3.2 Einsatzbereiche der Membranverfahren

Das weltweite Haupteinsatzgebiet der UO liegt bei der Meer- und Brackwasserentsalzung (hauptsächliches Ziel: Entfernung von Natriumchlorid, siehe Bild 3.1). Aufgrund der sehr hohen osmotischen Druckdifferenzen und der damit verbundenen hohen Betriebsdrücke müssen die zur Meerwasserentsalzung eingesetzten Membranen eine hohe Druckbeständigkeit aufweisen. In Deutschland dient die UO (hier LPRO) üblicherweise zur sogenannten Inlandentsalzung, bzw. zur Teilentsalzung, d. h. zur Enthärtung (häufigstes Aufbereitungsziel) oder zur Entfernung von Nitrat oder Sulfat. In einer wachsenden Anzahl von Fällen ist das Ziel die Entfernung von Mikroschadstoffen.

Der bei der Inlandentsalzung entstehende osmotische Druck ist vergleichsweise gering und die Permeabilität der eingesetzten Membran erheblich höher als die von Meerwassermembranen. NF-Membranen können zum Einsatz gelangen, wenn primär zweiwertige Ionen wie Härtebildner, Sulfat oder Huminstoffe entfernt werden sollen.

Zu beachten ist, dass dichte Membranen die Wasserinhaltsstoffe unselektiv zurückhalten, sodass beispielsweise eine Entfernung von organischen Wasserinhaltsstoffen oder von Sulfat immer mit einer praktisch vollständigen Enthärtung und einer weitgehenden Entsalzung gekoppelt ist. Der Einsatz von NF oder UO kann daher besonders sinnvoll sein, wenn mehrere Aufbereitungsziele wie beispielsweise Enthärtung, Entsalzung oder die Entfernung organischer Stoffe gleichzeitig erreicht werden sollen.

Mit der MF und UF lassen sich partikuläre Wasserinhaltsstoffe mit hohem Wirkungsgrad beispielsweise bei der Aufbereitung von Oberflächenwasser (Fluss, See, Talsperre), Quellwasser, Oberflächenwasser beeinflusstem Grundwasser, schlammhaltigem Wasser (z. B. aus der Filterspülung) oder von Grundwasser entfernen. Aufbereitungsziel ist die praktisch vollständige Entfernung von partikulären Wasserinhaltsstoffen wie z. B. Ton, Eisen- und Manganverbindungen, Silikate, Algen, Plankton, Bakterien (u. a. *E. coli*, coliforme Bakterien, Fäkalstreptokokken, Enterokokken, Clostridien, *Legionella*), Parasiten (z. B. Cryptosporidien, Giardien) und Viren. Durch eine Kombination mit anderen Verfahrensprozessen lassen sich ggf. weitere Aufbereitungsziele erreichen (siehe Kapitel 3.7.3). Die Unterscheidung zwischen UF und MF liegt in ihrem Rückhaltevermögen für kleinste Viren von ca. 20 nm Durchmesser (z. B. Enterobakteriophage MS2), für die nur die UF eine Rückhaltung von mindestens 99,99 % aufweist.

3.3 Membranen und Module

3.3.1 Membranaufbau, Materialien und Formen

Poröse organische Membranen werden üblicherweise in einem einzigen Arbeitsgang aus einer Polymerlösung durch einen Phasenseparationsprozess hergestellt. Die Lösung besteht im Wesentlichen aus nur einem einzigen Material, mit der Einschränkung, dass zur Verbesserung der Membraneigenschaften Additive eingemischt werden. Bei der Phasentrennung entsteht eine poröse Matrix mit einer stark asymmetrischen Struktur, die sogenannte integral asymmetrische Membran. Auf der später zur Trennung eingesetzten Seite der Membran entsteht eine sehr dünne Schicht von etwa 100 bis 200 nm Dicke mit den eigentlichen Poren, die einen vergleichsweise geringen Durchmesser haben. Diese Seite wird die aktive Schicht der Membran genannt. Im weiteren Verlauf der Membranstruktur kommt es rasch zu einer Aufweitung der Poren, wodurch eine poröse Unterstruktur entsteht, deren Aufgabe es ist, der Membran die notwendige mechanische Stabilität zu geben. Die Dicke dieser Schicht beträgt je nach Membrantyp zwischen etwa 50 und 300 µm (siehe **Bild 3.2**).

Die bei der Trinkwasseraufbereitung mit porösen Membranen am häufigsten verwendeten Materialien sind Polyethersulfon (PES) und Polyvinylidenflourid (PVDF). Daneben sind Celluloseacetat (CA) und Polysulfon (PS) zu finden. Poröse Membranen aus anorganischen Materialien werden in der Regel durch Sinterprozesse hergestellt, bei denen zuvor keramische Partikel auf einen porösen Stützkörper aufgebracht werden. Stützkörper und Partikel können aus dem gleichen oder aus verschiedenen Materialien bestehen. Übliche Materialien sind Oxide aus Aluminium, Titan, Zirkonium oder Siliciumcarbid.

Bild 3.2: Struktur einer asymmetrischen Membran

Die in der Trinkwasseraufbereitung eingesetzten dichten Membranen sind in den allermeisten Fällen sogenannte Kompositmembranen, d. h. sie sind aus mindestens zwei Schichten, häufig jedoch aus drei Schichten, mit unterschiedlichen Aufgaben und Membranmaterialien zusammengesetzt. Im einfachsten Fall bestehen sie aus einer Stützstruktur (Trägerschicht), die die hohe mechanische Stabilität liefert, und einer sehr dünnen aktiven Schicht, die in einem speziellen Verfahren auf die Trägerschicht polymerisiert wurde. Die Polymerisation der aktiven Schicht auf die Trägerschicht ermöglicht sehr geringe Schichtdicken von nur 50 nm und damit eine weitere Reduzierung des Widerstands für den Wasserfluss. Die erste Stützschicht besteht üblicherweise aus einer UF-Membran aus Polysulfon, das untere Stützvlies aus Polyester.

Die für die Trinkwasseraufbereitung am häufigsten eingesetzten Membranmaterialien für die aktive Schicht dichter Membranen sind aromatische Polyamide. In wenigen Anwendungen werden in einigen Ländern auch Celluloseacetatmembranen eingesetzt. Sowohl die Salzrückhaltung als auch die Permeabilität von Celluloseacetatmembranen ist geringer. Aufgrund ihrer Hydrolyse-Empfindlichkeit können sie nur in einem pH-Bereich zwischen drei und maximal acht betrieben werden. Vorteilhaft sind ihre Chlorbeständigkeit sowie ihre geringere Foulingneigung (siehe Kapitel 3.5.3). Polyamidmembranen können in einem größeren pH-Bereich betrieben (pH 2 bis 11) oder kurzzeitig gereinigt (pH 1 bis 13) werden. Die jeweilige Beständigkeit kann sich jedoch von Membran zu Membran unterscheiden, von daher müssen die entsprechenden Datenblätter der Hersteller berücksichtigt werden. Freies Chlor oder andere oxidativ wirkende Reagenzien führen zu einer Zerstörung von Polyamidmembranen. Solche Stoffe dürfen in dem aufzubereitenden Wasser daher nicht vorliegen. Der zerstörende Effekt der oxidativen Reagenzien wird unter Umständen weiter verstärkt durch an der Membran abgelagerte Metalloxide.

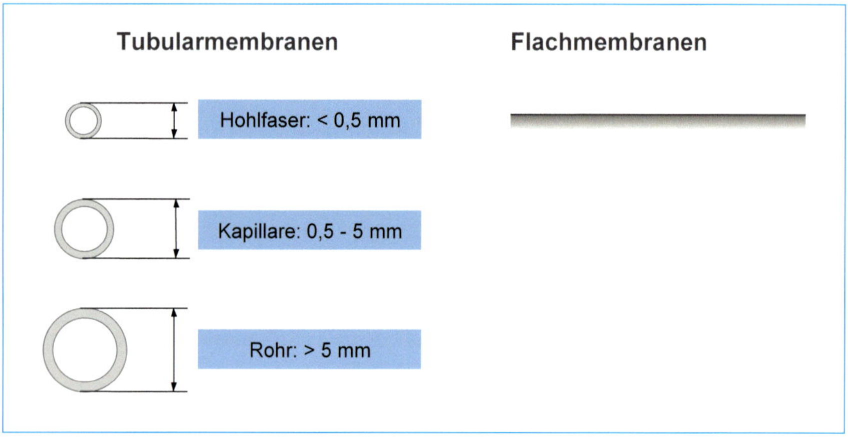

Bild 3.3: Unterscheidung von Membranformen

Es werden generell zwei Membranformen unterschieden: die Flachmembran und die Tubularmembran (siehe **Bild 3.3**). In Abhängigkeit des Durchmessers der kreisförmigen Querschnitte können weiterhin Hohlfasermembranen mit d < 0,5 mm, Kapillarmembranen mit 0,5 mm < d < 5 mm und Rohrmembranen mit d > 5 mm unterschieden werden.

Die aktive Schicht liegt bei Hohlfasern außen und bei Rohrmembranen innen. Einen Sonderplatz nehmen Kapillarmembranen ein, bei der die aktive, d. h. trennende Schicht innen oder außen liegen kann. Beim Betrieb dieser Membranen wird zwischen in/out (aktive Schicht innen) und out/in (aktive Schicht außen) unterschieden (siehe **Bild 3.4**).

Marktüblich sind derzeit sogenannte Singlebore-Kapillaren mit einer einzigen Kapillaröffnung pro Faser sowie Multibore-Kapillaren, bei der pro Faser mehrere Kapillaröffnungen vorhanden sind (siehe **Bild 3.5**). Der Innendurchmesser handels-

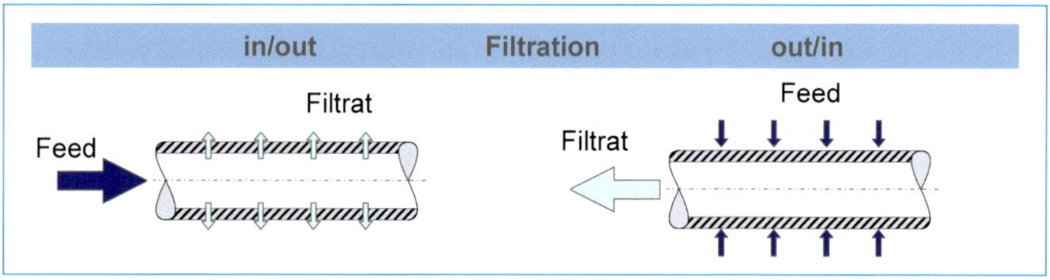

Bild 3.4: In/out- und out/in-Betrieb von Kapillarmembranen

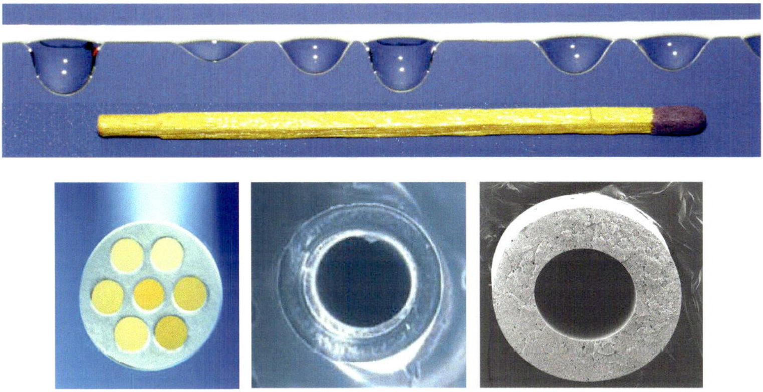

Bild 3.5: Auswahl unterschiedlicher Kapillarmembranen (Fotos unten: © inge GmbH, General Electric Company, Pall; mit freundlicher Genehmigung verwendet)

üblicher Kapillarmembranen liegt zwischen ca. 0,8 und 1,5 mm bei einer Länge zwischen 1 und 2 m.

3.3.2 Membranelemente und -module

Die Verwendung der Membranen in druckgetriebenen Prozessen erfordert in der Praxis geeignete Membranelemente, in die die Membranen eingebaut bzw. eingeklebt sind. Hierbei muss eine sichere Abdichtung zwischen Rohwasser und Permeat bzw. Filtrat gewährleistet sein.

Mit dem Begriff Modul wird eine anschlussfertige, funktionsfähige Anlagenkomponente, bestehend aus Membranelementen, Druckbehälter und modulspezifischen Apparateteilen bezeichnet. Wie die Membran muss das Modul hohen Druckdifferenzen standhalten. Bei vielen UF- und MF-Systemen sind Membranelemente und Membranmodule identisch.

Module bzw. Elemente sollen eine hohe Packungsdichte (Membranfläche pro Apparatevolumen) aufweisen, um die Kosten für Modul und notwendige Peripherie so gering wie möglich zu halten.

Die Strömungsverhältnisse an der Membranoberfläche sollen so ausgebildet sein, dass potenzielle Ablagerungen minimiert werden. Weiterhin sollen der Druckabfall innerhalb des Moduls möglichst gering und eine möglichst einfache Reinigung der Membranoberfläche möglich sein. Allen in der Trinkwasseraufbereitung eingesetzten Modulen ist hierbei gemeinsam, dass die maximale Wassertemperatur, mit der sie betrieben werden können, typischerweise auf ca. 40 bis 45 °C begrenzt ist.

3.4 Leistungsparameter

Die wesentlichen Parameter zur Beurteilung der Leistungsfähigkeit einer Anlage sind Membranflux (J) (auch Flux, Permeatflux, Filtratflux oder Flächenbelastung), Transmembraner Druck (TMP), Permeabilität (P), Rückhaltung (R), Ausbeute (φ) und bei im Cross-Flow betriebenen Modulen (siehe Kapitel 3.5.1) der hydraulische Druckverlust (Δp_{hyd}).

3.4.1 Membranflux und transmembraner Druck

Der Membranflux J (Einheit L/(m² · h)) entspricht der auf die Membranfläche A_M bezogene und pro Zeiteinheit durchgesetzte Menge an Filtrat bzw. Permeat[1] Q_P:

$$J = \frac{Q_P}{A_M} \tag{3.1}$$

Der TMP entspricht der Differenz des mittleren Drucks auf der Seite der Hauptströmung in einem Membranmodul (Mittelwert zwischen Feed- und Konzentratseite) und dem Permeatdruck (Einheit bar):

$$TMP = \frac{p_F + p_K}{2} - p_p \tag{3.2}$$

Üblicherweise werden Membrananlagen mit einer in gewissen Grenzen konstanten Aufbereitungsmenge betrieben. Diese wird durch die Höhe des über die jeweilige Membranstufe gemittelten Membranfluxes und die installierte Membranfläche bestimmt. Der mit einer Aufbereitungsanlage erreichbare mittlere Membranflux ist in erster Linie abhängig von der Qualität des aufzubereitenden Wassers. Für Wässer, die eine starke Foulingneigung aufweisen (siehe Kapitel

[1] Bei der Verwendung poröser Membranen wird das durch die Membran aufbereitete Wasser im Folgenden als Filtrat bezeichnet, bei der Verwendung dichter Membranen als Permeat.

3.5.3) liegt er bei porösen Membranen im Bereich von 50 L/(m² · h) und bei dichten Membranen bei ca. 10 L/(m² · h), für Wässer mit geringer bis nicht vorhandener Foulingneigung im Bereich von bis zu 120 L/(m² · h) bei porösen Membranen und 40 L/(m² · h) bei dichten Membranen.

Die Konstanz der Aufbereitungsmenge bzw. des Membranfluxes wird durch die Anpassung des TMP an die Permeabilität der Membran erreicht (siehe Kapitel 3.4.2). Der TMP ist abhängig vom Membranprozess (siehe Kapitel 3.1) und der eingesetzten Membran (siehe Kapitel 3.3).

3.4.2 Permeabilität

3.4.2.1 Membranpermeabilität

Die Permeabilität P stellt das Verhältnis aus Leistung und Aufwand, also Membranflux und TMP, dar. Als Einheit der Permeabilität ergibt sich damit L/(m² · h · bar):

$$P = \frac{J}{TMP} \tag{3.3}$$

Wird die Permeabilität mit einem Wasser ermittelt, das außer seiner Viskosität keinerlei zusätzlichen Widerstand bei der Durchdringung der Membran erzeugt (partikelfreies Wasser bei der UF und MF, partikel- und salzfreies Wasser bei der NF und UO), so ergibt sich die Membranpermeabilität P_M. Diese ist umgekehrt proportional zur dynamischen Viskosität des Wassers μ und dem Membranwiderstand R_M:

$$P_M = \frac{1}{\mu \cdot R_M} \tag{3.4}$$

Da sich in Abhängigkeit der Temperatur sowohl die Viskosität des Wassers als auch der Membranwiderstand ändern, ändert sich auch die Membranpermeabilität mit der Temperatur. Für einen Vergleich verschiedener Membranpermeabiltäten muss also auf eine bestimmte Temperatur korrigiert werden. Die Vergleichstemperatur ist nicht vorgegeben und kann daher unterschiedlich sein.

Im Falle poröser Membranen wird nur die Temperaturabhängigkeit der Viskosität des Wassers berücksichtigt, die Änderung des Membranwiderstandes mit der

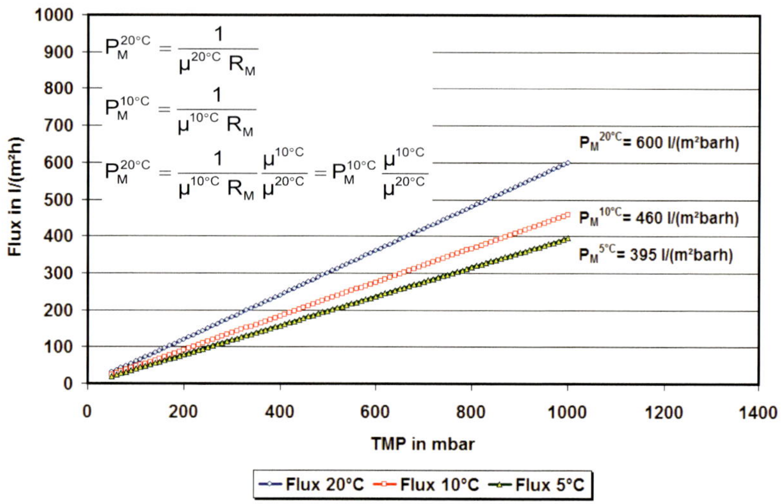

Bild 3.6: Permeabilität von porösen Membranen bei unterschiedlichen Temperaturen
P_M = Membranpermeabilität, R_M = Membranwiderstand, μ = dynamische Viskosität des Wassers

Temperatur ist dahingegen vernachlässigbar. Den Zusammenhang zwischen TMP, Flux, Permeabilität und Membranwiderstand für poröse Membranen zeigt **Bild 3.6**.

Der Graph macht deutlich, dass durch die sehr starke Temperaturabhängigkeit der dynamischen Viskosität der TMP zum Erreichen eines bestimmten Membranfluxes im Falle tiefer Temperaturen deutlich höher ist als bei höheren Temperaturen. Die Standardisierung erfolgt einfach durch die Verhältnisbildung der entsprechenden dynamischen Viskositäten.

Im Falle dichter Membranen ist die Temperaturabhängigkeit des Membranwiderstands nicht vernachlässigbar und die beiden Faktoren Membranwiderstand und Viskosität werden in einer Temperaturkorrekturfunktion TKF_{Perm} zusammengefasst. Diese ist membrantypisch und muss daher vom jeweiligen Membranhersteller zur Verfügung gestellt werden. Mittels der Funktion können dann Temperaturkorrekturfaktoren für bestimmte Temperaturen TKF_{Perm}^{T} berechnet werden. Die Umrechnung der bei einer Temperatur T_1 gemessenen Membranpermeabilität auf eine Temperatur T_2 erfolgt dann mittels:

$$P_M^{T_2} = P_M^{T_1} \cdot \frac{TKF_{Perm}^{T_1}}{TKF_{Perm}^{T_2}} \tag{3.5}$$

Zu beachten ist, dass die Temperaturkorrektur die Temperaturabhängigkeit nicht exakt beschreibt. Die Ungenauigkeit wird dabei mit einer größeren Differenz zwischen T_1 und T_2 größer.

Die Permeabilität einer sauberen Membran (= Membranpermeabilität) für vollentsalztes und partikelfreies Wasser von den bei der Meer- und Brackwasserentsalzung eingesetzten, sehr dichten UO-Membranen liegt bei einer Temperatur von 25 °C zwischen 0,5 und 2 L/(m² · h · bar), von den weniger dichten, für die Inlandentsalzung eingesetzten UO-Membranen zwischen 3 und 8 L/(m² · h · bar) und von NF-Membranen zwischen 7 und 30 L/(m² · h · bar). Die Membranpermeabilität der üblicherweise eingesetzten porösen Membranen liegt im Bereich zwischen 200 und 1.500 L/(m² · h · bar).

3.4.2.2 Nettopermeabilität

Im Betriebsfall entspricht die gemessene Permeabilität P nur in Sonderfällen der Membranpermeabilität, da erstens die Temperatur bei der Messung der Permeabilität anders sein kann, als die bei der Bestimmung der Membranpermeabilität und zweitens weitere Widerstände bei der Durchdringung bzw. Permeation der Membran auftreten können. Diese entstehen durch die zurückgehaltenen Wasserinhaltsstoffe, die entweder als Deckschicht eine sekundäre Membran mit eigenem Widerstand bilden oder die effektiv zur Durchdringung zur Verfügung stehende Membranfläche verringern (bspw. durch Verstopfung der Membranporen) oder eine transmembrane osmotische Druckdifferenz erzeugen, die zusätzlich überwunden werden muss (siehe **Bild 3.7**).

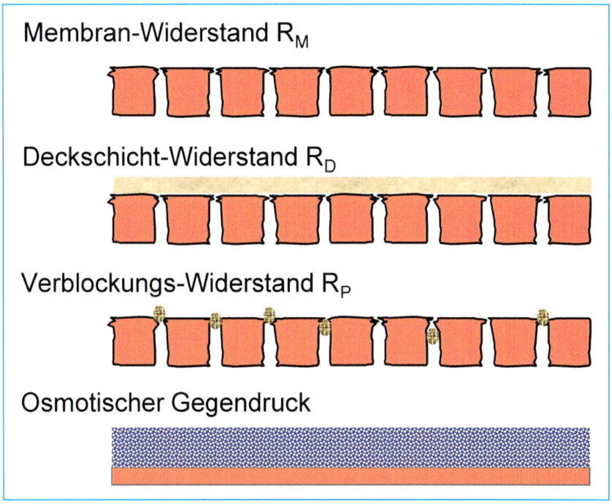

Bild 3.7: Widerstände bei der Durchdringung bzw. Permeation der Membran

Bei Anwendung der UO und NF kann es also unabhängig von einer Deckschichtbildung bei einer Erhöhung der Leitfähigkeit des aufzubereitenden Wassers zu einem Abfall der gemessenen Permeabilität kommen. Aus diesem Grund muss eine Berücksichtigung der osmotischen Druckdifferenz erfolgen. Dies erfolgt durch die Bestimmung des Netto-Transmembrandrucks, d. h. dem gemessenen TMP vermindert um die Differenz der mittleren osmotischen Drücke auf der Feed- und Permeatseite:

$$TMP_{Netto} = TMP - (\pi_{W,Feed} - \pi_{W,Permeat}) = TMP - TM\pi_W \quad (3.6)$$

Ein signifikanter osmotischer Gegendruck entsteht bei der Trinkwasseraufbereitung praktisch nur bei der Anwendung von UO und NF durch die Zurückhaltung ionogener Wasserinhaltsstoffe. Aus diesem Grund lässt sich die Höhe des osmotischen Drucks vergleichsweise einfach durch die Messung der Leitfähigkeit und Verwendung empirischer Gleichungen abschätzen. Zu beachten ist, dass der osmotische Druck von der Temperatur abhängt (siehe **Bild 3.8**).

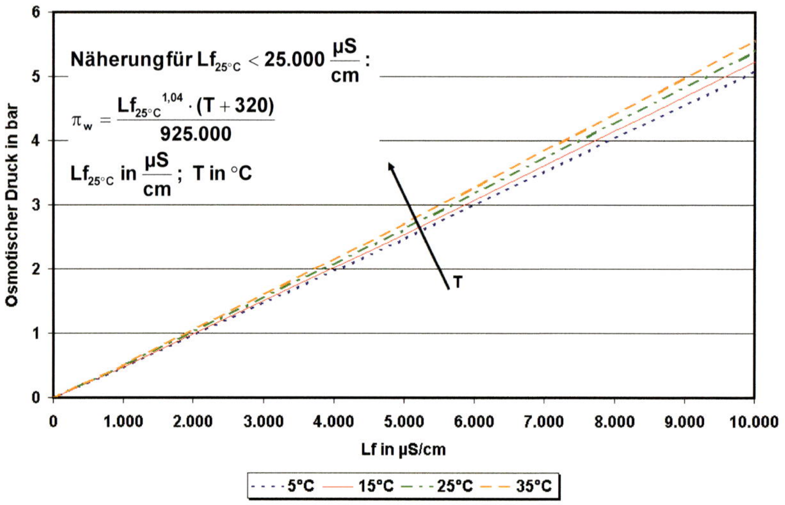

Bild 3.8: Osmotischer Druck in Abhängigkeit der Leitfähigkeit
L_f = elektrische Leitfähigkeit, π_w = osmotischer Druck des Wassers, T = Temperatur des Wassers

Die Nettopermeabilität ist also tatsächlich immer höher oder mindestens gleich hoch, wie die gemessene Permeabilität:

$$P_{Netto} = \frac{TMP}{TMP_{Netto}} \cdot P = \frac{J}{TMP_{Netto}} \tag{3.7}$$

mit J als gemessenem Flux. Ein Absinken der gemessenen Permeabilität kann also auch in einem Anstieg der transmembranen osmotischen Druckdifferenz begründet sein.

3.4.2.3 Standardisierung und Normalisierung der Permeabilität

Um die an verschiedenen Zeitpunkten gemessene Betriebspermeabilität (im Folgenden mit Index O bezeichnet) vergleichbar zu machen, wird die Permeabilität für einen Standardzustand berechnet (im Folgenden mit Index S bezeichnet). Dies ist ein Zustand bei einer bestimmten Standardtemperatur T_S und ohne osmotischen Gegendruck, d. h. es wird angenommen, dass reines Wasser aufbereitet wird. Die Differenz zwischen der Temperatur bei der Messung T_O und der gewählten Standardtemperatur T_S sollte möglichst gering sein, um Ungenauigkeiten bei der Umrechnung zu vermeiden. Im Fall von Oberflächenwasseraufbereitungsanlagen kann dies beispielsweise 15 oder 20 °C sein, bei Grundwässern kann dies 5 oder 10 °C sein.

Unter Berücksichtigung der Gleichungen (3.5) und (3.7) ergibt sich die Standardpermeabilität zu:

$$P_S = P_O \cdot \frac{TMP_O}{TMP_{Netto,O}} \cdot \frac{TKF_{Perm}^{T_O}}{TKF_{Perm}^{T_S}} = \frac{J_O}{TMP_{Netto,O}} \cdot \frac{TKF_{Perm}^{T_O}}{TTKF_{Perm}^{T_S}} \tag{3.8}$$

Sollte die aus den gemessenen Werten für Flux, TMP, Temperatur und osmotischen Druck mit Gleichung (3.8) berechnete Permeabilität unterhalb der erwarteten bzw. tolerierbaren Permeabilität liegen, liegt dies mit hoher Wahrscheinlichkeit an Ablagerungen im Membranmodul und es müssen ggf. Maßnahmen ergriffen werden (siehe Kapitel 3.6.7.3.3 und 3.7.1.3.2). Um außerdem einen Nachweis zu haben, dass Garantiewerte nicht überschritten werden, müssen die aktuellen Messwerte vom Zeitpunkt der Inbetriebnahme standardisiert und aufgezeichnet werden.

Häufig erfolgt beim Betrieb dichter Membranen zusätzlich zur Standardisierung eine Normalisierung, bei der die gemessenen und standardisierten Daten mit einem Referenzzustand verglichen werden (Achtung: auch für den Referenzzustand muss die Standardisierung durchgeführt werden), bei dem nachweislich keine weiteren Widerstände bei der Permeation bzw. Ablagerungen vorgelegen haben. Dies ist beispielsweise der Zustand nach Inbetriebnahme oder nach einer Intensivreinigung. Ist der im Betrieb gemessene Wert für die Permeabilität niedriger als dieser Referenzwert, so ist die normalisierte Permeabilität kleiner als 1 und das Vorliegen weiterer Widerstände (z. B. Deckschichten) zu befürchten:

$$P_N = \frac{P_S}{P_{S,Ref}} \tag{3.9}$$

Liegt die normalisierte Permeabilität unterhalb einer Toleranzgrenze müssen Maßnahmen zu ihrer Verbesserung eingeleitet werden (siehe Kapitel 3.6.7.3.3).

3.4.3 Rückhaltung und Salzpassage

3.4.3.1 Berechnung und Abhängigkeiten

Neben der Permeabilität P ist die Rückhaltung R ein weiterer wichtiger Überwachungsparameter beim Betrieb einer Aufbereitungsanlage, da sie ebenso wie die Permeabilität bei Verschmutzung, Defekt oder Alterung absinken kann oder aber bei Deckschichtbildung oder Konzentrationspolarisation (siehe Kapitel 3.6.5) sogar ansteigen kann. Die Rückhaltung wird prozentual oder in Logarithmenstufen angegeben und setzt die Differenz zwischen Bezugskonzentration und Filtrat- bzw. Permeatkonzentration ins Verhältnis zur Bezugskonzentration. Je nach Bezugskonzentration wird unterschieden zwischen Membran- und Anlagenrückhaltung:

$$R_{Anlage} = 1 - \frac{c_P}{c_F} \tag{3.10}$$

$$R_{Membran} = 1 - \frac{c_P}{c_M} \tag{3.11}$$

Die Anlagenrückhaltung bezieht sich auf die Konzentration des Feedstroms c_F, die tatsächliche Rückhaltung der Membran auf die Konzentration an der Membranoberfläche c_M. Da die Konzentration an der Membranoberfläche jedoch nicht direkt gemessen, sondern nur abgeschätzt werden kann, wird in der Regel die Anlagenrückhaltung als Überwachungsparameter für den Durchbruch von Wasserinhaltsstoffen oder die Alterung der Membran verwendet. Aufgrund der Aufkonzentrierung der zurückgehaltenen Wasserinhaltsstoffe an der Membranoberfläche (siehe Kapitel 3.6.5) ist c_M also mindestens gleich groß wie c_F, die tatsächliche Rückhaltung der Membran also größer oder gleich der Anlagenrückhaltung. Anlagen- und Membranrückhaltung hängen jedoch direkt miteinander zusammen und mit einer veränderten Rückhaltung der Membran ändern sich die Konzentration im Filtrat bzw. Permeat und damit auch die Anlagenrückhaltung.

Das Verhältnis aus der Permeatkonzentration zur Feedkonzentration von Salzen wird bei der NF/UO als Salzpassage (SP) bezeichnet:

$$SP = 1 - R_{Anlage} = \frac{c_P}{c_F} \quad (3.12)$$

Generell ist die Rückhaltung einer Membran bzw. die Salzpassage bei dichten Membranen abhängig

- vom Größenverhältnis der Wasserinhaltstoffe zu den Membranporen,
- von der Wechselwirkung zwischen den Wasserinhaltstoffen und der Membranoberfläche sowie der Membranmatrix.

Daneben ist die Rückhaltung bzw. Salzpassage dichter Membranen abhängig

- von der Höhe des Membranfluxes (die Rückhaltung wird mit geringer werdendem Flux schlechter bzw. die Salzpassage höher),
- von der Temperatur (die Rückhaltung wird mit höher werdender Temperatur schlechter bzw. die Salzpassage höher).

Die Höhe der Rückhaltung bzw. der Salzpassage ist damit grundsätzlich für jede Kombination Wasserinhaltsstoff/Membran spezifisch. Zudem hat auch die Zusammensetzung der Wassermatrix einen Einfluss, da die Wasserinhaltsstoffe entweder die Eigenschaften der Membran verändern oder sich gegenseitig in ihrem Verhalten beeinflussen können. Bei porösen Membranen bestimmen die Membranporenverteilung und die sich bildende Deckschicht die Rückhaltung. Bei dichten Membranen spielen zudem Ladungseffekte eine sehr große Rolle, da an der Membranoberfläche und in den Poren funktionelle Oberflächengruppen vorhanden sind. Diese Oberflächengruppen sind je nach pH-Wert entweder positiv (unterhalb ihres sogenannten iso-elektrischen Punkts) oder negativ (oberhalb ihres iso-elektischen Punkts) geladen Je nach Membrantyp liegen unterschiedlichen Gruppen in unterschiedlichem Umfang vor. Im Allgemeinen haben dichte Membranen im neutralen pH-Bereich mehr negative als positive Ladungen und sind damit in Summe negativ geladen. Mit steigendem pH-Wert steigt die negative Ladung, während sie mit abfallendem pH-Wert sinkt. Am iso-elektrischen

Punkt (häufig zwischen pH 2 und 4) gleichen sich negative und positive Membranladungen aus, bei niedrigeren pH-Werten kann dann eine in Summe positive Membranladung vorliegen.

Insbesondere bei NF-Membranen, die in den Poren eine hohe Ladungsdichte aufweisen, kann sich die Höhe der Rückhaltung von geladenen Wasserinhaltsstoffen daher sehr stark mit dem pH-Wert des Wassers ändern. Auch bei UO-Membranen werden geladene Wasserinhaltsstoffe besser zurückgehalten als ungeladene Stoffe gleicher Größe. Für dichte Membranen lässt sich daher die Rückhaltung gerade für solche Wasserinhaltsstoffe, die nur wenig kleiner sind als die Membranporen, die eine hohe Affinität (Bestrebung, miteinander in Wechselwirkung zu treten) zur Membran besitzen oder die zur Membran ungleichnamig geladen sind, nur sehr schwierig vorhersagen. Ist das Aufbereitungsziel gerade die Rückhaltung solcher Stoffe, müssen zuvor Versuche durchgeführt werden.

In der Regel können dichte UO-Membranen einwertige Ionen wie Natrium, Chlorid oder Nitrat oder zweiwertige Ionen wie Calcium, Magnesium oder Sulfat sowie gelöste organische Wasserinhaltstoffe (dissolved organic carbon, DOC) mit mehr als 99 % zurückhalten (Salzpassage ≤ 1 %). Auch niedermolekulare organische Schadstoffe können in dieser Höhe zurückgehalten werden, insbesondere dann, wenn sie zur Membran gleichnamig geladen vorliegen. Die Rückhaltung für sehr kleine, ungeladene oder zur Membran ungleichnamig geladene Substanzen kann jedoch deutlich geringer sein. Dichte NF-Membranen halten zwar zweiwertige Ionen in etwa gleich gut zurück wie UO-Membranen, ihre Rückhaltung für einwertige Ionen und organische Spurenstoffe ist jedoch geringer. Aufgrund der Abschirmungseffekte in den Poren einer NF-Membran wird ihre Rückhaltung für geladene Wasserinhaltsstoffe bei steigender Ionenkonzentration geringer.

NF-Membranen halten Ionen weniger gut zurück als UO-Membranen (einwertige < 90 %; zweiwertige Ionen < 99 %). Aufgrund der Größe ihrer Poren ist ihre Rückhaltung für niedermolekulare organische Schadstoffe als nicht ausreichend zu bezeichnen. Organische Wasserinhaltsstoffe mittleren und höheren Molekulargewichts (maßgeblich für den DOC verantwortlich) werden jedoch in etwa der gleichen Größenordnung zurückgehalten.

Gelöste Gase, wie Kohlenstoffdioxid, Schwefelwasserstoff, Ammoniak oder Methan, können UO- und NF-Membranen ungehindert passieren, was für diese Prozesse eine Nachbehandlung zur Verbesserung der Permeatqualität und/oder Verringerung der Korrosivität des Permeats erforderlich macht (siehe Kapitel 3.6.9).

Häufig wird von Lieferanten für ihre Membranprodukte der sogenannte Molecular Weigth Cut Off (MWCO) angegeben. Hierbei handelt es sich um eine nominelle Trenngrenze für eine 90 %ige Rückhaltung von niedermolekularen (für UO und NF) bis hochmolekularen (für UF und MF) Wasserinhaltsstoffen mit der Einheit g/mol. Der MWCO für UO-Membranen liegt bei ca. 100 bis 150 g/mol und bei dichten NF-Membranen bei ca. 250 bis 400 g/mol. Da der Rückhalt von Stoffen nicht allein durch deren molare Masse bestimmt ist und es sich hierbei nur um einen Punkt der Trennkurve handelt, ist der MWCO-Wert lediglich als Orientierungswert zu verstehen.

3.4.3.2 Standardisierung und Normalisierung der Salzpassage

Im Falle dichter Membranen müssen die Temperaturabhängigkeit des Membranwiderstands für Salze sowie die Abhängigkeit der Salzpassage vom Membranflux berücksichtigt werden: Mit höherer Temperatur können Salze die Membran besser passieren und bei höherem Membranflux verringert sich die Salzpassage. Um die an verschiedenen Zeitpunkten gemessene Salzpassage vergleichbar zu machen, wird sie daher für einen Standardzustand mit frei wählbaren Standardflux und Standardtemperatur berechnet.

Zur Berücksichtigung der Temperatur wird, wie bei der Permeabilität, eine membrantypische Korrekturfunktion eingeführt, die vom jeweiligen Membranhersteller zur Verfügung gestellt werden muss. Mittels der Funktion können dann Temperaturkorrekturfaktoren TKF^{T}_{Salz} für eine bestimmt Temperatur T berechnet werden. Da die Salzpassage neben der Temperaturabhängigkeit eine Abhängigkeit vom Membranflux aufweist, muss zusätzlich eine Fluxkorrektur durchgeführt werden. Für UO-Membranen verhält sich die Salzpassage weitgehend umgekehrt proportional zum Membranflux und für eine konstante Temperatur gilt:

$$\frac{SP_2}{SP_1} = \frac{J_1}{J_2} \tag{3.13}$$

Durch die Berücksichtigung beider Korrekturen ergibt sich als Gleichung zur Berechnung der standardisierten Salzpassage:

$$SP_S = SP_O \cdot \frac{J_O}{J_S} \cdot \frac{TKF^{T_O}_{Salz}}{TKF^{T_S}_{Salz}} \tag{3.14}$$

Zu beachten ist, dass weder die Temperaturkorrektur die Temperaturabhängigkeit noch die Fluxkorrektur die Fluxabhängigkeit exakt beschreiben. Die Differenz zwischen der Temperatur bei der Messung T_O und der gewählten Standardtemperatur T_S sollte daher möglichst gering sein, um Ungenauigkeiten bei der Umrechnung zu vermeiden. Im Fall von Oberflächenwasseraufbereitungsanlagen kann dies beispielsweise 15 oder 20 °C sein, bei Grundwässern kann dies 5 oder 10 °C sein. Für den Standardflux J_S bietet sich der Designflux an, d. h. der Flux, für den die Anlage ausgelegt wurde.

Häufig erfolgt beim Betrieb dichter Membranen zusätzlich zur Standardisierung eine Normalisierung, bei der die gemessenen Daten mit einem Referenzzustand verglichen werden, bei dem nachweislich keine Ablagerungen oder keine Konzentrationspolarisation vorgelegen haben. Dies ist beispielsweise der Zustand nach Inbetriebnahme oder nach einer Intensivreinigung. Die normalisierte Salzpassage berechnet sich damit zu:

$$SP_N = \frac{SP_S}{SP_{S,Ref}} = \frac{SP_O \cdot J_O}{SP_{Ref} \cdot J_{Ref}} \cdot \frac{TKF_{Salz}^{T_O}}{TKF_{Salz}^{T_S}} \qquad (3.15)$$

Liegt die normalisierte Salzpassage oberhalb einer Toleranzgrenze, müssen Maßnahmen zu ihrer Verbesserung eingeleitet werden (siehe Kapitel 3.6.7.3.3).

Bei den weniger dichten NF-Membranen ist eine Standardisierung erheblich komplizierter, da neben Temperatur und Membranflux auch die Wassermatrix (insbesondere pH-Wert und Ionenzusammensetzung) einen erheblichen Einfluss auf die Passage einzelner Salze hat. Hier empfiehlt es sich als Mindestmaßnahme, bei der Überprüfung der Salzpassage den immer gleichen Flux einzustellen und bei der Standardisierung nur die Temperaturkorrektur zu berücksichtigen.

3.4.4 Ausbeute

Die Ausbeute φ eines Membranprozesses entspricht dem Verhältnis zwischen dem in einem Zeitraum erzeugten Produktvolumen (Filtrat bzw. Permeat) ΔV_P zu dem im gleichen Zeitraum bei der Aufbereitung eingesetzten Eduktvolumen (Feed) ΔV_F. Setzt man voraus, dass die Volumenströme in dem betrachteten Zeitraum konstant bleiben, so kann die Ausbeute auch mit den entsprechenden Volumenströmen Q_P und Q_F berechnen:

$$\varphi = \frac{\frac{\Delta V_P}{\Delta t}}{\frac{\Delta V_F}{\Delta t}} = \frac{Q_P}{Q_F} \qquad (3.16)$$

Die durchschnittliche Höhe der Ausbeute ist abhängig vom Membranprozess und der Qualität des aufzubereitenden Wassers. Bei der Meerwasserentsalzung mit der UO werden Ausbeuten zwischen 35 % und maximal 60 % erreicht, bei der Inlandentsalzung mit UO bzw. NF werden etwa 80 % Ausbeute erreicht. Bei der Partikelentfernung mittels UF und MF werden zwischen 93 und 96 %, in Einzelfällen bis zu 98 % Ausbeute erreicht.

3.4.5 Hydraulischer Druckverlust

3.4.5.1 Berechnung und Abhängigkeiten

Bei der Durchströmung eines Membranmoduls im Cross-Flow-Betrieb (siehe Kapitel 3.5.1) entsteht aufgrund der Reibung bei der tangentialen Überströmung der Membranen in den Membrankanälen von der Feed- zur Konzentratseite ein hydraulischer Druckverlust (siehe auch Kapitel 3.6.3):

$$\Delta p_{hyd} = p_F - p_K \tag{3.17}$$

Der hydraulische Druckverlust ist in erster Linie abhängig von der Höhe der Fließgeschwindigkeit an und in den Modulen, die bei verstopften Kanalabschnitten in dem Modul ansteigt. Ein Anstieg des hydraulischen Druckverlusts ist daher ein Indiz für einen unerwünschten Betriebszustand.

Ein zusätzlicher Druckverlust kann auch auftreten, wenn das System bei der Inbetriebnahme nicht ausreichend gut entlüftet wurde und dadurch die Fließwege verengt sind.

3.4.5.2 Standardisierung und Normalisierung des hydraulischen Druckverlusts

Da auch die Veränderung der Temperatur bzw. der Viskosität μ oder des Volumenstroms der Hauptströmung (berücksichtigt durch das arithmetische Mittel von Feed- und Konzentratvolumenstrom) die Fließgeschwindigkeit und damit den hydraulischen Druckverlust beeinflussen, muss auch der Druckverlust auf einen Standardzustand bezogen bzw. normalisiert werden. Hierzu werden entsprechende Korrekturfunktionen für Temperatur und Volumenstrom eingeführt.

$$\Delta p_{hyd,S} = \Delta p_{hyd,O} \cdot TKF_{\Delta p} \cdot QKF_{\Delta p} \tag{3.18}$$

mit

$$TKF_{\Delta p} = \left(\frac{\mu(T_S)}{\mu(T_O)} \right) \qquad (3.19)$$

und

$$QKF_{\Delta p} = \left(\frac{Q_S}{Q_{F,O} + Q_{K,O}} \right) \qquad (3.20)$$

Die gewählte Standardtemperatur T_S zur Bestimmung der Standardviskosität $\mu(T_S)$ sollte möglichst nah am Bereich der üblichen Betriebstemperaturen liegen. Im Fall von Oberflächenwasseraufbereitungsanlagen kann dies beispielsweise 15 oder 20 °C sein, bei Grundwässern kann dies 5 oder 10 °C sein. Der Standardvolumenstrom Q_S sollte nah am Wert sein, der beim Design der Anlage berechnet wurde. Die Werte für die Potenzen m und n sind abhängig für die verwendeten Membranelemente. Entsprechende Werte können über eine Design-Software (siehe Kapitel 3.6.11.6) ermittelt werden oder werden vom jeweiligen Membranhersteller zur Verfügung gestellt.

Häufig erfolgt beim Betrieb dichter Membranen zusätzlich zur Standardisierung eine Normalisierung, bei der die gemessenen und standardisierten Daten mit einem Referenzzustand verglichen werden (Achtung: auch für den Referenzzustand muss die Standardisierung durchgeführt werden), bei dem nachweislich keine weiteren Ablagerungen in den Membrankanälen vorgelegen haben. Dies ist beispielsweise der Zustand nach Inbetriebnahme oder nach einer Intensivreinigung. Ist der im Betrieb gemessene Wert für den hydraulischen Druckverlust niedriger als dieser Referenzwert, so ist der normalisierte Druckverlust größer als 1 und das Vorliegen von Ablagerungen zu befürchten:

$$\Delta p_{hyd,N} = \frac{\Delta p_{hyd,S}}{\Delta p_{hyd,Ref,S}} = \frac{\Delta p_{hyd,O}}{\Delta p_{hyd,Ref}} \cdot \left(\frac{\mu(T_{Ref})}{\mu(T_O)} \right)^n \cdot \left(\frac{Q_{F,Ref} + Q_{K,Ref}}{Q_{F,O} + Q_{K,O}} \right)^m \qquad (3.21)$$

Liegt der normalisierte hydraulische Druckverlust oberhalb einer Toleranzgrenze müssen Maßnahmen zu seiner Verbesserung eingeleitet werden (siehe Kapitel 3.6.7.3.3).

3.5 Generelle Aspekte für druckgetriebene Membranverfahren

3.5.1 Prinzipielle Betriebsweisen

Die prinzipiellen Betriebsweisen von druckgetriebenen Membranen sind in **Bild 3.9** dargestellt. Im Cross-Flow-Betrieb entstehen zwei Teilvolumenströme: der Per-

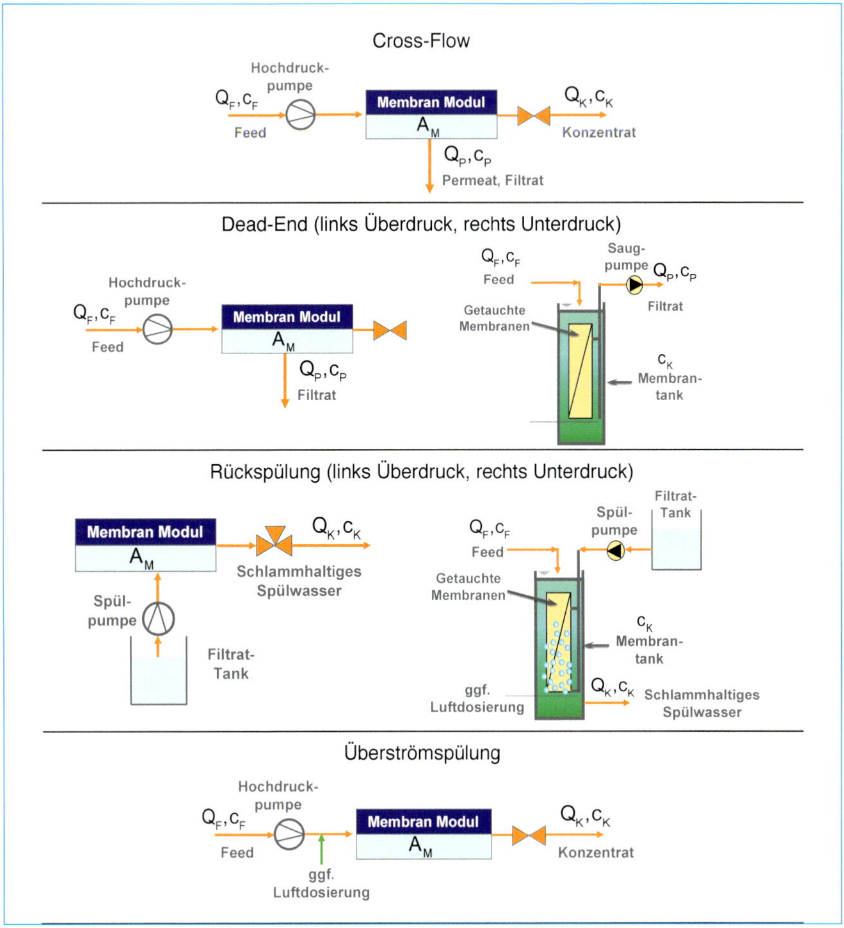

Bild 3.9: Unterscheidung Cross-Flow, Dead-End, Rückspülung und Überströmspülung
A_M = Membranfläche, Q = Volumenstrom, c = Konzentration, F = Feed, P = Permeat oder Filtrat, K = Konzentrat, im Membrantank oder schlammhaltiges Spülwasser

meat- bzw. Filtratstrom in Richtung der Membranoberfläche und die Überströmung von der Feed- zur Konzentratseite tangential zur Membranoberfläche. Im Dead-End Betrieb entsteht kein Konzentratstrom, das Feed wird vollständig durch die Membran filtriert. Der Betrieb einer dichten Membran erfolgt im Cross-Flow. Ein Dead-End-Betrieb wie bei Filtration durch poröse UF- oder MF-Membranen ist mit dichten Membranen nicht praktikabel.

Die Überströmgeschwindigkeit beim Cross-Flow ergibt sich aus dem Volumenstrom der Hauptströmung bezogen auf die Querschnittsfläche der offenen Kanäle des Moduls. Je höher die Überströmgeschwindigkeit, umso höher ist auch der hydraulische Druckverlust. Eine hohe Überströmgeschwindigkeit hilft Verschmutzungen auf der Membranoberfläche zu vermeiden, erhöht allerdings auch den Energiebedarf. Aus diesem Grund erfolgt der Filtrationsbetrieb von porösen Membranen in der Trinkwasseraufbereitung praktisch ausschließlich im Dead-End. Hierbei müssen die entstehenden Verschmutzungen und Ablagerungen durch regelmäßige Spülungen entfernt werden.

Ein Dead-End-Betrieb kann sowohl im Überdruck (im in/out- und out/in-Modus) als auch im Unterdruck (nur im out/in-Modus) erfolgen. Im Dead-End entsteht die höchste Überströmgeschwindigkeit im Einströmbereich. Im Verlauf des Moduls sinkt sie aber immer weiter ab, bis zu einer Stelle, an der sie zu Null wird. Dieses „tote Ende“ kann je nach hydrodynamischen Randbedingungen in dem dem Einströmbereich gegenüberliegenden Bereich liegen, oder, wenn das Feed an beiden Seiten des Moduls einströmt, zwischen den beiden Modulenden. In jedem Fall verbleibt die zurückgehaltene Fracht im Modul und akkumuliert sich. Es kommt zur Bildung einer Deckschicht auf der Membran, die in intervallmäßigen Rückspülungen bzw. Überströmspülungen ggf. unter Dosierung von Luft abgetragen werden muss (siehe Kapitel 3.7.1.3.2).

Die Dead-End-Filtration ist somit ein diskontinuierlicher Prozess, bei dem ein schlammhaltiges Spülwasser entsteht, das, wie das im Cross-Flow-Betrieb anfallende Konzentrat, entsprechend nachbehandelt oder entsorgt werden muss.

Zur Erhöhung der Ausbeute oder der Überströmgeschwindigkeit im Modul kann es beim Cross-Flow Betrieb sinnvoll sein, einen Teil des Konzentrats in den Zulauf zur Membran zurückzuführen (siehe **Bild 3.10**). Bei der internen Rezirkulation erleichtert eine zusätzliche Kreislaufpumpe die Regelaufgabe, die Überströmung unabhängig vom Transmembrandruck einzustellen und verringert die notwendige Größe der Hochdruckpumpe, bedeutet aber eine zusätzliche Investition und Wartungen.

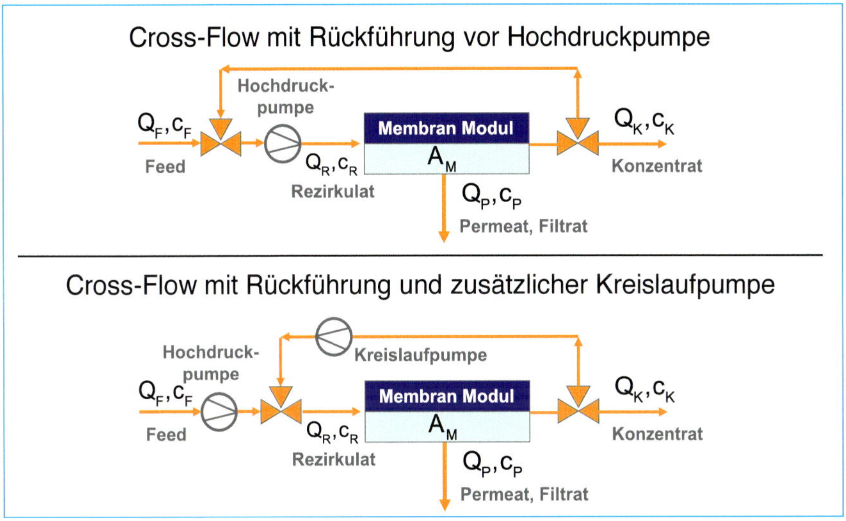

Bild 3.10: Cross-Flow mit Rückführung vor Hochdruckpumpe und mit zusätzlicher Kreislaufpumpe A_M = Membranfläche, Q = Volumenstrom, c = Konzentration, F = Feed, P = Permeat oder Filtrat, K = Konzentrat, R = Rezirkulat

Im Fall der Rückführung muss zwischen der Ausbeute der Gesamtanlage (äußere) und der Membran (innere) unterschieden werden, da das Edukt für die Membran jetzt das Rezirkulat ist:

$$\varphi_{Anlage} = \frac{Q_P}{Q_F} \tag{3.22}$$

$$\varphi_{Membran} = \frac{Q_P}{Q_R} \tag{3.23}$$

Dichte Membranen können auch, ähnlich wie die im Dead-End betriebenen porösen Membranen, diskontinuierlich mit aufeinanderfolgenden Zyklen (bestehend aus Filtrationsmodus und Spülmodus) betrieben werden. Im Batch-Betrieb, d. h. einer chargenweisen Aufbereitung, werden ein in einem Behälter befindliches Rohwasservolumen mit der Membrananlage im Filtrationsmodus aufbereitet und das gesamte anfallende Konzentrat in den Behälter zurückgeführt. Sobald eine gewünschte Ausbeute erreicht wird, wird das verbleibende Konzentrat im Tank im Spülmodus durch Rohwasser ausgetauscht und ein neuer Zyklus beginnt. Diese Betriebsweise wird in der Trinkwasserversorgung nicht eingesetzt. Praktische Relevanz für die Trinkwasseraufbereitung hat dahingegen der Semi-Batch-Betrieb. Diese Betriebsweise ist auch als CCRO (closed-circuit reverse osmosis; siehe **Bild 3.11**) bekannt. Kennzeichnend für die Batch-Betriebsweisen sind ein über den Filtrationsmodus ansteigender Pumpendruck und eine abnehmende Permeatqualität.

Die CCRO wird mit einer internen Rezirkulation betrieben (zusätzliche Kreislaufpumpe im Konzentrat), wobei im Filtrationsmodus das Konzentratventil geschlossen ist und das gesamte Konzentrat auf die Druckseite der Hochdruckpumpe rezirkuliert wird. Dadurch ist der eingehende Feed- gleich dem ausgehenden Permeatvolumenstrom. Nachdem eine gewünschte Ausbeute erreicht wurde, z. B. gekennzeichnet durch Erreichen einer maximalen Leitfähigkeit im Konzentrat oder über eine Zeitsteuerung, öffnet sich im Spülmodus das Konzentratventil und das Konzentrat wird durch einströmendes Feed verdrängt. Der Spülmodus wird üblicherweise mit einer hohen Überströmung und einem geringen Druck, d. h. geringer Ausbeute betrieben, was einer chemikalienfreien Reinigungsstrategie zur mechanischen Reinigung entspricht (siehe Kapitel 3.6.7.3.3). Das Wechselspiel zwischen Filtrations- und Spülmodus ergibt einen charakteristischen sägezahnartigen Verlauf der Leitfähigkeit im Konzentrat (siehe Bild 3.11, unten).

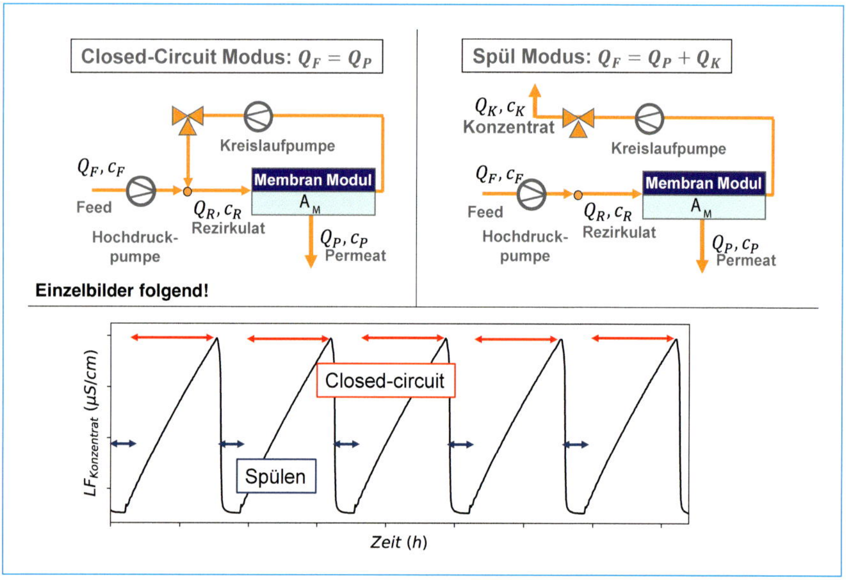

Bild 3.11: Closed-Circuit Reverse Osmosis (CCRO) im closed-circuit (links) und im Spülmodus (rechts) sowie Verlauf der Leitfähigkeit im Konzentrat über die Zeit (unten)

3.5.2 Konzentrationsfaktor

Das Verhältnis aus den Konzentrationen vom Konzentrat (im Falle des Cross-Flow-Betriebs) und/oder vom schlammhaltigen Spülwasser (im Falle von Membranspülungen) und dem Feed wird als Konzentrationsfaktor KF bezeichnet. Dieser kann berechnet werden aus der Ausbeute und der Anlagenrückhaltung. Für Rückhaltungen über 90 % kann dabei die Berechnung des Konzentrationsfaktors vereinfacht werden (siehe auch **Bild 3.12**):

$$KF = \frac{c_c}{c_f} = 1 + \frac{\varphi_{Anlage} \cdot R_{Anlage}}{1-\varphi_{Anlage}} \approx \frac{1}{1-\varphi_{Anlage}} \text{ für } R_{Anlage} > 90\% \qquad (3.24)$$

Beispielsweise ist bei einer Ausbeute von 80 % und einer Anlagenrückhaltung > 90 % die Konzentration im Konzentrat etwa um den Faktor 5 höher als im Zulauf, bei einer Ausbeute von 95 % berechnet sich der Faktor zu 20.

3.5.3 Fouling und Scaling

Unter Fouling und Scaling versteht man die unerwünschte Ablagerung von zurückgehaltenen oder ausgefällten Wasserinhaltsstoffen an der Membranoberfläche oder im Membranelement bzw. -modul (siehe Kapitel 3.6.1 und 3.7.2). Fouling und

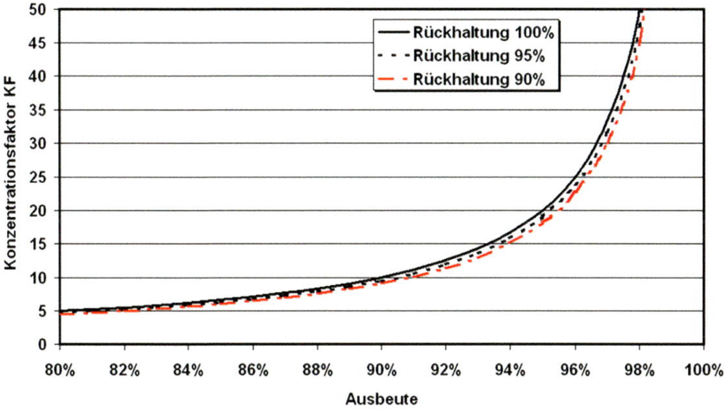

Bild 3.12: Konzentrationsfaktor in Abhängigkeit der Anlagenausbeute und der Anlagenrückhaltung

Scaling führen zu einer messbaren Verminderung der Anlagenleistung. Dies kann sich bei allen druckgetriebenen Membranverfahren in einem Rückgang der Permeabilität ausdrücken. Bei NF- und UO-Prozessen kann es zudem zu einer Verminderung der Salzrückhaltung oder einem Anstieg des hydraulischen Druckverlusts (siehe Kapitel 3.4.5) kommen. Fouling und Scaling sind daher unerwünscht.

Je nach Art von unerwünschten Ablagerungen auf der Membranoberfläche wird zwischen verschiedenen Fouling- und Scalingarten unterschieden (siehe **Bild 3.13**). Bei kolloidalem Fouling lagern sich organische oder anorganische Kolloide, d. h. Partikel < ca. 1 µm auf der Membranoberfläche oder in den Membranporen (nur bei MF und UF), ab. Dies können beispielsweise Silikatkolloide oder organische Makromoleküle sein, aber auch Metallhydroxide bzw. -oxide. Bei partikulärem Fouling lagern sich Partikel > ca. 1 µm ab.

Eine besondere Art des Foulings ist das Biofouling, bei dem Mikroorganismen fest an der Oberfläche der Membran oder an den in Wickelelementen (maßgeblich in NF- und UO-Prozessen eingesetzt, siehe Kapitel 3.6.1) verbauten Spacern anhaften, sich vermehren und einen Biofilm produzieren. Ferner wird durch den Rückhalt organischer Substanzen an der Membranoberfläche das Nährstoffangebot für Mikroorganismen erhöht und die Vermehrung gefördert.

Neben dem Fouling kommt dem Scaling eine herausragende Bedeutung zu. Infolge der prozessbedingten Aufkonzentrierung der gelösten Wasserinhaltsstoffe kommt es beim Scaling zu einer Überschreitung der Löslichkeitsgrenze schwer löslicher anorganischer Verbindungen (beispielsweise $CaCO_3$, $CaSO_4$, CaF_2, $Ca_3(PO_4)_2$, $BaSO_4$, $SrSO_4$, SiO_2). Die Fällungsprodukte können sich in der Hauptströmung bilden und im Membranelement ablagern oder es kann zu einer Kristallisation direkt an der Membranoberfläche oder an den Spacern kommen. Insbesondere die Kristallisation an der Membranoberfäche und den Spacern

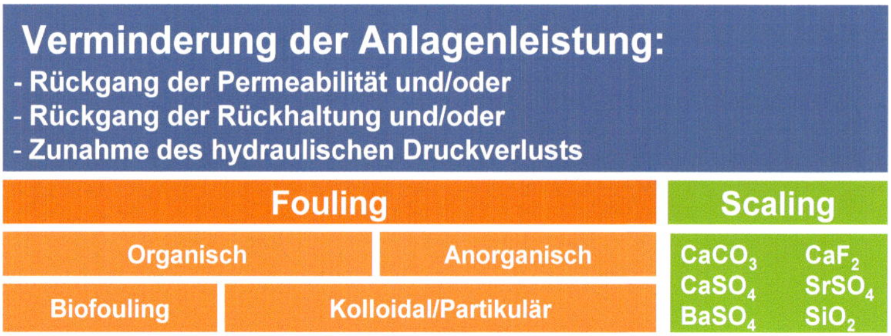

Bild 3.13: Unterscheidung verschiedener Foulingarten und Scalingbildner

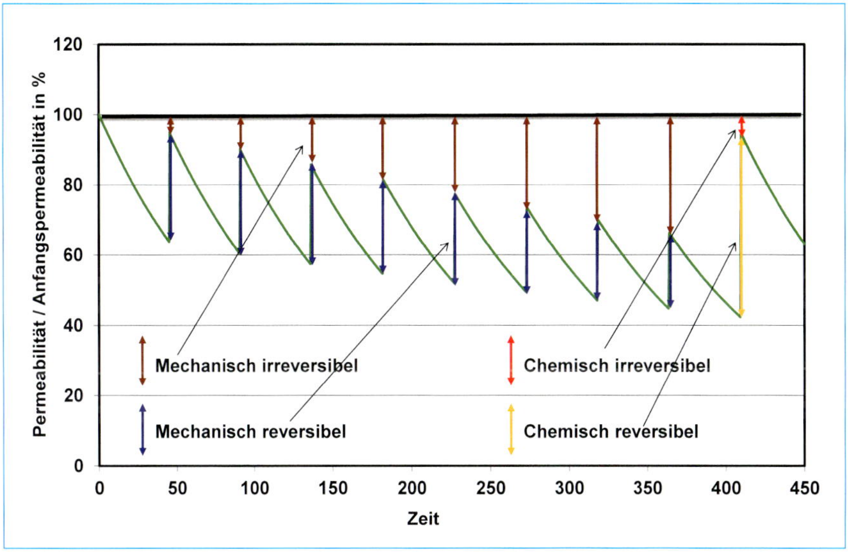

Bild 3.14: Unterscheidung reversibles und irreversibles Fouling und Scaling

bildet unerwünschte, häufig nur schwer entfernbare Ablagerungen. Im schlimmsten Fall kann das Kristallwachstum zur Zerstörung der Membranoberfläche führen. Die sich in der in der Hauptströmung bildenden Fällungsprodukte werden zumindest teilweise durch die Cross-Flow-Überströmung mitgerissen.

Zur Entfernung von abgelagerten Stoffen können Spülungen, auch unter Einsatz von Chemikalien, durchgeführt werden. Nach einer einfachen Spülung ohne Chemikalien werden hydraulisch reversibles Fouling und abgelagerte Kristallisationsprodukte entfernt, es verbleibt jedoch mechanisch irreversibles Fouling und Scaling im System, nach einer Spülung mit Chemikalien kann das mechanisch irreversible Fouling und Scaling weiter reduziert werden, im besten Fall wird die Membran vollständig vom Fouling und Scaling befreit (siehe **Bild 3.14**).

3.5.4 Intensivreinigung (CIP = Cleaning in Place)

Wird ein festgelegter Grenzwert (z. B. für Permeabilität, TMP oder Rückhaltung) erreicht, d. h. wird die Verschmutzung der Membran zu groß oder lässt sie sich durch die regelmäßigen Spülungen (auch mit Chemikalienunterstützung, siehe Kapitel 3.6.7.3.3 und 3.7.1.3.2) nicht mehr hinreichend gut entfernen, kann eine Intensivreinigung (CIP) durchgeführt werden. Ziel der CIP ist die vollständige Ablösung bzw. Auflösung von Verschmutzungen von der Membranoberfläche oder aus dem Modul. Nach einer CIP sollte daher die Permeabilität des ursprünglichen Zustands wieder annähernd erreicht werden. Eine irreversible Verminderung der Permeabilität mit der Zeit ist trotz Durchführung der CIP nicht immer zu vermeiden. Dies muss bei der Planung berücksichtigt werden.

Für eine CIP muss der reguläre Betrieb unterbrochen werden. **Bild 3.15** zeigt einen mögliches Anlagenschema für die Durchführung einer CIP.

Die Reinigungschemikalien werden in einem Vorlagebehälter meist in hohen Konzentrationen angesetzt, in das System eingebracht und rezirkuliert. Die Einwirkzeit beträgt mehrere Stunden. Gegebenenfalls kann eine Erwärmung der Chemikalienlösung durchgeführt werden, wobei auf die vom Membranlieferanten anzugebende maximale Temperaturanstiegsrate zu achten ist.

Die CIP kann unter bestimmten Voraussetzungen automatisch durchgeführt werden. Wichtig ist die genaue Einhaltung der Reinigungsvorschrift des Chemikalienlieferanten bzw. des Membranherstellers, da es sonst zu Schäden an den Membranen bzw. Modulen kommen kann. Die Durchführung der Reinigung kann im Rahmen eines Wartungsvertrages von Fremdfirmen erfolgen.

Häufig eingesetzte Wirksubstanzen bzw. Reinigungschemikalien sind:

- Hypochlorit (nicht einsetzbar bei Polyamidmembranen, siehe Kapitel 3.3)
- Chlordioxid (ggf. auch einsetzbar bei Polyamidmembranen, Anfrage an Membranhersteller notwendig)
- Natronlauge
- Mineralsäuren

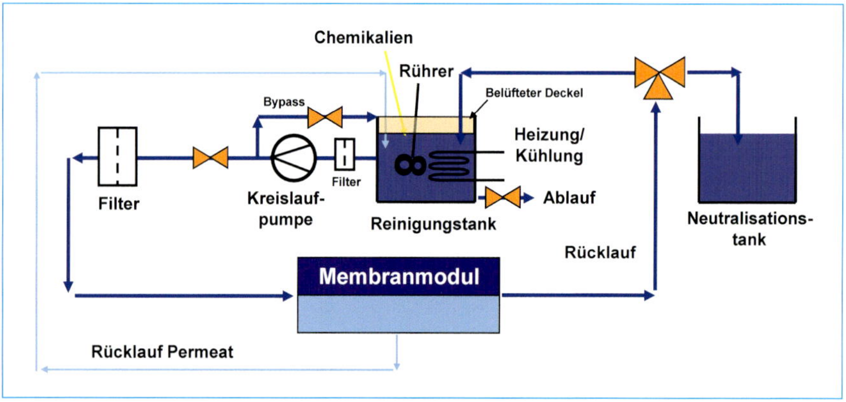

Bild 3.15: Mögliches Anlagenschema für eine CIP

- Zitronensäure
- Tenside
- Enzyme
- Wasserstoffperoxid
- Komplexbildner

In der Praxis hat es sich als hilfreich erwiesen, vor der CIP zunächst die regulären Spülungsmaßnahmen durchzuführen. Beim Einsatz von Reinigungschemikalien sind die Entsorgungswege der anfallenden chemikalienhaltigen Spülwässer zu beachten. Eine vorherige Neutralisation ist zu empfehlen.

3.6 Betrieb von Nanofiltration und Umkehrosmose

3.6.1 Wickelelemente und Druckrohrmodule

Das für die Umkehrosmose (UO) und Nanofiltration (NF) bei der Trinkwasseraufbereitung bis auf wenige Ausnahmen[2] eingesetzte Membranelement ist das Spiral-Wickelelement. Im Gegensatz zur MF und UF sind Spiral-Wickelelemente weitgehend standardisiert, sodass sich Produkte verschiedener Hersteller auch nach Bau einer Anlage austauschen lassen. Beim Spiral-Wickelelement werden entsprechend **Bild 3.16** eine oder mehrere Membrantaschen zusammen mit je einem netzähnlichen Abstandshalter aus Kunststoff, dem sogenannten Feedspacer, spiralförmig um das Permeatsammelrohr gewickelt. Hierbei entstehen in Hauptströmungsrichtung offene Kanäle, die vom Feed durchströmt werden. Die Überströmgeschwindigkeit wird durch die Kanalhöhe, d. h. die Dicke des Feedspacers bestimmt. Für aufzubereitende Wässer mit hoher Foulingneigung werden Spacerdicken um ca. 2 mm empfohlen, für Wässer mit geringer bis nicht vorhandener Foulingneigung bis zu 0,5 mm.

Die Membrantasche besteht aus zwei Flachmembranen, zwischen denen ein feinmaschiger Permeatspacer angeordnet ist. Sie ist an drei Seiten geschlossen und an der vierten, offenen Seite an das perforierte Permeatsammelrohr angeklebt. Das Wickelelement wird vom Feed, das stirnseitig in das Element eindringt, tangential durchströmt, während das Permeat spiralförmig und quer zur Hauptströmungsrichtung dem zentral angeordneten Sammelrohr zufließt.

---

[2] Eine praxisrelevante Ausnahme sind die seit Ende der 2010er Jahren kommerziell erhältlichen kapillaren (international allerdings als „hollow-fiber bezeichnet) NF-Membranen, die auf Basis von PES UF-Membranen nach der Layer-by-Layer-Methode mit Polyelektrolyten beschichtet werden, um NF-Trenncharakteristiken zu erhalten.

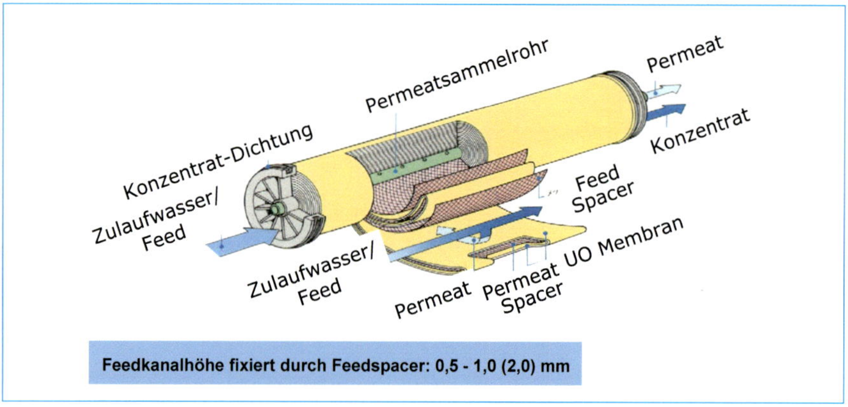

Bild 3.16: Membranelement in der Ausführung als Spiral-Wickelelement
(Bild: © Toray GmbH; mit freundlicher Genehmigung verwendet)

In Wasserwerken werden meist Wickelelemente mit 8“ Durchmesser und einer Länge von ca. 1 m eingesetzt, die eine Membranfläche von ca. 35 bis 40 m^2 aufweisen. Die Elemente sind auch in weiteren Durchmessern beispielsweise 4“, 16“ bis hin zu 20“ erhältlich. Zu beachten ist, dass Wickelelemente anders als die bei MF und UF eingesetzten Kapillarelemente bzw. -module (siehe nächstes Kapitel) nicht rückspülbar sind.

Die Anordnung der Wickelelemente zu einem Modul erfolgt in der Regel horizontal. Hierzu werden mehrere Elemente in ein Druckrohr geschoben und mit Adaptern (sogenannte Interkonnektoren) verbunden. Die Verbindung erfolgt über die zentriert im Element platzierten Filtratsammelrohre.

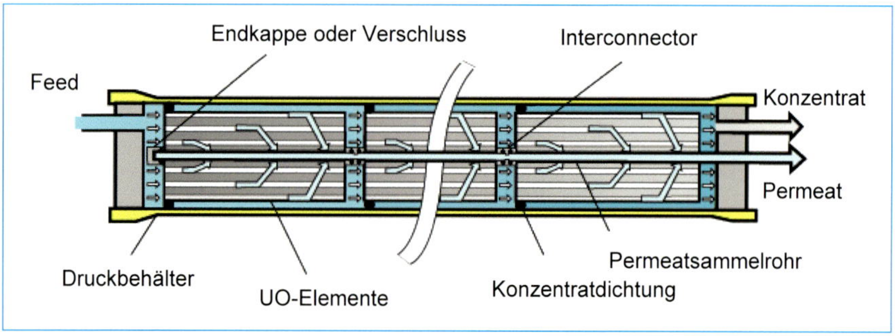

Bild 3.17: Druckrohr mit Membranelementen
(Bild: © Toray GmbH; mit freundlicher Genehmigung verwendet)

Im Gegensatz zum Betrieb von Kapillarelementen in Druckrohren (siehe Kapitel 3.7.2) werden Wickelelemente konzentratseitig mit Lippendichtungen gegen die innere Druckrohrwandung abgedichtet. Die Elemente werden damit seriell durchströmt, ohne dass eine Strömung um die Elemente herum erfolgen kann. Das in Serie nächste Element bereitet also das vollständige Konzentrat des vor ihm liegenden Elements auf. Das produzierte Permeat wird in dem zentralen Permeatsammelrohr der Membranelemente gesammelt und an einer oder beiden Stirnseiten des Druckrohres abgeführt (siehe **Bild 3.17**).

3.6.2 Anordnung von Druckrohren in Stufen und Straßen

Innerhalb eines Druckrohres läuft das Feed vom führenden zum letzten Element. Bei jedem Element wird Permeat ausgeleitet. Dadurch wird das Feed aufkonzentriert und die Anlagenausbeute steigt. Das Konzentrat des n-ten Elements ist das Feed des (n+1)-ten Elements. Durch die permanente Ableitung des Permeats werden der konzentratseitige Volumenstrom und damit die Überströmgeschwindigkeit von Element zu Element geringer. Zur Vermeidung einer zu geringen Überströmgeschwindigkeit können pro Druckrohr nur eine begrenzte Anzahl Elemente (maximal acht, in der Regel sechs) innerhalb eines Druckrohres in Serie geschaltet werden. Die Ausbeute pro Druckrohr und Stufe ist typischerweise auf 50 % begrenzt, um Ablagerungen z. B. in Folge stark ausgeprägter Konzentrationspolarisation (siehe Kapitel 3.6.5) zu vermeiden. Die Mindestüberströmungen im letzten Element hängen primär vom Durchmesser der Elemente, aber auch von der Qualität des Feeds ab und werden üblicherweise vom Hersteller angegeben (siehe auch Kapitel 3.6.11.6).

Die parallele Anordnung von Druckrohren, die alle mit den gleichen Rahmenbedingungen betrieben werden, wird als Membranstufe bezeichnet. Der Betrieb einer Membranstraße kann einstufig erfolgen, es können aber auch zwei oder mehr Membranstufen in Serie betrieben werden. Die serielle Verschaltung kann permeatseitig (permeatgestuft) oder konzentratseitig (konzentratgestuft) erfolgen. Eine Permeatstufung erfolgt, wenn die Qualität des mit nur einer Stufe erzeugten Permeats nicht den Zielvorgaben entspricht. In diesem Fall spricht man international auch von sogenannten „Double-Pass"-Systemen. Dies ist in der Trinkwasseraufbereitung üblicherweise nur für die Meerwasserentsalzung relevant.

Der übliche Fall der Konzentratstufung (siehe **Bild 3.18**) erfolgt zur Erhöhung der Ausbeute. Dabei wird der Konzentratablauf aller Druckrohre einer Stufe zusammengefasst und zu einer weiteren Stufe mit einer nun geringeren Anzahl Druckrohren geleitet. Das Stufenverhältnis (Verhältnis der Anzahl Druckrohre in den jeweiligen Stufen) ist abhängig von der Gesamtanzahl der Stufen. Bei zwei Stufen ist es häufig 2:1, bei drei Stufen 3:2:1. Aus diesem Grund wird die entstehende

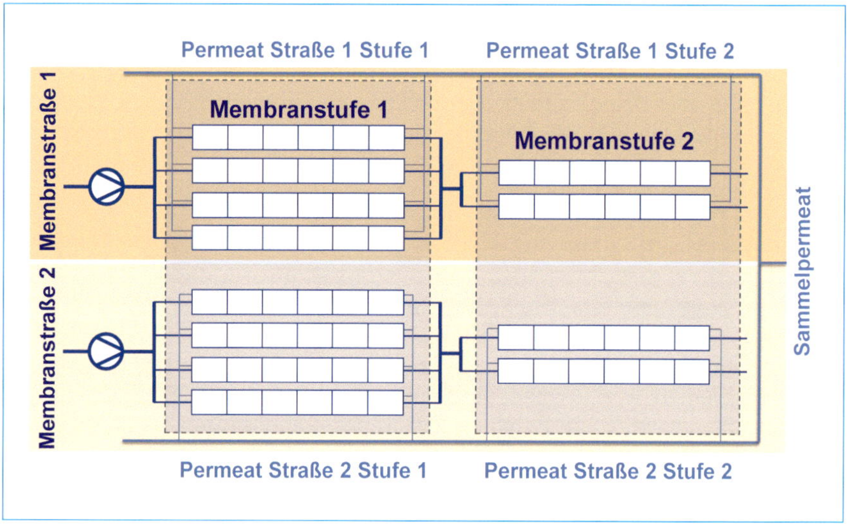

Bild 3.18: Zweistufige Anordnung in zwei Straßen

Bild 3.19: Beispielhafte Anordnung einer zweistufigen UO/NF Straße auf einem Rack im Wasserwerk Löhnen/Dinslaken (siehe Kapitel 3.8.1.1), hier zwei Racks nebeneinander mit jeweils 15 Druckrohren in zwei Stufen im Stufenverhältnis 2:1
(© Stadtwerke Dinslaken GmbH; mit freundlicher Genehmigung verwendet)

Anordnung auch als Tannenbaumanordnung bezeichnet. Üblicherweise erfolgt der Betrieb in Deutschland zweistufig, um eine Ausbeute von über 70 % zu realisieren.

Pro 8" Element und pro Stunde werden im Mittel ca. 700 bis 1.000 L Permeat erzeugt. Somit weisen beispielsweise Druckrohre mit sechs Elementen eine Permeatproduktion von etwa 4.000 bis 6.000 L auf. Die Gesamtanzahl der Druckrohre und Elemente wird durch den gewünschten Permeatvolumenstrom bestimmt. Die Gesamtanordnung hintereinander geschalteter Stufen wird als Membranstraße bezeichnet (siehe Bild 3.18).

Das Traggestell für Druckrohre wird als Rack bezeichnet. Ein Rack trägt üblicherweise die Druckrohre einer einzigen Straße, kann aber bei kleinen bis mittelgroßen Anlagen auch weitere Straßen aufnehmen. Ein Beispiel für ein Rack mit einer zweistufigen Straße ist in **Bild 3.19** abgebildet.

3.6.3 Hydraulischer Druckverlust in Druckrohren

Der hydraulische Druckverlust, der bei der tangentialen Überströmung der Wickelelemente entsteht (siehe **Bild 3.20**), verursacht eine hohe Kraft in Strömungsrichtung auf die Stirnseite eines jeden Elements im Druckrohr.

Zur Vermeidung einer Verschiebung der Membrantaschen in Fließrichtung (sogenanntes Teleskoping) darf der Druckverlust über ein Element nicht höher als 1 bar

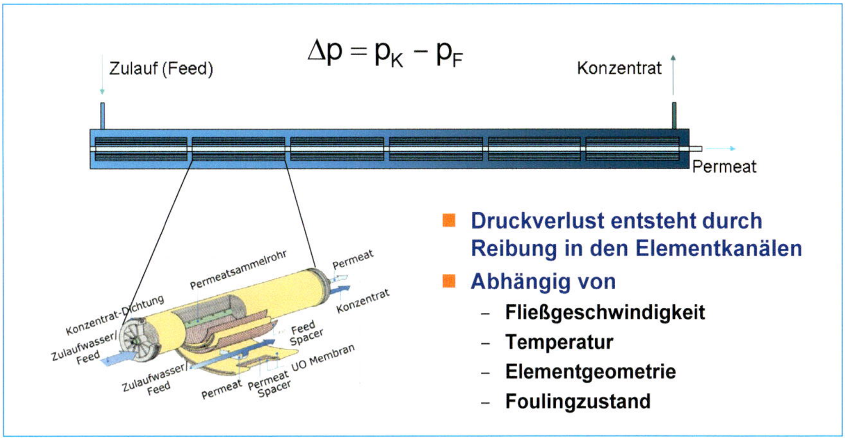

Bild 3.20: Hydraulische Druckdifferenz in Wickelelementen und Druckrohen

werden. Zudem geben Hersteller elementspezifische maximale Durchflüsse an, um Teleskoping zu vermeiden. Diese liegen für 8“ Elementen bei ca. 16 m^3/h. Da die Elemente zudem im Druckrohr nicht fest mit dem Druckrohr verbunden sind, können sich auch die Elemente bei zu großer Krafteinwirkung innerhalb des Druckrohrs verschieben. Das letzte Element im Druckrohr kann sich jedoch nicht mehr verschieben und muss daher einen Großteil der Kräfte, die auf ihm und auf den vor ihm liegenden Elementen lasten, aufnehmen. Wird die Gesamtkraft zu groß, kann der Glasfasermantel des Elements brechen. Aus diesem Grund gibt es auch einen Grenzwert für die Höhe des Druckverlusts über ein Druckrohr, der etwa bei 4 bar liegt (siehe auch Kapitel 3.6.11.6).

3.6.4 Längsprofile in Druckrohren

Wie bereits oben beschrieben, stellen sich in einem Membranelement aufgrund der komplexen Trenncharakteristik der Membran unterschiedliche Längsprofile für den hydraulischen Druck, den osmotischen Druck, den Netto-Transmembrandruck, den Membranfluss, die Überströmgeschwindigkeit (proportional zum Volumenstrom auf der Feed-/Konzentratseite) sowie für die Konzentrationen im Feed/Konzentrat und Permeat (siehe **Bild 3.21**) ein. So sinken beispielsweise Druck und Volumenstrom im Feed/Konzentrat, während die Konzentration vom ersten zum letzten Element sowohl im Feed/Konzentrat als auch im Permeat ansteigt. Auch sind im ersten Element eines Druckrohres Membranflux und Überströmgeschwindigkeit erheblich höher als im letzten Element.

Durch die Verringerung der Anzahl der Druckrohre in der nächsten Stufe wird die Überströmgeschwindigkeit wieder erhöht, da das Konzentrat der vorherigen Stufe nur noch durch eine geringere Anzahl von parallelen Druckrohren fließen muss. Allerdings sinkt der Membranflux, solange keine Druckerhöhung zwischen den Stufen vorgenommen oder der Permeatablauf der vorherigen Stufe nicht gedrosselt wird (siehe weiter unten im gleichen Kapitel), in der nächsten Stufe weiter. Auch die Konzentration in der Hauptströmung steigt weiter an. Die Höhe der Aufkonzentrierung vom ersten Element der ersten Stufe bis zum letzten Element der letzten Stufe wird bestimmt durch den Aufkonzentrierungsfaktor KF (siehe Gleichung (3.24)). Grundsätzlich kann nach dem gleichen Schema auch die Aufkonzentrierung innerhalb eines einzelnen Elements mit der Elementausbeute φ_i und der Rückhaltung eines Elements R_i berechnet werden. Die Elementausbeute variiert entsprechend der Rahmenbedingungen ebenfalls in Abhängigkeit des Längsprofils (siehe Bild 3.21).

Da sich das Feed in der Hauptströmung von Element zu Element und von Stufe zu Stufe aufkonzentriert, wird das Konzentrationsgefälle zwischen Feed und Permeatseite in Richtung des letzten Elements immer größer. Dies führt zu einem

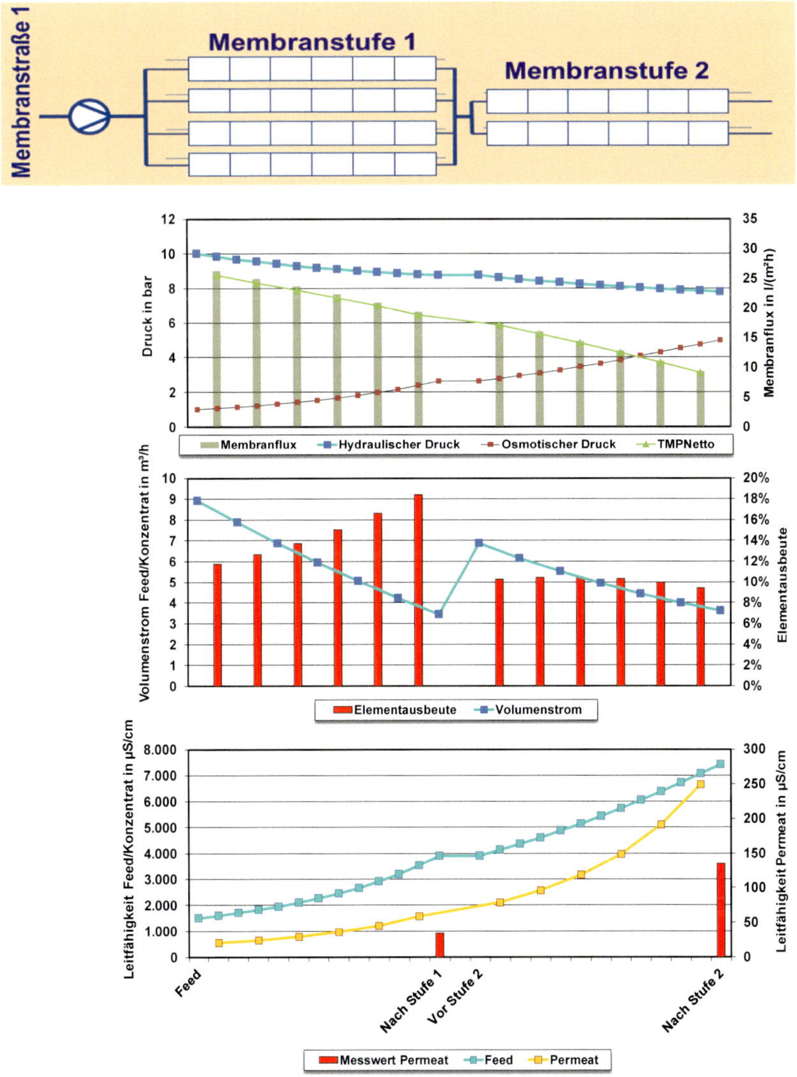

Bild 3.21: Längsprofile in einer zweistufigen UO/NF-Anlage

stärkeren Fluss der zurückzuhaltenden Wasserinhaltsstoffe durch die Membran und damit zu einer Verschlechterung der Permeatqualität. In Bild 3.21 ist zu erkennen, dass die Permeatqualität im Sammelpermeat der zweiten Stufe in Bezug auf die Leitfähigkeit deutlich schlechter ist als die der ersten Stufe.

Zur Vermeidung einer zu starken Differenz zwischen dem Membranflux des führenden und des letzten Elements kann in einer mehrstufigen Membranstraße durch eine Drosselung im Ablauf des Permeats der vorderen Stufen der Permeatvolumenstrom dieser Stufe reduziert und dadurch der Konzentratvolumenstrom der Stufe erhöht werden. Der damit entstehende Permeatgegendruck dient zur Begrenzung des Membranfluxes in den vorderen Stufen. Dies ist unter bestimmten Umständen sinnvoll, beispielsweise wenn der Membranflux im ersten Element der ersten Stufe höher ist als der vom Hersteller empfohlene Maximalwert. Ein Permeatgegendruck verringert den TMP bei gleichbleibendem Feeddruck (siehe Gleichung (3.2)), was die Energieeffizienz senkt, und sollte daher gegen Alternativen abgewogen werden, wie beispielsweise

- eine geringere Anzahl Membranelemente pro Druckrohr (oder durch einen mittigen Druckrohranschluss) und eine erhöhte Anzahl Membranstufen,
- die Installation einer oder mehrerer zusätzlichen Pumpen (sogenannte Boosterpumpe) zwischen den Membranstufen,
- die Verwendung unterschiedlich dichter Membranen innerhalb eines Druckrohres oder einer Membranstufe.

Üblicherweise wird der Permeatgegendruck statisch durch eine eingebaute Drossel erzeugt. Bei Anlagen mit stark veränderlicher Rohwasserqualität kann auch der Einsatz einer variablen Gegendruckregelung sinnvoll sein.

Mit einer Boosterpumpe im Konzentratablauf einer Stufe wird der Vordruck der nächsten Stufe und deren Membranflux erhöht. Damit können der Druck der Hochdruckpumpe und der Membranflux der vorderen Stufen verringert werden. Solch eine Pumpe kann statisch oder geregelt betrieben werden. Die Implementierung einer Boosterpumpe ermöglicht es folglich, durch Verringerung des Feeddrucks den TMP in der ersten Stufe zu reduzieren, was im Vergleich zur Permeatdrosselung, d. h. Erhöhung des Permeatdrucks, die energieeffizientere Alternative darstellt.

3.6.5 Konzentrationspolarisation

Sind der durch die Aufkonzentrierung hervorgerufene Anstieg der Konzentration in Längsrichtung eines Elements und gleichzeitig der Membranflux in dem entsprechenden Element im Verhältnis zur Überströmgeschwindigkeit sehr hoch, so

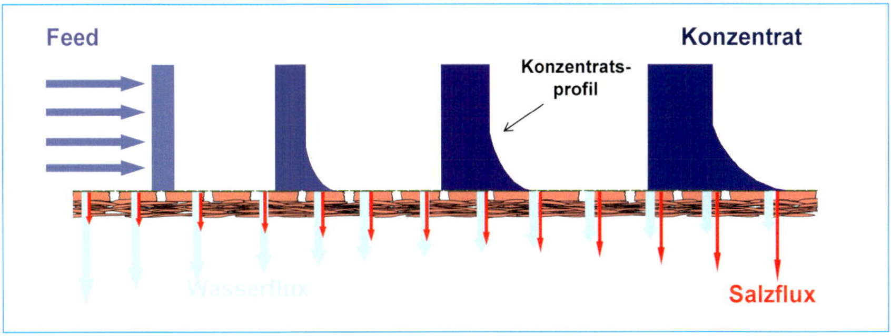

Bild 3.22: Konzentrationspolarisation in einem Element und Auswirkungen auf die verschiedenen Flüsse

kann es zur Ausbildung einer starken Konzentrationsüberhöhung direkt an der Membranoberfläche kommen. Dieser Konzentrationspolarisation genannte Effekt führt zu einer stark erhöhten Neigung zu Fouling und Scaling sowie zu einem verstärkten Salzfluss durch die Membran in dem entsprechenden Element (siehe **Bild 3.22**). Zur Verringerung der Konzentrationspolarisation muss daher eine Mindestüberströmgeschwindigkeit am Elementausgang sichergestellt sein. Dies betrifft insbesondere das hintere Membranelement eines Druckrohres der letzten Stufe.

3.6.6 Teilstromaufbereitung

In bestimmten Fällen kann eine Teilstromaufbereitung sinnvoll sein, wenn eine Vermischung des Permeats mit einem Teilstrom im Bypass um die Membrananlage geführten Wassers die gewünschte Zielqualität im Trinkwasser herbeiführt. Eine Teilstrombehandlung verringert üblicherweise auch die notwendige Permeatnachbehandlung (z. B. Remineralisierung).

3.6.7 Fouling und Scaling in Wickelementen und Druckrohren

3.6.7.1 Ort des Auftretens

Da die Aufkonzentrierung im letzten Element der letzten Stufe am höchsten ist, ist hier die Wahrscheinlichkeit von Scaling am höchsten. Biofouling und kolloidales Fouling treten dahingegen vorwiegend am führenden Element der ersten Stufe auf, da hier der Membranflux am höchsten ist und damit die auf die Kolloide wirkende Kraft in Richtung Membranoberfläche am stärksten ist und zudem der

Spacer der Wickelelemente wie ein Filtersieb wirkt. Lösen sich die entstandenen Verschmutzungen beispielsweise durch hohe Überströmgeschwindigkeiten oder Druckstöße, kann sich das Fouling auch auf hintere Elemente übertragen. An verschiedenen Stellen entstehende Biofilm-Kolonien können auch mit der Zeit zusammenwachsen.

3.6.7.2 Beurteilung des Fouling- und Scalingpotenzials

Für die Beurteilung des Wassers auf die Wahrscheinlichkeit der Ausbildung von Scaling spielen Calcium, Sulfat, Hydrogencarbonat, ortho-Phosphat, Barium, Strontium, Kieselsäure, Fluorid und der pH-Wert dominierende Rollen. Durch die Aufkonzentrierung während der Passage des Feedvolumenstroms durch das Membranelement bzw. das Druckrohr kann die Löslichkeit schwer löslicher Salze überschritten werden.

Bezüglich kolloidalem und partikulärem Fouling sind die Parameter Eisen, Aluminium, Mangan, Trübung, Silt density index (SDI[3]) und abfiltrierbare Stoffe von besonderem Interesse. Typischerweise wird der SDI über einen Zeitraum von 15 Minuten gemessen (SDI_{15}). SID_{15}-Werte kleiner 3 %/min deuten zwar auf eine geringe Tendenz zum Fouling hin, bedeuten aber nicht, dass Fouling auszuschließen ist. Werte größer 3 %/min deuten auf ein erhöhtes Foulingpotenzial und erfordern entsprechende Maßnahmen (beispielsweise häufigere Kontrolle und Reinigung oder ggf. eine Vorbehandlung, bzw. Anpassung der Vorbehandlung).

Die Risiken von kolloidalem organischem Fouling und Biofouling werden durch die Auswertung mikrobiologischer Parameter sowie des SAK_{254} und des DOC näher charakterisiert. Der assimilierbare organische Kohlenstoff (AOC) und der ortho-Phosphat-Gehalt können weiterhin Aufschluss über mögliches Biofouling-Potenzial geben. Von genereller Bedeutung ist die Temperatur, da die Permeabilität der Membran, der hydraulische Druckverlust und die Rückhaltung der Membran von der Temperatur abhängen. Um die erforderlichen Aufbereitungsmengen unter normalen und extremen Wasserqualitäten sicherstellen zu können, müssen die Schwankungsverläufe der Rohwasserqualität über Jahreszeiten und gegebenenfalls über Jahre bekannt sein.

---

[3] Analytische Testmethode gemäß ASTM D4189:2007 [1] zur Abschätzung des Foulingpotenzials des Rohwassers. Es gibt verschiedene SDI, üblicherweise verwendet wird der SDI_{15}.

3.6.7.3 Maßnahmen gegen Fouling und Scaling

3.6.7.3.1 Vorbehandlung

Die Qualität des Zulaufwassers (Feeds) einer NF-/UO-Anlage muss einen dauerhaft stabilen Betrieb der Anlage sicherstellen, d. h. Fouling und Scaling müssen verhindert oder auf einem möglichst niedrigen Niveau gehalten werden. Weiterhin ist die Gewährleistung für die Membranen seitens der Membranhersteller/Anlagenbauer mit der Einhaltung von Grenzwerten für die o. g. Parameter (ggf. auch weitere) im Zulauf der Membrananlage verbunden.

Weist das Rohwasser für eine direkte Verwendung keine hinreichend gute Qualität auf, muss eine Vorbehandlung erfolgen. Die minimale Vorbehandlung besteht aus einer einfachen Schutzfiltration und der Zugabe eines Antiscalants (siehe Kapitel 3.6.7.3.2). Art und Qualität des Rohwassers können aber auch mehrstufige Aufbereitungen zur Entfernung von beispielsweise Eisen, Mangan, Partikeln und DOC bedingen.

3.6.7.3.2 Dosierung eines Antiscalants

Um Scaling zu unterbinden bzw. zu minimieren, wird in das Feed üblicherweise ein Antiscalant dosiert. Das Wirkungsprinzip der Antiscalants basiert auf einer Verzögerung der Auskristallisation, u. a. durch Störung der Kristallbildung. Verschiedene Antiscalantwirkstoffe beeinflussen in unterschiedlichem Maße die Kristallisation der schwerlöslichen Verbindungen. Antiscalants sind nur bis zu bestimmten Konzentrationsbereichen bzw. einer bestimmten Übersättigung wirksam, die auf den Einzelfall abzustimmen sind. Die Dosierung des Antiscalants erfolgt in der Regel unterstöchiometrisch in Bezug zur Konzentration der schwerlöslichen anorganischen Verbindungen. Die Höhe der mit einem Antiscalant erreichbaren Übersättigung der schwerlöslichen Verbindungen bestimmt bei der Inlandentsalzung üblicherweise die maximal mögliche Aufkonzentrierung und damit die maximale Ausbeute des Membranprozesses[4].

Ein weiterer wesentlicher Aspekt ist die Konzentratableitung, da sich das dosierte Antiscalant vollständig und in entsprechend höherer Konzentration im Konzentrat befindet. Um Scaling auch während der Ableitung zu vermeiden, sind kurze Ableitungswege für das Konzentrat anzustreben.

---

[4] Bei der Meerwasserentsalzung wird die maximale Ausbeute dahingegen durch den maximal tolerierbaren Betriebsdruck bestimmt, der nicht zu einer Schädigung der Membranelemente führt. Dieser wiederum ergibt sich aus dem osmotischen Druck des Konzentrats.

Die Wirksamkeit von Antiscalants kann eingeschränkt sein, sofern sich bestimmte Wasserinhaltsstoffe, wie beispielsweise Eisen und Mangan in erhöhten Konzentrationen im Feed befinden oder in der Membrananlage oder auf den Membranen überdurchschnittlich viele Kristallisationskeime vorliegen. Letzteres kann beispielsweise auf eine zu geringe Frequenz bei chemischen Intensivreinigungen oder einem zu hohen Partikeleintrag über das Rohwasser zurückzuführen sein.

Als Antiscalants werden üblicherweise Polyphosphate, Phosphonsäuren oder Polycarboxylate eingesetzt. Diese Stoffklassen unterscheiden sich in Hinblick auf ihre Wirkung bezüglich der Kristallisationsverzögerung und der dispergierenden Eigenschaften. Es können in Abhängigkeit von der Wasserbeschaffenheit sowohl einzelne Wirkstoffe als auch Mischungen unterschiedlicher Stoffe verwendet werden. Die Wahl eines geeigneten Antiscalantwirkstoffs sowie die Festlegung der Dosiermenge müssen auf die jeweilige Wasserbeschaffenheit abgestimmt werden und durch entsprechende Fachleute erfolgen, sinnvollerweise unterstützt durch eine Pilotierung.

Ist die Löslichkeit der schwerlöslichen Salze durch den pH-Wert bestimmt (z. B. bei Carbonaten und Phosphaten), kann Scaling durch den Zusatz von anorganischen Säuren inhibiert werden. Um eine Aufsalzung der Umwelt zu vermeiden, ist Kohlensäure zu bevorzugen. In Abhängigkeit von der jeweils örtlich vorliegenden Rohwasserbeschaffenheit ist zu prüfen, ob der Einsatz von Säure allein für die Inhibierung ausreichend ist. Meist werden jedoch ausschließlich Antiscalants eingesetzt.

3.6.7.3.3 Spülung ohne und mit Chemikalien

Die regelmäßige Ausspülung bzw. Durchströmung der Membranelemente mit Feed oder Permeat ohne Dosierung von Chemikalien ist die einfachste Art, leicht anhaftende kolloidale oder partikuläre Verunreinigungen zu entfernen oder beginnende Kristallbildung aufgrund von Konzentrationspolarisation (siehe Kapitel 3.6.5) zu behindern, vorausgesetzt, es wurde noch kein Leistungsrückgang festgestellt. Eine derartige Spülung kann helfen, die Anzahl chemischer Reinigungen zu vermindern.

Bei der Feedspülung wird die Membranoberfläche bei hohen Fließgeschwindigkeiten und kleinen Drücken abgereinigt und gleichzeitig das Konzentrat aus den Druckrohren ausgeschleust. Hierbei wird das Konzentratventil voll geöffnet oder eine Bypassleitung geöffnet, um so eine hohe Fließgeschwindigkeit bei geringem Druck herbeizuführen. Die entsprechenden Betriebsbedingungen sind von den Membranherstellern zu erfragen. Jede Membranstufe ist einzeln zu spülen, da die Verschmutzungen sonst von der vorderen Stufe in die hintere transportiert werden. Aus dem gleichen Grund sollte das Spülwasser nicht rezirkuliert werden.

Die Feedspülung kann auch in periodischen Abständen während des normalen Betriebs durchgeführt werden. Hierbei sollte zumindest das in den Druckrohren befindliche Konzentrat ausgetauscht werden.

Bei der Permeatspülung wird das Konzentrat im Druckrohr durch Permeat ausgetauscht. Danach kann die Anlage kurzzeitig (Minuten, wenige Stunden) außer Betrieb genommen werden. Für derartige Reinigungen ist ein Permeattank obligatorisch, dessen Volumen etwa zwei- bis dreimal dem Druckrohr- und Leitungsvolumen der Anlage entspricht. Die Effektivität der Spülung ist in der Regel besser bei längerer Einwirkzeit (mehrere Stunden). Sie kann jedoch auch schon bei Einwirkzeiten unterhalb einer Stunde wirksam sein. Es besteht auch die Möglichkeit, die Permeatspülung chemikalienunterstützt durchzuführen und dem Permeat Laugen oder Mineralsäuren zuzusetzen, um die Effektivität zu erhöhen.

Aufgrund der teilweise starken Anhaftung von Fouling und Scaling verursachenden Substanzen an der Membran und im Modul sind Reinigungen ohne den intensiven Einsatz von Chemikalien auf längere Sicht nicht effektiv. Es wird daher empfohlen, in regelmäßigen Abständen eine CIP durchzuführen (siehe Kapitel 3.5.4), um einer stetigen Leistungsverminderung entgegenzuwirken. Zudem besteht die Möglichkeit, die Vorfilter mit in die CIP einzubeziehen. Eine CIP der Vorfilter kann das entsprechende Austauschintervall vergrößern. Sie kann dabei auch aus prophylaktischen Gründen eingeleitet werden. Üblicherweise wird nach festgelegten Zeitabständen, beispielsweise nach vier bis zwölf Monaten, oder nach durchgesetzter Menge gereinigt. Als weitere Kriterien zur Auslösung einer CIP gelten:

- Absinken der normalisierten Permeabilität um 10 bis 15 % oder
- Erhöhung der normalisierten Salzpassage um 15 bis 20 % oder
- Anstieg des normalisierten hydraulischen Druckverlusts um 30 bis 50 %

Die entsprechenden Werte sind dabei für jede Membranstufe separat zu bestimmen. Ist die CIP öfter als dreimal pro Jahr notwendig, sollte die Betriebsweise der Anlage und die Vorbehandlung überprüft und optimiert werden.

3.6.8 Konzentrate

Konzentrate werden üblicherweise ohne Aufbereitung in einen Vorfluter direkt eingeleitet, was eine behördliche Erlaubnis erfordert. Entsprechende Möglichkeiten sind daher frühzeitig zu prüfen. Um Ausfällungen im Konzentrat durch eine nachlassende Wirkung des Antiscalants oder Ausgasen von CO_2 (und damit der Senkung der $CaCO_3$-Löslichkeit) zu verhindern, sollte die Konzentratleitung ein geschlossenes System darstellen und die Leitungsdimensionen kurze Aufenthaltszeiten sicherstellen. Es ist zudem zu beachten, dass im Konzentrat auch Antiscalantwirkstoffe entsprechend aufkonzentriert sind.

Bei der Direkteinleitung müssen der Konzentratvolumenstrom, die damit eingeleiteten Frachten und die Wasserführung des Vorfluters bei Niedrigwasser in einem ökologisch vertretbaren Verhältnis stehen. Die Erlaubnisbescheide berücksichtigen emissionsseitige Anforderungen an das Konzentrat und immissionsseitige Anforderungen an das Gewässer nach Einmischung des Konzentrats. Emissionsseitige Anforderungen können maximal zulässige Konzentrationen beispielsweise für abfiltrierbare Stoffe, Arsen und adsorbierbare organische Halogenverbindungen (AOX) enthalten (siehe dazu Anhang 31 AbwV[5]). Immissionsseitige Anforderungen beruhen beispielsweise auf der Oberflächengewässerverordnung (OGewV) und fokussieren u. a. maximal zulässige Gehalte an Nitrat und Phosphor im Gewässer. Darüber hinaus können bei der Erteilung einer Erlaubnis weitere Anforderungen, wie beispielsweise Empfehlungen der Bund/Länder-Arbeitsgemeinschaft Wasser (LAWA), zur Einstufung von Gewässern nach Wasserrahmenrichtlinie eine Rolle spielen.

Eine Indirekteinleitung des Konzentrats erfolgt selten und ist in der Regel unwirtschaftlich. Da das alkalische Konzentrat die durch eine (Teil-)Enthärtung des Trinkwassers verminderte Pufferung des aus dem Trinkwasser resultierenden Abwassers beim Kläranlagenbetrieb kompensiert, kann eine Einleitung in Einzelfällen erwünscht sein. Für die Machbarkeit einer Indirekteinleitung sind die Materialien des Kanalnetzes, insbesondere in Bezug auf eine Sulfatkorrosion, die hydraulische Leistungsfähigkeit der Kläranlage und des Kanalnetzes sowie mögliche Ausfällungen im Kanal und Leitungsnetz zu bewerten. Für weitere Hinweise zur Rückstandsproblematik wird auf die DVGW-Arbeitsblätter W 221-2 und W 222 verwiesen.

3.6.9 Nachbehandlung

Da gelöste Gase wie Kohlenstoffdioxid die Membranen ungehindert passieren können, gleichzeitig jedoch Hydrogencarbonat und Carbonat zurückgehalten werden, ist das Permeat nach Passieren der NF-/UO-Membranen nicht im Kalk-Kohlensäure-Gleichgewicht und entspricht ohne eine Entsäuerung nicht den Anforderungen der Trinkwasserverordnung. Auch sind die Konzentrationen einiger Wasserinhaltsstoffe möglicherweise unterhalb der Zielwerte wie beispielsweise die Härte. Die damit notwendige Nachbehandlung von NF- bzw. UO-Per-

---

[5] Verordnung über Anforderungen an das Einleiten von Abwasser in Gewässer (Abwasserverordnung – AbwV), Anhang 31: Wasseraufbereitung, Kühlsysteme, Dampferzeugung

meaten dient zur Stabilisierung und zur Verbesserung der korrosionschemischen Eigenschaften des Wassers (siehe DIN EN 12502, Teile 2 bis 5, und DIN 50930-6). Sofern das bereitzustellende Trinkwasser mit anderen Wässern gemischt werden soll, sind bei der Festlegung des Nachbehandlungsziels auch die Vorgaben des DVGW-Arbeitsblatts W 216 zu berücksichtigen.

Zur Permeat-Nachbehandlung kommen die Verfahren Entsäuerungsfiltration, Alkaliendosierung und Ausgasen von CO_2 in Betracht, die im DVGW-Arbeitsblatt W 214 beschrieben sind.

Im Fall einer Teilstromaufbereitung ist in der Regel eine Entsäuerung durch CO_2-Austrag, d. h. eine Intensivbelüftung nach Verschnitt mit dem Bypassstrom erforderlich bzw. ausreichend. In Abhängigkeit von der Wasserbeschaffenheit sowie der Größe des Bypassstroms kann auch eine pH-Einstellung durch Dosierung von Alkalien alternativ oder zusätzlich zur Intensivbelüftung sinnvoll sein.

Ist eine Teilstromaufbereitung bzw. der Einsatz von NF-Membranen mit vergleichsweise geringer Rückhaltung nicht möglich oder unerwünscht, sodass ein weitgehend entsalztes Produktwasser vorliegt, muss aus korrosionschemischen Gründen eine Aufhärtung bzw. Carbonatisierung erfolgen. Hierzu eignen sich prinzipiell die Filtration über Calciumcarbonat bzw. halbgebrannten Dolomit und/oder die Dosierung von Kalkmilch mit anschließender Filtration bzw. eine Kalkwasserzugabe. Abhängig von der Wasserbeschaffenheit muss ggf. vorher CO_2 dosiert werden, um die erforderliche Aufhärtung zu gewährleisten.

Auch Schwefelwasserstoff oder Methan können die Membran passieren, was eine entsprechende Vor- oder Nachbehandlung erforderlich macht.

3.6.10 Überwachung

In **Tabelle 3.1** sind beispielhaft die Betriebsparameter und Messstellen für die Überwachung zusammengestellt. Hierbei wurde nach einer Mindestanforderung und einer Anforderung nach Bedarf unterschieden. Ebenso beinhaltet die Tabelle einen Vorschlag für die Installation von Probenahmestellen. Je nach Betriebsparameter sollten die gemessenen Daten elektronisch erfasst und gespeichert oder zumindest im Betriebstagebuch aufgezeichnet werden. Vereinzelt dienen Messgeräte auch nur der direkten visuellen Überwachung.

Die Permeat-Volumenströme können über eine Volumenstrombilanz bestimmt werden. Die Messung des Permeat-Volumenstroms mit magnetisch induktiven Messaufnehmern ist aufgrund der geringen Leitfähigkeit des Permeats erfah-

Tabelle 3.1: Betriebsparameter und Messstellen für die Überwachung einer zweistufigen UO / NF-Anlage (ohne Permeatgegendruck und ohne Boosterpumpe)

Parameter	Zulauf / Gesamtanlage	Vorfilter	Antiscalant / Säure	Zulauf einzelne Straße	Konzentrat Stufe 1	Konzentrat Stufe 2	Permeat Stufe 1	Permeat Stufe 2	Permeat Gesamtanlage	Permeat Einzeldruckrohr
Durchfluss			x, a	x, a	x, a	x, a			b, a	
pH-Wert			o, a							
Druck	o	o		x ,a	x, a	x, a				
Druckdifferenz		x								
Temperatur	o, a									
Trübung	o, a									
Redoxpotenzial o. ä.[a]	o									
Leitfähigkeit	o, a							o, a	x, a	
Betriebsstunden	x, a			x, a						
Probenahmestelle	x	x	x	x	x	x	x	x	x	x

o bei Bedarf

x Mindestanforderung

a Aufzeichnung

b Berechnung

[a] Wenn sich oxidativ wirkende Substanzen, z. B. freies Chlor, im Zulauf befinden können

rungsgemäß stark fehlerbehaftet, wenn nicht spezielle Messgeräte für sehr geringe Leitfähigkeiten eingesetzt werden.

Mit den kontinuierlich und online gemessenen Werten können für jede Membranstufe die Permeabilität, der hydraulische Druckverlust, die Ausbeute und die Rückhaltung bzw. die Salzpassage berechnet werden. Um die Leistungsdaten einer Anlage objektiv beurteilen zu können und üblicherweise auch, um einen Nachweis zu haben, dass Garantiewerte nicht überschritten wurden, müssen die berechneten Werte vom Zeitpunkt der Inbetriebnahme normalisiert und aufge-

Tabelle 3.2: Zu analysierende Parameter für die Überwachung einer zweistufigen UO / NF-Anlage

Parameter	Zulauf Gesamtanlage	Antiscalant / Säure	Konzentrat Stufe 1	Konzentrat Stufe 2	Permeat Stufe 1	Permeat Stufe 2	Permeat Gesamtanlage	Permeat Einzeldruckrohr
pH-Wert	O	O		O				
Leitfähigkeit	R		R	R	R	R	R	O
Scalingrelevante Parameter	R			O				
Foulingrelevante Parameter	R			O				
Zielparameter	R				O	O	R	O
Einleitparameter				R				

O bei Bedarf (beispielsweise bei auffälligen Betriebsparametern oder bei Dosierung von Aufbereitungsstoffen)

R regelmäßig

zeichnet werden (siehe Kapitel 3.4). Die zur Normalisierung notwendigen Gleichungen und Korrekturfunktionen sind von den eingesetzten Membrantypen abhängig und werden daher von den jeweiligen Membranherstellern zur Verfügung gestellt. Die zum Zeitpunkt der Inbetriebnahme normalisierten Daten stellen dabei den Referenzzustand dar, mit dem die später ermittelten normalisierten Daten verglichen werden.

Neben der kontinuierlichen Überwachung sollten je nach Aufbereitungsziel weitere Parameter in regelmäßigen Abständen oder bei Bedarf analysiert und dokumentiert werden. Die Häufigkeit der Analytik richtet sich nach den Schwankungen der Rohwasserbeschaffenheit. Die Analyse kann monatlich bis halbjährlich erfolgen (nach fachlicher Einschätzung). Generell ist hierbei auf Abweichungen zu den projektierten Analysedaten zu achten. **Tabelle 3.2** fasst Optionen für die begleitende Analytik einer zweistufigen UO- oder NF-Anlage zusammen. Unter Umständen sind nach Vorgaben des Membranherstellers oder Anlagenbauers Analysen weiterer Parameter notwendig. Bei Überwachung der relevanten Einleitparameter sind die Vorgaben der Behörden zu berücksichtigen.

3.6.11 Dimensionierung und Design

3.6.11.1 Bestimmung der Volumenströme der Gesamtanlage

Der maximal erforderliche stündliche Filtratvolumenstrom $Q_{P,Anlage}$, dessen gewünschte Beschaffenheit, die Rückhaltung der ausgewählten Membran sowie die Rohwasserbeschaffenheit bestimmen den erforderlichen Permeatvolumenstrom, den Umfang der Nachbehandlung und im Falle einer Teilstromaufbereitung den Bypass-Volumenstrom. Mit der Festlegung der Ausbeute ergeben sich Feed- und Konzentratvolumenstrom. Bei der Auswahl der Elemente und der Festlegung des notwendigen Pumpendrucks ist darauf zu achten, dass sowohl die Rückhaltung der Membran als auch die Permeabilität temperaturabhängig sind.

3.6.11.2 Mittlerer Membranflux

Für das Design der Membrananlage wird aufgrund der innerhalb des Druckrohres stark variierenden Werte (siehe Kapitel 3.6.4) häufig mit über der gesamten Anlage gemittelten Werten einzelner Parameter gerechnet. Ein in diesem Zusammenhang wichtiger Parameter ist der mittlere Membranflux J_{av}, der aus dem Gesamtpermeatvolumenstrom $Q_{P,Anlage}$ und der gesamten Membranfläche $A_{M,Anlage}$ berechnet wird:

$$J_{av} = \frac{Q_{P,Anlage}}{A_{M,Anlage}} \tag{3.25}$$

3.6.11.3 Ausbeute sowie Art und Dosiermenge des Antiscalants

Die Höhe der Ausbeute hat unmittelbaren Einfluss auf die Rohwasserfördermenge, die erforderliche Vorbehandlung sowie die Konzentratentsorgung. Daher wird in der Trinkwasserproduktion eine möglichst hohe Ausbeute angestrebt. Begrenzt wird die Ausbeute in erster Linie durch die maximal mögliche Übersättigung der schwer löslichen Verbindungen im Konzentrat sowie in zweiter Linie durch die Permeatqualität (siehe Kapitel 3.5.3).

Wirtschaftliche Ausbeuten bei der Enthärtung liegen beispielsweise zwischen 75 und 85 %. Um solche hohen Ausbeuten zu erreichen, muss üblicherweise ein Antiscalant dosiert werden. Die Festlegung der Ausbeute sowie der Art und der Dosiermenge des Antiscalants erfordern neben der Kenntnis der Rohwasserbeschaffenheit und der Rückhaltung des einzusetzenden Membrantyps ein umfangreiches wasserchemisches Grundwissen sowie Erfahrungen bei der Auslegung von Membrananlagen.

Zur Vermeidung der Ausfällung bestimmter Salze kann anstelle oder in Ergänzung der Antiscalantdosierung eine Anpassung des pH-Werts wirtschaftlich und ökologisch sinnvoll oder sogar aus Gründen der Konzentratentsorgung erforderlich sein. So erhöht die Absenkung des pH-Werts beispielsweise die Löslichkeit von Calciumcarbonat.

Bei der Auswahl von geeigneten Antiscalants ist der Fokus auf die Minimierung der Antiscalantdosis und der Einhaltung von Einleitgrenzwerten zu legen. Dies erfordert eine Kenntnis der Wirkstoffkonzentrationen des ausgewählten Antiscalants (siehe Kapitel 3.6.7.3.2).

3.6.11.4 Auswahl des Membranelements

Die als Membranelemente verwendeten Wickelelemente sind standardisiert, können sich jedoch in der Membranfläche, der Permeabilität und der Rückhaltung abhängig von der verwendeten Membran unterscheiden, sodass die pro Element produzierbare Menge Wasser und die Permeatqualität unterschiedlich sind. Daher ist ein beliebiger Austausch von Elementen unterschiedlicher Anbieter nicht in jedem Fall möglich. In der Regel gibt es jedoch für die Elemente ein jeweils kompatibles Produkt eines Wettbewerbers.

Die Auswahl des Membranelements ist abhängig von der gewünschten Permeatqualität und der vorliegenden Feedqualität. Um dem Effekt der schlechter werdenden Permeatqualität in Richtung der letzten Elemente entgegenzuwirken, kann eine Verwendung von dichteren Membranen in den hinteren Stufen sinnvoll sein. Die von den Herstellern erhältlichen Datenblätter geben Auskunft über Einsatzgebiete, die Salzrückhaltung und die Permeabilität des jeweiligen Membranelements. Die Permeabilität kann aus den angegebenen Parametern Membranfläche sowie bei Testdruck erreichbarem Permeatvolumentstrom berechnet werden. Auch ist zu beachten, dass Salzrückhaltung und Permeabilität unter gewissen Rahmenbedingungen (insbesondere Flux, Salz und -konzentration, pH-Wert, Überströmung, Temperatur, Ausbeute) ermittelt wurden. Zum Vergleich mit Membranelementen anderer Hersteller müssen die Werte daher unter Umständen standardisiert werden.

3.6.11.5 Bestimmung der Massenflüsse

Die maximal pro Stunde erforderliche Trinkwassermenge $Q_{h,max}$, dessen gewünschte Beschaffenheit, die Rückhaltung der ausgewählten Membran sowie die Rohwasserbeschaffenheit bestimmen den erforderlichen Permeatvolumenstrom, den Umfang der Nachbehandlung und im Falle einer Teilstromaufbereitung den Bypass-Volumenstrom. Mit der Festlegung der Ausbeute ergeben sich Feed- und Konzentratvolumenstrom.

3.6.11.6 Designleitlinien und -software

Zur Vermeidung von Fouling, Konzentrationspolarisation und einer mechanischen Schädigung von Membranelementen gibt es für das Design und damit auch für den späteren Betrieb einer Membrananlage herstellerspezifische Leitlinien, die beachtet werden sollten. Diese Leitlinien richten sich nach der zu erwartenden Qualität des Feeds aus. Typische Werte für die Aufbereitung eines Grundwassers sind beispielsweise:

- Mittlerer Membranflux Stufe 1: ca. 25 L/(m² · h)
- Mittlerer Membranflux Stufe 2: ca. 15 bis 20 L/(m² · h)
- Maximaler Membranflux: ca. 40 L/(m² · h)
- Maximale Ausbeute pro Element: 10 % bis 15 %
- Maximaler Feedvolumenstrom: im führenden Element 8“ Element 16 m³/h; 4“ Element 3,4 m³/h
- Minimaler Konzentratvolumenstrom im letzten Element: 8“ Element 3 m³/h; 4“ Element 0,6 m³/h
- Maximaler Druckverlust pro Druckrohr: 4 bar (besser 3 bar)
- Maximaler Druckverlust pro Element: 1 bar

Weiterhin muss beim Design berücksichtigt werden, dass sich Rückhaltung und Permeabilität der Membran aufgrund von irreversiblem Fouling mit der Betriebsdauer verringern. Typische konservative Annahmen zur Auslegung bei der Aufbereitung eines Grundwassers sind 10 % jährliche Verringerung der Rückhaltung und 15 bis 20 % Verminderung der Permeabilität in drei bis fünf Jahren.

In der Praxis wird zur Auslegung von Membransystemen häufig eine herstellerspezifische Design-Software verwendet. Diese ermöglicht eine Auslegung mit ausgewählten Membranen in verschiedenen Konfigurationen. Dabei sind elementspezifische Schwellenwerte integriert, beispielsweise die minimale Abströmung im Konzentrat oder die maximale Elementausbeute. Dies erlaubt eine vereinfachte Optimierung der Hydraulik. Auch der längere Betrieb und das Auftreten von Fouling mit der damit einhergehenden Leistungseinbuße können durch die Verwendung von Design-Tools abgeschätzt werden, z. B. für die Salzrückhaltung (pauschale und typische Annahmen zum Anstieg der Salzpassage mit der Zeit) oder für die Fluss-Abnahme, bzw. des Anstiegs der notwendigen Pumpenleistung (mit sogenannten „Flow-Faktoren“ oder „Durchflusskorrektur-Faktoren“). Die Nutzung einer Design-Software für ein spezifisches Feedwasser ermöglicht somit die Ermittlung eines hydraulisch optimierten Systems sowie eine Abschätzung der Permeat- und Konzentratqualität, der notwendigen Membranfläche und des erforderlichen Leistungsbereichs der Pumpen. Zudem ist es möglich, die zu erwartenden hydraulischen Druckverluste bei verschiedenen Temperaturen und Feedvolumenströmen zu berechnen, um eine Standardisierung und Normalisierung des hydraulischen Druckverlustes zu ermöglichen (siehe Kapitel 3.4.5.2). Weiterhin werden erste Vorschläge zur notwendigen Vorbehandlung gegeben, etwa zur Dosierung von Antiscalants oder Säuren. Die Integration von Säuren und Laugen kann darüber hinaus direkt in das System-Design unter Berücksichtigung der jeweiligen Wassermatrix einbezogen werden.

3

Typischerweise berücksichtigen Software-Tools allerdings nur die Wasserqualität hinsichtlich vorliegender Ionen, ausgewählter ungeladener Verbindungen (z. B. $Si(OH)_4$, $B(OH)_3$), des pH-Werts und der Temperatur. Die Eingabe anderer Parameter, etwa zur Organik (TOC/DOC) oder zum Partikelgehalt (SDI_{15}, Trübung und Feststoffe), ist zwar prinzipiell möglich, wird in der Regel jedoch nur genutzt, um spezifische Warnsignale auszulösen, wenn Schwellenwerte überschritten werden. Bisher werden diese Parameter nicht für die Prozesssimulation herangezogen. Daher ist in der Regel eine Pilotierung weiterhin unersetzlich, um das tatsächliche Verhalten des Systems unter realen Bedingungen zu überprüfen. Dies ist vor allem für komplexe Fragestellungen notwendig, wie beispielsweise zur Bestimmung des tatsächlichen Rückhalts verschiedener Mikroschadstoffe oder zur Untersuchung des Auftretens von Fouling und Scaling.

3.6.11.7 Membranfläche, Anzahl der Membranelemente und Stufen

Wurde der mittlere Membranflux festgelegt, kann die Gesamtmembranfläche durch Division des erforderlichen Permeatvolumenstroms durch den Membranflux bestimmt werden. Die Anzahl der Membranelemente wiederum wird durch die Membranfläche der Einzelelemente bestimmt, die durch die Gesamtmembranfläche dividiert wird.

Die Anzahl der seriell hintereinander angeordneten Membranelemente und Membranstufen sowie das Verhältnis der Elementanzahl zwischen den einzelnen Stufen werden durch die Designrichtlinien bestimmt. Mit steigender Ausbeute erhöht sich die Anzahl der notwendigen Membranstufen. Als Faustregel kann hierbei dienen, dass bei der Aufbereitung eines Grundwassers mit einer Zielausbeute von ca. 80 % in der Regel pro Druckrohr sechs Elemente in Serie geschaltet werden und zwei Stufen mit einem Druckrohrverhältnis von 2:1 vorgesehen werden.

Die Dimensionierung einer größeren Membranfläche verbunden mit einem geringeren Betriebsdruck verringert die Kosten für den Energiebedarf bei gleichzeitig steigenden Membranersatz- und Installationskosten. Diese Zusammenhänge können durch eine Wirtschaftlichkeitsanalyse unter Berücksichtigung der Investitions- und Betriebskosten optimiert werden.

3.7 Betrieb von Mikrofiltration und Ultrafiltration

3.7.1 Fouling und Scaling in Kapillarelementen und -modulen

3.7.1.1 Maßgebliche Foulingart und Ort des Auftretens

Da Mikrofiltration (MF)- und Ultrafiltration (UF)-Membranen keine Rückhaltung für gelöste Wasserinhaltsstoffe aufweisen, ist für diese beiden Prozesse Scaling üblicherweise nur dann ein Problem, wenn es aufgrund von Änderungen von Temperatur, pH-Wert oder Ionenstärke oder aber der Dosierung von Fällungspartnern zu einer Überschreitung des Löslichkeitsgleichgewichts von Wasserinhaltsstoffen kommt. Ist das Feed dadurch in einem metastabilen Zustand, kann es an der Membranoberfläche zu Ausfällungen, d. h. Scaling kommen. Dies ist jedoch nur sehr selten der Fall, sodass hier im Folgenden nur Fouling behandelt wird. Des Weiteren kommt es aufgrund der häufig durchgeführten Rückspülung ohne und vor allem mit Chemikalienunterstützung (siehe Kapitel 3.7.1.3.2) zu keinem ausgeprägten Biofouling.

Maßgebliches Fouling bei MF und UF in der Trinkwasseraufbereitung ist daher partikuläres und kolloidales Fouling. Lässt sich partikuläres Fouling durch eine einfache mechanische Spülung noch recht gut entfernen, so kommt es insbesondere durch Kolloide zu einer Verstopfung von Membranporen oder im Falle organischer Kolloide zu einer adsorptiven Ablagerung innerhalb der Poren, die sich mechanisch nicht mehr effektiv abreinigen lassen.

Zwar gibt es aufgrund der Dead-End-Betriebsweise bei MF und UF keine derart ausgeprägten Strömungs-, Druck- und Konzentrationsprofile innerhalb eines Membranmoduls wie bei der NF und UO. Dennoch kann es auch bei Kapillarmembranen zu einer inhomogenen Deckschichtbildung kommen, bei der die dem Zulauf abgewandte Seite stärker gefoult wird. Aus diesem Grund werden Rückspülungen gezielt so ausgeführt, dass diese Bereiche besonders stark gereinigt werden (siehe Kapitel 3.7.1.3.2).

3.7.1.2 Beurteilung des Foulingpotenzials

Wie oben beschrieben, wird das maßgebliche mechanisch irreversible Fouling bei der MF und UF durch organische und anorganische Kolloide verursacht. Zur Abschätzung der Foulingeigenschaften eines aufzubereitenden Wassers ist es daher hilfreich, die Konzentration an gelösten organischen Wasserinhaltsstoffen, gemessen über die Parameter DOC (gelöster organischer Kohlenstoff) und SAK (spektraler Absorptionskoeffizient bei 254 und 436 nm), zu bestimmen. Hilfreich ist auch eine Auftrennung der gelösten organischen Wasserinhaltsstoffe in weitere Fraktionen wie Proteine, Polysaccharide, Huminstoffe und organische Säuren. Daneben sollten die Konzentrationen der Metalle Eisen, Mangan und Aluminium sowie von Kieselsäure im Feed bekannt sein.

Das Foulingpotenzial kann nicht direkt aus den einzelnen gemessenen Konzentrationen bestimmt werden. Die Analysewerte helfen jedoch erfahrenen Fachleuten für eine erste Abschätzung. Genauere Aussagen zum Foulingverhalten lassen sich nur durch Langzeitversuche ermitteln.

3.7.1.3 Maßnahmen gegen Fouling

3.7.1.3.1 Vorbehandlung

Bei Vorhandensein von größeren Partikeln im Zulaufwasser kann es zu irreversiblen Verstopfungen der Kapillaren bzw. der Fließkanäle oder zu einer Schädigung von Membran bzw. Membranfasern kommen. Grobe Schmutzpartikel müssen daher durch einen vorgeschalteten Schutzfilter entfernt werden.

Die Qualität des Zulaufwassers zu einer Membrananlage hat eine starke Auswirkung auf deren Leistungsfähigkeit und Verfügbarkeit. So können Wasserinhaltsstoffe, deren Konzentration dauerhaft oberhalb einer kritischen Konzentration oder kurzzeitig oberhalb einer Maximalkonzentration liegen, dazu führen, dass der Membranflux bzw. die erreichbare Permeabilität sowie die Ausbeute unterhalb der entsprechenden Designwerte liegen. Auch können bei Überschreiten der Konzentrationen die Frequenz der Spülungen mit und ohne Chemikalienunterstützung zum Erhalt einer stabilen Permeabilität und die Häufigkeit der chemischen Intensivreinigungen zum Abreinigen von stark haftenden Foulingsubstanzen stark ansteigen, sich damit der Chemikalienverbrauch erhöhen und die Verfügbarkeit der Anlage sinken.

Für die kritischen und maximalen Konzentrationen können keine festen Werte angegeben werden, da sich die Werte je nach Rohwasserart und sogar innerhalb einer Rohwasserart unterscheiden. Ein Grundwasser gilt hierbei im Allgemeinen als einfacher aufzubereiten als ein Oberflächenwasser mit höheren Konzentrationen an gelösten organischen Wasserinhaltsstoffen (DOC) oder an Algen und algenbürtigen Substanzen.

In vielen Anwendungen werden zur Reduzierung von organischen Kolloiden Koagulation und Mikroflockung als effektive Vorbehandlungsprozesse eingesetzt. Im Gegensatz zur Sedimentation und auch zur Tiefenfiltration, bei denen aufwendig größere Makroflocken gebildet werden müssen, ist bei MF und UF die Koagulation mit anschließender Mikroflockenbildung ausreichend. Dies hat die Vorteile, dass nur geringere Dosiermengen notwendig sind und damit auch eine geringere Schlammmenge anfällt.

In Abhängigkeit der Konzentration und der charakteristischen Struktur des DOC im Zulaufwasser werden dabei anorganische Flockungsmittel (üblicherweise Metallsalze wie $FeCl_3$, $Al_2(SO_4)_3$ Polyaluminiumchlorid (PACl)) in den Zulauf zur MF oder UF dosiert und anschließend bei moderatem Energieeintrag Mikroflocken gebildet. Dadurch kann die Leistungsfähigkeit der Membrane erhöht bzw. stabilisiert werden. Der Haupteffekt ist eine Reduktion von organischen Verschmutzungen basierend auf der Einbindung gelöster organischer Verbindungen in Eisen- oder Aluminiumflocken sowie die Bildung einer porösen Deckschicht aus Mikroflocken auf der Membranoberfläche, die einen stabilen Filtrationsprozess und eine hohe Rückspüleffektivität unterstützt. Darüber hinaus lässt sich durch eine sachgerechte Durchführung der Mikroflockung die Filtratqualität, beispielsweise in Bezug auf die Konzentration des DOC (in vielen Fällen kann dieser um bis zu 60 % reduziert werden), verbessern. Zu beachten ist, dass die Restkonzentration der zudosierten Metallsalze im Filtrat die Trinkwassergrenzwerte nicht überschreiten darf.

3.7.1.3.2 Spülung ohne und mit Chemikalien

Die während des Filtrationsbetriebs von MF- und UF-Membranen zurückgehaltenen Wasserinhaltsstoffe führen zu Fouling, das unterschieden werden kann in mechanisch reversibel und irreversibel. Üblicherweise überwiegt der Anteil des mechanisch Reversiblen gegenüber dem Irreversiblen deutlich, sodass der Abfall der Permeabilität über einen längeren Zeitraum allein durch mechanische Spülungen in Grenzen gehalten werden kann. In der Regel erfolgt die Spülung nach betrieblichen Vorgaben, z. B. nach einem festgelegten Zeitintervall, weit vor Erreichen eines maximal zulässigen Drucks (präventive Spülung). In der Praxis erreichte Filterlaufzeiten liegen je nach Feedqualität üblicherweise im Bereich zwischen 30 und 120 min.

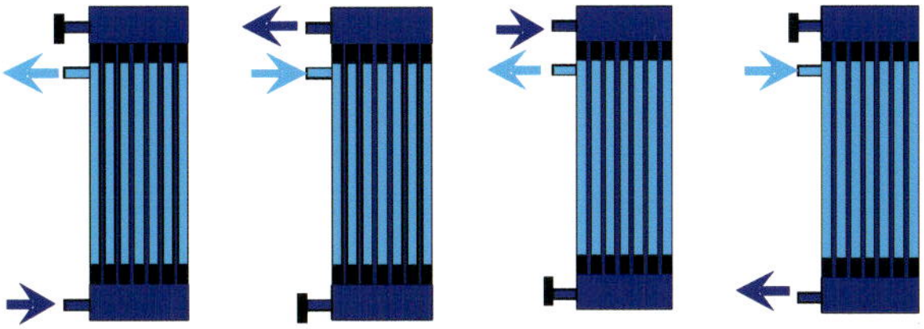

Bild 3.23: Filtration und Rückspülung zu Vermeidung inhomogener Deckschichtbildung (Bild: © inge GmbH; mit freundlicher Genehmigung verwendet)

Eine Spülung erfolgt mit Filtrat entweder entgegen der Filtrationsrichtung und mit mehrfach höherem Wasserfluss (bis zu ca. 250 L/m^{2}h) als bei der Filtration (Rückspülung) und/oder in Kombination mit einer feedseitigen Überströmung der Membranoberfläche ggf. bei Unterstützung mit einer Luftdosierung mit einem Luftblasen-/Wasser-Gemisch. Bei dieser Art der Spülung sind die Module so zu installieren, dass die Luft nach der Spülung vollständig aus dem Modul ausgetragen werden kann.

Um zu vermeiden, dass es in Kapillarmembranen zu einer inhomogenen Deckschichtbildung kommt, bei der eine der beiden Seiten des Moduls stärker gefoult wird als die andere, werden viele Module wechselseitig betrieben und rückgespült. Hierbei erfolgt nur eine einseitige Einströmung des Feeds und die Rückspülung beginnt zu der Seite, die bei der vorherigen Filtration das tote Ende gebildet hat (siehe Kapitel 3.5.1). Im weiteren Verlauf der Rückspülung wird dann auch der gegenüberliegende Einströmbereich ausgespült, indem die Rückspülrichtung wechselt. Der nächste Zyklus beginnt dann mit der Filtration auf der anderen Seite (siehe dazu **Bild 3.23**).

Der nach der Spülung verbleibende Anteil mechanisch nicht entfernbaren Foulings wächst mit der Zeit an, sodass die Permeabilität der Membranen mit der Betriebszeit abnimmt. Um dieses mechanisch irreversible Fouling zu eliminieren oder zumindest zu minimieren bzw. den Reinigungseffekt zu verstärken, kann eine Chemikalie in den Rückspülstrom dosiert werden (CEB = Chemical Enhanced Backwash bzw. durch Chemikalien unterstützte Rückspülung). Auch eine Überströmspülung kann durch eine Chemikaliendosierung in den Feedstrom unterstützt werden. Im Anschluss an die Dosierung und dem Einbringen der Chemikalienlösung in das Modul muss die Chemikalie eine gewisse Zeit einwirken, bevor die Lösung wieder aus dem System ausgespült wird. Die Auswahl der Chemikalien ist abhängig von der chemischen Beständigkeit der damit in Berührung kommenden Werkstoffe, insbesondere der Membranen. Üblicherweise werden Hypochlorit, Mineralsäuren und Natronlauge eingesetzt, wobei ein vollständiges Ausspülen der verbrauchten Chemikalienlösung zu beachten ist.

Bei chlorhaltigen Spüllösungen kommt es zu einer Reaktion des Chlors mit den organischen Wasserinhaltsstoffen und den Belägen auf der Membranoberfläche. Dabei können Trihalogenmethane (THM) und weitere an Aktivkohle adsorbierbare organische Chlorverbindungen (AOX) entstehen, die im schlammhaltigen Spülwasser sowie ggf. im Erstfiltrat nachweisbar sind. Bei der Entsorgung der schlammhaltigen Wässer ist dies zu beachten.

Den grundsätzlichen zeitlichen Verlauf des Transmembrandrucks (TMP) beim Betrieb von MF und UF mit konstantem Membranflux zeigt **Bild 3.24**. Beginnend vom Anfangswert steigt der TMP durch die zurückgehaltenen Wasserinhaltsstoffe bis zum Ende des Filtrationsintervalls an. Nun erfolgt eine Rückspülung, die möglichst den Anfangswert wiederherstellen soll. Gelingt es nicht, den Anfangswert wiederherzustellen, steigt der TMP im Laufe der Zeit weiter an.

Wird ein vom Betreiber zu definierender Grenzwert erreicht, wird zunächst eine chemikalienunterstützte Spülung (bspw. CEB) ausgelöst, in deren Anschluss möglichst der Anfangswert wieder hergestellt sein sollte.

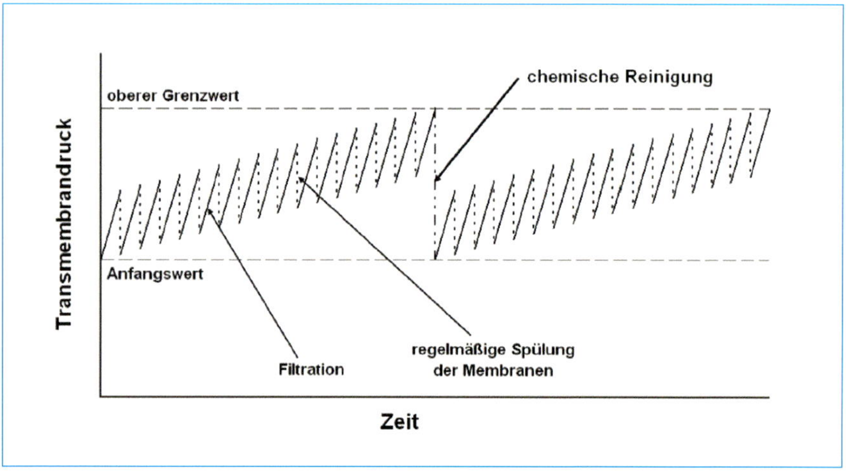

Bild 3.24: Zeitlicher Verlauf des Transmembrandrucks für poröse Membranen (Bild aus DVGW W 213-5; leicht modifiziert)

Kann das Fouling nicht mehr durch die regelmäßigen Rückspülungen (auch mit Chemikalienunterstützung) und Spülungen hinreichend gut entfernt werden, und sinkt die Permeabilität derart stark, dass ein festgelegter Grenzwert für die Permeabilität oder den TMP (insbesondere bei den Rückspülungen, bei denen der TMP höher ist als bei der Filtration) erreicht wird, sollte eine CIP (siehe Kapitel 3.5.4) durchgeführt werden.

Einzelne Module können auch außerhalb einer Anlage gereinigt werden, sofern eine entsprechende Reinigungsvorrichtung zur Verfügung steht. Die Intervalle zwischen zwei chemischen Reinigungen sind vom Feststoffgehalt, der Beschaffenheit der Feststoffe des zu filtrierenden Wassers sowie der Verblockung der Membranen abhängig. Überschreitet die CIP-Frequenz jedoch vier pro Jahr, sollte über die Anpassung von Betriebsparametern oder Vorbehandlung nachgedacht werden.

3.7.2 Kapillarelemente, -module und deren Anordnung

Anders als bei der UO und NF ist es bislang für die MF und UF nicht zu einer Standardisierung der Modulsysteme gekommen. Somit existiert eine große Vielfalt verschiedener Produkte und Systeme, die je nach Anwendungsfall und Aufbereitungsziel unterschiedliche Vor- und Nachteile haben. Generell haben sich dabei Kapillarmodule etabliert, die den Vorteil haben, dass die Membranen rückspülbar und im Dead-End sowohl mit Überdruck als auch im Saugbetrieb zu betreiben sind. Im in/out-Betrieb (aktive Schicht innen) erfolgt die Rückspülung von außen nach innen und im out/in-Betrieb (aktive Schicht außen) von innen nach außen (siehe **Bild 3.25**).

Üblicherweise sind die Kapillarmembranen gebündelt und beidseitig offen in ein Druckgehäuse eingegossen bzw. verklebt (siehe **Bild 3.26 bis Bild 3.28**, jeweils links). Einige wenige Module weisen nur eine einseitige Verklebung auf. In diesem Fall sind die Kapillaren auf der nicht eingeklebten Seite verschlossen (auch im Saugbetrieb möglich). Ist das Druckgehäuse bereits direkt anschlussfähig, so

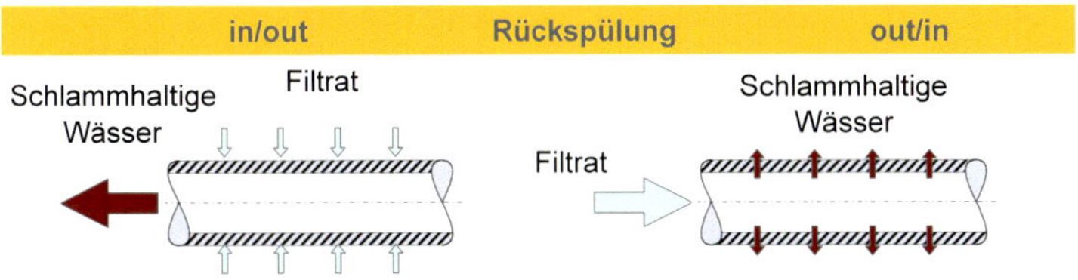

Bild 3.25: In/out- und out/in-Rückspülung von Kapillarmembranen

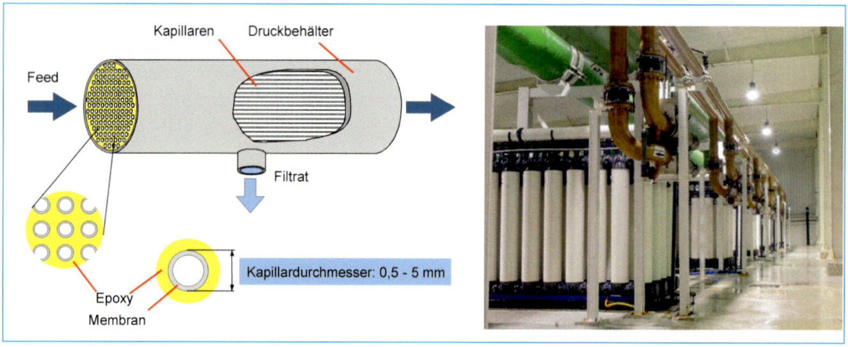

Bild 3.26: Kapillarmodul für Überdruckbetrieb im in/out-Modus (links); Trinkwasseraufbereitungsanlage in Ghana mit inge Dizzer®-Modulen in vertikaler Anordnung (rechts), © inge GmbH; mit freundlicher Genehmigung verwendet

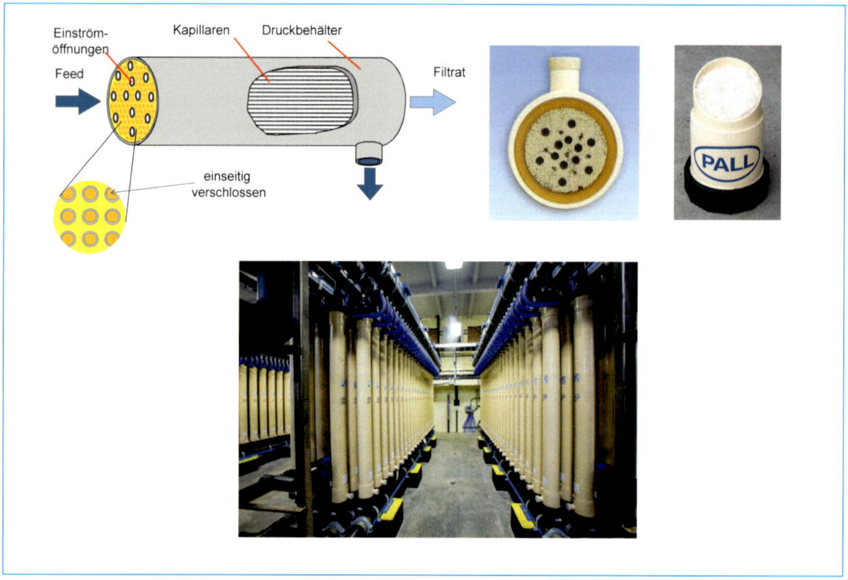

Bild 3.27: Kapillarelement für out/in Betrieb und Luft-/Wasserspülung (oben links); Querschnitt und Seitenansicht des Pall-Membranfiltrationsmoduls (oben rechts); UF-Anlage mit Pall-Membranfiltrationsmodulen in vertikaler Anordnung (unten)
(Fotos: © Pall; mit freundlicher Genehmigung verwendet)

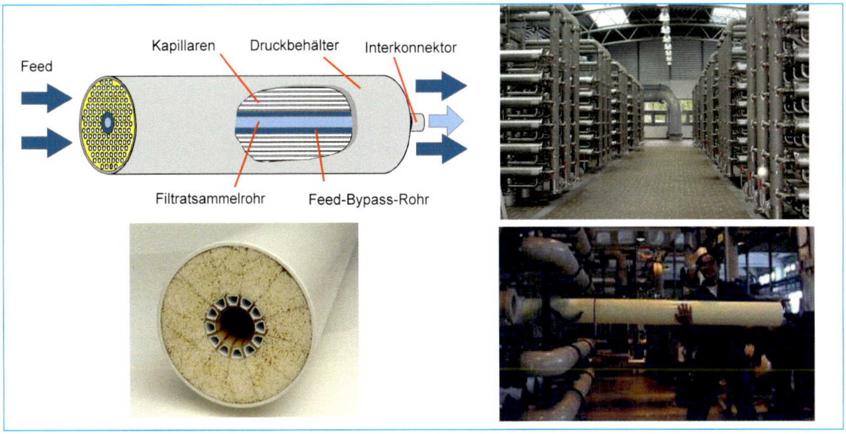

Bild 3.28: Kapillarelement für Einbau in ein Druckrohr (links); UF-Anlage mit horizontaler Druckrohranordnung mit Pentair/X-Flow SXL-Membranelementen im Wasserwerk Roetgen (rechts) (Foto links: © Pentair, Foto rechts: © WAG Nordeifel mbH; mit freundlicher Genehmigung verwendet)

erfolgt eine parallele Anordnung in der Regel in vertikaler Ausrichtung (siehe Bild 3.26, rechts). Eine andere, ebenfalls vertikal angeordnete Modulbauart ist in Bild 3.27 zu erkennen.

Die Kapillaren dieses Moduls sind feedseitig verschlossen. Das Feed strömt in den Druckbehälter durch am Querschnitt angeordnete zusätzliche Einströmquerschnitte. Die im Druckbehälter eingeklebten Kapillaren werden somit out/in betrieben. Das Filtrat verlässt das Modul auf der dem Zulaufquerschnitt gegenüberliegenden Seite. Durch die Zudosierung von Luft in den Feedstrom kann das Modul mittels Luft-/Wasserspülung gereinigt werden.

Auch die serielle Verschaltung von Kapillarelementen in Druckrohren ist möglich. In einer horizontalen Anordnung werden mehrere Kapillarelemente (nicht eigenständig anschlussfähig) in ein Druckrohr geschoben und mit Adaptern zur Verbindung der zentral im Element liegenden Filtratsammelrohre verbunden (siehe Bild 3.28, links und rechts unten). Im Gegensatz zum Betrieb von Wickelelementen in Druckrohren (siehe Kapitel 3.6.1) werden die Kapillarelemente konzentratseitig nicht gegen die innere Druckrohrwandung abgedichtet. Die Elemente können damit umströmt werden, was einen Cross Flow-Betrieb wie UO-/NF-Anlagen unmöglich macht.

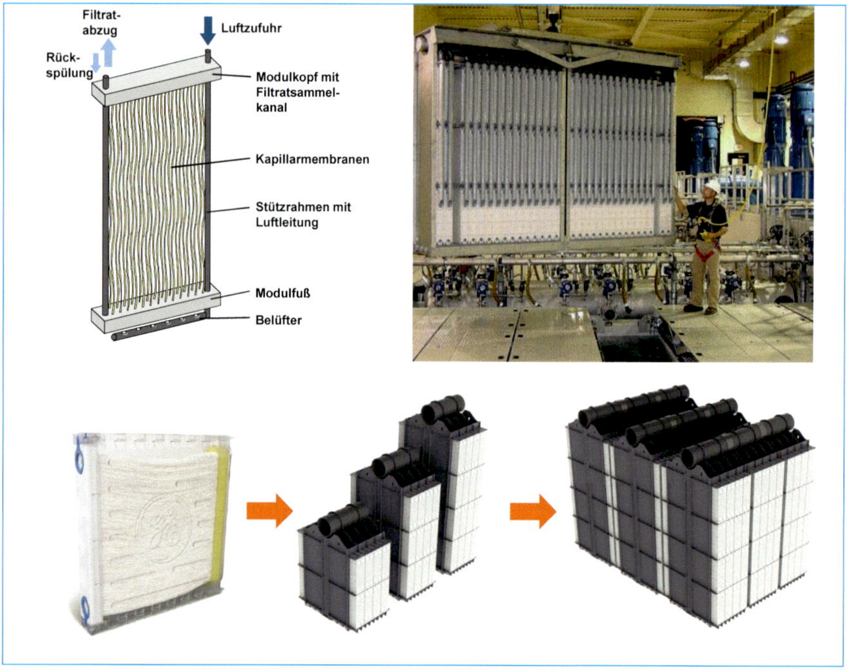

Bild 3.29: Kapillarmodul für Saugbetrieb im out/in-Modus (oben links); UF-Anlage mit GE's Zee-Weed* 1000 Modulen (oben rechts); Anordnung einzelner GE's ZeeWeed 1000 Module in eine Kassette und in eine Anlage (unten)
(Fotos: © General Electric Company; mit freundlicher Genehmigung verwendet)

Das Filtrat im Sammelrohr wird dann an einer oder beiden Stirnseiten des Druckrohres abgeführt. Ein um das Filtratsammelrohr angeordnetes Feed-Bypass-Rohr transportiert das Feed und das schlammhaltige Rückspülwasser von Element zu Element innerhalb des Druckrohres, um eine Aufkonzentrierung des Feeds oder ein Verstopfen der Kapillaren im Falle der Rückspülung zu vermeiden.

Erfolgt ein Saugbetrieb, sind die Kapillaren lediglich in die Filtratsammler am Modulkopf und Modulfuß verklebt (siehe **Bild 3.29**). Zur Trinkwasseraufbereitung eingesetzte Saugmembranen werden mit Luftunterstützung gereinigt. Die Luftzufuhr erfolgt über einen unterhalb des Modulfußes angeordneten Belüfter. Einige Module für den Saugbetrieb sind mit Flachmembranen ausgerüstet, wobei die generelle Anordnung und Betriebsweise mehr oder weniger gleich ist.

Eine parallele Anordnung von Membranmodulen bzw. Druckrohren, die alle gleichzeitig und mit den gleichen Rahmenbedingungen betrieben werden, wird als Membranstraße (selten Membranblock) bezeichnet. Membranstraßen können demgemäß hydraulisch unabhängig voneinander betrieben werden. Das Traggestell für Membranmodule bzw. Druckrohre wird als Rack bezeichnet. Ein Rack trägt üblicherweise die Module einer einzigen Straße, kann wie bei der UO und NF aber bei kleinen bis mittelgroßen Anlagen auch weitere Straßen aufnehmen.

3.7.3 Kombinierte Prozesse

MF und UF lassen sich mit anderen Verfahrensprozessen kombinieren, wodurch sich neben der Partikelrückhaltung weitere Aufbereitungsziele erreichen lassen (siehe **Bild 3.30**). Unter Umständen können durch die Kombination synergetische Effekte erzielt werden.

Wie in Kapitel 3.5.3 beschrieben, bestehen abgelagerte Deckschichten bei der UF und MF i. d. R. aus kolloidalen und partikulären anorganischen und organischen

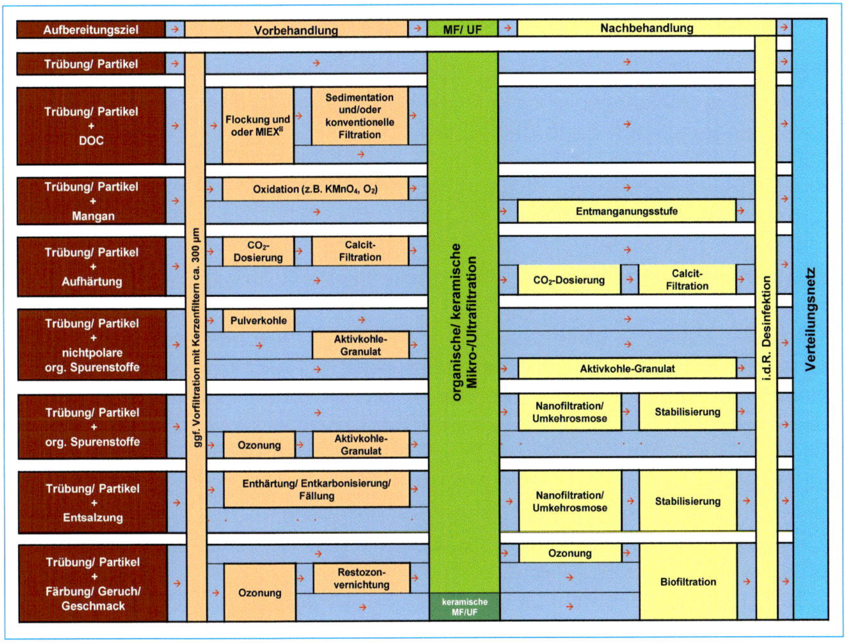

Bild 3.30: Möglichkeiten zum kombinierten Einsatz von MF und UF mit weiteren Prozessen in Abhängigkeit des Aufbereitungsziels

Wasserinhaltsstoffen sowie aus adsorptiv an der Membran anhaftenden organischen Stoffen, beispielsweise Huminstoffe und Polysaccharide. Da neben den partikulären Wasserinhaltsstoffen auch insbesondere höhermolekulare Huminstoffe und Polysaccharide durch Flockungsprozesse gut in Flocken eingebunden werden können, stellt die Kombination mit einer vorgeschalteten, optimierten Flockungsstufe ein mittlerweile sehr häufig umgesetztes Aufbereitungskonzept für Oberflächengewässer dar. In diesem Hybridprozess können nach Dosierung eines Flockungsmittels (i. d. R. Eisen- bzw. Aluminiumsalze) in das Rohwasser und anschließender Einstellung eines geeigneten Flockungs-pH-Werts die störenden Wasserinhaltsstoffe zum Teil in die sich bildenden Flocken eingebunden werden. Die Flocken werden dann im nachfolgenden Filtrationsschritt zurückgehalten und stabilisieren dabei den Filtrationsbetrieb, da sich die störenden Wasserinhaltsstoffe nun nicht mehr in dem Maße adsorptiv auf der Membranoberfläche anlagern können. Mit einer entsprechend optimierten Rückspülung können die Störstoffe dann weitgehend – auch im Fall einer bei starken Belastungen notwendigerweise hohen Flockungsmittelkonzentration – zusammen mit den Flocken von der Membranoberfläche entfernt werden.

Der Einsatz von UF und MF in Kombination mit Pulveraktivkohle (PAK) ist im Bereich der Trinkwasseraufbereitung ein relativ neues Verfahren. Die PAK dient dabei als Adsorptionsmedium zur Entfernung gelöster organischer Stoffe und wird an einer UF- oder MF-Membran vom Wasser abgetrennt. Im PAK / Membran-Prozess spielt neben einer wirksamen Entfernung von störenden organischen Wasserinhaltsstoffen auch der positive Einfluss der PAK-Dosierung auf die Betriebsstabilität eine wichtige Rolle, bei der durch Adsorption von Fouling verursachenden organischen Wasserinhaltsstoffen an der PAK ein organisches Fouling der Membran vermindert wird.

Ozon kann in der Wasseraufbereitung verschiedene Aufgaben erfüllen. Hierzu gehören die Desinfektion sowie die Oxidation von anorganischen Inhaltsstoffen (z. B. Eisen, Mangan), von organischen Stoffen wie Geschmacks- und Geruchsstoffe oder anthropogenen Spurenstoffen wie z. B. Pestiziden oder Arzneimittel. Ozonbeständige keramische Membran lassen sich dabei ideal mit einer Vorozonung kombinieren, denn die Permeabilität der keramischen Membranen steigt bei höheren Ozondosen im Vergleich zum Betrieb ohne Ozonung an. In der Kombination mit nicht ozonbeständigen polymeren Membranen und einer Flockung vor der Membran kann in der Regel in einer Nachozonung die Dosiermenge an Ozon im Verhältnis zu einer Vorozonung reduziert werden. Der Grund ist, dass bei einer Vorbehandlung mit Flockung und Membranfiltration ein Teil der Wasserinhaltsstoffe insbesondere Huminstoffe zurückgehalten werden, die dann keinen Anteil mehr an der Ozonzehrung haben.

3.7.4 Dimensionierung

3.7.4.1 Installierte Membranfläche, Brutto- und Netto-Flux

Mit der installierten Membranfläche A_M muss es möglich sein, zu jedem Zeitpunkt des Betriebs unter vorgegebenen maximalen Druckverlusten, maximaler Rückspülhäufigkeit und zur Verfügung stehenden Filtrationszeit (Rückspülhäufigkeit und Filtrationszeit stehen in direktem Zusammenhang) den maximal erforderlichen stündlichen Netto-Filtratvolumenstrom $Q_{P,netto,h,max}$. zu erzeugen. $Q_{P,netto,h,max}$ wiederum ergibt sich aus dem Tagesspitzenbedarf (Bedarf am Tag des höchsten Verbrauchs in einem ausgewählten Jahr hohen Verbrauchs), der im Trinkwasserbehälter oder in weiteren sich im Verteilungsnetz befindlichen Speicherbehältern speicherbaren Menge sowie der ungünstigsten Verbrauchscharakteristik.

3

$$A_M = \frac{Q_{P,netto,h,max}}{J_{Brutto,max} \cdot \eta \cdot \varphi} = \frac{Q_{P,netto,h,max}}{J_{netto,max}} \qquad (3.26)$$

Der Brutto-Flux $J_{Brutto,max}$ entspricht dem maximalen Membranflux, der mit dem Membransystem unter vorgegebenen maximalen Druckverlusten eingestellt werden kann, um noch eine stabile Permeabilität zu gewährleisten. Die Ausbeute φ berücksichtigt die durch die Spülungen der Membran anfallenden Verlustströme, die Verfügbarkeit der Anlage η die Zeiten, in denen die Anlage bzw. Teil der Anlage (z. B. Membranstraße) kein Filtrat erzeugen kann. Daraus ergibt sich dann der sogenannte Netto-Flux $J_{netto,max}$, der sowohl die Verfügbarkeit der Anlage η als auch die Wasserverluste durch die notwendigen Spülungen der Membranen berücksichtigt.

Zu beachten ist, dass die Anlage nur zu Zeiten des Spitzenbedarfs mit dem maximalen Brutto-Flux betrieben wird. Der Brutto-Flux, mit dem die Anlage im überwiegenden Teil der Betriebszeit betrieben wird, ist daher in aller Regel mehr oder weniger deutlich kleiner ist als der maximale Brutto-Flux.

3.7.4.2 Anzahl der Straßen

Die nach dem obigen Schema berechnete zu installierende Membranfläche wird auf eine Anzahl n Straßen aufgeteilt. Die für eine Redundanz minimal notwendige Anzahl Straßen beträgt dabei n = 2. Im ungünstigsten Fall kann es passieren, dass gerade zu Zeiten des Spitzenbedarfs eine Membranstraße aufgrund einer durchzuführenden CIP ausfällt. Daher ist eine Anzahl Straßen von n + 1 zu empfehlen. Je höher die Anzahl der Straßen ist, umso geringer werden die zusätzlich zu installierende Membranfläche und damit die Investitions- und Reinvestitionskosten für die Membran. Allerdings steigen mit der Anzahl Straßen die erforderliche Peripherie und damit die Installationskosten für Verfahrenstechnik und Elektrotechnik. Es ist also ein Kompromiss für die Gesamtanzahl der Straßen zu finden.

3.8 Fallbeispiele

3.8.1 Umkehrosmose und Nanofiltration

3.8.1.1 Trinkwasserproduktion im Wasserwerk Löhnen in Dinslaken

Im Jahr 2009 (offizielle Inbetriebnahme 2010) ist in Dinslaken am Standort des Wasserwerks (WW) Löhnen die derzeit größte NF/Niederdruck-UO im kommunalen Bereich in Deutschland mit einer Permeatleistung von Q = 900 m^3/h in Betrieb gegangen [2, 3]. Anlass für ihren Einsatz war eine zu befürchtende Beeinflussung der Rohwasserqualität durch den Bergbau. Ein Zwang zum Einsatz dieser Technik aus Sicht der Einhaltung der Trinkwasserverordnung lag nicht vor. Die Aufbereitung im Wasserwerk setzt sich aus den folgenden Schritten zusammen (siehe auch **Bild 3.31**):

- Rohwasserförderung aus neun Brunnen (Wassergewinnung (WG) Löhnen 1 und WG Löhnen 2)
- Zusammenfassung des Rohwassers in einer Sammelleitung (im sogenannten Armaturenschacht)
- Zwischenspeicherun im Rohwasserbehälter (Nutzvolumen 600 m^3)
- Druckerhöhung zur NF / LPRO
- Dosierung von Antiscalant
- Zweistufige Vorfiltration (bestehend aus zwei Kerzenfiltern 5 µm und 1 µm)
- NF / LPRO
- Zwischenspeicherung im Permeatbehälter (Nutzvolumen ca. 600 m^3)
- Druckerhöhung zum Transport durch die Aufhärtungsfiltration in die existierende Pumpenvorlage (Permeatpumpwerk)
- Zugabe von CO_2 zur pH-Wert-Absenkung
- Filtration zur Aufhärtung über dolomitisches Filtermaterial
- Bedarfsweise Desinfektion mit Chlordioxid
- Förderung in das Versorgungsnetz

Die NF / LPRO-Anlage besteht aus insgesamt elf Straßen mit einer Aufbereitungskapazität von jeweils 88 m^3/h Permeat bei einer Ausbeute von 80 %. Anschlüsse für die Erweiterung auf zwölf Straßen sind vorhanden. Jeder Straße sind eine Feedpumpe sowie ein zweistufiger Vorfilter zugeordnet. Pro Straße sind 15 Druckrohre in zwei Stufen im Verhältnis 2:1 angeordnet (siehe auch Bild 3.18).

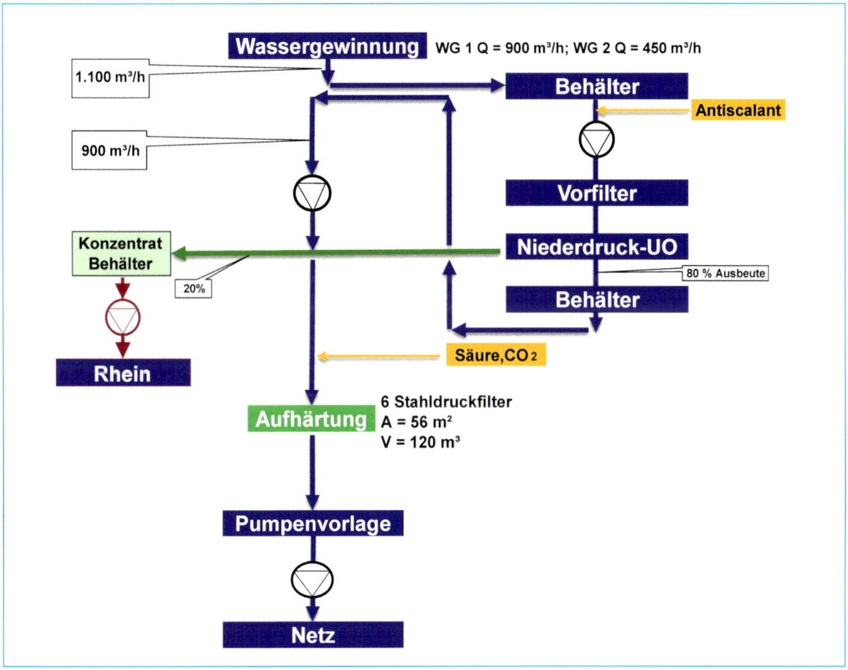

Bild 3.31: Aufbereitungsprozess im Wasserwerk Löhnen

In jedes Druckrohr sind sechs Toray TMH 20A 430 Wickelelemente mit einer Fläche von jeweils 40 m^2 eingeschoben. Daraus ergeben sich eine Gesamtmembranfläche von 39.600 m^2 und ein Mindestpermeatflux von ca. 24 $L/(m^2 \cdot h)$.

Der Füllstand im Rohwasserbehälter V = 2 x 300 m^3 wird über die Brunnenpumpen auf konstantem Niveau gehalten. Die Behälterkammern sind autark betreibbar und kommunizieren über die Sammelsaugleitung des angeschlossenen Pumpwerks. Fällt der Füllstand im Rohwasserbehälter unter einen vorgegebenen Wert MIN, so fahren die Membranstraßen der Reihe nach ab. Bei Unterschreiten eines MIN/MIN-Werts wird die Anlage außer Betrieb genommen.

Die Feedpumpen sind trocken aufgestellte, drehzahlgeregelte Kreiselpumpen mit einer Förderhöhe von H = 124 mWS. Sie sind an einer gemeinsamen Saugleitung angeschlossen. Dort befinden sich auch die Messungen von Trübung, Temperatur, pH-Wert und Leitfähigkeit. Die Anforderung der Membranstraßen – und damit die Pumpenschaltung – erfolgt über das Niveau des Wasserspiegels im Permeatbehälter.

Jede Membranstraße wird mit einer fest vorgegebenen Rohwassermenge von 110 m³/h betrieben. Die erzeugte Permeatmenge ist eine Funktion der eingestellten Ausbeute. Diese kann in einem vorgegebenen Bereich von 80 bis 85 % verändert werden. Bei einer Mindestausbeute von 80 % ergibt sich eine Permeatmenge von 88 m³/h je Straße.

Zur Überwachung werden für jeden Block folgende Daten gemessen und protokolliert:

- Leitfähigkeit: Eingang Stufe 1, Permeat Stufe 1, Permeat Stufe 2, Gesamtpermeat, Konzentrat
- Druck: Eingang Stufe 1, Eingang Stufe 2, Gesamtpermeat, Konzentrat
- Volumenstrom: Eingang Stufe 1, Permeat Stufe 1, Gesamtpermeat, Konzentrat

Das Permeat der Membrananlage fließt einem Zweikammer-Behälter von V = 2 x 300 m³ zu. Das Volumen entspricht ca. 50 % der stündlichen max. Rohwasserfördermenge. Über die Entnahmeleitung kommunizieren die Kammern hydraulisch, funktionieren jedoch auch einzeln.

Bislang ist die befürchtete Beeinflussung der Rohwasserqualität durch den Bergbau ausgeblieben und es kam zu keinem Anstieg der Mikroschadstoffkonzentration im Zulauf zur Membrananlage. Aus diesem Grund kann eine Teilstromaufbereitung (siehe Kapitel 3.6.6) im Teillastbetrieb zur Einstellung der Zielhärte von ca. 12 °dH erfolgen. Sollte es allerdings zu dem befürchteten Anstieg der Mikroschadstoffkonzentration im Zulauf zur Membrananlage kommen, kann keine Teilstromaufbereitung mehr erfolgen und es muss im Vollstrom entsäuert bzw. aufgehärtet werden. Hierzu sind alle entsprechenden Apparate vorgesehen.

Das Konzentrat der NF-Anlage wird in einen Konzentratbehälter geleitet, der sich unterhalb der Chemikalienräume befindet. Dieser Konzentratbehälter besteht aus zwei Kammern mit je V = 100 m³. Das Gesamtvolumen entspricht etwa der maximal stündlich anfallenden Konzentratmenge. Das Konzentrat wird gemeinsam mit dem Niederschlagswasser über die vorhandene Polderleitung und den Vorland-Mommbach in den Rhein eingeleitet.

3.8.1.2 Trinkwasseraufbereitung im Wasserwerk Sandweier, Baden-Baden

Im Zuge der Detektion erhöhter PFAS-Konzentration im Raum Mittelbaden in den frühen 2010er Jahren [7] wurde im Jahr 2018 im Wasserwerk Sandweier der Stadtwerke Baden-Baden zur Aufbereitung von belastetem Grundwasser eine

Umkehrosmose mit dem Aufbereitungsziel PFAS-Rückhalt und Enthärtung implementiert [8]. Das Rohwasser wird durch Quarzsandfilter zur Enteisenung und Entmanganung vorbehandelt und anschließend der Umkehrosmose unter Dosierung von Antiscalants zugeführt [9]. Die Umkehrosmose besteht aus sechs Straßen in zwei Stufen und produziert bei einer Ausbeute von 80 % maximal 600 m^3/h Permeat [9]. Das Wasser weniger belasteter Brunnen wird nach der Enteisenung und Entmanganung mit dem Permeat gemischt, weshalb keine Remineralisierung des Permeats, sondern nur eine mechanische Entsäuerung notwendig ist [9]. Eine weitere Besonderheit des Wasserwerks ist, dass vor der Einleitung in die Vorflut eine Konzentrat-Behandlung zur Entfernung der im Konzentrat um ca. Faktor fünf aufkonzentrierten PFAS durchgeführt wird [8, 9]. Die Konzentrat-Aufbereitung geschieht dabei adsorptiv an granulierter Aktivkohle in drei Aktivkohlefiltern [9].

3.8.2 Ultrafiltration und Mikrofiltration

3.8.2.1 Trinkwasserproduktion im Wasserwerk Roetgen bei Aachen

Seit November 2005 betreibt die WAG Wassergewinnungs- und -aufbereitungsgesellschaft Nordeifel mbH im WW Roetgen bei Aachen die größte zweistufige UF-Anlage zur Trinkwasserproduktion (TWA) und Spülwasseraufbereitung (SWA) Deutschlands [4, 5] (siehe **Bild 3.32**). Die maximale Aufbereitungskapazität der TWA beträgt 6.000 m^3/h. Die SWA ist in Kapitel 3.8.2.2 beschrieben. Dem Bau der Anlage ging eine intensive Pilotierungsphase voraus, in der unterschiedliche Membranverfahren und -materialien untersucht und die optimale Einbindung der Ultrafiltration in den bestehenden Aufbereitungsprozess festgelegt wurden. Umgesetzt wurde eine kombinierte Flockung / UF mit einer inline-Flockung (siehe Kapitel 3.7.3).

Das Rohwasser zur Trinkwasseraufbereitung wird von einem Talsperrensystem bereitgestellt. Die einzelnen Talsperren sind über Stollen und Rohrleitungen verbunden. Die Rohwassertemperatur schwankt jahreszeitlich zwischen 2 und 20 °C. Die Rohwassertrübung beträgt üblicherweise 2 bis 5 NTU, sie kann jedoch, etwa bei Hochwasserzulauf, auf bis zu 50 NTU ansteigen. Die Chlorophyl-a Konzentration ist geringer als 2 µg/L. Kurzfristig treten höhere Konzentrationen bis zu 8 µg/l auf. Der pH-Wert schwankt üblicherweise zwischen 6,3 und 7,0. Die Konzentration der organischen Wasserinhaltsstoffe schwankt je nach Jahreszeit stark (SAK_{254} bis zu 30 m^{-1}), wobei das Verhältnis von SAK_{254} zu TOC nahezu konstant zwischen 4 und 5 bleibt.

Die Konzentrationen der Metalle Eisen, Mangan und Aluminium zeigen unterschiedliche Verläufe. Die Aluminiumkonzentration im Rohwasser folgt mehr oder

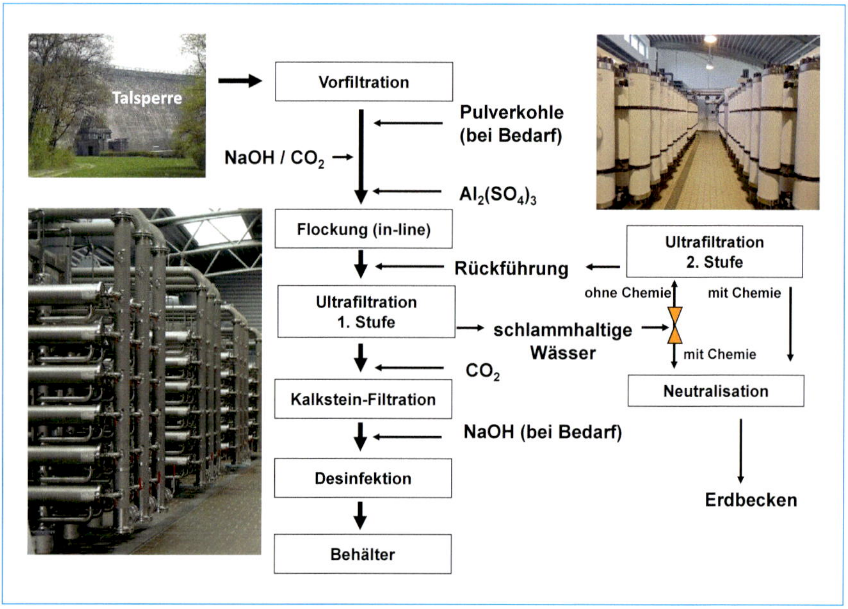

Bild 3.32: Aufbereitungsprozess im Wasserwerk Roetgen (Fotos links: © WAG Nordeifel mbH, Fotos rechts © inge GmbH; mit freundlicher Genehmigung verwendet)

weniger der Rohwassertrübung. Bei ansteigender Trübung, etwa infolge eines Hochwasserzulaufs, gelangt mit den Partikeln und Sedimenten auch vermehrt kolloidales Aluminium ins Rohwasser. Die Mangankonzentration im Rohwasser steigt, wie in Talsperren üblich, im Spätsommer deutlich an. Aufgrund der relativ geringen pH-Werte im Rohwasser liegt das Mangan in gelöster Form vor. Die Eisenkonzentration folgt grundsätzlich der Trübung, einige Spitzen werden jedoch offensichtlich von Löseprozessen ähnlich denjenigen bei Mangan verursacht.

Die Trinkwasseraufbereitungsanlage Roetgen besteht aus den folgenden Aufbereitungsschritten (siehe auch **Bild 3.32**):

- Vorfiltration mit automatisch rückspülbaren Filtern zum Rückhalt großer Partikel, die die Membran mechanisch beschädigen könnten
- Möglichkeit zur Zugabe von Pulveraktivkohle
- Einstellung des Rohwasser pH-Werts auf den optimalen Flockungs-pH-Wert von 6,2 bis 6,5
- In-line-Flockung des Rohwassers mit Aluminiumsulfat ($Al_2(SO_4)_3$). Die Verweildauer in der Rohrstrecke beträgt bei Volllast der Anlage ca. zwei Minuten

- Zugabe des Filtrats der Spülwasser-UF-Membrananlage
- Filtration des geflockten Wassers in der Trinkwassermembranstufe
- Aufhärtung des Wassers in der mit Kalksteinmaterial befüllten Filterstufe 1 auf 3,5°dH, Entfernung des gelösten Mangans durch biologische Entmanganung, Restentsäuerung mittels NaOH
- Desinfektion mit Cl_2 (Chlorgas) und ClO_2 (Chlordioxid)

Die Trinkwasser-UF-Stufe ist in der horizontalen XIGA-Konzeption ausgeführt. Sie besteht aus zwölf unabhängigen Straßen mit je 36 Druckrohren. Jedes Druckrohr beinhaltet vier SXL-Membranelemente der Firma Pentair/X-Flow. Die Membranfläche je Straße beträgt 5.760 m^2, die Gesamtmembranfläche beträgt 69.120 m^2. Jedes Element enthält circa 12.000 Kapillaren mit einem Durchmesser von 0,8 mm (40 m^2 Membranfläche).

Die Membrananlage ist im Oktober 2024 nahezu 20 Jahre in Betrieb. Der Betrieb der Anlage war jederzeit, auch in Zeiten extremer Rohwasserbelastungen, stabil bei hervorragender Reinigungsleistung. Die täglich durchgeführten mikrobiologischen Untersuchungen gemäß Trinkwasserverordnung zeigten keinerlei Befunde. Auch die an jeder Straße installierten Partikelzähler dokumentieren die hohe Rückhalteleistung. Die Anlage wurde mit einem maximalen Brutto-Flux von 101 L/($m^2 \cdot h$) ausgelegt. Bei einer n + 1 Auslegung und einer Ausbeute von 95 % entspricht dies einer maximalen Stundenleistung von ca. 6.000 m^3/h (siehe Kapitel 3.7.4). Unter normalen Verhältnissen arbeitet die Anlage je nach Bedarf mit einem Membranflux von 50 bis 90 L/($m^2 \cdot h$) und einem Filtrationszyklus von 60 Minuten. Chemisch unterstützte Rückspülungen werden zweimal täglich mit einem pH-Wert von 12 gefolgt von einer Spülung mit einem pH-Wert von 2 durchgeführt.

Intensivreinigungen wurden zum ersten Mal Ende des Jahres 2009 ausgeführt und seitdem je nach Foulingzustand in Abständen von 24 bis 36 Monaten. Bei der Detailplanung der Anlage wurde größter Wert daraufgelegt, Membrandefekte durch einen sanften hydraulischen Betrieb weitestgehend zu vermeiden. Diese vorsorglichen Maßnahmen haben sich in vollem Umfang bewährt. Bislang musste noch kein Membranelement aufgrund von Defekten ausgetauscht werden.

Auch hinsichtlich der zusätzlichen Produktionskosten von 10 €Ct/m^3 für die Erweiterung der TWA Roetgen um eine Trinkwasser- und eine Spülwasser-UF-Membranstufe konnten die Erwartungen übertroffen werden. Die Baukosten der Anlagen sind in **Tabelle 3.3** ausgewiesen, die gemeinsamen Betriebskosten beider Anlagen betragen ca. 370 T€/Jahr. Bei einer Jahresproduktionsmenge von 26 Mio. m^3, einer Abschreibungsrate von durchschnittlich 5 % sowie einem Kapitalzins von 5 % ergeben sich Gesamtkosten von weniger als 10 €Ct/m^3.

Tabelle 3.3: Baukosten der Membranlagen

Gewerk	Trinkwassermembran in T€ (netto)	Spülwassermembran in T€ (netto)
Gebäude	5.900	1.800
Verfahrenstechnik (ohne Membranen/Racks)	7.100	1.750
Membranen/Racks	4.500	480
Elektrotechnik	1.600	620
Planung/Nebenkosten	1.300	430
Summe	20.400	5.080

3.8.2.2 Spülwasseraufbereitung im Wasserwerk Roetgen bei Aachen

Bei der ebenfalls im Jahr 2005 mit einer Aufbereitungsleistung von 630 m^3/h mit inge dizzer®Modultechnologie in Betrieb genommen Anlage handelt es sich um die größte Rückspülwasseranlage mit Membranen in Europa [6]. Mit der zweiten Stufe werden das schlammhaltige Spülwasser aus der ersten Stufe aufbereitet und das Filtrat anschließend wieder dem Zulauf des Wasserwerks zugeführt

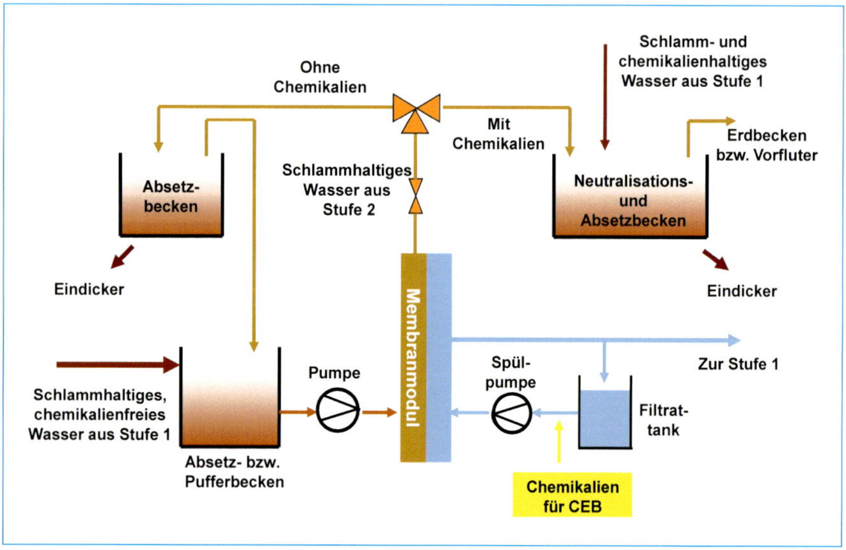

Bild 3.33: Schematische Darstellung der Spülwasseraufbereitung im Wasserwerk Roetgen

(siehe **Bild 3.32** und **Bild 3.33**). Neben dem schlammhaltigen Spülwasser aus der ersten Stufe bereitet die zweite Stufe das Klarwasser des eigenen schlammhaltigen Spülwassers auf, nachdem dieses in ein Sedimentationsbecken eingeleitet wurde. Die chemikalienhaltigen Spülwässer (Säure/Lauge) werden wie die der ersten Stufe nach Neutralisation in ein Absetzbecken geleitet. Die Klarwässer werden dann nach Durchfließen mehrerer Erdbecken in den Vorfluter eingeleitet. Dadurch ergibt sich eine Ausbeute für die zweite Stufe von 93 %.

Trotz der sehr hohen Trübung des aufzubereitenden Wassers können die inge-Module mit dem Brutto-Flux von 80 L/(m²·h) stabil betrieben werden. Da die mit der zweiten Stufe aufzubereitende Wassermenge über die Jahre kontinuierlich anwuchs, entschloss man sich seitens des Betreibers, die zweite Membranstufe zu erweitern. In diesem Zuge wurden die zuvor eingebauten 234 dizzer®5000 SB 1.5 Module (1,5 mm Singlebore Membrane mit je 30 m² Membranfläche) durch 210 Module der Baureihe dizzer® 1.5 MB 40 (1,5 mm Multibore® Membrane mit je 40 m²) ersetzt. Die Inbetriebnahme der neuen Module war Ende des Jahres 2013.

3.8.2.3 Trinkwasserproduktion im Wasserwerk Irsch bei Trier

Als die Stadtwerke Trier beschlossen, das 55 Jahre alte Wasserwerk Irsch umzubauen, entschieden sie sich für die Verwendung von UF als Partikelentfernungsstufe. Die Anlage mit einer Kapazität von 1.600 m³/h wurde im Frühjahr 2014 in Betrieb genommen [10]. Nach der Entnahme aus der Riveristalsperre wird das Rohwasser vor der UF zunächst mittels Flockung vorbehandelt. Nach der UF erfolgt eine Aufhärtung und Entmanganung mittels Calciumcarbonat-Filtration. Abschließend wird das Filtrat vor Einspeisung ins Netz noch mittels UV-Bestrahlung desinfiziert (siehe **Bild 3.34**).

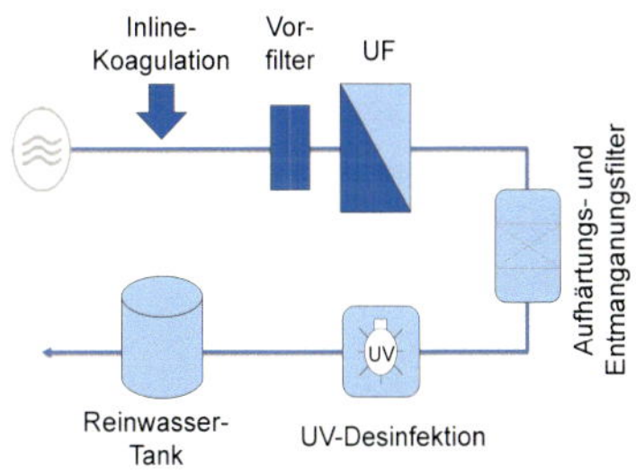

Bild 3.34: Trinkwasserproduktion im Wasserwerk Irsch bei Trier
(Foto und Bild: © inge GmbH; mit freundlicher Genehmigung verwendet)

Der maximale Brutto-Flux beim Design der Anlage betrug 95 L/(m²·h) bei einer minimalen Ausbeute von 95 %. In sechs Straßen sind hierzu jeweils 52 dizzer® 0.9 MB 60 Module eingesetzt, was eine Gesamtfläche von 18.720 m² ergibt. Betrieben wird die Anlage derzeit mit einer Ausbeute von 97 bis 98 %, CEB werden drei- bis viermal in der Woche mit Säure und Lauge durchgeführt.

3.8.2.4 Trinkwasserproduktion im Seewasserwerk Hirsacker, Schweiz

Im September 2012 wurde in der Schweiz das neue Seewasserwerk Hirsacker mit einer Kapazität von ca. 1.200 m³/h in Betrieb genommen. Die Anlage ist zweistraßig konzipiert (mit je zwei identischen Aufbereitungslinien), um bei Anlagestörungen oder betriebsbedingten Unterbrüchen die Versorgungssicherheit gewährleisten zu können. Zur Trinkwasseraufbereitung wird das Rohwasser aus dem Zürichsee aus einer Tiefe von rund 30 Metern entnommen. Bei der Anlage handelt es sich um einen mehrstufigen Prozess, in dem der Membranfiltration eine Ozonung und eine Aktivkohlefiltration folgen [11].

Die Membranstufe besteht im Kern aus insgesamt acht Zeeweed 1000 UF-Kassetten (pro Straße zwei Becken mit jeweils zwei Kassetten. Je Kassette sind 60 Module à 51,1 m² in waagerechter Lage zusammengefasst. Die Membranfläche beträgt damit insgesamt 24.526 m². Jedes Modul ist mit dem zentralen Permeatkollektor oberhalb der Kassette verbunden.

Das Seewasser wird unter den Membrankassetten ins Becken gefördert und durchströmt die Elemente in vertikaler Richtung. Durch eine der zugeordneten Permeatpumpen wird ein leichter Unterdruck erzeugt. Dadurch wird das Wasser in die Module und durch deren Membranen von außen nach innen abgezogen und zur Ozonung gefördert.

3.8.2.5 Trinkwasserproduktion im Pumpwerk Süßen bei Eislingen

Im Oktober 2006 wurde das Pumpwerk Süßen bei Eislingen mit einer Kapazität von 130 m³/h zur Aufbereitung eines oberflächenwasserbeeinflussten Grundwassers in Betrieb genommen [12] (siehe **Bild 3.35**).

Das geförderte Grundwasser wird in einem Rohwasserbehälter mit einem Volumen von 125 m³ zwischengespeichert, um einen stabilen Aufbereitungsbetrieb zu erreichen. Im ersten Aufbereitungsschritt erfolgt die Trübstoffentfernung über eine dreistraßige UF-Anlage mit jeweils zwölf Pall-Membranfiltrationsmodulen einer Fläche von 50 m². Die Ausbeute liegt bei 99,2 %. Die regelmäßig durchgeführten druckluftunterstützten Rückspülungen mit Luft/Wasser erfolgen voll-

Bild 3.35: Trinkwasserproduktion im Pumpwerk Süßen bei Eislingen (Foto: © Fritz Planung GmbH; mit freundlicher Genehmigung verwendet)

automatisch im Abstand von 90 Minuten und dauern ca. 60 Sekunden pro Straße. Bei dieser Betriebsweise ist kein weiterer Einsatz von Chemie nötig. Intensivreinigungen werden im Abstand von ein bis zwei Jahren durchgeführt. Der Aufwand für die CIP der Gesamtanlage nimmt inklusive Wartung und Integritätstest ca. sechs bis acht Stunden in Anspruch. Die einzelnen Straßen werden nacheinander gereinigt, sodass mindestens über zwei Straßen weiterhin Reinwasser produziert werden kann. Die CIP werden mit circa 500 ppm freiem Chlor durchgeführt. Gleichzeitig werden die Anlagenteile damit desinfiziert. Ergänzt wird die UF-Anlage durch eine nachgeschaltete Aktivkohlefilteranlage. Eine abschließende Sicherheitsdesinfektion erfolgt durch UV-Bestrahlung.

Literatur

Weite Teile dieses Kapitels sind aus dem Regelwerk bzw. den Veröffentlichungen des DVGW zitiert. Hier sind insbesondere zu nennen:

- DVGW-Arbeitsblatt W 213-5: Filtrationsverfahren zur Partikelentfernung, Teil 5: Membranfiltration. Ausgabe Oktober 2013. WVGW-Verlag, Bonn
- DVGW-Arbeitsblatt W 236: Nanofiltration und Niederdruckumkehrosmose in der zentralen Trinkwasseraufbereitung. Ausgabe April 2014. WVGW-Verlag, Bonn
- DVGW-Wasser-Information 72: Nanofiltration und Umkehrosmose. Ausgabe April 2009. WVGW-Verlag, Bonn

[1] Standard, A.S.T.M.: Standard Test Method for Silt Density Index (SDI) of Water 8 (2007), Nr. 19, S. 4.189-07

[2] Götz, T.; Hörsken, M.: TRINKWASSER Nanofiltrationsanlage sichert Qualität. wwt wasserwirtschaft wassertechnik 11 (2010), S. 30

[3] Urban, F.; Schneider, K.; Panglisch, S.; Nacke, C.-J.: Deutschlands größte kommunale Nanofiltrationsanlage. wwt wasserwirtschaft wassertechnik 7-8 (2008), S. 26

[4] Panglisch, S.; Dautzenberg, W.; Holy, A.: Long term experience with Germanys largest membrane filtration plant for drinking water production (6,000 m³/h). gwf-Wasser|Abwasser (2009) Nr. 8

[5] Panglisch, S.; Holy, A.; Urban, F.; Dautzenberg, W.; Sous, P.; Ohligschläger, J.; Gimbel, R.: Transferring pilot experiments into the planning of Germany's largest two-stage ultrafiltration plant. Desalination 179 (2005), S. 225-235

[6] Panglisch, S.: Erfahrungen mit Membranverfahren zur Behandlung von schlammhaltigen Wässern. DWA (Hrsg.), Gemeinschaftstagung von DWA und DVGW, Osnabrück. Eigenverlag Osnabrück 2005, S. 1-11

[7] Klatt, P.: Der PFC-Skandal in Mittelbaden. Ein „Freilandexperiment" mit unbekanntem Ausgang. 2018, verfügbar online unter: https://www.landkreis-rastatt.de/site/kreis-rastatt/get/documents_E381771265/kreis-rastatt/Objekte/03_Aktuelles/PFC/Heimatbuch%20Landkreis%20Rastatt%202018_Der_PFC-Skandal_in_Mittelbaden_Patricia%20Klatt.pdf (abgerufen am 19.11.2024)

[8] Information der Website der Stadtwerke Baden-Baden: Wasserqualität und Wasserhärte in Baden-Baden. Verfügbar online unter: https://www.stadtwerke-baden-baden.de/de/privatkunden/trinkwasser/wasserqualitaet.php (abgerufen am 19.11.2024)

[9] Stauder, S.; Müller, U.; Egner, S.; Riedinger, P.: PFAS-Entfernung mit Umkehrosmose und Aktivkohle – Erfahrung aus fünf Jahren Praxisbetrieb. Energie wasser-praxis (09/2024)

[10] Lambert, A.; Kollete, M.; Welsch, H.; Girndt, C.; Holy, A.; Schroll S.; Winter, T.: Modernisation and Enlargement of the Drinking Water Plant Irsch-Treves – The second largest ultrafiltration plant in Germany under construction. gwf-Wasser|Abwasser International Issue (2011)

[11] Zweckverband Seewasserwerk Hirsacker-Appital: Seewasserwerk Hirsacker. Verfügbar online unter: https://seewasserwerk.wordpress.com/seewasserwerke/hirsacker/ (abgerufen am 19.11.2024)

[12] Beißwenger, K.-H.: Neubau Pumpwerk Süßen: Historie und Betriebserfahrungen. gwf-Wasser|Abwasser (2010) Nr. 4, S. 344

4 Adsorption an Aktivkohle

Dr. Brigitte Haist-Gulde

4.1 Einleitung

Die Adsorption ist ein Vorgang, bei dem Moleküle aus einer flüssigen oder gasförmigen Phase an der Oberfläche einer festen Phase angelagert werden. Der Adsorptionsvorgang basiert auf elektrodynamischen (van der Waals-Kräfte) und elektrostatischen Wechselwirkungen und wird auch als physikalische Adsorption oder Physisorption bezeichnet. Bei der Physisorption handelt es sich um einen reversiblen Prozess, d. h. adsorbierte Stoffe können wieder in Lösung gehen (desorbieren) bis der Gleichgewichtszustand erreicht ist.

Adsorptionsprozesse werden häufig bei der Trinkwasseraufbereitung zur Entfernung von gelösten organischen Stoffen eingesetzt. Als feste Phase (Adsorptionsmittel) dient dabei nahezu ausschließlich Aktivkohle, die entweder in granulierter oder pulverisierter Form angewendet wird.

Die adsorptive Störstoffentfernung ist umso wirkungsvoller, je unpolarer die Störstoffe sind. Dies ist damit zu erklären, dass die Adsorbensoberfläche unpolare Eigenschaften besitzt, und es sich bei Wasser um ein stark polares Lösungsmittel handelt. Organische Stoffe mit unpolarem Charakter haben daher das Bestreben, sich aus dem polaren Lösungsmittel Wasser heraus an die unpolare Oberfläche anzureichern.

Nachfolgend werden die theoretischen Grundlagen zur Adsorption, die Prozesse der Adsorptionsverfahren bei der Trinkwasseraufbereitung mit den verfahrenstechnischen Kenndaten und Einflussgrößen sowie Anwendungsbeispiele ausgeführt.

4.2 Theoretische Grundlagen

4.2.1 Begriffe der Adsorption

Bei der Adsorption werden die folgenden Begriffe verwendet (siehe **Bild 4.1**):

- Adsorptiv (Sorptiv): Stoffe der flüssigen Phase, die sich an der Oberfläche der festen Phase (Aktivkohle) anreichern können
- Adsorbens (Sorbens, Adsorptionsmittel): Feste Phase, an deren Oberfläche sich die Adsorptive anreichern können

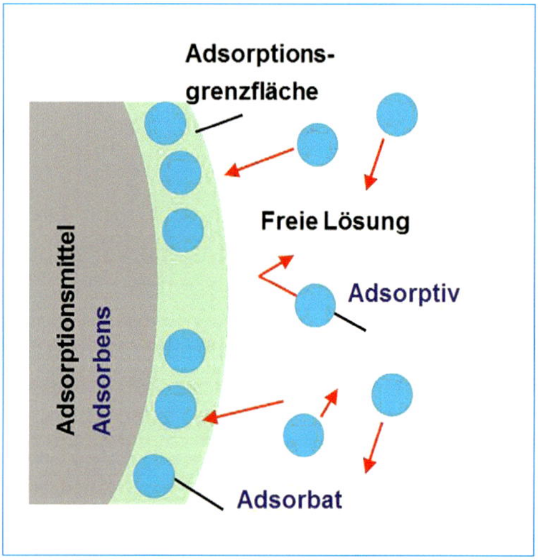

Bild 4.1: Begriffe bei der Adsorption

- Adsorpt: Adsorptiv, das an der Adsorbensoberfläche angereichert ist
- Adsorbat: Adsorbens mit an der Adsorbensoberfläche angereichertem Adsorptiv

Für den Adsorptionsvorgang sind das Adsorptionsgleichgewicht sowie die Adsorptionskinetik wesentlich.

4.2.2 Adsorptionsgleichgewicht

Unter dem Adsorptionsgleichgewicht versteht man den Zustand, der sich nach einer hinreichend langen Zeitdauer zwischen den Adsorptivmolekülen (Störstoffen) in der wässrigen Phase und den Störstoffen an Aktivkohle (Adsorpt) einstellt. Im Gleichgewicht ist dann ein Anteil der Sorptivmoleküle an der Adsorbensoberfläche adsorbiert, während ein anderer Teil sich in der fluiden Phase befindet (siehe **Bild 4.2**). Im Adsorptionsgleichgewicht liegen somit die bei der eingesetzten Menge an Aktivkohle erreichbare minimale Restkonzentration des Adsorptivs in der Lösung sowie die maximal erreichbare Beladung der Aktivkohle vor.

Der Zusammenhang zwischen der Restkonzentration des Adsorptivs in der Lösung (c) und der Beladung der Aktivkohle mit Adsorptiv (q) im Gleichgewicht wird über sogenannte Adsorptionsisothermen beschrieben. Adsorptionsisothermen werden experimentell in Batchversuchen ermittelt. Dabei wird zu einer Lösung des Volumens (L) mit einem Adsorptiv in der Konzentration (c_0) eine Aktivkohlemenge (m)

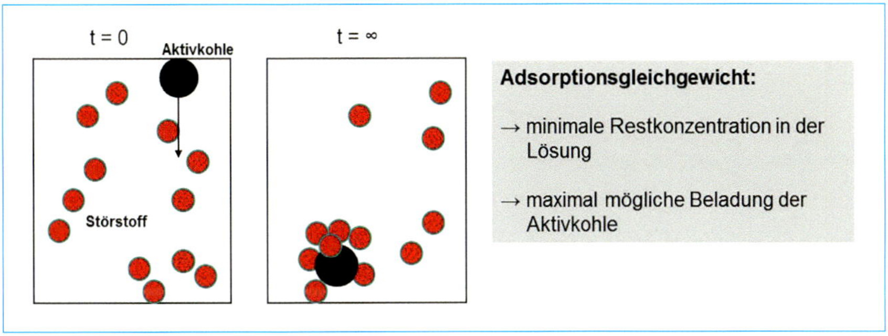

Bild 4.2: Darstellung des Adsorptionsgleichgewichts im Einzelstoffsystem

hinzugegeben. In diesem System stellt sich nach hinreichend langer Zeit eine konstante Konzentration (c) des Adsorptivs in der Lösung ein, die mit der an der Aktivkohle adsorbierten Menge des Adsorptivs im Gleichgewicht steht. Die Menge des an der Aktivkohle adsorbierten Adsorptivs wird als Beladung (q) bezeichnet, die mit Hilfe einer Massenbilanz für das beschriebene System ermittelt wird (siehe **Bild 4.3**).

Die Bestimmung eines Isothermenpunkts und der Verlauf einer Adsorptionsisotherme (q = f(c)) sind in **Bild 4.4** dargestellt. Der Anfangszustand des Systems ist durch den Punkt $c = c_0$ und q = 0 auf der x-Achse gekennzeichnet. In Abhängigkeit von dem Verhältnis L/m, das die Steigung der sogenannten Arbeitsgeraden bestimmt, durchläuft das System alle q/c-Werte auf der Arbeitsgeraden, bis es nach hinreichend langer Zeit einen Gleichgewichtszustand erreicht, in dem q und c konstant bleiben. Dieser Gleichgewichtszustand befindet sich auf der

Berechnung q über Massenbilanz:

$$c_0 \cdot L + m \cdot \cancel{q_0} = c \cdot L + m \cdot q \qquad (q_0 = 0)$$

$$c_0 \cdot L = c \cdot L + m \cdot q$$

$$(c_0 - c) \cdot L = m \cdot q$$

$$q = \frac{L}{m} \cdot (c_0 - c)$$

⇨ **Gerade: Steigung –L/m**

c: Konzentration im Wasser (mg/L)
L: Wasservolumen (L)
m: Masse Aktivkohle (g)
q: Beladung Aktivkohle (mg/g)

Bild 4.3: Berechnung der Aktivkohlebeladung q

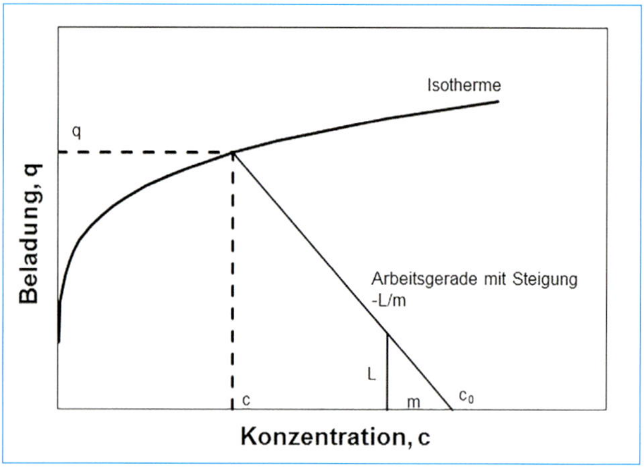

Bild 4.4: Darstellung der Adsorptionsisothermen

Adsorptionsisothermen. Durch die Ermittlung mehrerer Gleichgewichtspunkte resultiert die Adsorptionsisotherme. Dabei kann für ein Einzelstoffsystem entweder bei gleichem Lösungsvolumen L und der gleichen Anfangskonzentration c_0 die Zugabemenge an Aktivkohle m variiert werden, oder es wird Lösungen mit unterschiedlichen Anfangskonzentrationen c_0 jeweils die gleiche Aktivkohlemenge m zudosiert. Für die Ermittlung der Isothermen wird Aktivkohle in pulverisierter Form eingesetzt.

Zur mathematischen Beschreibung des Adsorptionsgleichgewichts wird für die Adsorptive in der Trinkwasseraufbereitung in der Regel die empirische Korrelation nach Freundlich [1] verwendet (siehe **Bild 4.5**). Die Freundlich-Parameter werden aus der Isothermendarstellung im doppelt logarithmischen Maßstab (über

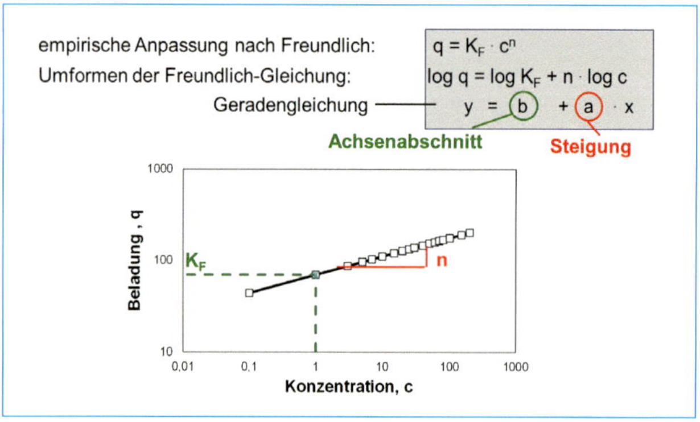

Bild 4.5: Bestimmung der Freundlich-Parameter aus der Isothermen

Tabelle 4.1: Freundlich-Parameter von organischen Spurenstoffen – Einzelstoffsystem

	K_F (mg/g)/(mg/L)^n	n -	Aktivkohle
Tetrachlorethen	108	0,59	F 300
Trichlorethen	67	0,52	F 300
1,1,1-Trichlorethan	23	0,60	F 100
Cis 1,2-Dichlorethen	16	0,60	H 71
Nitrobenzol	134	0,32	F 300
Bentazon	23	0,18	Hydraffin XC 30
Atrazin	280	0,39	F 300
Mezolachlor	256	0,35	F 100
Bezafibrat	141	0,19	F 100
Carbamazepin	430	0,38	F 100
Clofibrinsäure	71	0,25	F 100
Diclofenac	141	0,19	F 100
Hexogen	133	0,38	F 100

einen begrenzten Konzentrationsbereich) ermittelt. Die Adsorptionsisotherme zeigt dabei einen linearen Verlauf. Der Achsenabschnitt der Geraden wird als Freundlich-Konstante K_F und die Steigung als Freundlich-Exponent n bezeichnet.

Die Freundlich-Parameter sind für definierte Einzelstoffe in der Literatur aufgeführt. Aus den Freundlich-Parametern, wie sie beispielhaft für einige organische Spurenstoffe aus **Tabelle 4.1** hervorgehen, lassen sich Aussagen über die Adsorbierbarkeit des jeweiligen Störstoffs ableiten.

Beispielsweise ist bei Adsorptiven mit gleichem Freundlich-Exponent n die maximal erreichbare Beladung (Adsorptionsgleichgewicht) und damit die Adsorbierbarkeit für denjenigen Spurenstoff im Einzelsystem am höchsten, der den höchsten Wert für die Freundlich-Konstante K_F besitzt. Ein hoher n-Wert, entsprechend einer hohen Steigung der Isothermen (doppelt logarithmische Darstellung), bedeutet eine vergleichsweise geringe maximal erreichbare Beladung bei niedrigen Konzentrationen. Mit Ausnahme von 1,1,1-Trichlorethan und cis 1,2-Dichlorethen sind alle aufgeführten Substanzen als gut bis sehr gut an Aktivkohle adsorbierbar einzustufen. Die Entfernung von 1,1,1-Trichlorethan und cis 1,2-Dichlorethen durch Aktivkohle stellt selbst bei geringen Konzentrationen einen

Grenzfall dar, sodass hier andere Verfahren zu bevorzugen sind. Beim Vergleich der Freundlich-Parameter ist auf die Einheit des K_F-Wertes zu achten.

In der Praxis der Trinkwasseraufbereitung liegt stets ein Mehrkomponentengemisch vor. Bei der adsorptiven Behandlung von Gemischen konkurrieren die einzelnen Komponenten um die Adsorptionsplätze (konkurrierende Adsorption). Für jede der betrachteten Einzelkomponenten wird somit eine geringere Gleichgewichtsbeladung gegenüber dem Einzelstoffsystem erreicht. Bei der konkurrierenden Adsorption im Mehrstoffsystem sind die Konzentration und die Adsorbierbarkeit der einzelnen Komponenten für das Adsorptionsgleichgewicht ausschlaggebend. Zur mathematischen Beschreibung der Adsorption in Mehrstoffsystemen kann die IAS-Theorie (Ideal Adsorbed Solution Theory) herangezogen werden [2].

4.2.3 Adsorptionskinetik

Neben dem Adsorptionsgleichgewicht sind für die vollständige Beschreibung eines Adsorptionsprozesses Kenntnisse über die Geschwindigkeit der Adsorption erforderlich. Unter der Kinetik des Adsorptionsvorgangs sind zum einen der Stofftransport des Adsorptivs in der freien Lösung an die äußere Oberfläche des Aktivkohlekorns, die sogenannte Filmdiffusion, zum anderen der sich anschließende Stofftransport in das Innere des Aktivkohlepartikels, die Poren- und die Oberflächendiffusion, zu berücksichtigen. Ansätze zur mathematischen Beschreibung der Stofftransportvorgänge sind in [2] zusammengestellt. Wesentliche Einflussgrößen bei den Transportmodellen sind u. a. die Adsorptivkonzentration sowie die Partikelgröße des Adsorbens. Daher unterscheiden sich die Geschwindigkeiten des Adsorptionsvorgangs bis zur Einstellung des Adsorptionsgleichgewichts bei Korn- und Pulveraktivkohle.

4.2.4 Pulver- und Kornkohleanwendung – Theoretische Betrachtung

Aktivkohle wird in pulverisierter oder gekörnter Form in wassertechnischen Prozessen eingesetzt. Pulverförmige Aktivkohle (PAC) wird dem aufzubereitenden Wasserstrom als Suspension zudosiert und nach einer durch die Anlagentechnik vorgegebenen Kontaktzeit abgetrennt. **Bild 4.6** veranschaulicht den Prozess in einem Isothermendiagramm. Ausgehend von der Anfangskonzentration c_0, über die von dem Verhältnis Wasser-/Kohlemenge abhängige Arbeitsgerade wird maximal die Beladung q erreicht. Die maximale Beladung q befindet sich im Gleichgewicht mit der Konzentration c im Wasser.

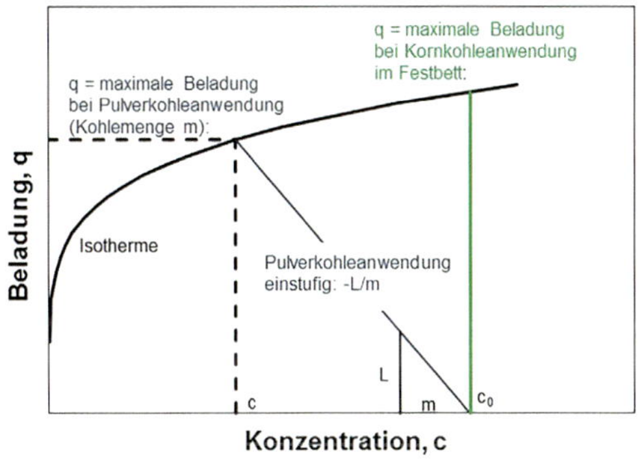

Bild 4.6: Darstellung des Pulverkohle- und Kornkohleverfahrens in einem Isothermendiagramm

4

In der Praxis wird jedoch bei Einsatz von Pulveraktivkohle das Gleichgewicht nicht erreicht, da keine ausreichend lange Kontaktzeit in der Großanlage realisiert werden kann. Das bedeutet für den realen Betrieb einer Pulveraktivkohleanlage einen deutlich höheren Aktivkohleverbrauch für die Einhaltung des gewünschten Ablaufwerts als aus den das Adsorptionsgleichgewicht voraussetzenden Berechnungen hervorgeht.

Im Gegensatz zur Pulveraktivkohle, die dem aufzubereitenden Wasserstrom zudosiert wird, erfolgt der Einsatz von Kornkohle in Schüttungen, die von dem aufzubereitenden Wasser durchströmt werden. Das ist schematisch in **Bild 4.7** für ein Einzelstoffsystem dargestellt [3].

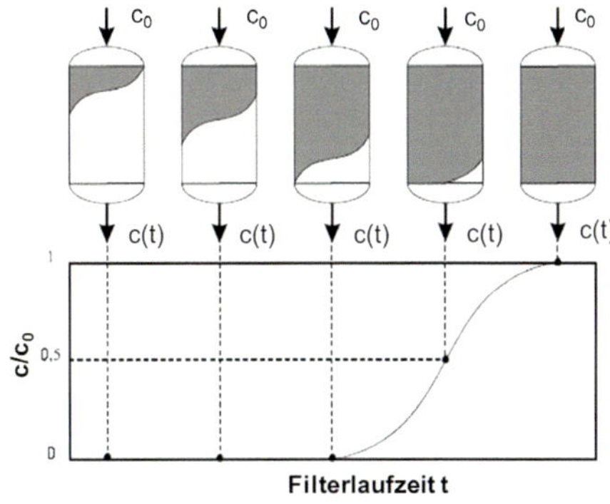

Bild 4.7: Adsorptionsfront und Durchbruchskurve – schematische Darstellung [3]

Das Bild zeigt einen Kornkohleadsorber zu verschiedenen Filterlaufzeiten, der konstant von Wasser mit dem Volumenstrom durchströmt wird, das einen einzelnen Störstoff mit der Konzentration c_0 beinhaltet. Die Einstellung des Adsorptionsgleichgewichts zeigt einen zeitlichen Verlauf. In dem Kornkohleadsorber bildet sich ein Konzentrationsprofil aus, das auch als Massenübergangszone bezeichnet wird. In dieser Zone findet der Adsorptionsvorgang statt. Die Adsorptionsfront wandert durch die Aktivkohleschüttung. Erreicht die Adsorptionsfront das Ende der Aktivkohleschüttung, beginnt der sogenannte Filterdurchbruch. Die betrachtete Substanz ist ab diesem Zeitpunkt im Ablauf des Aktivkohlefilters nachzuweisen. Die Ablaufkonzentration steigt dann in Abhängigkeit von der Form der Wanderungsgeschwindigkeit der Adsorptionsfront an und erreicht schließlich den Wert der Zulaufkonzentration. Dieser Betriebszustand wird als vollständiger Durchbruch bezeichnet.

Bei der Verwendung eines Aktivkohlefilters besteht ein deutlicher Vorteil darin, dass im Vergleich zum Pulverkohleverfahren ein über eine gewisse Zeit von adsorbierbaren organischen Störstoffen freies Wasser aufbereitet werden kann. Außerdem ist dieser Prozess bei Schwankungen der Zulaufkonzentration eine gewisse Zeit lang stabil, während sich beim Pulverkohleverfahren die Ablaufkonzentrationen erhöhen können. Weiterhin steht die maximal erreichbare Beladung im Gleichgewicht zur Zulaufkonzentration c_0 und ist somit verglichen mit der Pulverkohlebeladung höher (siehe **Bild 4.6**).

4.3 Aktivkohle

Bei der Trinkwasseraufbereitung wird als Adsorbens zur adsorptiven Entfernung von organischen Spurenstoffen nahezu ausschließlich Aktivkohle eingesetzt. Grundlagen der Aktivkohleherstellung, die gesetzlichen Anforderungen an Aktivkohlen zur Trinkwasseraufbereitung sowie Eigenschaften der Aktivkohlen werden nachfolgend beschrieben.

4.3.1 Herstellung von Aktivkohlen

Aktivkohlen werden aus verschiedenen kohlenstoffhaltigen Naturprodukten, wie Steinkohle, Kokosnussschalen, Holz bzw. Holzkohle, Torf, Anthrazit, Braunkohle oder Fruchtkernen, hergestellt. Dabei wird zunächst das Rohmaterial in einem Verkokungsprozess weitgehend in reinen Kohlenstoff überführt. Anschließend erfolgt die selektive Entfernung von Kohlenstoff in einem Aktivierungsprozess. Hierbei ist zu unterscheiden zwischen thermischer und chemischer Aktivierung. Bei der chemischen Aktivierung werden pflanzliche Rohstoffe in unverkohltem

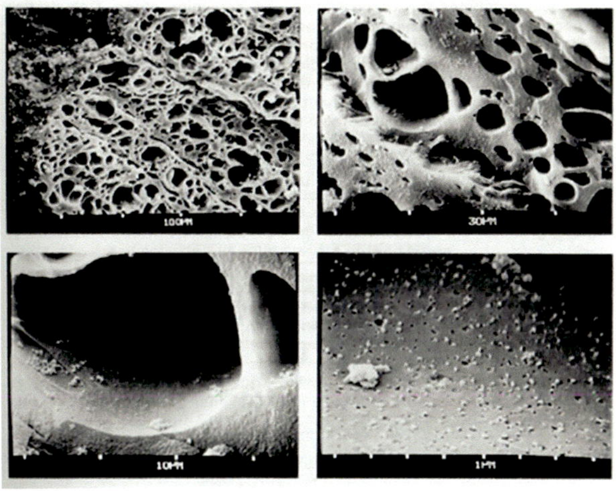

Bild 4.8: Elektronenmikroskopische Aufnahmen von Aktivkohlen (thermisch aktiviert)

Zustand (Sägemehl oder Torf) mit dehydratisierenden Chemikalien (z. B. Phosphorsäure, Schwefelsäure, Zinkchlorid, Calciumchlorid) vermischt und anschließend unter Luftabschluss bei 300 bis 600 °C carbonisiert und aktiviert [4]. Trinkwasserreinigungskohlen werden größtenteils durch die thermische Aktivierung hergestellt. Die Aktivierung erfolgt bei Temperaturen zwischen ca. 800 bis 1.100 °C in Gegenwart eines oxidierend wirkenden Gases (üblicherweise Wasserdampf) bei sorgfältig kontrollierten Prozessbedingungen über mehrere Stunden [4]. Der gezielte Abbrand von Kohlenstoff während des Aktivierungsprozesses bewirkt die Ausbildung eines Porensystems im Innern der Aktivkohle (siehe **Bild 4.8**). Aktivkohlen weisen eine innere Oberfläche bis zu etwa 1.100 m^2/g auf.

Das Rohmaterial und die Bedingungen des Aktivierungsprozesses sind entscheidend für die entstehende Porenstruktur in der Aktivkohle und damit auch die Adsorptionseigenschaften. Die üblicherweise verwendete Klassifikation der Poren in Abhängigkeit von ihrer Größe enthält **Tabelle 4.2**.

Tabelle 4.2: Klassifikation von Porengrößen nach IUPAC

Bezeichnung	Porendurchmesser d_p in nm
Makroporen	$d_p \geq 50$
Mesoporen	$50 \geq d_p \geq 2$
Misoporen	$d_p \leq 2$

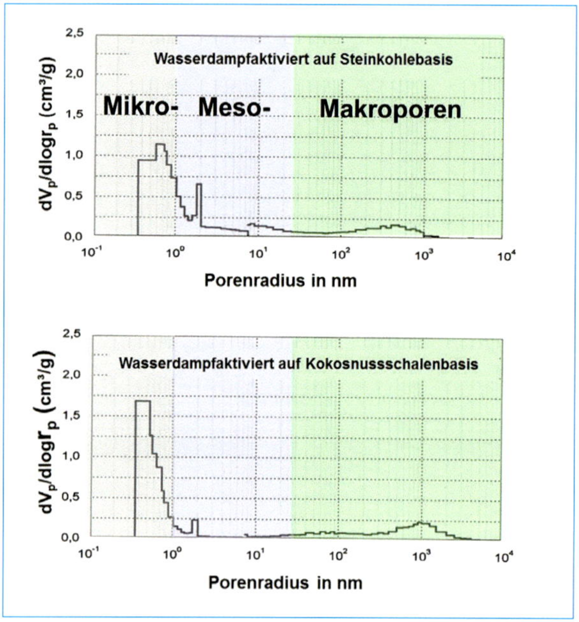

Bild 4.9: Porenradienverteilung von Aktivkohle auf Rohstoffbasis Steinkohle und Kokosnussschalen [5]

Zur Trinkwasseraufbereitung werden überwiegend Aktivkohlen auf Rohstoffbasis wie Steinkohle oder Kokosnussschalen eingesetzt. Die beiden Typen unterscheiden sich deutlich in der Porenstruktur, wie aus den in **Bild 4.9** dargestellten Porenradienverteilungen hervorgeht [5]. Aktivkohlen auf Rohstoffbasis von Kokosnussschalen weisen gegenüber den Aktivkohlen auf Rohstoffbasis Steinkohle ein höheres Mikroporen- sowie ein geringeres Mesoporenvolumen auf.

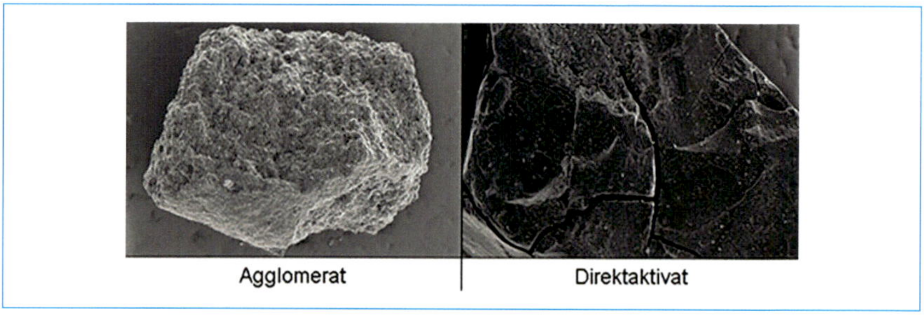

Bild 4.10: Rasterelektronische Aufnahmen von Kornaktivkohlen mit unterschiedlichen Herstellungsverfahren (Rohstoffbasis Steinkohle) [6]

Kornaktivkohlen auf Rohstoffbasis von Steinkohle zur Trinkwasseraufbereitung sind in unterschiedlichen Qualitäten verfügbar. Sie unterscheiden sich in der Kohleart – Fettkohlen (bituminous coal) oder Anthrazitkohlen – sowie dem Herstellungsverfahren – Direktaktivat oder Agglomerat. Rasterelektronenmikroskopische Aufnahmen lassen Rückschlüsse auf das Herstellungsverfahren zu (siehe **Bild 4.10**) [6].

4.3.2 Anwendungsformen von Aktivkohlen

Aktivkohle wird sowohl in pulverisierter als auch gekörnter Form in wassertechnischen Prozessen eingesetzt. Nach DIN EN 12903 [7] müssen 95 Gew.-% der Pulveraktivkohle, die zur Trinkwasseraufbereitung eingesetzt werden, eine Partikelgröße von < 150 µm aufweisen. Üblicherweise liegen bei den marktüblichen Pulveraktivkohlen mittlere Partikeldurchmesser zwischen ca. 10 und 30 µm vor [8]. Bei den granulierten Aktivkohlen (Kornkohlen) wird zwischen Bruchkohlen und extrudierten Aktivkohlen (Formkohlen) unterschieden. Die Bruchkohlen sind unregelmäßig geformt und werden überwiegend in der Körnung 8 x 30 mesh (0,6 bis 2,36 mm) eingesetzt. Typische Formkohlen sind zylindrische Aktivkohlepartikel mit einem Durchmesser von ca. 0,8 mm und einer Stäbchenlänge von ca. 2 bis 6 mm.

4.3.3 Gesetzliche Anforderungen an Aktivkohlen

Nach § 20 der TrinkwV 2023 [9] führt das Umweltbundesamt eine Liste der zulässigen Aufbereitungsstoffe und Desinfektionsverfahren. Dabei sind die Anforderungen an die Zusatzstoffe ebenfalls gelistet [10]. Für die Trinkwasseraufbereitung sind danach lediglich solche Korn- bzw. Pulveraktivkohlen zugelassen, die die Reinheitskriterien entsprechend der DIN EN 12915-Teil 1 [4] bzw. DIN EN 12903 [7] erfüllen. Diese Normen beinhalten Grenzwerte für Verunreinigungen und Nebenbestandteile sowie für wasserextrahierbare Stoffe wie Schwermetalle, Cyanid und polycyclische aromatische Kohlenwasserstoffe. Insbesondere bei Aktivkohlen auf Steinkohlebasis ist eine kurzzeitige Abgabe von Schwermetallen bei der Inbetriebnahme von Aktivkohlefiltern nach Neubefüllung möglich [11]. Um entsprechende Maßnahmen bei der Inbetriebnahme treffen zu können, muss dem Wasserversorgungsunternehmen die Rohstoffbasis der Aktivkohle bekannt sein.

Anforderungen für Aktivkohlen hinsichtlich physikalischer, mechanischer sowie adsorptionsbezogener Eigenschaften sind ebenfalls in den genannten Normen sowie im DVGW-Arbeitsblatt W 239 A [12] festgelegt. Aufgrund des breiten Anwendungsspektrums von Aktivkohle können generell sehr unterschiedliche Aktivkohlequalitäten zum Einsatz kommen. Daher sind die in den Regelwerken aufgeführten Anforderungen relativ weit gefasst und lediglich als Mindestanforderungen zu betrachten.

4.4 Praxis: Adsorptionsverfahren zur Trinkwasseraufbereitung

4.4.1 Einsatzgebiete von Adsorptionsverfahren mit Aktivkohle

Adsorptionsverfahren mit Aktivkohle werden sowohl bei der Grundwasser- wie auch bei der Oberflächenwasser- und Uferfiltrataufbereitung zur Entfernung von Störstoffen eingesetzt. Bei der Aufbereitung im Wasserwerk müssen entweder Einzelstoffe oder Stoffgemische aus dem Rohwasser eliminiert werden. Problematische Schadstoffgruppen, die derzeit für die Trinkwasserversorgung relevant sind, zeigt **Tabelle 4.3**.

Tabelle 4.3: Problematische Schadstoffgruppen in Grund- und Oberflächenwässern

Grundwasseraufbereitung
Leichtflüchtige Halogenkohlenwasserstoffe
PSM-Wirkstoffe und Metabolite
Sprengstoffe und Metabolite
BTX-Aromaten
Perfluorierte Verbindungen
Mineralölkohlenwasserstoffe
Oberflächenwasser-, Uferfiltrataufbereitung
PSM-Wirkstoffe und Metabolite
Arzneimittelrückstände
Perfluorierte Verbindungen
Industriechemikalien
Komplexbildner
Geruchs- und Geschmacksstoffe
Algentoxine

4.4.2 Einsatz von Kornaktivkohle

4.4.2.1 Verfahrenstechnische Grundlagen der Aktivkohlefiltration

Der Einsatz von Kornkohle in Festbettadsorbern ist in Deutschland das am häufigsten angewandte Verfahren zur Elimination von Mikroverunreinigungen bei der Trinkwasseraufbereitung. Dabei werden geschlossene, in der Regel Stahlfilterkessel oder offene Betonfilterbecken verwendet. Die Aktivkohleschütthöhe beträgt zwischen 1,5 und 3,0 m. Die Adsorber werden üblicherweise mit Filtergeschwindigkeiten zwischen 5 und 15 m/h betrieben. Die Filtergeschwindigkeit in m/h ergibt sich aus dem Quotienten von Volumenstrom in m^3/h und der Filterfläche in m^2 und stellt somit die Leerbettfiltergeschwindigkeit dar.

Die Schüttung der Aktivkohle kann auf einer eventuell vorhandenen Stützschicht aufliegen (siehe **Bild 4.11**). Den Abschluss bildet ein Düsenboden. Heutzutage wird häufig auf eine Stützschicht verzichtet. Dies setzt voraus, dass die Körnung der eingesetzten Aktivkohle auf die Schlitzweite der Filterdüsen abgestimmt ist.

Adsorptionsstufen mit Kornaktivkohle werden üblicherweise als Einzelfilter oder mehrere Filter in Parallelschaltung ausgeführt. Prinzipiell ist der Parallelbetrieb von mehreren Adsorbern mit zeitversetztem Aktivkohlewechsel in den einzelnen Filtern zu bevorzugen, da hierbei eine gleichmäßigere Filtratbeschaffenheit gegenüber dem Betrieb eines Einzelfilters sowie eine weitergehende Ausnutzung der Aktivkohle resultiert. Möglichkeiten der Konfigurationen von Adsorbern mit Vor- und Nachteilen zeigt **Bild 4.12**.

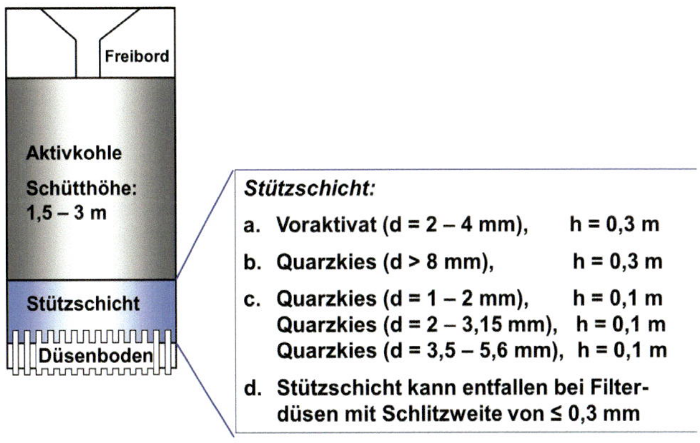

Bild 4.11: Schematischer Aufbau eines Aktivkohlefilters

<table>
<tr><th>Konfiguration</th><th></th><th>Vorteil / Nachteil</th></tr>
<tr><td>Einzeladsorber</td><td>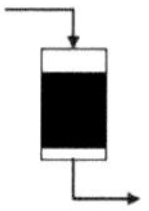</td><td>▪ Anlagenstillstand bei Aktivkohlewechsel</td></tr>
<tr><td>Mehrere Adsorber</td><td>Parallelschaltung
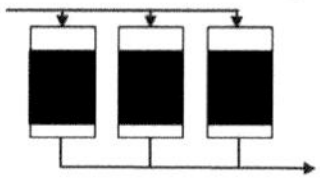
Reihenschaltung
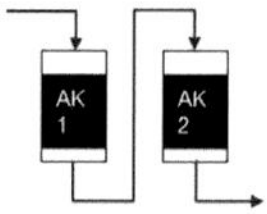

wechselweise umschaltbarer Betrieb
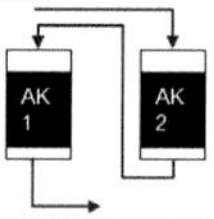
</td><td>bei zeitversetztem Aktivkohlewechsel
▪ Erhöhung der Aufbereitungssicherheit
▪ Vergleichmäßigung der Filtratbeschaffenheit
▪ Höhere Ausnutzung der Adsorptionskapazität im Einzelfilter

▪ Erhöhung der Aufbereitungssicherheit

wechselweise umschaltbarer Betrieb:
bei Durchbruch des Störstoffs AK 2
– Austausch der Aktivkohle in AK 1
– Reihenfolge tauschen

▪ Höhere Ausnutzung der Adsorptionskapazität</td></tr>
</table>

Bild 4.12: Konfiguration von Adsorbern – Vor- und Nachteile

Für die Entfernung leichtflüchtiger Halogenkohlenwasserstoffe hat sich gezeigt, dass sich eine weitergehende Ausnutzung der Aktivkohle gegenüber dem Betrieb eines Einzeladsorbers durch eine Reihenschaltung von zwei Filtern erreichen lässt, die in ihrer Beaufschlagung wechselweise umschaltbar betrieben werden können. Damit gelingt es, die jeweils vorgeschaltete Filtereinheit praktisch vollständig zu beladen, ohne dass im Ablauf der zweiten Stufe eine zu hohe Konzentration erreicht wird. Hiermit lassen sich bei der Entfernung von Tri- und Tetrachlorethen in einer Großanlage längere Laufzeiten erreichen [13].

Bei Aktivkohlefiltern sind Möglichkeiten einer hinreichenden Wasserspülung vorzusehen. Bei der Inbetriebnahme von Filtern mit großer Filterfläche ist zur Vergleichmäßigung der Schüttung eine Luftspülung vorteilhaft. Abhängig von der Art der eingesetzten Aktivkohle können Spülgeschwindigkeiten von 15 und 35 m^3/m^2h erforderlich sein. Der Freibord der Filter muss so bemessen werden, dass das Filterbett bei einer Spülung vollständig fluidisiert werden kann. Für die in der Praxis eingesetzten Aktivkohlen wird bei einer vollständigen Fluidisierung eine Ausdehnung des Filterbetts um 20 bis 40 % erreicht [12]. Bei der Spülung der Aktivkohlefilter während des Filterlaufs hingegen sollte die Ausdehnung des Filterbetts so gering wie möglich gehalten werden.

CarboTech
The activated carbon people
TRINKWASSERBELASTUNG MIT PFAS? SETZEN SIE AUF UNSERE AKTIVKOHLE.
Hochwertige Aktivkohle für Trinkwasser-Anwendungen
Zertifiziert nach DIN EN 12915 und DIN EN 12903
Zuverlässige Adsorption von PFAS aus Trinkwasser
Ideal für den Einsatz in der 4. Reinigungsstufe
CARBOTECH BIETET MEHR ALS AKTIVKOHLE. AUS UNSEREM 360°-SERVICE BIETEN WIR IHNEN DIE PASSENDE LÖSUNG AN - INDIVIDUELL ABGESTIMMT FÜR IHRE ANWENDUNG. SPRECHEN SIE UNS AN!
Elisenstraße 119 | 45139 Essen | +49 (0) 201-24 89 900 | info@carbotech.de | carbotech.de

Nach Erreichen der maximal zulässigen Ablaufkonzentration für den Schadstoff wird die gesamte Aktivkohlemenge aus dem Aktivkohlefilter entfernt und durch Neukohle ersetzt. Abhängig von der Beladung der erschöpften Aktivkohle kann auch deren Reaktivierung mit anschließend erneuten Einsatz in Betracht gezogen werden. Die Reaktivierung erfolgt meist thermisch in Drehrohr-, Wirbelschicht- oder Etagenöfen in werkseigenen Anlagen oder beim Hersteller. Dabei treten Aktivkohleverluste durch Transport und Abbrand von circa 10 % auf, die durch Frischkohle zu ersetzen sind. Die einzelnen Verfahrensschritte bei Inbetriebnahme von Aktivkohlefiltern und Austausch der erschöpften Aktivkohle sind in [12] beschrieben.

4.4.2.2 Anwendungsbeispiele und Einflussgrößen

In der Praxis lassen sich weder bei der Anwendung von Pulverkohleverfahren noch bei der Filtration über körnige Aktivkohle derart hohe Aktivkohlebeladungen wie bei der Isothermenaufnahme im Einzelstoffsystem erreichen. Der Grund hierfür ist darin zu sehen, dass die in den Rohwässern vorhandenen natürlichen organischen Wasserinhaltsstoffe, die meist in höheren Konzentrationen im Vergleich zu den Mikroverunreinigungen vorliegen, um die vorhandenen Adsorptionsplätze auf der Aktivkohleoberfläche konkurrieren. Dies führt zu einer Verringerung der nutzbaren Kapazität der Aktivkohle für den Schadstoff gegenüber dem Verhalten des reinen Einzelstoffs [14, 15]. Weiterhin wird davon ausgegangen, dass Huminstoffe teilweise irreversibel adsorbieren (Fouling). Der Einfluss der organischen Hintergrundmatrix, erfasst über den summarischen Parameter DOC, auf das Durchbruchsverhalten von Trichlorethen ist in **Bild 4.13** veranschaulicht. In großtechnischen Adsorbern treten beispielsweise bei der Adsorption von

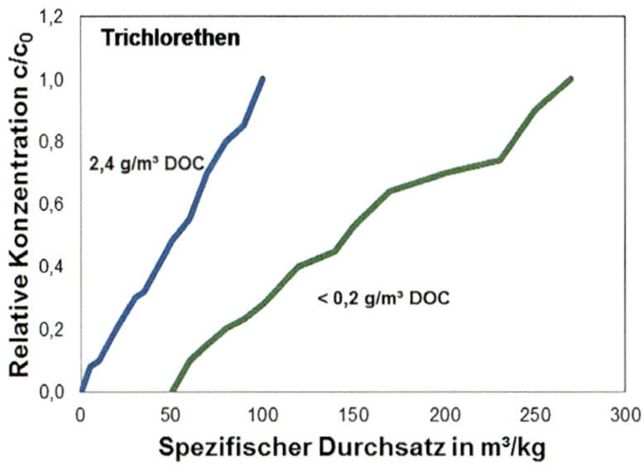

Bild 4.13: Einfluss des DOC auf das Durchbruchsverhalten von Trichlorethen (c_0: 300 µg/l; Schütthöhe: 0,35 m; Filtergeschwindigkeit: 10 m/h)

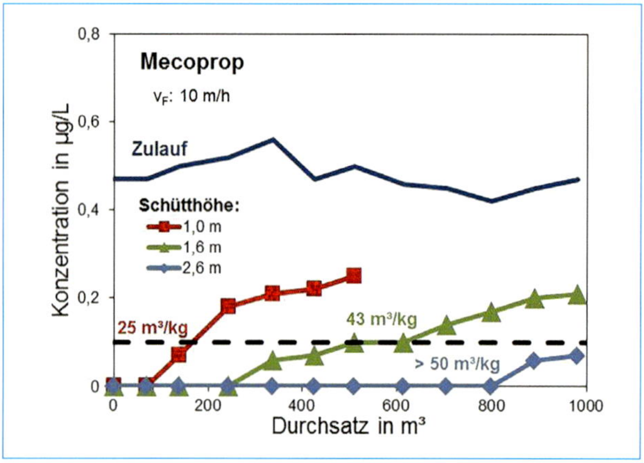

Bild 4.14: Einfluss der Schütthöhe auf das Durchbruchsverhalten von Mecoprop

aliphatischen Chlorkohlenwasserstoffen aus Grundwässern, abhängig vom Schadstoff, Kapazitätseinbußen von 50 bis 90 % auf. Bedingt durch deren sehr niedrige Konzentrationen werden bei der Adsorption von Pestizidwirkstoffen in Anwesenheit von Huminstoffen gegenüber dem Einzelstoffsystem Kapazitätsverluste von bis zu 99 % beobachtet [15]. Aufgrund der niedrigen Ausgangskonzentration der Pestizidwirkstoffe in den Rohwässern, die zur Trinkwassergewinnung genutzt werden, ergeben sich dennoch in den meisten Fällen ausreichend lange Filterbetriebszeiten.

Die erreichbaren spezifischen Durchsatzmengen hängen ebenfalls von der Höhe der Aktivkohleschüttung sowie der Filtergeschwindigkeit ab. Nach den Filterversuchen im halbtechnischen Maßstab zur Adsorption von Mecoprop aus einem Grundwasser kann ein Filter mit einer Schütthöhe von 2,6 m gegenüber einer Schütthöhe von 1,0 m bis zu mehr als der doppelten spezifischen Durchsatzmenge bis zum Erreichen der maximal zulässigen Ablaufkonzentration von 0,1 µg/L betrieben werden (siehe **Bild 4.14**). Eine Erhöhung der Schütthöhe führt danach zu einer besseren Ausnutzung der Aktivkohle. Für eine optimale Entfernung von Pestizidwirkstoffen sollte daher eine Schütthöhe von 2 m nicht unterschritten werden. Bei Erhöhung der Filtergeschwindigkeit von 10 auf 30 m/h hingegen resultiert eine deutlich kürzere spezifische Durchsatzmenge (siehe **Bild 4.15**).

In einem Aktivkohlefilter ist stets das Durchbruchsverhalten sämtlicher Störstoffe zu betrachten. Die Verdrängung einer gering adsorbierbaren Verbindung durch eine Komponente mit höherer Adsorbierbarkeit führt zu einer im Vergleich zum Filterzulauf höheren Konzentration im Filterablauf (Chromatografieeffekt), wie für PFBA (Perfluorbutansäure) aus **Bild 4.16** zu erkennen ist. PFHxA (Perfluorhexan-

Bild 4.15: Einfluss der Filtergeschwindigkeit auf das Durchbruchsverhalten von Mecoprop

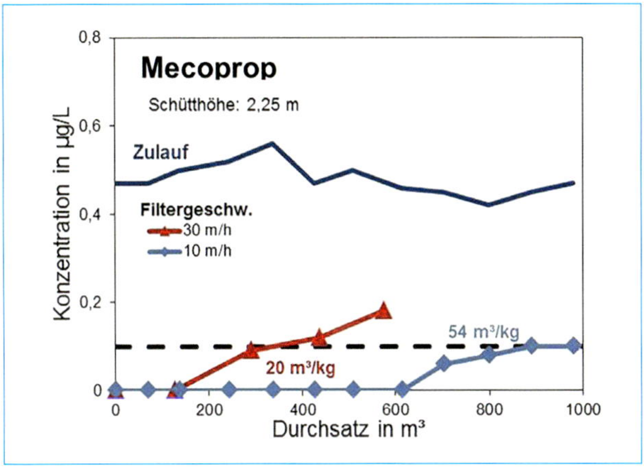

4

säure) ist im Vergleich zu PFBA besser an Aktivkohle adsorbierbar und liegt in einer höheren Konzentration im Rohwasser vor. Die Konzentrationsüberhöhungen sind bei der Festlegung der maximalen Filterlaufzeit zu berücksichtigen.

Kornaktivkohlen in Festbettadsorbern werden insbesondere bei der Aufbereitung von Oberflächenwasser und Uferfiltrat auch als Sicherheitsstufe gegenüber unbekannten Schadstoffen eingesetzt. Die Aufbereitungssicherheit ist dabei meist operationell über die Filterlaufzeit bzw. die spezifische Durchsatzmenge

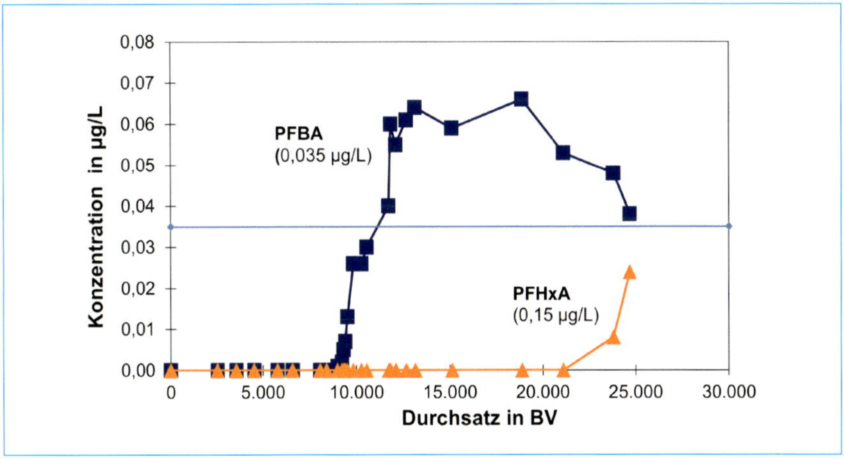

Bild 4.16: Konkurrierende Adsorption von PFBA und PFHxA in einem Aktivkohlefilter

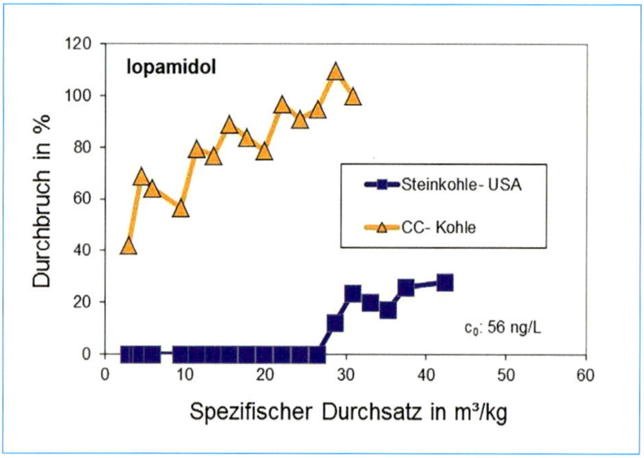

Bild 4.17: Durchbruchsverhalten von Iopamidol an Aktivkohlen auf Rohstoffbasis Kokosnussschalen und Steinkohle

festgelegt, die abhängig von der Wassermatrix in der Regel zwischen 50 und 100 m³/kg beträgt. Gut adsorbierbare bzw. mittel adsorbierbare Stoffe können dabei stets vollständig entfernt werden. Polare Verbindungen hingegen brechen vergleichsweise früh im Aktivkohlefilter durch und werden im Einzelfilter meist nicht über die gesamte Filterlaufzeit vollständig eliminiert. Zur Minimierung der Spurenverunreinigungen im aufbereiteten Wasser ist stets eine maximale Elimination für Spurenstoffe bis zum Austausch der Aktivkohle anzustreben. Dabei ist die Aktivkohleauswahl wesentlich. Filterversuche in halbtechnischem Maßstab zur Aufbereitung eines Uferfiltrats zeigen, dass bei Einsatz einer hochwertigen Aktivkohle auf Kokosnussschalenbasis (CC) Iopamidol praktisch sofort vollständig durchbricht, hingegen ist bei Einsatz der Aktivkohlen auf Steinkohlebasis ein vollständiger Rückhalt bis zu einem spezifischen Durchsatz von 27 m³/kg möglich (siehe **Bild 4.17**). Auf handelsübliche Kokosnussschalen (CC) basierte Aktivkohlen mit einem hohen Mikroporenvolumen haben sich hingegen für die Entfernung leichtflüchtiger Halogenkohlenwasserstoffe, wie beispielsweise Tetrachlorethen, bei zahlreichen Grundwasserschadensfällen bewährt (siehe **Bild 4.18**).

Abhängig vom Rohstoff und den Aktivierungsbedingungen resultieren Aktivkohlen mit unterschiedlichen Produkteigenschaften. Durch Variation der Aktivierungsbedingungen kann die Porenstruktur der Aktivkohlen gezielt verändert werden. Dies wird aktuell von den Herstellern genutzt, um die Adsorptionseigenschaften der CC-basierten Aktivkohlen zu verändern. Derzeit werden neue CC-basierte Aktivkohlen mit höherem Aktivierungsgrad als die konventionellen, handelsüblichen CC-basierten Aktivkohlen angeboten, die im Versuchsmaßstab höhere Adsorptionskapazitäten als die herkömmlichen Aktivkohlen aufweisen [16]. Großtechnische Erfahrungen mit solchen Produkten liegen noch nicht vor.

Bild 4.18: Durchbruchsverhalten von Tetrachlorethen an Aktivkohlen auf Rohstoffbasis Kokosnussschalen und Steinkohle

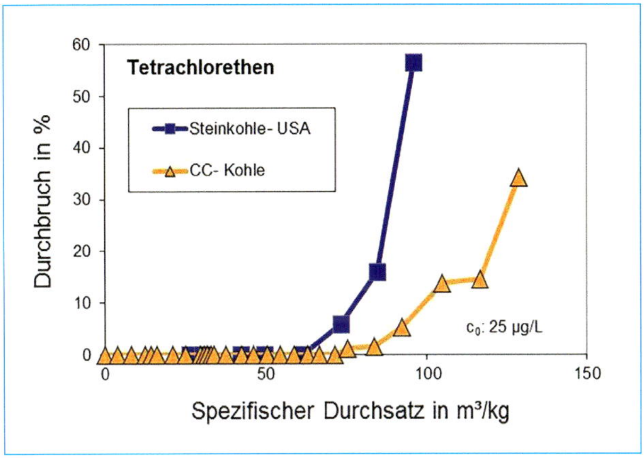

4

Ein Vorteil des Einsatzes von Kornaktivkohlen gegenüber Pulveraktivkohlen wird auch darin gesehen, dass erschöpfte Kornaktivkohlen in einem thermischen Prozess reaktiviert werden können. Die Eigenschaften der Reaktivate können sich von denen der Frischkohle unterscheiden. Bei dem in **Bild 4.19** dargestellten Beispiel der Adsorption von Bentazon an Frischkohle und Reaktivat auf Rohstoffbasis von Steinkohle wird bei Einsatz der reaktivierten Aktivkohle ein geringfügig späterer Durchbruch im Vergleich zur Frischkohle beobachtet. Bei Einsatz von Reaktivaten (Rohstoffbasis Kokosnussschalen) zur Entfernung von perfluorierten

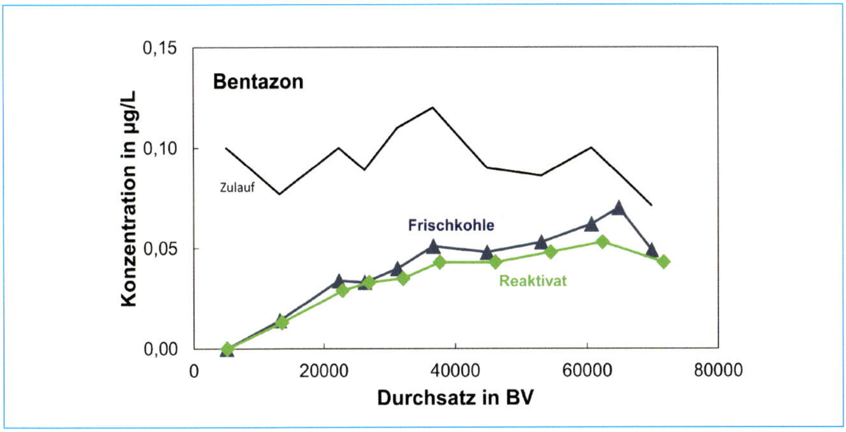

Bild 4.19: Durchbruchsverhalten von Bentazon an Frischkohle und Reaktivat (Rohstoffbasis Steinkohle) bei der Uferfiltrataufbereitung

Verbindungen werden gegenüber der Frischkohle ebenfalls längere Filterlaufzeiten erreicht [17].

4.4.3 Anwendung von Pulveraktivkohle

In Deutschland wird zur Trinkwasseraufbereitung lediglich in Einzelfällen Pulveraktivkohle eingesetzt. Während bei kontinuierlichem Aktivkohleeinsatz bevorzugt Kornaktivkohle in Festbettadsorbern gewählt wird, wird Pulveraktivkohle (PAC) insbesondere in den Fällen vorgehalten, in denen temporär einer Rohwasserbelastung begegnet werden muss. PAC wird bei Bedarf in zahlreichen See- und Talsperrenwasserwerken zur Elimination von beispielsweise Geruchs- und Geschmackstoffen oder Algentoxinen eingesetzt. Einige Oberflächenwasserwerke dosieren PAC auch, um saisonal im Rohwasser auftretende PSM-Wirkstoffe adsorptiv zu eliminieren. Lediglich der Einsatz von Pulverkohle erlaubt eine bedarfsabhängige Kohledosierung und somit eine Optimierung der Betriebsmittelkosten. Dies erfordert allerdings eine stetige Überwachung der Schadstoffgehalte im Rohwasser. Beim Pulverkohleverfahren ist die Einsatzmenge zu minimieren, da für Pulverkohle bislang keine Regenerierungsmöglichkeit besteht und somit das Pulverkohle-Schlamm-Gemisch entsorgt bzw. deponiert werden muss. In gewissen Fällen kann der Pulverkohleschlamm in kommunalen Kläranlagen oder Ziegeleien entsorgt werden.

Bei der Mehrzahl der Wasserwerke, die PAC im Aufbereitungsprozess einsetzen, wird diese kontinuierlich mengenproportional als Suspension mit einer PAC-Konzentration von 6 bis 10 Gew.-% [12] direkt in die Rohwasser- bzw. die Zulaufleitung zu einer Filterstufe dosiert. Die PAC wird durch Filtration über Ein- oder Mehrschichtfilter oder Ultrafiltration abgetrennt. Der Filterschichtaufbau ebenso wie die Bauweise der Filter (offene Becken – geschlossene Druckfilter) unterscheiden sich in den einzelnen Aufbereitungsanlagen. Als Reaktionsraum dient der Filterüberstau. In wenigen Fällen ist den Filtern ein Reaktionsbehälter vorgeschaltet. Zum besseren Rückhalt der PAC wird teilweise ein Flockungsmittel im Zulauf zum Filter dosiert, wobei der Flockungsmittelbedarf von der PAC-Zugabemenge abhängt. Üblicherweise können bei der direkten Beaufschlagung von Filtern PAC-Zugabemengen von bis zu max. 20 bis 30 mg/L mit vertretbarem Aufwand beherrscht werden. Während eines Filterlaufs reichert sich die PAC im Filter an. Bei beginnendem PAC-Durchbruch oder bei Erreichen des maximal zulässigen Filterwiderstands wird eine Filterspülung vorgenommen. Dabei wird die beladene PAC vollständig ausgetragen.

Die adsorptive Elimination von Spurenstoffen erfolgt bei diesem Verfahren einerseits während der Kontaktzeit von Dosierung bis PAC-Abtrennung, andererseits akkumuliert die PAC in der Filterschicht und wirkt ähnlich einem Festbettadsorber bis zum Pulverkohleaustrag am Ende eines Filterlaufs. Die PAC-Menge im Filter nimmt somit stetig mit der Filterlaufzeit zu. Dadurch steigt die Eliminationsrate im Einzelfilter mit der Filterlaufzeit, wie dies für die Entfernung von Bromacil in **Bild 4.20** oben dargestellt ist. Nachfolgend wird an diesem Beispiel der Adsorption von Bromacil dargestellt, dass durch entsprechende Modifikation der Betriebsweise eine Optimierung des Anlagenbetriebs möglich ist [18].

Nach Bild 4.20 oben ist die kontinuierliche PAC-Zugabe (3 g/m³) (KonPAC) im Einzelfilterbetrieb nicht zielführend, da Bromacil zu Beginn des Filterlaufs nicht ausreichend eliminiert wird. Erst gegen Ende des Filterlaufs reicht die im Filter angeschwemmte PAC-Menge aus, um im Filtrat den Grenzwert der TrinkwV (2023) für PSM-Wirkstoffe von 0,1 µg/L zu unterschreiten. Weiterhin können Konzentrationsschwankungen im Rohwasser bei dieser Art der PAC-Anwendung nicht ausreichend beherrscht werden. Der Konzentrationsanstieg im Filtrat bei einer Filterlaufzeit von 48 Stunden ist auf einen Konzentrationssprung im Rohwas-

4

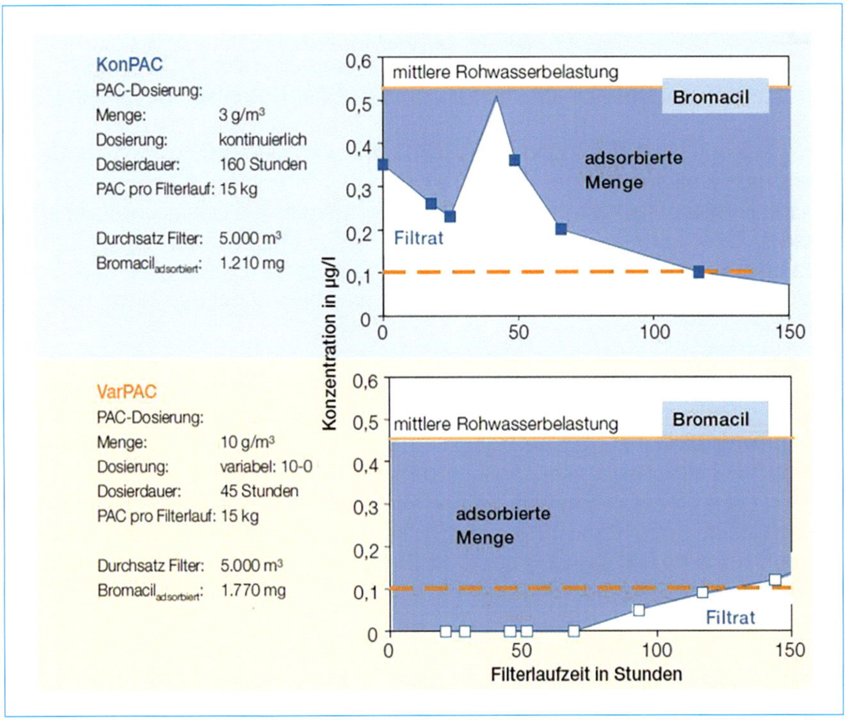

Bild 4.20: Entfernung von Bromacil in einem Einzelfilter bei kontinuierlicher (KonPAC) und variabler PAC-Dosierung (VarPAC) [18]

ser zurückzuführen. Nur durch den Parallelbetrieb mehrerer Filter oder mit entsprechend hohen PAC-Dosiermengen kann das Aufbereitungsziel im Reinwasser stets erreicht werden. Bei kleineren Aufbereitungsanlagen mit nur einem Filter ist diese Art der kontinuierlichen PAC-Dosierung mit konstanter Dosiermenge nicht zu empfehlen, da nur mit vergleichsweise hohen PAC-Zugabemengen eine weitgehende Spurenstoffelimination erreicht werden kann. Im Gegensatz zur kontinuierlichen PAC-Dosierung wurde bei variabler Dosierung (VarPAC) bzw. Einmaldosierung unmittelbar zu Beginn des Filterlaufs – bei Wiederinbetriebnahme eines Filters nach dessen Spülung – die für den gesamten Filterlauf erforderliche PAC-Menge auf die Filter dosiert. Dabei wird die über einen Filterlauf aufzubereitende Wassermenge mit der gesamten PAC-Menge behandelt. Somit entspricht dieses Verfahren praktisch einer PAC-Filtration (Bild 4.20 unten). Nach einer Laufzeit von 70 Stunden ist ein stetiger Anstieg der Bromacilkonzentration im Filterauslauf, analog eines Schadstoffdurchbruchs in einem Kornkohlefilter, festzustellen. Der Grenzwert der TrinkwV von 0,1 µg/L für PSM-Wirkstoffe wird erst nach einer Filterlaufzeit von 120 Stunden im Einzelfilter erreicht bzw. überschritten. Bei VarPAC resultiert während eines Filterlaufs bei gleicher spezifischer PAC-Einsatzmenge eine 45 % höhere Beladung an Bromacil gegenüber KonPAC. Durch die bessere Ausnutzung der Adsorptionskapazität der PAC ergibt sich eine Verringerung der PAC-Einsatzmenge und damit der Betriebsmittelkosten [18].

Generell kann die Abtrennung der Pulverkohle auch in einer Sedimentationsstufe erfolgen. Sedimentationsverfahren sind bei der Trinkwasseraufbereitung lediglich zur Behandlung stark trübstoffhaltiger Rohwässer wie beispielsweise bei der direkten Oberflächenwässeraufbereitung aus der fließenden Welle im Einsatz. Dies führt jedoch zu einer schlechteren Ausnutzung der Aktivkohlekapazität und erfordert somit auch höhere Kohlezugabemengen gegenüber dem beschriebenen Verfahren.

Ein weiteres Verfahren, bei dem Pulverkohle eingesetzt wird, ist das sogenannte Refiflocverfahren. Hierbei handelt es sich um einen aufwärts durchströmten Festbettreaktor mit Polystyrolkugeln [19]. Vor der Adsorptionsphase werden im Festbett Pulverkohlepartikel angeschwemmt. Dadurch kommt es zu einer Anlagerung der Pulverkohlepartikel an den Polystyrolkugeln. Nach der Beladungsphase erfolgt durch Rückspülung eine Abtrennung der Pulverkohle. Zur anschließenden Konditionierung wird die Oberfläche der Polystyrolkugeln erneut mit Pulverkohle beladen.

Bei Pulverkohleverfahren ist auch ein ausreichender Rückhalt an PAC im Aufbereitungsprozess selbst sicherzustellen, um Korrosionsprobleme im Verteilungsnetz zu vermeiden. Für Aktivkohle im Trinkwasser nach abgeschlossener Aufbereitung sind nach der Verordnung über den Zusatz fremder Stoffe bei der Aufbereitung von Trinkwasser vom 19. Dezember 1959 [20] 0,5 mg/L zugelassen. Weitere bzw.

neuere Vorgaben existieren bislang nicht. Der genannte Wert ist jedoch als deutlich zu hoch anzusehen. Eine analytische Erfassung der PAC-Gehalte im Filtrat ist über die Bestimmung des Schwarzgrads von Membranfiltern oder der Partikelmessung möglich, wobei abhängig vom gewählten Messverfahren PAC-Gehalte um 0,01 mg/L bei der Partikelmessung und 0,1 mg/L bei der Schwarzgradbestimmung erkennbar sind [21]. Der Rückhalt der PAC hängt vom Filterschichtaufbau, der Mahlfeinheit der PAC-Typen, der eingesetzten PAC-Menge sowie der Filtergeschwindigkeit ab.

4.5 Auswahl geeigneter Aktivkohlen

Zur Beurteilung des Adsorptionsverhaltens organischer Spurenstoffe sind Untersuchungen mit dem im Einzelfall vorliegenden Rohwasser erforderlich, um den Einfluss der konkurrierenden Adsorption durch die organische Hintergrundmatrix zu berücksichtigen [12].

Die Auswahl von Pulveraktivkohlen kann mittels Batchversuchen erfolgen, wie sie bei der Bestimmung von Adsorptionsisothermen durchgeführt werden. Dabei ist die in der Großanlage vorliegende Kontaktzeit zu berücksichtigen, wie am Beispiel der Adsorption von Sulfamethoxazol für vier Pulveraktivkohlen und unterschiedlichen Kontaktzeiten in **Bild 4.21** dargestellt ist. Bei einer Kontaktzeit von 24 Stunden (Isothermenpunkt) wird für alle vier Pulveraktivkohlen eine hohe Elimination erreicht. Bei einer Kontaktzeit von 30 Minuten zeigen die Aktivkohlen diesbezüglich signifikante Unterschiede, sodass für die großtechnische Anwendung PAC 1 und PAC 2 zu bevorzugen sind [8].

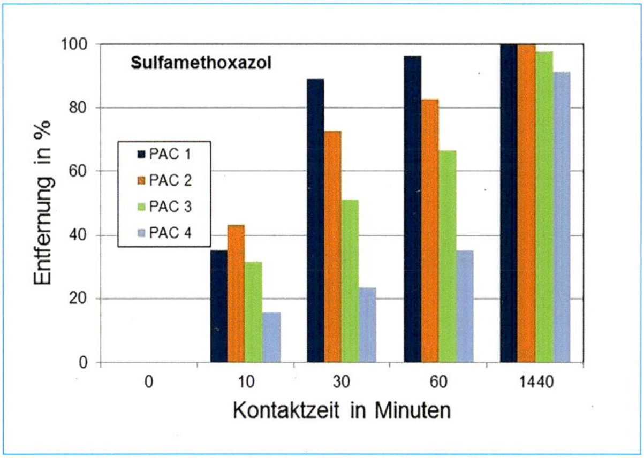

Bild 4.21: Einfluss der Kontaktzeit auf die Entfernung von Sulfamethoxazol für vier Pulveraktivkohlen (Ausgangskonzentration: 500 ng/L, PAC-Zugabemenge 10 mg/L; DOC 1,2 mg/L)

Die aus Batchversuchen resultierenden Ergebnisse hinsichtlich der PAC-Einsatzmenge lassen sich aber nur bedingt auf den Betrieb einer Großanlage übertragen, da im Batchsystem ein konstantes, in der Filterstufe aufgrund der Akkumulation der PAC im Filterbett ein sich zeitlich änderndes Verhältnis zwischen PAC- und Wassermenge vorliegt. Dementsprechend resultieren bei gleichem spezifischen Kohleeinsatz unterschiedliche Entfernungsraten zwischen Batchtest und Filterversuch.

Bei der Produktspezifikation der Hersteller ist für die Aktivkohlen zur Charakterisierung der Adsorptionseigenschaften meist lediglich der Parameter Jodzahl aufgeführt. Die Jodzahl gilt als eine Größe zur Beurteilung der Aktivkohle hinsichtlich des Adsorptionsverhaltens kleiner Moleküle [2]. Für die derzeit handelsüblichen Aktivkohlen werden für die meisten Kornaktivkohleprodukte auf Steinkohlebasis Jodzahlen über 950 mg/g, für die Aktivkohlen auf Kokosnussschalenbasis Jodzahlen über 1.000 mg/g angegeben. Werden in Festbettadsorbern im Parallelbetrieb Aktivkohlen mit gleicher Jodzahl eingesetzt, können jedoch deutlich unterschiedliche Filterlaufzeiten resultieren (siehe **Bild 4.22**). Für Wasserversorgungsunternehmen ist somit die Auswahl einer Aktivkohle anhand der Jodzahl nicht zielführend [6].

Produktspezifikation der Hersteller - Rohstoffbasis Steinkohle						
Aktivkohle	A	B	C	D	E	F
Jodzahl mg/g	950 ± 50	min. 950	min. 950	min. 950	min. 950	min. 950

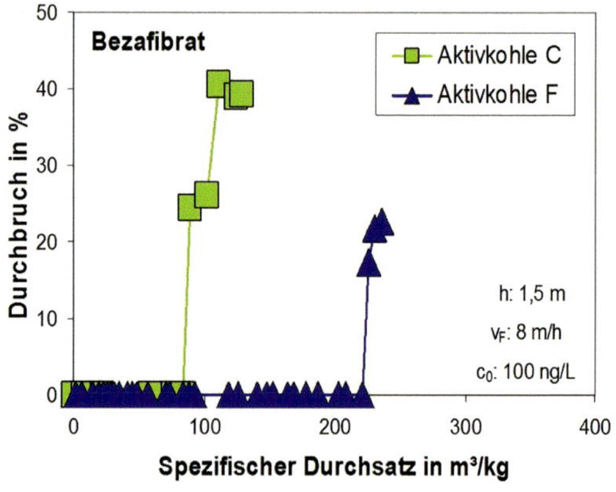

Bild 4.22: Durchbruchskurven für Bezafibrat bei Einsatz von zwei Aktivkohlen auf Rohstoffbasis Steinkohle in einem Oberflächenwasserwerk (DOC: 1,8 mg/L)

Filterversuche im halbtechnischen Maßstab gemäß DVGW-Regelwerk W 239 A [12] ermöglichen eine zuverlässige Bewertung der Adsorptionseigenschaften von Kornaktivkohlen und lassen dementsprechende Aussagen über die zu erwartende Filterlaufzeit von Großfiltern für die jeweilige Aufgabenstellung zu. Dabei werden gekörnte Aktivkohlen in der handelsüblichen Korngröße eingesetzt. Die Versuche erfordern einen Zeitbedarf von bis zu mehreren Monaten. Um kurzfristig Aussagen über das Durchbruchsverhalten von Einzelstoffen an unterschiedlichen Kornaktivkohlen zu erhalten, wurde der Granular Carbon Selection Test (GCST) entwickelt [22]. Im Gegensatz zu Filterversuchen im halbtechnischen Maßstab können vergleichende Ergebnisse relativ kurzfristig erhalten werden.

Abhängig von der Betriebsweise der Aktivkohleanlagen können weitere Eigenschaften von Aktivkohlen von Bedeutung sein. Beispielsweise sind bei häufigerer Spülung von Aktivkohlefiltern oder bei Verwendung von Reaktivaten Aktivkohlen mit hoher Härte zu bevorzugen. Eine gute Benetzbarkeit ist sowohl bei Korn- als auch Pulveraktivkohlen vorteilhaft.

4.6 Aktuelle Themen

4.6.1 Entfernung von PFAS mit Aktivkohle

Die Einführung von Grenzwerten bezüglich PFAS (per- und polyfluorierte Alkylsubstanzen) in der TrinkwV 2023 führt dazu, dass zahlreiche Wasserversorgungsunternehmen Aufbereitungsverfahren zur Entfernung von PFAS implementieren müssen. In den meisten Fällen wird ein Adsorptionsverfahren mit Aktivkohle nachgerüstet. Einige Wasserversorger, die bereits über eine Aktivkohlefilterstufe verfügen, müssen das Aktivkohlemanagement anpassen, um die PFAS-Grenzwerte sicher einzuhalten.

Die Einzelsubstanzen aus der Gruppe der PFAS weisen ein unterschiedliches Adsorptionsverhalten auf. So nimmt beispielsweise die Adsorbierbarkeit mit der Kettenlänge zu (siehe **Bild 4.23**). Weiterhin sind die Sulfonsäuren im Vergleich zu den Carbonsäuren besser adsorbierbar.

Eine Abschätzung der zu erwartenden Filterlaufzeit bis zum Aktivkohlewechsel für den Einzelfall ist nach den bislang vorliegenden Erfahrungen nicht möglich, da die PFAS-Grenzwerte (PFAS-20 und PFAS-4) sich auf ein PFAS-Gemisch beziehen. Die belasteten Rohwässer unterscheiden sich sowohl im Substanzspektrum als auch in der Höhe der Belastung. Überschreitungen hinsichtlich des Grenzwerts für PFAS-4 im Rohwasser sind in vielen Fällen mittels Aktivkohlefiltration gut beherrschbar. In dem in **Bild 4.24** dargestellten Fallbeispiel mit Rohwas-

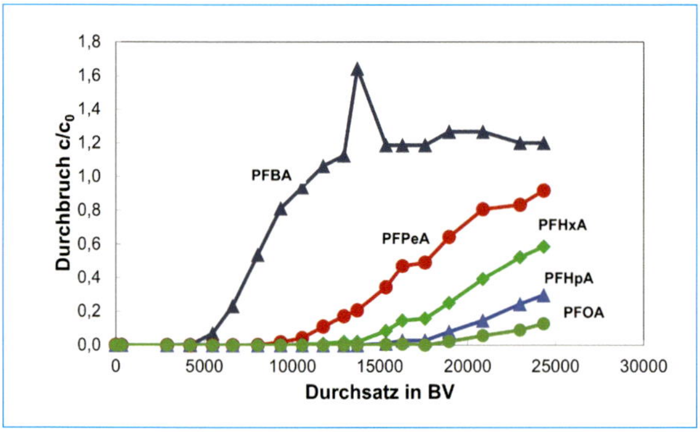

Bild 4.23: Durchbruchskurven für unterschiedliche PFAS-Einzelstoffe im Aktivkohlefilter

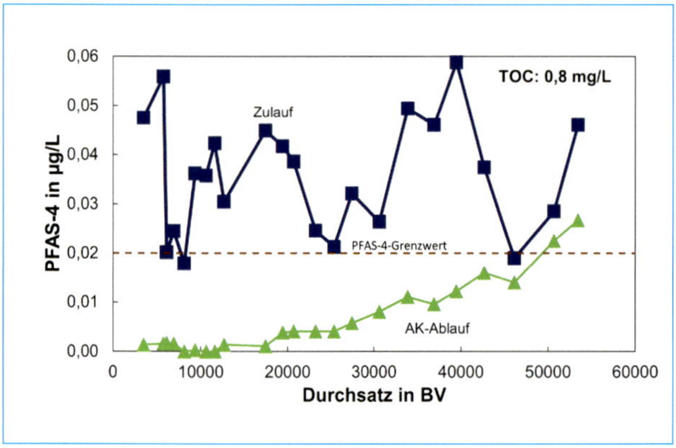

Bild 4.24: Durchbruchskurve für PFAS-4 im Aktivkohlefilter (TOC: 0,8 mg/L)

serkonzentrationen an PFAS-4 zwischen ca. 0,02 und 0,06 µg/L können die Einzelfilter bis zu ca. 50.000 BV betrieben werden, bis im Ablauf des Einzelfilters der Grenzwert diesbezüglich erreicht ist. Aufgrund des zeitversetzten Aktivkohlewechsels in den Einzelfiltern wird im Mischwasser der Grenzwert stets unterschritten.

Grenzen des Einsatzes von Aktivkohle zur Entfernung von PFAS-4 stellen jedoch hohe Gehalte natürlicher organischer Wasserinhaltsstoffe dar, wie dies aus **Bild 4.25** hervorgeht. Bei einem TOC-Gehalt des Wassers von 4 mg/L wird bei der vorliegenden PFAS-4-Belastung der Grenzwert der TrinkwV im Filterablauf bereits nach einem spezifischen Durchsatz von 8.000 BV überschritten. Der Einsatz von Aktivkohle zur Spurenstoffentfernung wird bei erreichbaren spezifischen Durchsätzen von ca. 15.000 BV gerade noch betrieblich und auch unter

Bild 4.25: Durchbruchskurve für PFAS-4 im Aktivkohlefilter (TOC: 4 mg/L)

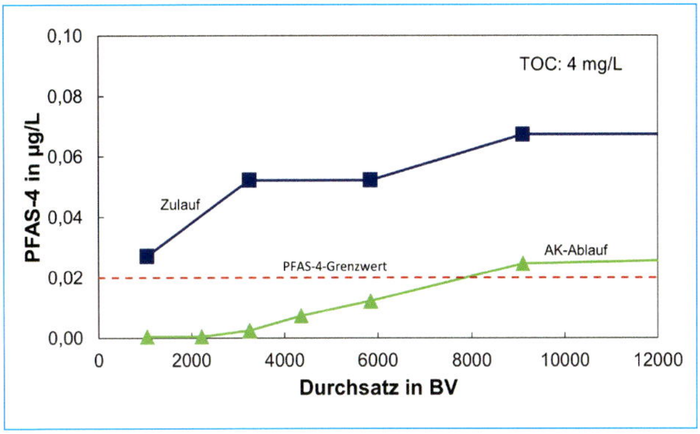

Bild 4.26: Durchbruchskurven für PFBA, PFpeA und deren Summenkonzentration in einem Aktivkohlefilter

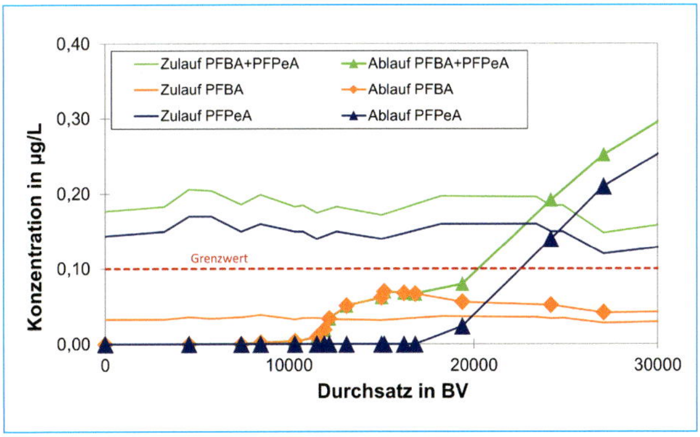

ökonomischen Aspekten als machbar erachtet. Im dargestellten Fallbeispiel wird ein derartiger Durchsatz nicht erreicht und andere Maßnahmen sind zu prüfen.

Bei Rohwässern mit erhöhten Konzentrationen bezüglich PFAS-20 ist hinsichtlich einer adsorptiven Behandlung zunächst das vorliegende PFAS-Spektrum zu bewerten. Liegen bereits kurzkettige PFAS-Einzelstoffe in einer Summenkonzentration über 0,10 µg/L vor, ist eine adsorptive Behandlung mit Aktivkohle nicht zielführend. Für PFAS-Einzelstoffe, wie beispielsweise PFBA und PFPeA, werden in den Abläufen von Aktivkohlefiltern infolge konkurrierender Adsorptionsvorgänge Konzentrationsüberhöhungen festgestellt (Chromatografieeffekte) (siehe **Bild 4.26**). Dadurch wird der Grenzwert für PFAS-20 im Filterablauf bei dem in Bild 4.26 dargestellten Fallbeispiel bereits nach einem spezifischen Durchsatz von 20.000 BV erreicht.

4.6.2 Aktivkohleeinsatz im Wasserwerk – Neue Trends

In zunehmendem Maße beschäftigen sich Wasserversorgungsunternehmen mit dem Thema Klimaneutralität. In **Tabelle 4.4** sind Literaturangaben bezüglich des Bedarfs und des CO_2-Fußabdrucks für die Herstellung von Aktivkohle zusammengestellt [23, 24]. Nach diesen Werten weist der Einsatz von Aktivkohlen – als Frischkohlen – auf Basis von Kokosnussschalen gegenüber den Aktivkohlen auf Basis von Steinkohle Vorteile auf. Der CO_2-Fußabdruck für Reaktivate ist für Aktivkohlen auf Rohstoffbasis von Steinkohle (SK) und auf Rohstoffbasis von Kokosnussschalen (CC) vergleichbar.

Aufgrund der unterschiedlichen Porenstruktur der Aktivkohlen auf Basis von SK und CC eignen sich diese Aktivkohletypen für unterschiedliche Anwendungen (siehe Kapitel 4.4.2.2). Während Aktivkohlen auf SK-Basis insbesondere bei der Spurenstoffentfernung aus Oberflächenwässern und Uferfiltraten Vorteile aufweisen, werden Aktivkohlen auf CC-Basis bei der Adsorption von Verbindungen mit niedrigem Molekulargewicht aus Grundwasser bevorzugt. Damit können bei der Trinkwasseraufbereitung Aktivkohlen auf SK-Basis nicht einfach durch Aktivkohlen auf CC-Basis ersetzt werden. Der Einsatz hochaktivierter Aktivkohlen auf CC-Basis ist aus adsorptionstechnischer Sicht zwar möglich, jedoch sind derartige Frischkohlen vergleichsweise teuer. Hingegen sind CC-Reaktivate mit SK-Reaktivaten sowohl hinsichtlich der Adsorptionseigenschaften als auch der Kosten vergleichbar. Eine Umstellung von Aktivkohlen mit Rohstoffbasis von SK auf Aktivkohlen mit Rohstoffbasis von CC ist deshalb dadurch zu erreichen, dass die nach Reaktivierung von SK erforderliche Ergänzung des Abbrandverlusts durch Frischkohle auf Rohstoffbasis von CC erfolgt. Betriebliche Nachteile in der Mischung von Aktivkohlen auf SK- und CC-Basis wurden nicht beobachtet und sind auch aufgrund vergleichbarer Härte und Schüttdichte dieser Aktivkohletypen nicht zu erwarten. Dies wird aktuell bei einigen Uferfiltrat- und Talsperrenwasserwerken praktiziert. Durch dieses Aktivkohlemanagement wird die vollständige

Tabelle 4.4: Rohstoffbedarf und CO_2-Fußabdruck von Aktivkohlen – Frischkohlen und Reaktivat [24, 25]

Rohstoff	Rohstoffbedarf	CO_2-Fußabdruck	
	$t_{Rohstoff}/t_{AK}$	Frischkohle t/t_{AK}	Reaktivat t/t_{AK}
Steinkohle	3,5 – 5	11 – 18	2 – 3
Kokosnussschalen	10 – 13	5 – 7	1
Braunkohle	5 – 6,5	14 – 18	2 – 4

Umstellung von Aktivkohle auf Rohstoffbasis von SK auf Aktivkohle mit Rohstoffbasis von CC erst nach ca. sechs bis sieben Reaktivierungszyklen erreicht sein.

Literatur

[1] Freundlich, H.: Über die Adsorption in Lösungen. Z. Phys. Chem. 57 (1906), S. 385-470

[2] Sontheimer, H.; Frick, B.; Fettig, J.; Hörner, G.; Hubele, C.; Zimmer, G.: Adsorptionsverfahren zur Wasserreinigung. DVGW-Forschungsstelle am Engler-Bunte-Institut der Universität Karlsruhe (TH), 1985

[3] Vermeulen, T.: Separation by adsorption methods. Advances in Chem. Eng. 2 (1958), S. 174-203

[4] DIN EN 12915-1: Produkte zur Aufbereitung von Wasser für den menschlichen Gebrauch – granulierte Aktivkohle – Teil 1: Frische granulierte Aktivkohle. Ausgabe Juli 2009

[5] Cornel, P.: Herstellung, Reaktivierung und Eigenschaften von Aktivkohlen. DVGW Informationsveranstaltung: Aktivkohlen zur Wasseraufbereitung. 8. und 9. Dezember 1994, Kassel

[6] Haist-Gulde, B.; Baldauf, G.: Aktuelle Anforderungen an den Betrieb von Aktivkohleadsorbern zur Spurenstoffentfernung. energie | wasser-praxis 6 (2011), S. 40-43

[7] DIN EN 12903: Produkte zur Aufbereitung von Wasser für den menschlichen Gebrauch – Pulver-Aktivkohle. Ausgabe Juli 2009

[8] Haist-Gulde, B.: Testmethoden und Kriterien für die Aktivkohleauswahl. DVGW-Vertiefungskurs „Einsatz von Aktivkohlen zur Trinkwasseraufbereitung", 19.-20. April 2016, Duisburg

[9] TrinkwV 2023: Trinkwasserverordnung vom 20. Juni 2023 (BGBl. 2023 I Nr. 159, S. 2)

[10] Umweltbundesamt: Liste zulässiger Aufbereitungsstoffe und Desinfektionsverfahren gemäß § 20 der Trinkwasserverordnung (Stand: Januar 2023) vom 13. Januar 2023

[11] Gimbel, R.; Hobby, R.: Arsen- und Schwermetallabgabe aus Aktivkohlen bei der Trinkwasseraufbereitung. DVGW-Forschungsvorhaben „Untersuchungen zur Abgabe von Arsen und Schwermetallen aus Aktivkohlen bei der Inbetriebnahme von Aktivkohlefiltern zur Trinkwasseraufbereitung". IWW Rheinisch-Westfälisches Institut für Wasserforschung GmbH, September 1998

[12] DVGW-Arbeitsblatt W 239 (A): Einsatz von Aktivkohle zur Entfernung organischer Stoffe bei der Trinkwasseraufbereitung. Ausgabe Oktober 2021, WVGW-Verlag, Bonn

[13] Baldauf, G. und Zimmer, G.: Adsorptive Entfernung leichtflüchtiger Halogenkohlenwasserstoffe bei der Wasseraufbereitung. Vom Wasser 66 (1986), S. 21-31

[14] Baldauf, G.: Einfluß natürlicher organischer Wasserinhaltsstoffe auf die Adsorption von Spurenstoffen. Vom Wasser 67 (1986), S.11-21

[15] Baldauf, G.: Aufbereitung von PSM-haltigen Rohwässern. DVGW-Schriftenreihe Wasser 65 (1989), S.109-142

[16] Haist-Gulde, B. und Baldauf, G.: Entwicklung von Kornaktivkohlen zur Entfernung von Spurenstoffen höherer Polarität. energie | wasser-praxis 2 (2013), S. 46-49

[17] Keldenich, U.; Haupt, N.; Schmidt, C.: Differenzierte Eignungsprüfung von Aktivkohlen auf Kokosnuss- und Steinkohlebasis zur Entfernung von perfluorierten Chemikalien (PFC) aus

einem Grundwasserschaden mit Feuerlöschmitteln. Poster GdCh-Jahrestagung Wasser Neu-Ulm, 2012

[18] Haist-Gulde, B.; Baldauf, G.: Erhöhung der Aufbereitungssicherheit bei der Pulverkohleanwendung. energie | wasser-praxis 6 (2007), S. 28-30

[19] Haberer, K.: Die Entfernung von Pflanzenschutzmitteln bei der Trinkwasseraufbereitung. Neue DELIWA-Zeitschrift 8 (1989), S. 360-365

[20] Verordnung über den Zusatz fremder Stoffe bei der Aufbereitung von Trinkwasser (Trinkwasser-Aufbereitungsverordnung). Bundesgesetzblatt, Teil I, 1959

[21] Haist-Gulde, B.; Biwer, G.; Sommer, M.; Baldauf, G.: Untersuchungen zum Verhalten handelsüblicher Pulveraktivkohlen hinsichtlich Benetzbarkeit und Rückhalt durch Flockenfiltration bei der Aufbereitung von Talsperrenwasser. Abschlussbericht zum Forschungsvorhaben. Projektförderung: ATT Arbeitsgemeinschaft Trinkwassertalsperren e.V., Zweckverband Wasserversorgung Kleine Kinzig, 2007

[22] Haist-Gulde, B.; Baldauf, G.: Entwicklung einer Testmethode für Kornaktivkohlen mit Berücksichtigung der Adsorptionskinetik. DVGW-Forschungsvorhaben W4/02/09, 2013

[23] DWA: Aktivkohleeinsatz auf kommunalen Kläranlagen zur Spurenstoffentfernung. KA Korrespondenz Abwasser, Abfall 12 (2016), S. 1.062-1.067

[24] Meier, A.; Remy C.: Klimafreundlich Gewässer schützen, CO_2-Fußabdruck verkleinern bei der Elimination organischer Spurenstoffe auf Kläranlagen. Aqua & Gas 2 (2020), S. 26-35

5 Oxidation und Desinfektion

Dr. Arnd Mehling

5.1 Einleitung

Oxidation und Desinfektion werden in einem gemeinsamen Kapitel behandelt, da die desinfizierende Wirkung der für die Trinkwasserdesinfektion eingesetzten chemischen Stoffe auf der oxidativen Zerstörung der Zellhüllen und Enzyme der Krankheitserreger beruht.

Grundsätzlich dürfen in der Trinkwasseraufbereitung nur die in der aktuellen Liste der Aufbereitungsstoffe und Desinfektionsverfahren gemäß § 20 der Trinkwasserverordnung (TrinkwV) [1] zugelassenen Stoffe und Desinfektionsverfahren eingesetzt werden. Zu beachten ist, dass nicht alle Oxidationsmittel für die Desinfektion und nicht alle für die Desinfektion zugelassenen chemischen Stoffe als Oxidationsmittel eingesetzt werden dürfen. Sauerstoff, Kaliumpermanganat und Wasserstoffperoxid sind nur als Oxidationsmittel zugelassen, da sie keine oder nur eine unzureichende desinfizierende Wirkung besitzen. Chlor und Chlordioxid wiederum dürfen, aufgrund der mit ihrem Einsatz verbundenen Bildung von Nebenprodukten, nicht für die Oxidation von organischen und anorganischen Wasserinhaltsstoffen eingesetzt werden. Lediglich Ozon ist als Oxidations- und Desinfektionsmittel zugelassen. Neben den chemischen Desinfektionsmitteln darf nach [1] noch die UV-Bestrahlung, deren Wirkung auf der UV-induzierten Zerstörung der DNA im Zellkern beruht, als Desinfektionsverfahren eingesetzt werden.

5.2 Oxidation in der Trinkwasseraufbereitung

Wird ein Stoff oxidiert, so gibt er Elektronen ab, während die Reduktion eines Stoffs mit der Aufnahme von Elektronen verbunden ist. Oxidationsmittel sind somit Substanzen, die Elektronen aufnehmen. Zum Einsatz für die Oxidation von Wasserinhaltsstoffen kommen Ozon, Wasserstoffperoxid, Kalium- und Natriumpermanganat und Sauerstoff. Die ebenfalls zugelassenen Oxidationsmittel Natriumperoxodisulfat und Kaliumperoxomonosulfat werden zur oxidativen Herstellung von Chlordioxid verwendet.

Die Oxidationsmittel besitzen ein unterschiedliches Redoxpotenzial, das das Reduktions-/Oxidationsvermögen der Substanz unter Standardbedingungen charakterisiert. Je positiver das Redoxpotenzial eines Stoffs ist, desto stärker ist seine Oxidationswirkung. Einen Überblick über die Redoxpotenziale der zur

Tabelle 5.1: Redoxpotenziale der in der Trinkwasseraufbereitung zugelassenen und eingesetzten Oxidationsmittel [3]

Reaktionen		Potenziale E_o (Volt) 25 °C
$OH + H^+ + e^-$	$\rightarrow H_2O$	2,33
$O_3 + 2H^+ + 2e^-$	$\rightarrow O_2 + H_2O$	2,07
$H_2O_2 + 2H^+ + 2e^-$	$\rightarrow 2H_2O$	1,76
$MnO_4^- + 4H^+ + 3e^-$	$\rightarrow MnO_2 + 2H_2O$	1,68
$O_2 + 2H_2O + 4e^-$	$\rightarrow 4OH^-$	0,40

Trinkwasseraufbereitung eingesetzten Oxidationsmittel gibt **Tabelle 5.1**. Hydroxylradikale, die beim Einsatz von Ozon für die Oxidation entstehen, sind danach das stärkste Oxidationsmittel, gefolgt von Ozon, Wasserstoffperoxid, Kaliumpermanganat und Sauerstoff.

Neben dem Redoxpotenzial ist für die Anwendung auch die Reaktionsgeschwindigkeit von Bedeutung, die von Faktoren wie pH-Wert, Temperatur und Konzentration an gelöstem organischem Kohlenstoff (dissolved organic carbon, DOC) beeinflusst wird. Während beispielsweise die Oxidation von Mangan(II) durch Kaliumpermanganat bei einem pH-Wert von 12 in Bruchteilen von Sekunden abläuft, sind hierfür bei einem pH-Wert von 7 je nach Temperatur und DOC-Konzentration mehrere Sekunden bis Minuten erforderlich.

Tabelle 5.2 enthält eine Übersicht über die Einsatzgebiete von Sauerstoff, Kaliumpermanganat und Wasserstoffperoxid in der Trinkwasseraufbereitung. Detailliertere Informationen zur Oxidation von Eisen und Mangan sind in [2] zu finden.

Während Sauerstoff, Kaliumpermanganat und Wasserstoffperoxid im Wesentlichen für die Oxidation anorganischer Wasserinhaltsstoffe eingesetzt werden, reagiert Ozon sowohl mit anorganischen als auch mit organischen Wasserinhaltsstoffen. Dabei ist zwischen der sogenannten „direkten Reaktion" durch das Ozon und der „indirekten radikalischen Reaktion" durch die sich bei der Ozonung bildenden Hydroxylradikale zu unterscheiden. Bei der direkten Reaktion reagiert das Ozon selektiv und oft schnell mit Substanzen, die elektronenreiche Molekülgruppen enthalten (z. B. aromatische Strukturen). Hydroxylradikale oxidieren – hoch reaktiv und ebenfalls selektiv – auch Wasserinhaltsstoffe, die bei der direkten Reaktion nicht oder nur langsam oxidiert werden können. In welchem Umfang welche Reaktion abläuft, wird stark von der Wassermatrix mitbestimmt. Detailliertere Informationen gibt das DVGW-Arbeitsblatt W 225 [4].

Tabelle 5.2: Einsatzgebiete von Sauerstoff, Kaliumpermanganat und Wasserstoffperoxid in der Trinkwasseraufbereitung

Sauerstoff	Kaliumpermanganat (vgl. auch [22])	Wasserstoffperoxid
– Enteisenung und Entmanganung (Eisen(II)- und Mangan(II)-Filtration)	– Oxidation von Eisen und Mangan mit anschließender Filtration	– Oxidation von Eisen bei pH < 7 mit anschließender Filtration
– Ammoniumoxidation (biologisch im Filter)	– Oxidation von Schwefelwasserstoff und Sulfid	– Oxidation von Arsen bei pH > 7
	– Oxidation von Arsen(III)	
	– Inaktivierung von Algen	– Oxidation von Sulfiden
		– zusätzliche Sauerstoffquelle
		– in Kombination mit Ozon zur Oxidation organischer Wasserinhaltsstoffe

Als Oxidationsmittel wird Ozon hauptsächlich zur Oxidation organischer Wasserinhaltsstoffe eingesetzt. Bei der in der Wasseraufbereitung üblichen Ozondosis von 1 bis 3 g Ozon pro g DOC sind folgende wesentliche Auswirkungen auf die Wasserqualität zu erwarten:

- Der Spektrale Absorptionskoeffizient bei 254 nm (SAK_{254}) nimmt mit steigender spezifischer Ozondosis deutlich ab, da Substanzen mit aromatischen Strukturen und aliphatischen Doppelbindungen transformiert werden.
- Die Größe der organischen Moleküle nimmt ab, der Anteil kleinerer Moleküle nimmt zu. Der DOC als Summenparameter bleibt jedoch nahezu konstant, da keine vollständige Mineralisation erfolgt.
- Es wird eine weitgehende Entfärbung erreicht (deutliche Verringerung des SAK_{436}).
- Die Konzentration von Geruchs- und Geschmacksstoffen wird in unterschiedlichem Ausmaß vermindert.
- Die gebildeten niedermolekularen DOC-Anteile sind typischerweise biologisch gut abbaubar, sie werden messtechnisch als assimilierbarer organischer Kohlenstoff (assimilable organic carbon, AOC) zusammengefasst. Dieser AOC muss i. d. R. durch eine abschließende biologisch wirksame Filterstufe verringert werden.
- Bei einer nachfolgenden Desinfektion mit Chlor oder Chlordioxid verringert sich die Bildung von chlororganischen Desinfektionsnebenprodukten, der Anteil

bromierter Desinfektionsnebenprodukte nimmt allerdings zu (Bromatbildung beachten).

Neben dem Einsatz zur Oxidation wird Ozon in der Wasseraufbereitung zur Mikroflockung und zur Desinfektion eingesetzt. Zur Mikroflockung wird eine vergleichsweise geringe Dosis von 0,5 bis 2,0 mg/L vor einer Flockung oder vor einer Filtration zugegeben. Die Reaktion mit partikulären Inhaltsstoffen (Kolloiden) löst eine Entstabilisierung aus, die die anschließende Flockung und Abscheidung deutlich verbessert. Bei stark eigenbeweglichen Planktonorganismen führt die Ozonung zur Immobilisierung und damit zu einer besseren Filtrierbarkeit.

Die Anwendung von Ozon zur Desinfektion und die Verfahrenstechnik der Ozonung werden im Abschnitt 5.3 behandelt.

Unabhängig vom Ziel der Ozonung ist im konkreten Anwendungsfall die komplexe Wirkung zu berücksichtigen, um positive Effekte möglichst umfassend nutzen und unerwünschte Nebeneffekte bestmöglich vermeiden zu können. Beispiele für die Einordnung der Ozonung in den Wasseraufbereitungsablauf zeigt **Tabelle 5.3**.

Tabelle 5.3: Beispiele für die Einordnung der Ozonung in den Wasseraufbereitungsablauf (aus [4])

Kombination A	Kombination B	Kombination C
Grobreinigung Vorozonung Flockung/Sedimentation	(Bodenpassage)	Grobreinigung Vorozonung Flockung/Sedimentation (Flockungs-)Filtration*
Ozonung (Flockungs-)Filtration* Aktivkohlefiltration (Bodenpassage) Desinfektion	Ozonung (Flockungs-)Filtration* Aktivkohlefiltration (Entsäuerung) Desinfektion	Ozonung Aktivkohlefiltration (Entsäuerung) Desinfektion
* Tiefen- oder Membranfiltration		

5.3 Desinfektion von Trinkwasser

5.3.1 Hintergrund

Ziel der Desinfektion ist die Abtötung bzw. Inaktivierung von Krankheitserregern (Viren, Bakterien, Parasiten) sowie von unspezifischen (nicht pathogenen) Mikroorganismen. Wird für die Trinkwasseraufbereitung ein Wasser aus einem gut geschützten, kleinporigen und gut filtrierenden Grundwasserleiter genutzt, kann bei einem ausreichend wirksamen Grundwasserschutz davon ausgegangen werden, dass im Rohwasser keine mikrobiologische Belastung vorliegt, die zum Auftreten übertragbarer Krankheiten führen. In allen anderen Fällen müssen die Wässer zur Sicherung der Abgabe eines seuchenhygienisch einwandfreien Trinkwassers aufbereitet und desinfiziert werden. In Deutschland werden ca. 50 % der Aufbereitungsanlagen ohne Desinfektion betrieben.

Tabelle 5.4 gibt einen Überblick über die gemäß [1] für die Desinfektion zugelassenen Stoffe, **Tabelle 5.5** über die zugelassenen Desinfektionsverfahren. Mit angegeben sind zulässige Zugabemengen, Grenzwerte und Mindestgehalte sowie für die Desinfektionsverfahren zu beachtende technische Regeln und Mitteilungen. Im Ergebnis einer 2008 durchgeführten Befragung von Wasserversorgungsunternehmen [5] wurde festgestellt, dass ca. 30 % der Unternehmen für die Desinfektion Chlor oder Hypochlorit einsetzen, ca. 25 % Chlordioxid und ca. 40 % die UV-Bestrahlung. Lediglich 5 % nutzen eine Ozonung.

5

Voraussetzung für eine sichere Desinfektion ist eine weitestgehende Trübstofffreiheit des Wassers. Dies stellt sicher, dass Mikroorganismen nicht in Agglomeraten Schutz finden. Eine Abtötung oder Inaktivierung von Mikroorganismen ist nur möglich, wenn das Desinfektionsmittel bzw. die UV-Strahlung unmittelbar auf die Mikroorganismen einwirken kann.

Die Wirkung der Desinfektion wird stark von der Widerstandsfähigkeit der Mikroorganismen gegenüber dem eingesetzten Desinfektionsmittel sowie dessen Konzentration und Einwirkzeit beeinflusst. Je geringer die Konzentration ist, desto länger ist die erforderliche Einwirkzeit, um die angestrebte Inaktivierung zu erreichen. **Bild 5.1** zeigt die Wirksamkeit verschiedener Desinfektionsmittel exemplarisch für eine 99%ige Inaktivierung von *E. coli*. Die geringsten Konzentrationen und Kontaktzeiten sind beim Einsatz von Ozon, die höchsten Konzentrationen und Kontaktzeiten beim Einsatz von Chloraminen erforderlich. Letztere sind in Deutschland aufgrund der geringen Desinfektionswirkung auch nicht zugelassen. Bild 5.1 verdeutlicht zudem, dass die Desinfektionsmittelwirksamkeit auch von der Temperatur und dem pH-Wert abhängt. **Bild 5.2** zeigt die Inaktivierung verschiedener Krankheitserreger speziell durch Ozon. Die geringsten Konzentrationen und Einwirkzeiten sind danach zur Inaktivierung von *E. coli* und Polioviren erfor-

Tabelle 5.4: Liste der Aufbereitungsstoffe und Desinfektionsverfahren gemäß § 20 TrinkwV – Teil I c: Aufbereitungsstoffe, die zur Desinfektion des Wassers eingesetzt werden

Bezeichnung	zulässige Zugabe mg/L	Grenzwert nach Aufbereitung mg/L	Mindestgehalt nach Abschluss der Aufbereitung mg/L	berechnet als	Reaktionsprodukte/ Nebenprodukte Grenzwerte mg/L	berechnet als zulässige Höchstwerte
Chlor, Natrium- u. Calcium-Hypochlorit	1,2 6,0[1])	0,3 0,6[1])	0,1	freies Chlor	0,05 / 0,1[3]) 0,01 0,07 / 0,2[4]) / 0,7[5])	Trihalogen-methane Bromat [6]) Chlorat [6])
Chlordioxid	0,4	0,2	0,05	ClO_2	0,2[2]) 0,07 / 0,2[4])	Chlorit Chlorat
Ozon	10	≤ 0,05		O_3	0,01	Bromat

[1] Ausnahmeregelung, wenn unter anderem die Desinfektion nicht gewährleistet werden kann oder wenn die Desinfektion zeitweise durch Ammonium beeinträchtigt wird. Bei Einsatz von Natriumhypochlorit 5,1 mg/L, bei Çalciumhypochlorit 4,9 mg/L.

[2] Anforderungen aus der Liste der Aufbereitungsstoffe

[3] Befristete Zulassung durch GA möglich, wenn aus seuchenhygienischen Gründen als Folge von Desinfektionsmaßnahmen erforderlich

[4] Für zeitweise Dosierung, wenn die Desinfektion nicht anders gewährleistet werden kann

[5] Für kurzfristige Notfälle bis 4,7 mg/L Cl_2

[6] Nicht bei Verwendung von Chlorgas

Tabelle 5.5: Liste der Aufbereitungsstoffe und Desinfektionsverfahren gemäß § 20 TrinkwV 2023 – Teil II: Desinfektionsverfahren

Desinfektionsverfahren[1]	Verwendungs-zweck	Technische Regeln und Mitteilungen
Dosierung von Chlorgaslösungen	Desinfektion	DVGW-Merkblätter W 229, W 296, W 623
Dosierung von Natrium- und Calciumhypochlorit-Lösung	Desinfektion	DVGW-Merkblätter W 229, W 296, W 623
Elektrolytische Herstellung und Dosierung von – Chlorgas – Chlorlösungen – Natriumhypochlorit-Lösungen vor Ort	Desinfektion	DVGW-Merkblätter W 229, W 296, W 623
Dosierung einer vor Ort hergestellten Chlordioxidlösung Chlorit/Chlor-Verfahren Chlorit/Salzsäure-Verfahren Chlorit/Peroxodisulfat-Verfahren	Desinfektion	DVGW-Arbeitsblatt W 224 DVGW-Merkblatt W 624
Dosierung einer nicht vor Ort hergestellten Chlordioxidlösung mittels: Chlorit/Peroxodisulfat-Verfahren	Desinfektion	DVGW-Arbeitsblatt W 224 DVGW-Merkblatt W 624
Erzeugung und Dosierung von Ozon und Ozonlösung vor Ort	Desinfektion, Oxidation	DVGW-Merkblätter W 225, W 296, W 625
UV-Bestrahlung (240 bis 290 nm)	Desinfektion	DVGW-Arbeitsblatt W 294-1 bis 3 DIN 19294-1 und DIN 19294-3

[1] Bei Einsatz der Verfahren für die Desinfektion von Oberflächenwasser oder von durch Oberflächenwasser beeinflusstem Wasser ist auf eine weitestgehende Partikelabtrennung vor der Desinfektion zu achten. Dabei sind Trübungswerte im Ablauf der partikelabtrennenden Stufe im Bereich von 0,1 bis 0,2 FNU anzustreben, wenn möglich zu unterschreiten. Auf die Mitteilung des UBA von 1997 wird ausdrücklich hingewiesen.
Anforderung siehe auch W 290:2018 Absch. 5.2 Forderung Trübung <0,2 FNU.

derlich, während für die Inaktivierung von Parasiten deutlich höhere Konzentrationen und Kontaktzeiten notwendig sind.

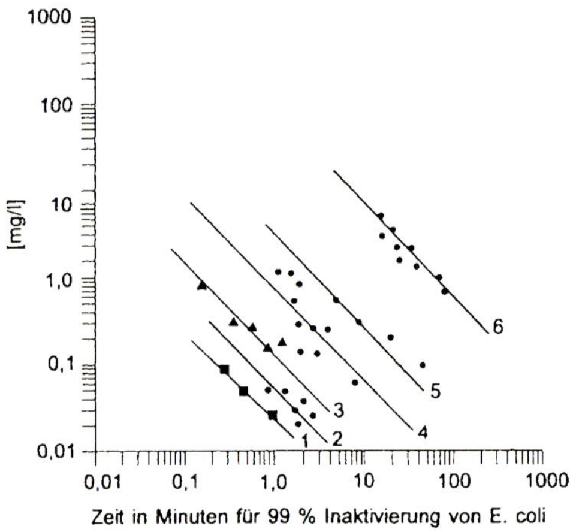

Bild 5.1: Inaktivierung von *E. coli* (ATCC 11229) durch verschiedene Desinfektionsmittel [14]
1 O_3 1 °C pH 7,0
2 HOCl 15 °C pH 6,0
3 ClO_2 15 °C pH 7,0
4 OCl^- 15 °C pH 10,0
5 $NHCl_2$ 15 °C pH 4,5
6 NH_2Cl 15 °C pH 9,0

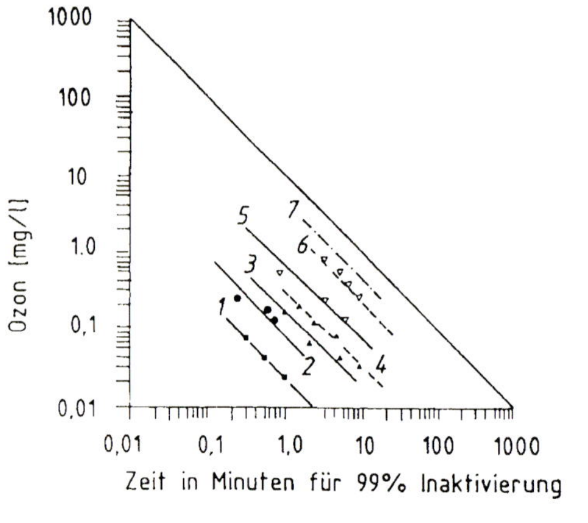

Bild 5.2: Inaktivierung verschiedener Krankheitserreger durch Ozon [14]
1 *E. coli* 1 °C pH 7,0
2 *Polio 1* 20 °C pH 7,2
3 *G. lamblia* 25 °C pH 7,2
4 *G. muris* 25 °C pH 7,0
5 *G. lamblia* 5 °C pH 7,0
6 *G. muris* 5 °C pH 7,0
7 *E.histolytica*

In Deutschland werden in [1] für die chemischen Desinfektionsmittel die einzuhaltenden Mindestkonzentrationen nach Abschluss der Aufbereitung und für die UV-Bestrahlung die einzuhaltende Mindestbestrahlung vorgegeben. Anhaltspunkte für die beim Einsatz der chemischen Desinfektionsmittel einzuhaltenden Reaktionszeiten zwischen Zugabe und Messung der Restkonzentration gibt [15]. Beim Einsatz von Chlor und Hypochloriten ist eine Restkonzentration von 0,1 mg/L freiem Chlor nach einer Kontaktzeit von 30 Minuten zu gewährleisten, beim Einsatz von Chlordioxid eine Restkonzentration von 0,05 mg/L (nach 20 Minuten).

Für Ozon wird eine Restkonzentration von 0,4 mg/L nach einer rechnerischen Kontaktzeit von 10 Minuten gefordert. Für die UV-Bestrahlung gilt, dass nur UV-Desinfektionsgeräte zulässig sind, für die nach [7] bzw. [16] eine Desinfektionswirksamkeit von mindestens 400 J/m^2 bezogen auf 254 nm erfolgreich nachgewiesen wurde. Die im Prüfbericht bzw. Zertifikat eines akkreditierten Branchenzertifizierers angegebenen Betriebskennwerte (maximaler Durchfluss und zugehörige Aufenthaltszeit) sind einzuhalten.

5.3.2 Desinfektion mit Chlor und Hypochloriten

Chlor wird für die Trinkwasserdesinfektion als Chlorgas, Chlorlösung, Natriumhypochloritlösung oder Calciumhypochlorit eingesetzt. Die Technik der Anwendung ist in DIN EN-Normen bzw. DVGW-Arbeitsblättern beschrieben (z. B. [9], [10]; vgl. **Tabelle 5.6**).

Unabhängig davon, in welcher Form die Chlorung erfolgt, entsteht im Wasser hypochlorige Säure (HClO), die den eigentlichen Desinfektionswirkstoff darstellt. Chlor reagiert mit Wasser zu hypochloriger Säure und Salzsäure:

5

$$Cl_2 + H_2O \leftrightarrow HOCl + HCl$$

Bei der Reaktion von Hypochlorit mit Wasser entsteht hypochlorige Säure und Hydroxidionen:

$$OCl^- + H_2O \leftrightarrow HOCl + OH$$

Tabelle 5.6: Technik der Anwendung von Chlor

Verfahren	Technische Regeln und Normen
Dosierung von Chlor	DIN EN 937, DVGW-Arbeitsblatt W 623 [10]
Dosierung von Natriumhypochlorit	DIN EN 901, DVGW-Arbeitsblatt W 623 [10]
Dosierung von Calciumhypochlorit	DIN EN 900, DVGW-Arbeitsblatt W 623 [10]
Elektrolytische Herstellung und Dosierung von Chlorgas, Chlorlösungen und Natriumhypochloritlösungen	DVGW W 229, DVGW-Arbeitsblatt W 623 [10]

Die hypochlorige Säure dissoziiert abhängig vom pH-Wert im Wasser und bildet Hydronium-Ionen und Hypochlorit-Ionen:

$$HOCl + H_2O \leftrightarrow H_3O^+ + OCl^-$$

Da das Hypochlorit eine deutlich niedrigere Desinfektionswirkung als hypochlorige Säure aufweist, nimmt die Desinfektionswirkung mit zunehmendem pH-Wert ab. Mit steigendem pH-Wert verschiebt sich das Gleichgewicht nämlich zu Gunsten von Hypochlorit (siehe **Bild 5.3**).

Chlor reagiert als Oxidationsmittel mit in reduzierter Form vorliegenden anorganischen Wasserinhaltsstoffen, insbesondere mit Eisen(II)- und Mangan(II)-Ionen sowie mit Bromid. Eisen und Mangan sind ggf. vor der Desinfektion zu eliminieren. Infolge der Oxidation des Bromids bildet sich hypobromige Säure, die u. a. mit organischen Wasserinhaltsstoffen unter Bildung bromorganischer Verbindungen reagiert. Die Bildung von Bromat kann nicht völlig ausgeschlossen werden, ist praktisch meist jedoch ohne Bedeutung.

Sowohl für die Desinfektionswirkung als auch für die geruchliche und geschmackliche Beschaffenheit des Wassers ist die Reaktion der hypochlorigen Säure mit Ammonium und Aminen von Bedeutung. In Abhängigkeit von den Reaktionsbedingungen reagieren diese in mehreren Schritten zu Chloraminen, die als gebundenes Chlor nachgewiesen werden:

$$NH_4^+ + HOCl \leftrightarrow NH_2Cl + H_3O^+$$

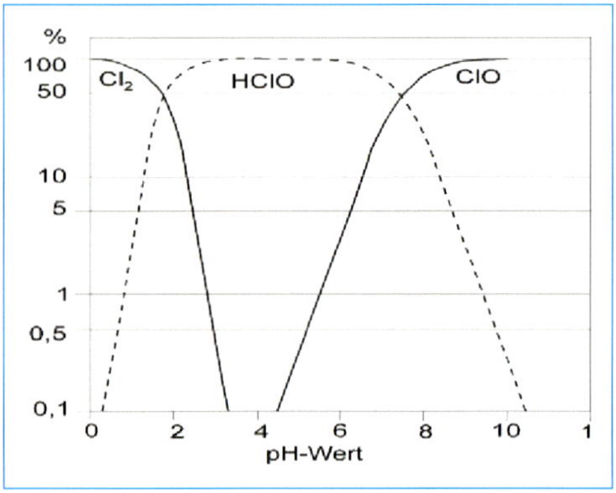

Bild 5.3: Chemische Gleichgewichte von Chlor, hypochloriger Säure und Hypochlorit (aus [9])

$$NH_2Cl + HOCl \leftrightarrow NHCl_2 + H_2O$$

$$NHCl_2 + HOCl \leftrightarrow NCl_3 + H_2O$$

Bei weiterer Chlorzugabe reagiert das Chlor mit Chloramin unter Bildung von Stickstoff und Chlorit:

$$2\,NH_2Cl + HClO \rightarrow N_2 + 3\,H^+ + 3\,Cl^- + H_2O$$

Dabei nimmt die Chlorkonzentration ab. Erst nach vollständiger Oxidation der Chloramine, d. h. nach Erreichen des sogenannten Knickpunkts, ist bei weiterer Chlorzugabe freies Chlor nachzuweisen (siehe **Bild 5.4**).

Mit organischen Wasserinhaltsstoffen reagiert Chlor unter Bildung von chlororganischen Verbindungen. Neben den Trihalogenmethanen (THM), für die in der TrinkwV Grenzwerte festgelegt sind, entstehen weitere chlororganische Verbindungen, wie z. B. halogenierte Essigsäuren. Bromorganische Verbindungen entstehen als Folge der Oxidation von Bromid, sofern dieses im Wasser enthalten ist, und der Reaktion der dabei gebildeten hypobromigen Säure mit organischen Wasserinhaltsstoffen.

Die Konzentration und Art der gebildeten chlorierten und bromierten Desinfektionsnebenprodukte sind von der Höhe der Chlorzugabe dem Gehalt und der Struktur der organischen Wasserinhaltsstoffe sowie vom Bromidgehalt des Wassers abhängig. Weitere Einflussgrößen sind die Temperatur, der pH-Wert und die

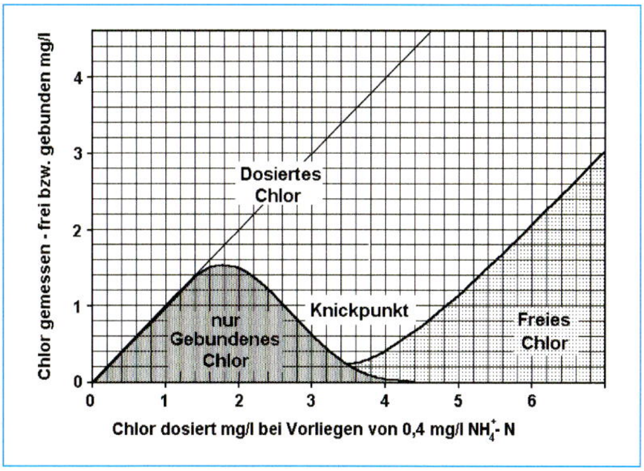

Bild 5.4: Chlorkonzentration im Wasser in Abhängigkeit von der Chlorzugabe bei Anwesenheit von Ammonium (aus [9])

5

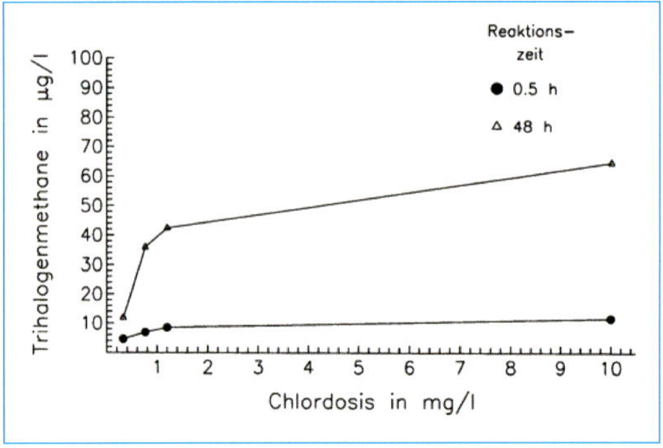

Bild 5.5: Beispiel für THM-Bildung in Abhängigkeit von Chlordosis und Reaktionszeit (SAK_{254} = 1,55 m^{-1}; minimale Chlordosis = 0,32 mg/L) (aus [17])

Reaktionszeit. **Bild 5.5** zeigt an einem Beispiel die Abhängigkeit der THM-Bildung von der Chlordosis und Reaktionszeit. Da der THM-Grenzwert gemäß TrinkwV an der Entnahmestelle des Verbrauchers einzuhalten ist, muss bei der Chlorung die mögliche Bildung im Verteilungsnetz beachtet werden.

Den Einfluss der Konzentration der organischen Wasserinhaltsstoffe auf die THM-Bildung zeigt **Bild 5.6**. Grundsätzlich sind bei höheren DOC-Konzentrationen höhere THM-Konzentrationen festzustellen. Die Unterschiede zwischen den einzelnen Wasserwerken sind auf die unterschiedliche Zusammensetzung des DOC sowie weitere Faktoren, wie z. B. dem Bromidgehalt des Wassers, zurückzuführen.

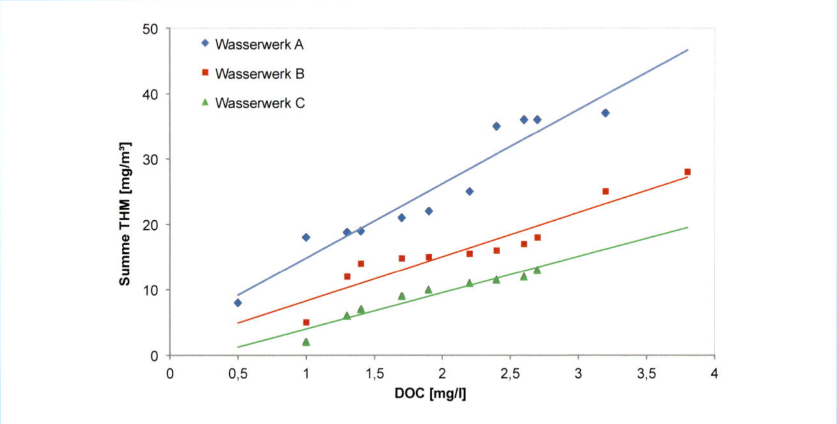

Bild 5.6: Minimale THM-Bildung nach 24 Stunden in ausgewählten Wasserwerken

Zu Geruchs- und Geschmacksbeeinträchtigungen kann es beim Einsatz von Chlor als Folge der Reaktion mit Ammonium, Phenolen und Aminosäuren kommen. Zudem ist die Bildung biologisch abbaubarer organischer Substanzen zu beachten. Insbesondere bei schwankenden Chlorkonzentrationen kann dies in Netzbereichen, in denen nur zeitweise Chlor nachweisbar ist, zu einer Aufkeimung des Wassers führen.

5.3.3 Desinfektion mit Chlordioxid

Chlordioxid wird überwiegend in der Wasseraufbereitung vor Ort hergestellt, da es aufgrund seiner Eigenschaften in konzentrierter Form weder als Gas noch als wässrige Lösung gelagert und transportiert werden darf. Lediglich niedrig konzentrierte, stabilisierte Chlordioxid-Lösungen können als Fertiggebinde/Handelsprodukt genutzt werden. Für die Trinkwasserdesinfektion sind grundsätzlich nur Verfahren zulässig, die eine sichere Herstellung mit kontinuierlicher Prozessüberwachung erlauben.

Die manuelle Herstellung von Chlordioxid kommt nur für einen zeitlich befristeten Einsatz in Kleinanlagen oder für die Desinfektion von Anlagen gemäß [11] infrage. Da Chlordioxid in Lösungen mit hohen Chlordioxidkonzentrationen zerfällt, werden konzentrierte Lösungen entweder ohne Zwischenlagerung sofort dosiert oder unmittelbar nach der Herstellung auf eine Konzentration von 2 bzw. 3 g/L verdünnt. Eine Übersicht über die in der Trinkwasseraufbereitung verwendeten Verfahren der Herstellung von Chlordioxid gibt **Tabelle 5.7**. Die Anlagentechnik zur automatischen Herstellung von Chlordioxid ist in [12] beschrieben.

Tabelle 5.7: Verfahren zur Herstellung von Chlordioxid in der Trinkwasseraufbereitung

Chlorit-/Salzsäure-Verfahren		
$5\ NaClO_2 + 4\ HCl$	→	$4\ ClO_2 + 5\ NaCl + 2\ H_2O$
Chlorit-/Chlor-Verfahren		
$2\ NaClO_2 + Cl_2$	→	$2\ ClO_2 + 2\ NaCl$
$2\ NaClO_2 + NaOCl + 2\ HCl$	→	$2\ ClO_2 + 3\ NaCl + H_2O$
Chlorit-/Chlor-Verfahren		
$2\ NaClO_2 + Cl_2$	→	$2\ ClO_2 + 2\ NaCl$
$2\ NaClO_2 + NaOCl + 2\ HCl$	→	$2\ ClO_2 + 3\ NaCl + H_2O$
Chlorit-/Peroxodisulfat-Verfahren		
$2\ NaClO_2 + Na_2S_2O_8$	→	$2\ ClO_2 + Na_2SO_4$

Beim Chlorit-/Chlor-Verfahren wird Chlorit durch Chlor bzw. unterchlorige Säure zu Chlordioxid oxidiert. Damit die Reaktion bei einem pH-Wert unter 6 abläuft, muss mit einem ca. 30%igen Chlorüberschuss im Vergleich zum theoretischen Bedarf gearbeitet werden. Dies bedeutet, dass mit dem Chlordioxid gleichzeitig in geringen Mengen auch Chlor dosiert wird. pH-Werte über 6 und ein Chlorüberschuss > 30 % führten zu einer vermehrten Chloratbildung. Die Herstellung erfolgt ausschließlich in automatischen Anlagen.

Beim Chlorit-/Salzsäure-Verfahren werden aus Chlorit unter stark sauren Bedingungen Chlordioxid und Chlorid gebildet. Zur Vermeidung der Chloratbildung und zur Erzielung einer Chlordioxidausbeute von rund 85 bis 90 % ist mindestens das Dreifache des stöchiometrischen Säurebedarfs erforderlich. Die Herstellung kann sowohl in einer Anlage mit kontinuierlicher Betriebsweise als auch im diskontinuierlichen Ansatz erfolgen. Eine manuelle Herstellung ist grundsätzlich möglich.

Beim Chlorit-/Peroxodisulfat-Verfahren wird Chlorit durch Peroxodisulfat zu Chlordioxid oxidiert. Die Umsetzungsgeschwindigkeit ist von der Temperatur, dem pH-Wert und der Konzentration der Reaktionspartner abhängig. Anstelle von Natriumperoxodisulfat können auch andere gemäß [1] für die Herstellung von Chlordioxid zugelassene Persulfate zum Einsatz kommen. Die Herstellung von Chlordioxid nach dem Chlorit-/Peroxodisulfat-Verfahren erfolgt über eine automatisierte Herstellung für den Dauereinsatz, über Handmischverfahren unter Einsatz vorkonfektionierter Chemikalien für Kleinanlagen und zur Anlagendesinfektion oder über die Herstellung einer stabilen transportablen niedrigkonzentrierten Chlordioxidlösung [19].

Die Anwendungsbereiche der unterschiedlichen Herstellungsverfahren für Chlordioxid sind in [11] weitergehend beschrieben.

Chlordioxid hydrolysiert im Trinkwasser unter Bildung von Chlorit und Chlorat, wobei der Zerfall mit steigendem pH-Wert zunimmt:

$$2\,ClO_2 + H_2O \rightarrow ClO_2^- + ClO_3^- + 2\,H^+$$

Chlordioxid reagiert als Oxidationsmittel mit in reduzierter Form vorliegendem Eisen und Mangan unter Bildung schwerlöslicher Eisen(III)- und Mangan(IV)-Verbindungen. Insbesondere Mangan kann schon bei sehr niedrigen Konzentrationen Probleme im Leitungsnetz bereiten, da dessen schwerlösliche Reaktionsprodukte voluminös und leicht mobilisierbar sind.

Sulfid und Schwefelwasserstoff werden zu Schwefel und/oder Sulfat, Nitrit wird zu Nitrat oxidiert. Chlordioxid reagiert nicht mit Bromid und Ammonium.

Organische Wasserinhaltstoffe werden teilweise oxidiert. Chlororganische Verbindungen werden nicht gebildet. Die Bildung biologisch leicht abbaubarer Reaktionsprodukte ist zu beachten. Wie beim Chlor kann es dadurch insbesondere bei höheren DOC-Konzentrationen und schwankenden Chlordioxidkonzentrationen in bestimmten Netzbereichen zu einer Aufkeimung des Wassers kommen.

Bei der Oxidation von anorganischen und organischen Wasserinhaltsstoffen wird Chlordioxid teilweise zu Chlorit reduziert. Der Grenzwert für Chlorit von 0,2 mg/L [1] ist zu beachten. Da der Chlorit-Grenzwert an der Entnahmestelle des Verbrauchers einzuhalten ist, muss bei der Dosierung von Chlordioxid die mögliche Chlorit-Bildung im Verteilungsnetz beachtet werden.

5.3.4 Desinfektion mit Ozon

5

Ozon wird in der Wasseraufbereitung grundsätzlich vor Ort aus technischem Sauerstoff oder vorbehandelter Luft nach dem Prinzip der stillen elektrischen Entladung erzeugt. Anlagen zur Erzeugung und Dosierung von Ozon sind in [13] beschrieben. **Bild 5.7** zeigt das Schema einer Ozonanlage mit Sauerstoff als Einsatzgas. Die erreichte Ozonkonzentration liegt in der Regel bei > 10 %. Für den Eintrag des ozonhaltigen Gases kommen verschiedene Systeme zum Einsatz, die sich bezüglich der Größe der Kontaktfläche zwischen Gas- und Wasserphase, dem Systemdruck und der Reaktionszeit unterscheiden. Während in älteren Anlagen häufig eine Kerzenbegasung zum Einsatz kam, werden heute meist

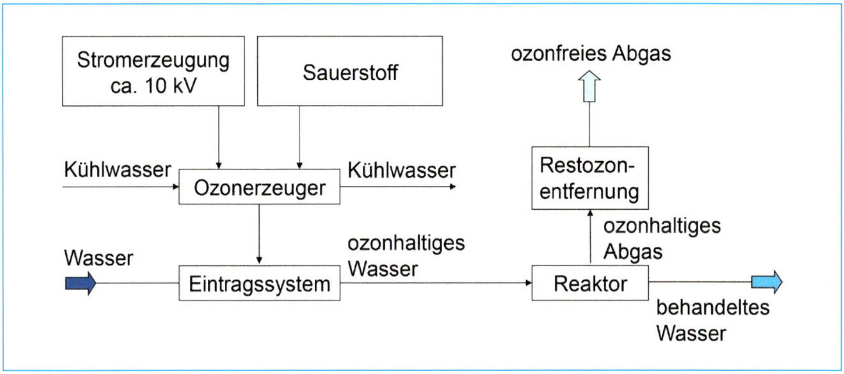

Bild 5.7: Schema einer Ozonungsanlage mit Sauerstoff als Einsatzgas

Teil- und Vollstrombegasungen unter Einsatz von Injektorsystemen und Mischern verwendet. Da eine vollständige Lösung des zugeführten Ozons in dem aufbereiteten Wasser nicht möglich ist, muss das ozonhaltige Abgas über eine Restozonentfernungsanlage vor der Ableitung ins Freie behandelt werden. Hierfür kommen thermisch und/oder katalytisch arbeitende Systeme zum Einsatz.

Bezüglich der Reaktion mit organischen und anorganischen Wasserinhaltsstoffen wird auf Abschnitt 5.2 verwiesen.

Aufgrund der Bildung biologisch abbaubarer Stoffe als Folge der Reaktion des Ozons und der bei der Ozonung gebildeten Hydroxylradikale mit natürlichen organischen Wasserinhaltsstoffen muss der Ozonung i. d. R. eine biologisch arbeitende Filterstufe nachgeschaltet werden. Die Ozonung wird also nie als abschließende Desinfektionsstufe eingesetzt.

Voraussetzung für eine sichere Desinfektion im Rahmen der Aufbereitung ist, wie auch bei allen anderen Desinfektionsverfahren, eine weitestgehende Trübstofffreiheit des Wasers. Die Desinfektionswirkung beruht im Wesentlichen auf der direkten Reaktion des Ozons. Hydroxylradikale spielen bei der Desinfektion keine Rolle. Maßnahmen, die die Ozonexposition zur Begrenzung der Bromatbildung verringern (z. B. die Zugabe von H_2O_2), führen damit zu einer Verschlechterung der Desinfektionswirkung.

5.3.5 Desinfektion durch UV-Bestrahlung

Der desinfizierend wirkende Wellenlängenbereich des UV-Lichts liegt von etwa 240 bis 290 nm. Um die erforderliche Wirkung zu erzielen, ist eine Raumbestrahlung (Fluenz) von mindestens 400 J/m^2 (bezogen auf 254 nm) einzuhalten. Die Bestrahlungsenergie ist dabei relativ gering, sodass die Bildung photochemischer Reaktionsprodukte praktisch keine Bedeutung für die Wasserqualität besitzt. Hierin liegt auch einer der Gründe für den zunehmend breiteren Einsatz der UV-Bestrahlung für die Trinkwasserdesinfektion.

Bei den für die UV-Desinfektion in der Trinkwasseraufbereitung eingesetzten UV-Desinfektionsgeräten wird die UV-Strahlung von dem Lichtbogen in elektrischen Gasentladungslampen (UV-Strahlern) erzeugt. Zum Einsatz kommen dabei verschiedene Strahlertypen, die sich hinsichtlich der Strahlungsdichte und der Umsetzung der elektrischen Energie in UV-Strahlung unterscheiden. Eine Übersicht über die Strahlertypen gibt **Tabelle 5.8**.

Niederdruckstrahler weisen eine höhere Energieausbeute auf. Damit ist der Energieaufwand geringer, die Geräte sind jedoch deutlich größer als mit Mittel-

Tabelle 5.8: Übersicht über die für die Trinkwasserdesinfektion eingesetzten UV-Strahlertypen

	Hg-Nieder-druckstrahler (DN9)	Hochleistungs-Niederdruck-strahler (HND9)	Hg-Mitteldruck-strahler (MDS)
Betriebstemperatur	50 °C	90 °C	900 °C
Elektrische Leistungsaufnahme	0,3 bis 0,5 W/cm	2 bis 3 W/cm	ca. 100 W/cm
Emission	253,7 nm ca. 0,1 W/cm	253,7 nm 0,3 bis 0,5 W/cm	200 bis 300 nm 5 bis 10 W/cm < 240 nm wird ausgeschlossen
Vorteile / Nachteile	geringere Leistungsdichte	höhere Leistungsdichte, längere Zeit bis zum Erreichen der vollen Leistung	sehr hohe Leistungsdichte, schnelle Regelbarkeit aber hoher Energiebedarf
Einsatzbereich	nur in UV-Geräten mit geringen Durchflüssen	Geräte in jeder Größe	bevorzugt für große Durchflüsse

druckstrahler ausgerüstete Geräte. Im konkreten Fall sollte unter Beachtung der örtlichen Gegebenheiten die Wirtschaftlichkeit geprüft und danach über den Einsatz entschieden werden.

Das Grundschema eines UV-Desinfektionsgeräts zeigt **Bild 5.8**. Die Bestrahlung erfolgt beim Durchströmen des UV-Reaktors, in dem die Strahler angeordnet sind.

Die Strahler befinden sich in Hüllrohren aus Quarzglas und werden über hochspannungssichere Kabel von Vorschaltgeräten mit Strom versorgt. Gleichzeitig überwachen die Vorschaltgeräte die elektrische Funktion der Strahler. UV-Desinfektionsgeräte müssen mit UV-Sensoren zur Überwachung der Mindestbestrahlungsstärke ausgerüstet sein. Zudem ist eine Messung des Durchflusses zur Überwachung der Einhaltung des Betriebsbereichs erforderlich.

Da eine Berechnung der erreichten Raumbestrahlung nicht mit ausreichender Genauigkeit möglich ist, dürfen für die UV-Desinfektion von Trinkwasser nur Geräte eingesetzt werden, deren Desinfektionswirksamkeit im Rahmen einer Baumusterprüfung nach [7] bzw. [16] nachgewiesen wurde. **Bild 5.9** zeigt das Grundschema der Baumusterprüfung.

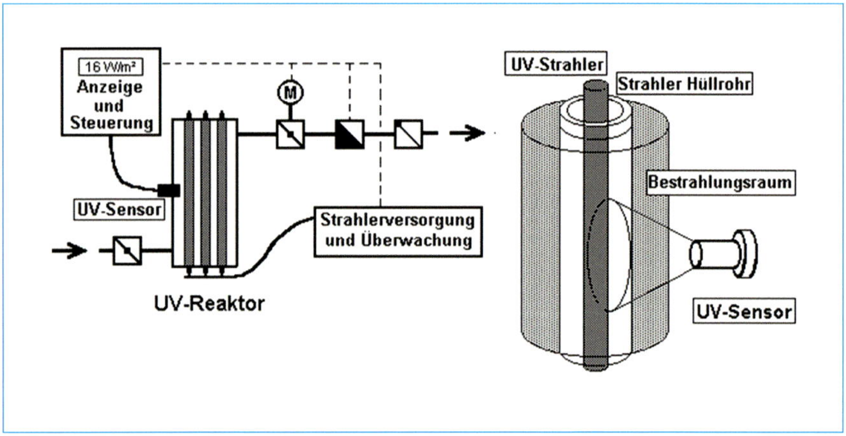

Bild 5.8: Schematische Darstellung eines UV-Geräts (aus [6])

Der Leistungsnachweis erfolgt durch eine biodosimetrische Prüfung auf einem Prüfstand unter Einsatz von Testorganismen für den vorgesehenen Eignungsbereich, der vom Durchfluss und dem spektralen Schwächungskoeffizienten bei 254 nm (SSK_{254}) bestimmt wird. Der SSK_{254} beschreibt als Wasserbeschaffen-

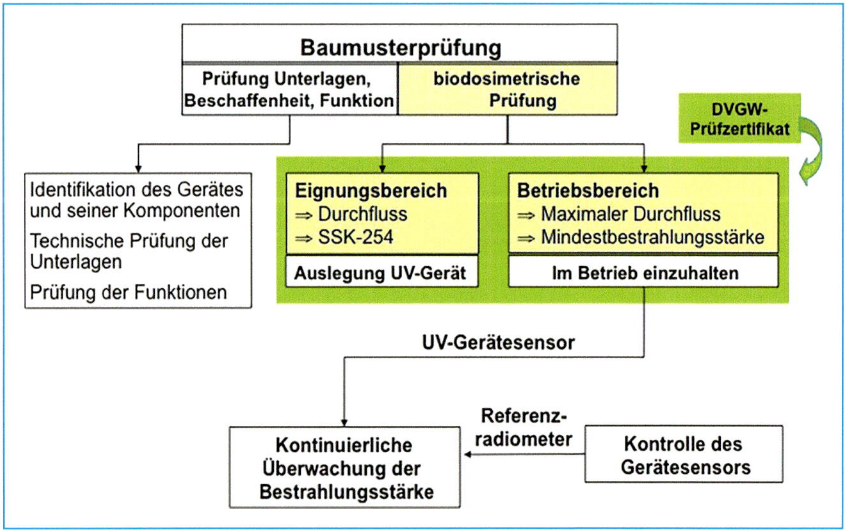

Bild 5.9: Schema einer Baumusterprüfung von UV-Desinfektionsgeräten

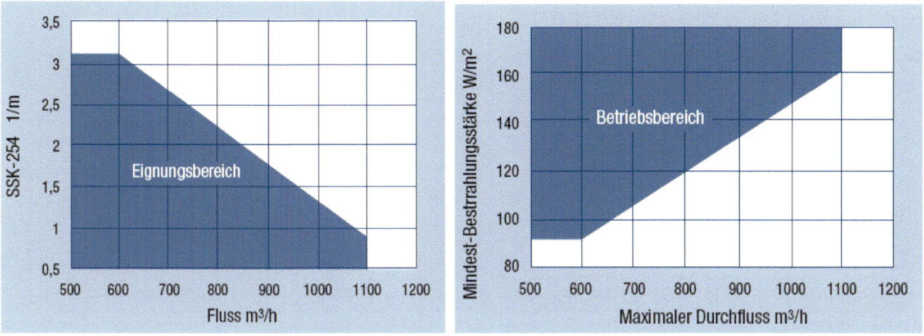

Bild 5.10: Beispiele für ein Eignungs- und ein Betriebsdiagramm. Links: Eignungs- bzw. Auslegungsdiagramm, Q_{max} / SSK_{-254}; rechts: Betriebsdiagramm, Q_{max} / Mindestbestrahlungsstärke (W/m^2)

5

heitsparameter den Verlust an Strahlungsenergie beim Durchstrahlen des Wassers. Bei der biodosimetrischen Prüfung wird gleichzeitig die Mindestbestrahlungsstärke festgelegt, die beim Betrieb über UV-Gerätesensoren zu überwachen und einzuhalten ist. **Bild 5.10** zeigt als Beispiele ein im Ergebnis der biodosimetrischen Prüfung erstelltes Eignungs- bzw. Auslegungsdiagramm sowie ein Betriebsdiagramm.

Das Eignungsdiagramm zeigt, für welchen Durchfluss und welchen SSK_{254} das UV-Desinfektionsgerät eingesetzt werden kann. Die Auslegung erfolgt für den maximalen Durchfluss und den maximal zu erwartenden SSK_{254}. Während des Betriebs darf die im Betriebsdiagramm für den entsprechenden Durchfluss vorgegebene Mindestbestrahlungsstärke nicht unterschritten werden. Wird die vorgeschriebene Mindestbestrahlungsstärke unterschritten bzw. der maximale Durchfluss überschritten, ist eine Ersatzdesinfektion zuzuschalten oder der Durchfluss anzupassen bzw. zu unterbrechen.

Grundsätzlich gilt auch für die UV-Desinfektion, dass die Wirksamkeit nur bei weitgehender Trübstofffreiheit des zu desinfizierenden Wassers erreicht wird. In [6] wird eine maximale Trübung des zu desinfizierenden Wassers von 0,2 FNU empfohlen. Dabei ist zu beachten, dass die Trübung nicht durch die UV-Gerätesensoren erfasst wird. Kann es in dem zu desinfizierenden Wasser zu erhöhten Trübungswerten kommen, ist dem UV-Gerät eine kontinuierliche Trübungsmessung vorzuschalten. Bei erhöhten Trübungswerten ist der Durchfluss zu unterbrechen, da die Desinfektionswirksamkeit nicht mehr gewährleistet ist. Weitere Hinweise zum regelkonformen Betrieb von UV-Desinfektionsgeräten enthält [20].

Tabelle 5.9: Bewertung der Desinfektionswirkung zugelassener Desinfektionsmittel und -verfahren

	Bakterien	Viren	Parasiten
Chlor	+	+ 1)	–
Chlordioxid	+	+1)	–
Ozon	+	+	+3)
UV-Bestrahlung	+	+ 2)	+

1 bei Einhaltung der geforderten minimalen Restkonzentration, i. d. R. 2-log-Stufen

2 mit wenigen Ausnahmen 4-log-Stufen

3 ggf. Begrenzung durch Bromatbildung

5.3.6 Anwendungsbereiche der Desinfektionsmittel und -verfahren

Eine Übersicht über die Desinfektionswirkung der für die Trinkwasserdesinfektion zugelassenen Verfahren gibt **Tabelle 5.9**.

Im Hinblick auf die Abtötung bzw. Inaktivierung von Bakterien und Viren sind alle Verfahren hinreichend effektiv, sofern die Anwendungsbedingungen der jeweiligen Verfahren beachtet werden. Wesentliche Unterschiede in der Effektivität zeigen sich bei der Abtötung von Parasiten. Chlor und Chlordioxid sind bei den zugelassenen maximalen Zugabemengen praktisch wirkungslos. Bei der Ozonung werden diese bedingt abgetötet, da der Einsatz höherer Ozondosen häufig durch die erforderliche Begrenzung der Bromatbildung eingeschränkt ist. Eine hinreichende Effektivität weist die UV-Bestrahlung auf [21]. Die Entfernung von Parasiten erfolgt jedoch üblicherweise im Rahmen der Aufbereitung durch Einsatz einer Flockungs- bzw. Flockenfiltration oder einer Membranfiltration. Hierbei wird gleichzeitig die für eine wirksame Desinfektion erforderliche Trübstofffreiheit des Wassers gesichert.

Wesentliche Kriterien für die Auswahl des im konkreten Anwendungsfall geeigneten Desinfektionsverfahrens sind die Anwendungseinschränkungen der einzelnen Verfahren sowie die Bildung von Desinfektionsnebenprodukten. Einen zusammenfassenden Überblick über die Anwendungsbereiche und die zu beachtenden Randbedingungen für den Einsatz der zugelassenen Desinfektionsverfahren und -mittel gibt **Tabelle 5.10**.

Der Einsatz von Chlor, Hypochloriten und Chlordioxid ist dadurch gekennzeichnet, dass die Desinfektionswirkung im Wasser im Bedarfsfall über einen längeren Zeitraum, der von der Desinfektionsmitteldosis und dem Zehrungsverhalten des

Tabelle 5.10: Anwendungsbereiche und zu beachtende Randbedingungen für den Einsatz von Desinfektionsverfahren und -mitteln

Desinfektionsmittel/ -verfahren	Anwendungsbereich	DVGW-Merk- bzw. Arbeitsblätter
Chlor und Hypochlorite	pH < 8,0 Ammonium < 0,1 mg/L DOC ≤ 2,5 mg/L	W 229 [9] W 296 [17] W 623 [10]
Chlordioxid	gesamter pH-Bereich DOC ≤ 2,5 mg/L Mn < 5 µg/L	W 224 [11] W 624 [12]
Ozon	gesamter pH-Bereich nicht als letzte Aufbereitungsstufe	W 225 [4] W 625 [13]
UV-Bestrahlung	entsprechend Zulassung (Prüfzeugnis) biologisch stabile Wässer Fe < 50 µg/L Mn < 20 µg/L Calcitlösekapazität < 10 µg/L	W 294 [6-8]

5

Wassers bestimmt wird, aufrechterhalten werden kann. Wesentliche Einschränkungen ergeben sich aus der Nebenproduktbildung, die insbesondere durch die DOC-Konzentration und den Ammoniumgehalt des Wassers bestimmt wird. Zudem ist der pH-Wert sowohl unter dem Gesichtspunkt der Nebenproduktbildung als auch aufgrund der bei höheren pH-Werten abnehmenden Desinfektionswirkung von Chlor und Hypochloriten von Bedeutung. Der Einsatz der Ozonung wird insbesondere durch die Bildung von Bromat und die erhöhte Bildung biologisch abbaubarer Stoffe eingeschränkt. Entscheidender Vorteil der UV-Bestrahlung schließlich ist, dass es sich um ein praktisch nebenproduktfreies Desinfektionsverfahren handelt.

Literatur

[1] Liste der Aufbereitungsstoffe und Desinfektionsverfahren gemäß § 20 der Trinkwasserverordnung 2023 (Anmerkung: Die aktuelle Fassung ist auf der Internetseite des Umweltbundesamtes unter www.umweltbundesamt.de zu finden.)

[2] Czekalla, C.: Enteisenung/Entmanganung – Grundlagen. Kurs 6, Verfahrenstechnik in der Wasseraufbereitung

[3] Weast, R. C.: Handbook of chemistry and physics, 56th edition, CR-Press Inc. Cleveland, Ohio (1975), S. 141-143

[4] DVGW W 225 (A): Ozon in der Trinkwasseraufbereitung

[5] Niehues, B.: DVGW-Umfrage Regelwerk Wasser – Ergebnisse der Umfrage aus 2008. DVGW energie | wasser-praxis (2009) Nr. 3, S. 34-37

[6] DVGW W 294-1 (A): Planung, Betrieb und Überwachung von UV-Desinfektionsanlagen in der Wasserversorgung

[7] DVGW W 294-2 (A): UV-Geräte zur Desinfektion in der Wasserversorgung; Teil 2: Prüfung von Beschaffenheit, Funktion und Desinfektionswirksamkeit

[8] DVGW W 294-3 (A): UV-Geräte zur Desinfektion in der Wasserversorgung; Teil 3: Messfenster und Sensoren zur radiometrischen Überwachung von UV-Desinfektionsgeräten; Anforderungen, Prüfung und Kalibrierung

[9] DVGW W 229 (A): Verfahren zur Desinfektion von Trinkwasser mit Chlor und Hypochloriten

[10] DVGW W 623 (A): Dosieranlagen für Desinfektions- bzw. Oxidationsmittel – Dosieranlagen für Chlor und Hypochlorite

[11] DVGW W 224 (A): Verfahren zur Desinfektion von Trinkwasser mit Chlordioxid

[12] DVGW W 624 (A): Dosieranlagen für Desinfektionsmittel und Oxidationsmittel; Bereitungs- und Dosieranlagen für Chlordioxid

[13] DVGW W 625 (M): Anlagen zur Erzeugung und Dosierung von Ozon

[14] Brunner, C.: Erfahrungen mit Ozon als Desinfektionsmittel. DVGW/FIGAWA Informationsveranstaltung: Desinfektion von Trinkwasser, Einsatzmöglichkeiten und -grenzen von Desinfektionsverfahren, Berlin 1992

[15] DVGW W 290 (A): Trinkwasserdesinfektion – Einsatz – und Anforderungskriterien

[16] DIN 19294 – Geräte zur Desinfektion von Wasser mittels Ultraviolettstrahlung – Teil 1: Geräte mit UV-Niederdrucklampen

[17] DVGW W 296 (A): Trihalogenmethanbildung – Vermindern, Vermeiden und Ermittlung des Bildungspotenzials

[18] DVGW W 291 (A): Reinigung und Desinfektion von Wasserverteilungsanlagen

[19] Altenbach, H.-J. et al.: Chlordioxid in der Wasseraufbereitung – Quo vadis?, Wasser 2015, Jahrestagung der wasserchemischen Gesellschaft, Schwerin 2015

[20] Rentzsch, P.: Information zur Sicherung eines regelkonformen Betriebs von UV-Desinfektionsgeräten nach DVGW-Arbeitsblatt W 294. DVGW energie | wasser-praxis (2012) Nr. 6, S. 24-27

[21] Hijnen, W. A. M.; Beerendonk, E. F.; Medema, G. J.: Inactivation credit of UV radiation for viruses, bacteria and protozoan (oo) cysts in water: A review. Water Research. Elsevier Ltd. London (2006) No. 40, S. 3-22

[22] DVGW W 227 (M): Kaliumpermanganat in der Wasseraufbereitung

6 Enteisenung und Entmanganung

Dr. Christoph Czekalla

6.1 Hintergründe und Verfahrenstechnik

6.1.1 Einleitung

In der Praxis der Wasseraufbereitung wird unter Enteisenung und Entmanganung üblicherweise die Entfernung von gelöstem Eisen und Mangan aus sauerstofffreien, sogenannten reduzierten Grundwässern verstanden. Diese sind nicht nur im Norddeutschen Raum von großer Bedeutung für die Trinkwasserversorgung. Da Eisen und Mangan im Untergrund weit verbreitet sind und in reduziertem Zustand, als Eisen(II)- und Mangan(II)-Ionen, gut wasserlöslich, werden sie in diesen Grundwässern regelmäßig in erhöhten Konzentrationen angetroffen.

Die Notwendigkeit der Aufbereitung ergibt sich dabei weniger aus toxikologischen Gründen [1]. Vielmehr entstehen durch Oxidation infolge von Kontakt mit Sauerstoff wasserunlösliche Eisen- und Manganoxidhydrate, die massive Ablagerungen in Wasserverteilungssystemen und der Hausinstallation verursachen können. Ferner bedingen Eisen und Mangan Beeinträchtigungen beim Wassergebrauch wie Verfärbungen der Wäsche beim Waschvorgang.

Die oxidative Ausfällung und Abscheidung bildet die Grundlage der Enteisenung und Entmanganung in der Grundwasseraufbereitung. Wegen der Anwesenheit von Sauerstoff liegt Eisen in Oberflächengewässern überwiegend in oxidierter, partikulärer Form vor, sodass es durch die gängigen Verfahren der Partikelentfernung, die an anderer Stelle behandelt werden, eliminiert wird. Aufgrund der höheren Stabilität ist gelöstes Mangan auch in Oberflächenwässern von größerer Bedeutung. Entsprechend können dann auch die Ausführungen zur Entmanganung in der Grundwasseraufbereitung herangezogen werden.

Die Aufbereitung reduzierter Grundwässer kann im Regelfall nicht auf Enteisenung und Entmanganung beschränkt werden. Vielmehr finden sich in reduzierten Grundwässern oft gasförmige Begleitstoffe wie Methan, Schwefelwasserstoff, molekularer Stickstoff oder Kohlenstoffdioxid, ionar gelöste anorganische Begleitstoffe wie Ammonium und Sulfid und organische Begleitstoffe, durch die ebenfalls Aufbereitungsbedarf besteht. Hierauf wird in Kapitel 6.2 zu Anwendungen von Enteisenung und Entmanganung näher eingegangen.

6.1.2 Aufbereitungsziel

Die rechtlichen Anforderung an die Enteisenung und Entmanganung sind in der Trinkwasserverordnung [2] verankert, ferner gibt das DVGW-Regelwerk im Arbeitsblatt W 223-1 [3] Aufbereitungszielwerte an. Beides ist in **Tabelle 6.1** gegenübergestellt.

Es fällt auf, dass der Aufbereitungszielwert gemäß DVGW-Arbeitsblatt bei Eisen um den Faktor zehn niedriger liegt als der gesetzliche Grenzwert, bei Mangan um den Faktor fünf. Dies erklärt sich zum einen daraus, dass ordnungsgemäß geplante und betriebene Aufbereitungsanlagen die Aufbereitungszielwerte gemäß DVGW-Arbeitsblatt üblicherweise problemlos einhalten. So werden Verteilungsnetze und Hausinstallationen vor vermeidbaren Einträgen geschützt und das Risiko von Ablagerungen reduziert. Ferner ist bezüglich Eisen anzumerken, dass es in Verteilungsnetzen infolge von Korrosionsprozessen zu einer Eisenfreisetzung kommen kann, die die Einhaltung des TrinkwV-Grenzwerts am Zapfhahn besonders dann gefährdet, wenn bereits eine Vorbelastung durch unzureichende Wasseraufbereitung gegeben ist.

Da viele natürliche Grundwässer einen – vor dem Hintergrund der Anforderungen der TrinkwV – zu niedrigen pH-Wert aufweisen, ferner die Eisen- und Manganoxidation sowie die Oxidation der Begleitstoffe Schwefelwasserstoff (zu Schwefelsäure) und Ammonium (zu Salpetersäure) säurebildende Prozesse sind, besteht in vielen Grundwasseraufbereitungsanlagen die Notwendigkeit der Entsäuerung zur Anhebung des pH-Werts (Ziel: pH-Wert 7,7 oder, bei pH-Werten darunter, Calcitlösekapazität < 5 mg/l für Einzelwässer am Ausgang des Wasserwerks). Dies ist bei der Verfahrensgestaltung zu berücksichtigen.

Tabelle 6.1: Aufbereitungsanforderung nach TrinkwV und DVGW-Arbeitsblatt W 223-1

	Grenzwert Trinkwasserverordnung	Zielwert DVGW W 223-1
Eisen	0,2 mg/L	≤ 0,02 mg/L
Mangan	0,05 mg/L	≤ 0,01 mg/L

6.1.3 Naturwissenschafliche Grundlagen

6.1.3.1 Chemische Grundlagen

Bei Verwendung von Sauerstoff als Oxidationsmittel, wie in der Wasseraufbereitung üblich, können für die oxidative Ausfällung von Eisen und Mangan folgende stark vereinfachte Reaktionsgleichungen herangezogen werden [7]:

$$4\ Fe^{2+} + O_2 + 10\ H_2O \rightarrow 4\ Fe(OH)_3\ (s) + 8\ H^+ \quad (6.1)$$

$$2\ Mn^{2+} + O_2 + 2\ H_2O \rightarrow 2\ MnO_2\ (s) + 4\ H^+ \quad (6.2)$$

Bei der Auslegung von Aufbereitungsanlagen ist der stöchiometrisch erforderliche Sauerstoffverbrauch von 0,17 mg O_2/mg Eisen und von 0,29 mg O_2/mg Mangan zu berücksichtigen.

Das Reaktionsgeschehen ist in der Praxis allerdings komplexer und führt zu schwerlöslichen Eisen- und Manganverbindungen, die nicht vollständig oxidiert sind, sondern noch einen Eisen(II)- beziehungsweise Mangan(II)-Anteil aufweisen.

Die Gleichungen (6.1) und (6.2) zeigen, dass die Oxidation mit der Entstehung von Protonen (Säurebildung) verbunden ist, was insbesondere bei schwach gepufferten Wässern zu einem Absinken des pH-Werts führen kann.

Für die Darstellung, welche Zustandsform von Eisen und Mangan unter welchen Milieubedingungen stabil ist, eignet sich das Stabilitätsfelddiagramm (siehe **Bild 6.1**). Daraus ist ersichtlich, dass Eisen bereits bei deutlich niedrigeren pH-Werten und Redoxspannungen bzw. EH-Werten oxidiert wird als Mangan. Dies erklärt auch, warum in Filteranlagen die Enteisenung bereits in der obersten Filterschicht, die Entmanganung hingegen erst in größerer Filterbetttiefe oder der zweiten Filterstufe festgestellt wird: Der Sauerstoffeintrag infolge der Belüftung bedingt einen Anstieg der Redoxspannung, sodass die Eisenoxidation stattfinden kann. Die Entfernung von Eisen aus dem System sowie die Oxidation von Ammonium zu Nitrat (Nitrifikation) bedingen einen weiteren Anstieg der Redoxspannung, der nun die Manganoxidation zulässt.

Bei dem heute als Vorzugstechnologie breit angewandten Verfahren der Eisen(II)- und Mangan(II)-Filtration, auch als biologische Kontaktfiltration oder chemikalienfreie Enteisenung und Entmanganung bezeichnet, entsteht unter starker Mitwirkung biofilmbildender Eisen- und Manganbakterien [5] im Laufe des

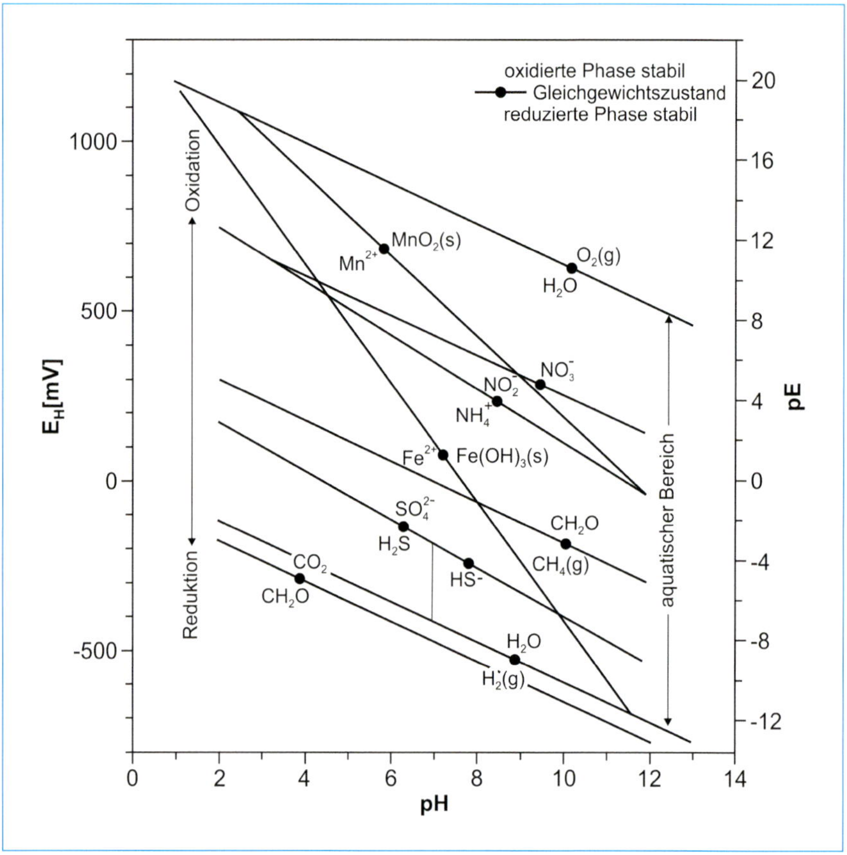

Bild 6.1: Stabilitätsfelddiagramm für Eisen, Mangan und Begleitstoffe (nach [7])

Filterbetriebs ein Überzug des Filtermaterials mit Eisen- und Manganoxidhydraten. Deren katalytische Wirkung erlaubt im Zusammenwirken mit der mikrobiellen Aktivität eine stabile Entmanganung bei pH- und EH-Werten unterhalb der Gleichgewichtsgrenze des Stabilitätsfelddiagramms.

In Ausnahmefällen kann auch eine schnelle chemische Oxidation von Eisen und Mangan durch Dosierung starker Oxidationsmittel wie Wasserstoffperoxid (oxidiert Eisen), Kaliumpermanganat oder Ozon (oxidieren Eisen und Mangan) erreicht werden.

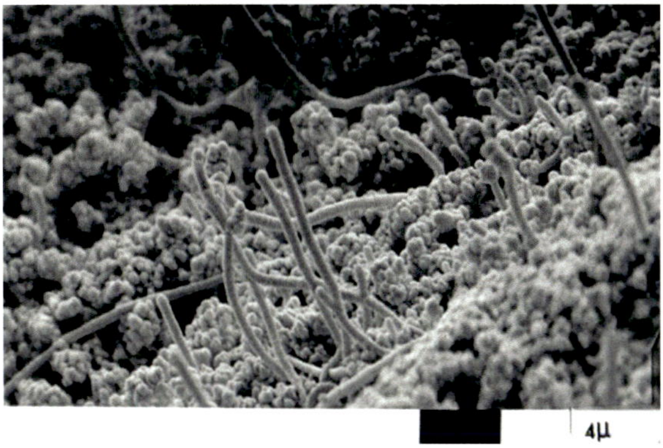

Bild 6.2: Manganoxidierender Biofilm auf dem Filtermaterial aus einem Entmanganungsfilter (REM-Aufnahme)

6.1.3.2 Mikrobiologische Grundlagen

In Anlagen der Eisen(II)- und Mangan(II)-Filtration spielen Eisen- und Manganbakterien eine zentrale Rolle im Aufbereitungsprozess [5]. Sie haben die Fähigkeit zur Oxidation und Ausfällung von Eisen(II) und Mangan(II) zu Eisen(II)-Oxidhydrat und Manganoxidhydrat. Dabei ist die Eisen- und Manganoxidation an die sessile Lebensweise auf Oberflächen, die Biofilmbildung, gekoppelt. Die Oberfläche des Filtermaterials wird nach Inbetriebnahme rasch besiedelt (Einarbeitung), sodass oft nach bereits ein bis zwei Wochen Betriebszeit eine leistungsfähige Enteisenung gegeben ist. Die Einarbeitung von Ammoniumoxidation und Entmanganung nimmt erfahrungsgemäß mehrere Wochen bis wenige Monate in Anspruch, wobei dieser Zeitraum stark verkürzt werden kann, wenn ein Anteil eingearbeiteten Filtermaterials aus einer bestehenden Anlage zum „Impfen" verwendet wird.

Der ökologische Nutzen der Biofilmbildung durch die Eisen- und Manganbakterien wird darin gesehen, dass durch adsorptive Anreicherung von Sauerstoff, mineralischen Nährstoffen und organischen Stoffen am Biofilm und den Eisen- / Manganoxidhydraten eine deutlich bessere Nährstoffversorgung gegeben ist als bei der Lebensweise im freien Wasser. Dies ist für sehr nährstoffarme, sogenannte oligotrophe Wässer, wie sie natürliche Grundwässer üblicherweise darstellen, von großer Bedeutung. Die besondere Leistung der Mikroorganismen im Aufbereitungsprozess besteht dabei neben der direkten Eisen- und Manganoxidation in der Schaffung sehr großer adsorptiv und katalytisch wirktsamer Oberflächen, wie dies **Bild 6.2** [6] verdeutlicht.

6

6.1.4 Randbedingungen der biologischen Enteisenung und Entmanganung

Die Mechanismen der biologischen Aufbereitung erlauben bereits bei im Vergleich mit dem Stabilitätsfelddiagramm niedrigen pH-Werten und Redoxspannungen (EH) einen leistungsfähigen Enteisenungs- und Entmanganungsprozess.

So sind erfahrungsgemäß einzuhalten:

- Sauerstoff: > Spuren; Konstanz für Prozessstabilität wichtig
- Enteisenung: pH-Wert ≥ 5,5
$E_H \geq 0$ mV
- Entmanganung: pH-Wert ≥ 6,8, teils ≥ 6,5 ausreichend
$E_H \geq 250$ mV

Da die Leistung des Biofilms in der oxidativen Ausfällung von Eisen- und Mangan und der Anlagerung an die Materialoberfläche besteht, kann dieser Prozess nur in Anlagen genutzt werden, die die Eisen(II)- und Mangan(II)-Filtration einsetzen.

6.1.5 Verfahrenskonzeption und Anlagenbemessung

Die Verfahrenskonzeption und Anlagenbemessung setzt neben der angestrebten Produktionsleistung eine gute Kenntnis der Rohwasserqualität voraus. Dabei sollte neben Eisen und Mangan gemäß DVGW-Arbeitsblatt W 223-2 [4] auch auf allgemeine wasserchemische Parameter sowie aufbereitungsrelevante Begleitstoffe analysiert werden, die typischerweise in reduzierten Grundwässern auftreten, wie z. B. Methan.

Das zentrale Verfahrenselement in Anlagen zur Enteisenung und Entmanganung ist die Filteranlage. Hier werden verschiedene Bauformen, Anordnungen und Filtermaterialien eingesetzt (siehe **Tabelle 6.2**).

Die weiteste Verbreitung haben Einschichtfilter mit Quarzsand als inertem Filtermaterial. Bei deutlich erhöhten Eisen- und Mangangehalten kommen der Einsatz der Mehrschichtfiltration (z. B. Materialkombination Quarzsand, Anthrazit N) oder eine zweistufige Filtration in Betracht.

Die Trockenfiltration ist ein Sonderverfahren: Hier ist das Filterbett nicht überstaut, es wird von Wasser und Luft durchströmt. Sie ist das Vorzugsverfahren für hoch ammoniumhaltige Grundwässer, da der hohe Sauerstoffbedarf der Ammonium-

Tabelle 6.2: Varianten der Filteranlage

Verfahrenselement	Varianten	Auswirkung bzw. Untervariante
Filteranlage	Art der Filter	Einschichtfilter Mehrschichtfilter Trockenfilter
	Betriebsweise	Offene Filter Geschlossene Filter
	Anordnung mehrerer Filter	Parallelschaltung Reihenschaltung (zweistufig)
	Filtermaterial	Inertes Material (z.B. Quarzsand) Halbgebrannter Dolomit Calciumcarbonat

oxidation (Nitrifikation) durch Nachlieferung aus der Luft gedeckt wird. Ferner findet ein mechanischer Entsäuerungseffekt mit Übertritt von Kohlensäure in die Gasphase statt, sodass trotz Säurebildung bei der Nitrifikation kein deutliches Absinken des pH-Werts eintritt.

Bei Einsatz von basischen Filtermaterialien wie halbgebranntem Dolomit oder Calciumcarbonat wird ergänzend zu Enteisenung und Entmanganung ein chemischer Entsäuerungseffekt erzielt.

6

Der Filtration vorgeschaltet ist eine offene oder geschlossene Belüftung zum Eintrag des für die oxidative Fällung von Eisen und Mangan erforderlichen Sauerstoffs (siehe **Tabelle 6.3**). Dabei kann mit einer drucklosen, offenen Belüftung gemäß Tabelle 6.3 neben dem Sauerstoffeintrag auch eine mechanische Vorent-

Tabelle 6.3: Varianten der Belüftung

Verfahrenselement	Varianten	Auswirkung bzw. Untervariante
Sauerstoffeintrag	Offene Belüftung (Verdüsung, Kaskaden, Riesler)	O_2-Eintrag, Entfernung anderer gelöster Gase wie CO_2 (Anstieg des pH-Werts), N_2, CH_4 und H_2S
	Geschlossene Belüftung (Druckbelüftung)	O_2-Eintrag
	Begasung mit technischem Sauerstoff	O_2-Eintrag

Tabelle 6.4: Chemikaliendosierung

Verfahrenselement	Varianten	Auswirkung bzw. Untervariante
Chemikaliendosierung vor der Filterstufe	Basische Chemikalien	Kalkwasser, Kalkmilch, Natronlauge, Soda
	Oxidationsmittel	Kaliumpermanganat, Wasserstoffperoxid

säuerung sowie die Entfernung von Störgasen wie Methan erreicht werden. Die Druckbelüftung sichert nur den Eintrag von Sauerstoff, wobei bei Verwendung von Luft zusätzlich ein Eintrag von Stickstoffgas gegeben ist.

Der Aufbereitungsprozess kann durch die Zugabe von Aufbereitungschemikalien (siehe **Tabelle 6.4**) unterstützt werden. Hierbei kommen gemäß Tabelle 6.4 basische Chemikalien zur Anhebung des pH-Werts in Betracht, ferner Oxidationsmittel. Sofern eine Eisen(II)-Filtration angestrebt wird, sollte auf derartige Chemikalien verzichtet werden, da sie den Prozess durch rasche Eisenoxidation in Richtung einer weniger stabilen Eisen(III)-Filtration verschieben. Bis auf Kaliumpermanganat, das eine schnelle Manganoxidation bewirkt, ist die Chemikaliendosierung vor Filtern zur Mangan(II)-Filtration unkritisch.

Üblicherweise können Verfahrensauslegung und Anlagenbemessung auf folgenden Grundlagen erfolgen:

a) Auf Basis von Erfahrungswerten von bestehenden Anlagen, die dasselbe Rohwasser aufbereiten
b) Auf Basis von halbtechnischen Aufbereitungsversuchen
c) Auf Basis von allgemeinen Erfahrungswerten
d) Gemäß informativem Anhang A zu DVGW-Arbeitsblatt W 223-2 [4]

Insbesondere bei Grundwässern mit erhöhten Eisen- und Mangangehalten oder anderen Auffälligkeiten in der Wasserqualität, z. B. bei Begleitstoffen oder dem pH-Wert, ist der Anlagenauslegung auf der Basis von Praxisuntersuchungen gemäß a) und b) der Vorzug zu geben. Bei eher niedrigen Eisen- und Manganwerten sowie unauffälligen sonstigen wasserchemischen Verhältnissen erscheint auch die Auslegung gemäß c) vertretbar. Bei Anwendung der Bemessungshilfen gemäß d) ist zu berücksichtigen, dass hier Sicherheitszuschläge enthalten sind, ferner Enteisenung und Entmanganung getrennt bemessen und dann die Auslegungsbedarfe addiert werden. Dies kann in der Praxis zu vergleichsweise großzügig ausgelegten Anlagen führen.

6.2 Anwendungen

6.2.1 Einleitung

Anknüpfend an Kapitel 6.1 „Hintergründe und Verfahrenstechnik“ liegt der Schwerpunkt hier einerseits auf der Gestaltung von Anwendungsvarianten für unterschiedliche Rohwasserqualitäten, ferner auf Aspekten der betrieblichen Anwendung. Neben Eisen und Mangan in zweiwertiger, gelöster Form sind in reduzierten (sauerstofffreien) Grundwässern regelmäßig gasförmige und gelöste Begleitstoffe anzutreffen, die, sofern sie aufbereitungsrelevant sind, mit betrachtet werden sollen, da sie einen deutlichen Einfluss auf die Verfahrensgestaltung haben können.

6.2.2 Verfahrensgestaltung

Die Rohwasserqualität mit den Gehalten an Eisen und Mangan sowie den aufbereitungsrelevanten Begleitstoffen bestimmt die Verfahrensgestaltung. Sie wird wesentlich durch den Reduktionsgrad des Grundwassers bestimmt. Während weniger stark reduzierte Grundwässer (siehe **Tabelle 6.5**) teils hohe Eisen- und Mangankonzentrationen aufweisen, sind diese bei stark reduzierten oft niedriger. Dafür sind die Anwesenheit von Schwefelwasserstoff und Methan sowie erhöhte Gehalte an gelösten organischen Stoffen, als zentrale Treiber von Reduktionsprozessen, charakteristisch für stark reduzierte Wässer.

Bei ausreichend hohem pH-Wert und eher niedrigen Eisen- und Mangangehalten ist vielfach eine Aufbereitung mit den Verfahrensschritten Belüftung und Filtration ausreichend. Ist durch einen niedrigen pH-Wert eine mechanische Vorentsäuerung sinnvoll, oder sind andere Störgase wie erhöhte Gehalte an Methan, Schwefelwasserstoff oder teils auch Stickstoffgas zu entfernen, bietet sich eine offene Vorbelüftung mit den Apparatetypen gemäß Tabelle 6.3 in Kapitel 6.1 an.

Für die Frage, ob der Filtration eine Nachentsäuerung nachzuschalten ist, sind nicht allein die pH-Verhältnisse des Rohwassers maßgeblich. Zu berücksichtigen ist ferner, dass die Oxidation von Eisen, Mangan und Ammonium säurebildende Prozesse sind, deren wasserchemischen Einfluss **Tabelle 6.6** zeigt. Bei Bedarf kann die Nachentsäuerung mittels energetisch günstiger Flachbettentsäuerung auf mechanischem Wege erfolgen. Alternativ kommt eine Filtration über basische Filtermaterialien in Betracht.

Bei sehr hohen Eisengehalten oberhalb etwa 5 bis 8 mg/L kann die Mehrschichtfiltration den Vorteil deutlich längerer Filterlaufzeiten bringen. Treten sehr hohe Mangangehalte hinzu, kann eine zweistufige Filtration notwendig werden. Grund-

Tabelle 6.5: Qualität reduzierter Grundwässer

Kurzcharakteristik: Reduziertes Grundwasser			
		Normaltyp	Extremtyp
E_H	mV	0 bis 250	< 0
pH		6 bis 7,5	5
O_2-Sättigung	%	0	0
DOC	mg/l	1 bis 5	10
NH_4^+	mg/l	< 1 bis 2	5
Fe(II)	mg/l	1 bis 10	10 bis > 50
Mn(II)	mg/l	< 1 bis 2	10

Kurzcharakteristik: Stark reduziertes Grundwasser		
E_H	V	–300 bis +200
pH		5,5 bis 7,5
O_2-Sättigung	%	0
DOC	mg/l	1 bis 10
NH_4^+	mg/l	1 bis 5 max. ca. 10
H_2S	mg/l	1 bis 3
CH_4		+
Fe(II)	mg/l	0,1 bis 5
Mn(II)	mg/l	0,5 bis 5

sätzlich sollte jedoch auch bei Wässern mit erhöhten Eisen- und Mangankonzentrationen eine einstufige Filtration angestrebt werden, da – neben wirtschaftlichen Aspekten – in der Praxis oft das Problem von Manganinkrustationen der Filterdüsen der ersten Stufe infolge bereits hier einsetzender Manganoxidation beobachtet wird. Da, wie bereits ausgeführt, bei stärker belasteten Wässern Aufbereitungsversuche anzuraten sind, kann hierbei auch die Möglichkeit der einstufigen Filtration geprüft werden. Moderne Filteranlagen mit Filtermaterial-Schütthöhen bis etwa 3 m bieten gute Voraussetzungen, auch einstufig sehr gute Ablaufqualitäten zu erzielen. Nur in seltenen Fällen ergibt sich die Notwendigkeit, der Filtration aufgrund extrem hoher Eisengehalte (oberhalb etwa 15 bis 20 mg/L) eine Flockungsstufe zur Grobenteisenung vorzuschalten.

Schließlich ist auf das Verfahren der Unterirdischen Enteisenung und Entmanganung (UEE), das das DVGW-Arbeitsblatt W 223-3 [8] behandelt, einzugehen. Hierbei werden die Brunnen wechselweise als Förder- und Schluckbrunnen

Tabelle 6.6: Einfluss der Eisen-, Ammonium- und Manganoxidation auf die Calcitlösekapazität

Parameter	Anstieg $KB_{8,2}$ je g/m³	Anstieg CO_2 je g/m³	Anstieg D_C je g/m³
Eisen(II)	0,0357 mol/m³	1,57 g/m³	3,56 g/m³
Ammonium	0,1110 mol/m³	4,88 g/m³	11,10 g/m³
Mangan(II)	0,0364 mol/m³	1,60 g/m³	3,63 g/m³

betrieben. Durch Rückführung einer Teilmenge des geförderten und mit Sauerstoff angereicherten Wassers während des Schluckbetriebs bildet sich um den Brunnen im Untergrund eine Oxidationszone aus mit der Enteisenung außen und der Entmanganung innen (siehe **Bild 6.3**). Voraussetzung für die erfolgreiche Anwendung ist neben einer geeigneten Grundwasserqualität ein homogener Aufbau im verfilterten Bereich des Grundwasserleiters und eine geringe Grundwasserströmungsgeschwindigkeit, damit sich eine stabile radiäre Oxidationszone um den Brunnen ausbilden kann. Wie die oberirdische Aufbereitung benötigt die UEE eine Einarbeitung, die dadurch verlängert sein kann, dass reduzierende, insbesondere sulfidische Stoffdepots im Untergrund oxidativ umgesetzt sein müssen, bevor sich die Oxidationszone zur Eisen- und Manganentfernung stabil etablieren kann. Da die Untergrundverhältnisse auf der Basis von praxisüblichen Erkundungsmaßnahmen kaum umfassend zu bewerten sind, empfiehlt das Arbeitsblatt die Durchführung von Vorversuchen mit UEE. Die begrenzten Einflussmöglichkeiten auf die unterirdischen Prozesse sind als ein wesentlicher Grund dafür zu sehen, dass die UEE bei zahlreichen Klein- und Einzelwasserversorgungen angewandt wird, jedoch nur bei wenigen großen, zentralen Aufbereitungsanlagen.

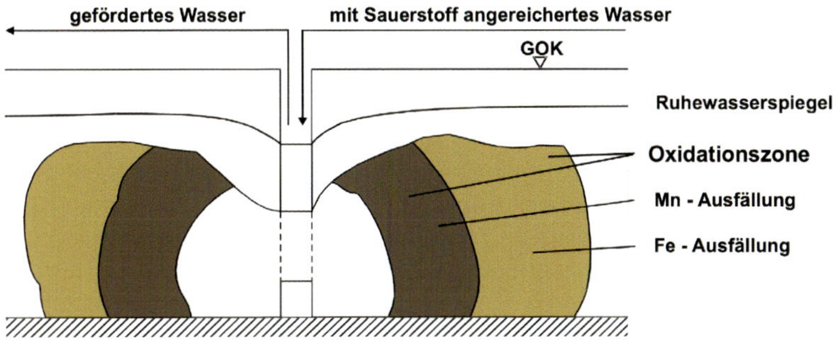

Bild 6.3: Brunnen zur UEE mit Oxidationsbereichen

6.2.3 Betriebliche Aspekte

6.2.3.1 Einarbeitung

Anlagen der Eisen(II)- und Mangan(II)-Filtration benötigen eine Einarbeitungszeit zur Erreichung eines stabilen Aufbereitungsbetriebs. Auf die Möglichkeit, diesen Zeitraum durch Verwendung eines Anteils eingearbeiteten Filtermaterials zu verkürzen, wurde bereits in Kapitel 6.1 „Hintergründe und Verfahrenstechnik“ hingewiesen. Weitere Optionen mit chemischer Unterstützung sind praxiserprobt, wobei am häufigsten eine anfängliche Dosierung von Kaliumpermanganat zur chemischen Eisen- und Manganfällung angewandt wird. Die Zugabe des Oxidationsmittels wird dann schrittweise reduziert, um den Prozess auf biologische Kontaktfiltration umzustellen.

6.2.3.2 Filterspülung

Zum Austrag des angereicherten Schlamms ist eine regelmäßige Spülung der Filter erforderlich. Eine effiziente Spülung beginnt mit einer kurzen Luftspülung von ein bis zwei Minuten bei Spülgeschwindigkeiten von 60 bis 90 m/h. Sie dient dem Aufbrechen des Filterbetts und dem Ablösen des Schlammmaterials vom Filtermaterial. Für eine gute Regeneration des Filterbetts ohne erhöhten Spülwassereinsatz ist von zentraler Bedeutung, dass in mindestens einer Phase der Spülung mit Wasser eine Bewegung des Filtermaterials mit Ausdehnung des Filterbetts erreicht wird. Hierbei sind zwei Varianten üblich:

a) Kombinierte Luft-Wasserspülung mit anschließender Wasserspülung (nur für Einschichtfilter)
b) Wasserspülung (für Ein- und Mehrschichtfilter)

Bei Variante a) wird unter Beibehaltung der Luftspülung für wenige Minuten Spülwasser mit einer Geschwindigkeit von 10 bis 15 m/h zugegeben. Die abschließende Wasserspülung dient dem Klarspülen.

Bei Variante b) wird der Schlammaustrag durch die reine Wasserspülung erreicht. Diese sollte bei Einschichtfiltern mit einer Filterbettausdehnung von mindestens 5 bis 10 % erfolgen, bei Mehrschichtfiltern ist eine Bettausdehnung um 30 % erforderlich, um eine Fluidisierung aller Filterschichten sicherzustellen. Die für die Bettausdehnung benötigte Spülgeschwindigkeit ist den Spülkurven der Filtermaterialhersteller zu entnehmen oder durch Spülversuche zu ermitteln.

Auf die Verwertung der Schlämme aus der Filterspülung wird an anderer Stelle eingegangen.

6.2.3.3 Betriebsstörungen

Insbesondere die Eisen(II)- und Mangan(II)-Filtration zeichnet sich durch eine zumeist hohe Betriebsstabilität aus. Störungen des Aufbereitungsbetriebs können durch ungünstige Konstellationen des Brunnenbetriebs bedingt sein, ohne dass sich dies immer klar aus unterschiedlichen Qualitäten der Brunnenwässer ableiten ließe. Hier hat der Betreiber die Aufgabe, die betrieblich günstigsten Konstellationen durch systematische Untersuchungen zu ermitteln.

Filterspülung mit gechlortem Reinwasser dürfen bei Anlagen mit Eisen(II)- und Mangan(II)-Filtration nicht angewandt werden, um Störungen der biologischen Aufbereitungsprozessen zu vermeiden.

Schließlich ist auf die Problematik des Kornwachstums einzugehen. Hierunter wird die Vergrößerung des Korndurchmessers durch Ablagerungen verstanden, die durch die Spülung nicht entfernt und ausgetragen werden. Zur Verfolgung des Kornwachstums sind regelmäßige, zum Beispiel jährliche Siebanalysen des Filtermaterials zu empfehlen. Beim Anwachsen des Filterbettes ist überschüssiges Material zu entnehmen. Betrieblich problematisch wird Kornwachstum dann, wenn der deutlich vergrößerte Korndurchmesser den Aufbereitungsprozess beeinträchtigt oder eine einwandfreie Filterspülung mit Ausdehnung des Filterbetts nicht mehr möglich ist. Dann ist das Filtermaterial auszutauschen.

Literatur

[1] Czekalla, C.: Eisen im Trinkwasser – Herkunft, Vorkommen und gesundheitliche Bedeutung. In: Dieter, H. H.; Chorus, I.; Krüger, W.; Mendel, B. (Hrsg.): Trinkwasser aktuell Handbuch. Erich Schmidt Verlag, Berlin, 2014

[2] Trinkwasserverordnung (TrinkwV) vom 20. Juni 2023 (BGBl. 2023 I Nr. 159, S. 2)

[3] DVGW-Arbeitsblatt W 223-1: Enteisenung und Entmanganung; Teil 1: Grundsätze und Verfahren. Ausgabe Februar 2005, WVGW-Verlag, Bonn

[4] DVGW-Arbeitsblatt W 223-2: Enteisenung und Entmanganung; Teil 2: Planung und Betrieb von Filteranlagen. Ausgabe Februar 2005, WVGW-Verlag, Bonn

[5] Czekalla, C.: In situ-Analyse der physiologischen und filtrationstechnischen Leistung von Eisen- und Manganbakterien in Schnellfilteranlagen der Trinkwasseraufbereitung. Dissertation, TU Braunschweig, 1988

[6] Czekalla, C.: Planung und Betrieb von Anlagen zur Enteisenung und Entmanganung – das neue DVGW-Arbeitsblatt W 223. bbr. 57, 7-8 (2006), S. 56-59

[7] Groth, P.: Enteisenung und Entmanganung. Kurs 6: Wasseraufbereitungstechnik für Ingenieure. DVGW-Schriftenreihe Wasser 206 (1987), 3. Auflage, S. 13-1-13-28

[8] DVGW-Arbeitsblatt W 223-3: Enteisenung und Entmanganung; Teil 3: Planung und Betrieb von Anlagen zur unterirdischen Aufbereitung. Ausgabe Februar 2005, WVGW-Verlag, Bonn

7 Stabilisierung

Dr.-Ing. habil. Klaus Johannsen

7.1 Einleitung

Trinkwasser hat wie jedes andere Lebensmittel eine begrenzte Haltbarkeit. Wird die Haltbarkeitsdauer überschritten, dann hat sich die Wasserbeschaffenheit so verändert, dass eine Verwendung als Trinkwasser nicht mehr möglich ist. Verantwortlich hierfür sind mikrobiologische, chemische und physikalische Vorgänge, die im Wasser selbst oder als Wechselwirkung mit seinem Verpackungsmaterial Rohrleitung ablaufen. Einige wichtige Vorgänge sind in **Tabelle 7.1** dargestellt.

Die wasserseitigen Einflussgrößen, die das Korrosionsverhalten metallischer Werkstoffe bestimmen, sind im Wesentlichen die Kohlensäure-Konzentration, aber auch die Pufferungsintensität, der Neutralsalzgehalt und die Konzentration an inhibierenden Stoffen (z. B. Phosphate, Silikat, Huminstoffe). Eine wesentliche Größe ist die Kohlensäure-Konzentration bzw. der pH-Wert. Der Eintrag an Metallen durch Korrosion vermindert sich im Allgemeinen mit zunehmendem pH-Wert bzw. mit abnehmender Kohlensäure-Konzentration. Das Ziel, den Gehalt an Kohlensäure zu minimieren, wird durch das Kalk-Kohlensäure-Gleichgewicht begrenzt, bei dessen Überschreitung es zum Ausfallen von Calciumcarbonat kommen kann. Auf der anderen Seite können calcitlösende Wässer die Festigkeit von zementgebundenen Werkstoffen durch die Auflösung der Calciumcarbonatanteile beeinträchtigen. Die damit verbundenen Vorgänge sind umso intensiver, je höher die Calcitlösekapazität ist. 7

Tabelle 7.1: Veränderung der Wasserbeschaffenheit bei der Wasserverteilung

Physikalische und chemische Vorgänge	**Mikrobiologische Vorgänge**
Temperatur	Verkeimung
Trübung	Geruch
Färbung	Geschmack
Korrosion	Nitrit-Bildung
Aufeisenung	Schwefelwasserstoff-Bildung
Kalkausfällung	Ammonium-Bildung
Aufbereitungsmaßnahmen	
STABILISIERUNG	*DESINFEKTION*

7.1.1 Begriffe und Definitionen

Unter Stabilisierung eines Wassers versteht man alle Aufbereitungsmaßnahmen, die sicherstellen, dass das Lebensmittel Trinkwasser eine möglichst lange Haltbarkeit hat. Die Anforderungen an das Trinkwasser sind in der Trinkwasserverordnung [1] festgelegt. Die Stabilisierung umfasst alle Aufbereitungsverfahren, die einer chemischen und physikalisch-chemischen Veränderung der Wasserbeschaffenheit im Wasser und im Verteilungssystem entgegenwirken. Hierzu gehören auch Veränderungen der Wasserbeschaffenheit, die dann auftreten, wenn im Versorgungsgebiet verschiedene Wässer gemischt werden. Die Desinfektionsverfahren dagegen verzögern und beeinflussen die mikrobiologischen Vorgänge im Wasser. Durch die Stabilisierung des Wassers werden im Wesentlichen die Wasserparameter Sauerstoff, Kohlenstoffdioxid und der pH-Wert verändert. Dies hat eine Veränderung und Verschiebung der wasserchemischen Gleichgewichte zur Folge. Beispielsweise werden Redox-Gleichgewichte, die Calciumcarbonatsättigung und die Wechselwirkung Werkstoff/Wasser (Korrosion) beeinflusst.

7.1.2 Stabilisierungsverfahren

Die Stabilisierung von Wässern kann auf physikalischem und chemischem Wege geschehen. Dies ist in **Tabelle 7.2** dargestellt. Sauerstoff wird fast ausschließlich durch physikalische Verfahren, bei denen Luft mit Wasser in Kontakt gebracht wird, in das Wasser eingetragen. Dabei kann sich auch die Kohlenstoffdioxid-Konzentration des Wassers verändern. Schwierigkeiten können dann auftreten, wenn die auszutauschenden Mengen an Sauerstoff und Kohlenstoffdioxid stark unter-

Tabelle 7.2: Verfahren zur Stabilisierung des Wassers

Physikalische Verfahren	Chemische Verfahren
Entgasung	Dosieren von alkalischen Stoffen
Belüftung	Dosieren von Säuren
Verdüsung	Filtration über basische Filtermaterialien
Begasung mit Kohlenstoffdioxid	Enthärtung/Entcarbonisierung durch Fällung und Flockung
Anwendung von dichten Membranen	Enthärtung/Entcarbonisierung durch Ionenaustausch
	Dosierung von Korrosionsinhibitoren
	Dosierung von Härtestabilisatoren

schiedlich sind. Wird zu viel Kohlenstoffdioxid entfernt, kann es zu unerwünschten Ausscheidungen von Calciumcarbonat (Kalk) kommen.

Wässer, die chemisch enthärtet oder entcarbonisiert werden, können ebenfalls – bezogen auf die Calciumcarbonatsättigung – ein Kohlenstoffdioxid-Defizit aufweisen, das beispielsweise durch Begasen mit Kohlenstoffdioxid beseitigt werden kann. Der pH-Wert der Calciumcarbonatsättigung kann auch durch Dosierung von Säuren erreicht werden.

Entsäuerungsverfahren dienen zur Einstellung einer im Wasser gewünschten Kohlenstoffdioxid-Konzentration bzw. eines bestimmten pH-Werts. Man unterscheidet entsprechend der Wasserbeschaffenheit und des Entsäuerungsziels zwischen physikalischen Verfahren, Filtration über basische Filtermaterialien und Dosierung von Chemikalien. Bei sehr weichen Wässern kann eine Aufhärtung vorteilhaft sein. Hierzu kann es erforderlich sein, dem Wasser zunächst Kohlenstoffdioxid zuzugeben. Durch Filtration über basische Filtermaterialien oder durch Dosierung von Calciumhydroxid wird der Gehalt des Wassers an Erdalkali- und Hydrogencarbonat-Ionen erhöht.

In der öffentlichen Wasserversorgung ist man bestrebt, Wässer gleicher Beschaffenheit zu verteilen. Häufig stehen jedoch nur Wässer unterschiedlicher Herkunft und Zusammensetzung zur Verfügung, die getrennt oder als Mischwasser in das Rohrnetz eingespeist werden. Um einer störenden Veränderung des Trinkwassers, beispielsweise durch Trübung oder Braunfärbung, vorzubeugen, müssen Wässer unterschiedlicher Beschaffenheit gemischt oder in getrennten Versorgungszonen verteilt werden. Bei der Mischung von Wässern unterschiedlicher Beschaffenheit kann eine Aufbereitung vor oder nach der Mischung erforderlich sein.

Durch Kontakt des Wassers mit den verschiedenen in der Wasserversorgung verwendeten Werkstoffen kann seine Beschaffenheit verändert werden. Die bei diesem als Korrosion bekannten Vorgang in das Wasser gelangenden Korrosionsprodukte werden optisch, z. B. als braunes Wasser, vom Abnehmer beanstandet oder sind toxikologisch relevant (Blei, Kupfer, Nickel etc.). Das Ausmaß von Korrosionsvorgängen lässt sich durch Anheben des pH-Werts und/oder Absenken der Kohlenstoffdioxid-Konzentration oder aber auch durch Dosierung von Inhibitoren (Phosphate, Silikate) meist vermindern. Härtestabilisatoren werden im Bereich der zentralen Trinkwasserversorgung nur in Sonderfällen zudosiert. Dagegen ist ihre Anwendung in Hausinstallationen vor allem bei der Behandlung von Warmwasser relativ häufig. Durch die beschriebenen Stabilisierungsverfahren werden im Wesentlichen die Systeme Kohlenstoffdioxid/Wasser und Kohlenstoffdioxid/Calciumcarbonat/Wasser beeinflusst bzw. verändert.

7.2 System Kohlenstoffdioxid/Wasser

7.2.1 Wasserchemische Beurteilungsgrößen

Zur Beurteilung eines Wassers im Hinblick auf das Kohlensäure-System in Verbindung mit Calcium (Kalk-Kohlensäure-Gleichgewicht) sind die in **Tabelle 7.3** zusammengestellten Parameter erforderlich. Das Kohlensäure-System ist durch die Parameter pH, Säurekapazität $K_{S\,4,3}$ und Basekapazität $K_{B\,8,2}$ bzw. Säurekapazität $K_{S\,8.2}$ charakterisiert. Dabei werden nur zwei Parameter benötigt und die jeweils dritte Größe kann berechnet werden. Diese Tatsache wird bei der Kontrolle von Analysen angewendet. Die Kenntnis der Calcium-Konzentration ist darüber hinaus notwendig, um den Sättigungszustand hinsichtlich Calciumcarbonat zu beurteilen. Mit diesen Daten ist die Berechnung des Gleichgewichts-pH-Werts nach CO_2-Austausch $pH_{C\text{-}CO2}$, des Sättigungsindex SI sowie der Calcitlösekapazität D_C möglich.

Die Konzentrationen der weiteren in der Tabelle aufgeführten Ionen stehen nicht im direkten Zusammenhang mit dem Kalk-Kohlensäure-Gleichgewicht. Diese

Tabelle 7.3: Anforderungen an die Parameter des Kalk-Kohlensäure-Gleichgewichts

Parameter	Abkürzung	Grenzwert [1]
Temperatur	t_b	–
pH-Wert	pH	≥ 6,5 und ≤ 9,5
Calcitlösekapazität	D_C	5 mg/L $CaCO_3$
		gilt als erfüllt für pH ≥ 7,7
Elektrische Leitfähigkeit	κ_{25}	2790 µS/cm (25 °C)
Säurekapazität bis pH = 4,3	$K_{S\,4,3}$	-
Basekapazität bis pH = 8,2	$K_{B\,8,2}$	-
Säurekapazität bis pH = 8,2	$K_{S\,8,2}$	-
Calcium	ß(Ca)	-
Magnesium	ß(Mg)	-
Natrium	ß(Na)	200 mg/L
Kalium	ß(K)	–
Chlorid	ß(Cl)	250 mg/L
Nitrat	ß(NO_3)	50 mg/L
Sulfat	ß(SO_4)	250 mg/L

haben aber ebenfalls eine wichtige Bedeutung bei der Kontrolle von Analysen. Einerseits kann eine Ladungsbilanz durchgeführt werden. Andererseits gibt die elektrische Leitfähigkeit einen Hinweis auf die Summe aller in der Lösung vorhandenen Ionen.

7.2.2 Anforderungen an die Trinkwasserqualität

Die Anforderungen der Parameter des Kohlensäure-Systems in Verbindung mit Calcium sind ebenfalls in Tabelle 7.3 zusammengestellt. Ein wichtiger Parameter hinsichtlich des Kalk-Kohlensäure-Gleichgewichts ist der pH-Wert, für den ein Bereich zwischen 6,5 und 9,5 vorgegeben ist. Andererseits darf die berechnete Calcitlösekapazität (D_C) am Ausgang des Wasserwerkes den Wert 5 mg/L nicht überschreiten. Nach der Trinkwasserverordnung gilt diese Forderung als erfüllt, wenn der pH-Wert am Wasserwerksausgang $\geq$ 7,7 ist. Liegt ein kleinerer pH-Wert vor, muss durch Berechnung gezeigt werden, dass der D_C-Wert $\leq$ 5 mg/L ist. Bei der Mischung von Trinkwasser aus zwei oder mehr Wasserwerken darf der D_C-Wert im Verteilungsnetz den Wert von 10 mg/L nicht überschreiten [2-4].

7.2.3 Grundlagen

Löst sich Kohlenstoffdioxid (CO_2) in Wasser, so entsteht Hydrogencarbonat (HCO_3^-), das weiter zu Carbonat (CO_3^{2-}) dissoziieren kann (Gleichung (7.1) und (7.2)). Zur Beschreibung des Kalk-Kohlensäure- Gleichgewichts sind weiterhin die Dissoziation des Wassers sowie das Lösegleichgewicht von Calciumcarbonat von Bedeutung (Gleichung (7.3) und (7.4)): 7

$$CO_2 + H_2O \leftrightarrow HCO_3^- + H^+ \tag{7.1}$$

$$HCO_3^- \leftrightarrow CO_3^{2-} + H^+ \tag{7.2}$$

$$CaCO_3(s) \leftrightarrow Ca^{2+} + CO_3^{2-} \tag{7.3}$$

$$H_2O \leftrightarrow H^+ + OH^- \tag{7.4}$$

Die Lage dieser Reaktionsgleichgewichte wird von der Temperatur, der Ionenstärke und von dem pH-Wert bestimmt. Die Definition der Gleichgewichtskons-

Tabelle 7.4: Gleichgewichtskonstanten für unterschiedliche Temperaturen

Gleichung	Konstante	5 °C	10 °C	15 °C	20 °C	25 °C	30 °C
(7.1)	$\lg\{K_1, mol/l\}$	-6,513	-6,464	-6,422	-6,386	-6,356	-6,332
(7.2)	$\lg\{K_2, mol/l\}$	-10,553	-10,488	-10,429	-10,376	-10,329	-10,288
(7.3)	$\lg\{K_c, (mol/l)^2\}$	-8,390	-8,407	-8,428	-8,453	-8,481	-8,512
(7.4)	$\lg\{K_w, (mol/l)^2\}$	-14,733	-14,534	-14,346	-14,166	-13,996	-13,834
(7.25)	$\lg\{K_T, (mol/l)^{-2}\}$	4,350	4,383	4,421	4,463	4,508	4,556

tanten sowie deren Abhängigkeit von der Temperatur ist der Literatur zu entnehmen [5–10]. In **Tabelle 7.4** sind einige Zahlenwerte zusammengestellt. Um die Ionenpaarbildung (z. B. $CaHCO_3^+$) zu erfassen, müssen weitere Reaktionen berücksichtigt werden [6, 7].

Bei den Gleichgewichtsberechnungen ist nicht die Konzentration maßgeblich, sondern die Aktivität. Die Aktivität a(i) ist die mit dem Aktivitätskoeffizienten f(i) multiplizierte Konzentration c(i). In verdünnten Lösungen ist f(i) stets kleiner als 1. Die Konzentration c(i) ist die molare Konzentration in mmol/L. Da der Aktivitätskoeffizient f(i) dimensionslos ist, hat die Aktivität a(i) ebenfalls die Dimension mmol/L.

$$a(i) = c(i) \cdot f(i) \qquad (7.5)$$

Der Aktivitätskoeffizient f(i) ist abhängig von der Ionenstärke I der Lösung und der Ladungszahl der beteiligten Ionen. Die Ionenstärke I wird definitionsgemäß aus den Konzentrationen c(i) und den Ladungszahlen z(i) der einzelnen Ionen berechnet:

$$I = 0{,}5 \cdot \sum z(i)^2 \cdot c(i) \qquad (7.6)$$

Näherungsweise kann die Ionenstärke I (in mmol/L) auch aus der elektrischen Leitfähigkeit des Wassers κ_{25} bei t = 25 °C (in mS/m) berechnet werden [11]:

$$I = \kappa_{25}/6{,}08 \qquad (7.7)$$

Tabelle 7.5: Aktivitätskoeffizienten als Funktion der elektrischen Leitfähigkeit

Leitfähigkeit κ25, mS/m	**Ionenstärke I, mmol/L**	**f(einwertig) z.B. H^+, HCO_3^-**	**f(zweiwertig) z.B. Ca^{2+}, CO_3^{2-}**	**f(dreiwertig) z.B. Fe^{3+}, PO_4^{3-}**
0	0,0	1,000	1,000	1,000
10	1,6	0,957	0,840	0,675
25	4,1	0,935	0,763	0,544
50	8,2	0,912	0,691	0,435
100	16,4	0,882	0,606	0,325
200	32,9	0,847	0,514	0,223
300	49,3	0,823	0,458	0,173

Diese Beziehung bietet außerdem eine einfache Möglichkeit der Analysenkontrolle. Die Ionenstärke kann aus der elektrischen Leitfähigkeit (Gleichung (7.7)) berechnet und mit dem Wert verglichen werden, der sich aus der Definition (Gleichung (7.6)) ergibt.

In **Tabelle 7.5** sind für einige Werte der elektrischen Leitfähigkeit die berechneten Ionenstärken sowie die dazugehörigen Aktivitätskoeffizienten zusammengestellt. Vereinfachend wird für alle Ionen gleicher Ladungszahl der gleiche Aktivitätskoeffizient angenommen. Liegt beispielsweise eine elektrische Leitfähigkeit bei 25 °C von 50 mS/m vor, so beträgt der Aktivitätskoeffizient f(einwertig) = 0,912. Die „Wirksamkeit" der in der Lösung vorhandenen einwertigen Ionen hinsichtlich des Massenwirkungsgesetzes ist dann 0,912 multipliziert mit deren Konzentration. Bei vielen praktischen und näherungsweisen Berechnungen kann der Einfluss der Ionenstärke vernachlässigt werden, indem man die Aktivität a(i) der Konzentration c(i) gleichsetzt.

7

Der pH-Wert ist definiert als der negative dekadische Logarithmus der Aktivität der Wasserstoffionen in mol/L:

$$pH = -\lg a(H^+) \qquad (7.8)$$

In **Bild 7.1** sind die Anteile der Kohlensäureformen CO_2, HCO_3^- und CO_3^{2-} als Funktion des pH-Wertes dargestellt. Die Berechnung wurde für eine Temperatur von 10 °C und eine Ionenstärke von 10 mmol/L durchgeführt. Es ist zu erkennen, dass bei pH-Werten unter etwa pH 5 praktisch nur CO_2 vorliegt. Bei einem pH-Wert

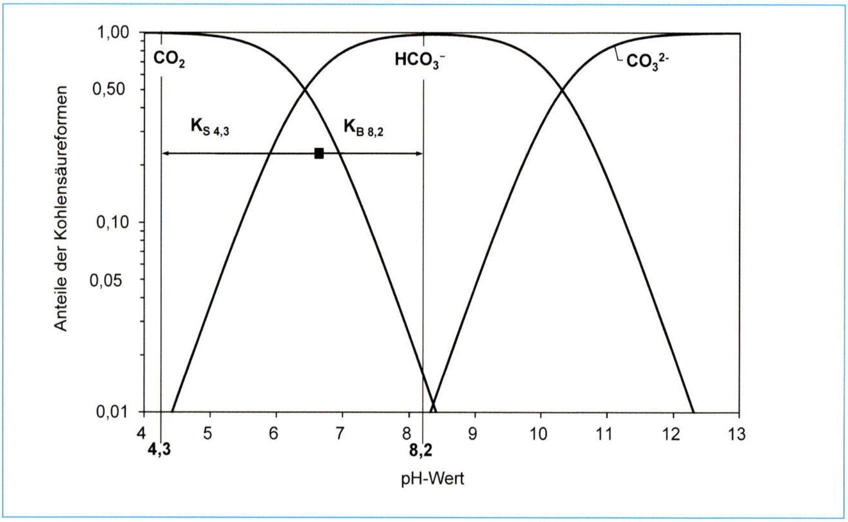

Bild 7.1: Kohlensäure Gleichgewicht und Bestimmung der Säure- und Basekapazität

von pH = 8,2 ist fast nur HCO_3^- und über pH = 12 dann fast nur noch CO_3^{2-} vorhanden. Bei einem pH-Wert von pH = 6,3 liegen je 50 % CO_2 und HCO_3^- vor. Bei pH = 10,3 liegen dagegen je zur Hälfte HCO_3^- und CO_3^{2-} vor.

Die Säurekapazität K_S eines Wassers gibt an, welche Menge an H^+-Ionen einem bestimmten Volumen zugegeben werden kann, bis es einen bestimmten pH-Wert erreicht. Die Basekapazität K_B gibt analog dazu das Aufnahmevermögen an OH^--Ionen bis zu einem bestimmten pH-Wert an. Üblicherweise werden die Werte pH = 8,2 und pH = 4,3 als Titrationsendpunkte gewählt. Bild 7.1 kann entnommen werden, dass bei pH 4,3 fast nur Kohlenstoffdioxid, bei pH 8,2 dagegen fast nur Hydrogencarbonat vorliegt. Je nach Ausgangs-pH-Wert werden verschiedene Säure- bzw. Basekapazitäten ermittelt, wobei nur zwei der genannten Werte

Tabelle 7.6: Mögliche Kombinationen von Säure- und Basekapazität in Abhängigkeit vom Anfangs-pH-Wert

Anfangs-pH-Wert	$K_{S\,4,3}$	$K_{B\,4,3}$	$K_{S\,8,2}$	$K_{B\,8,2}$
pH < 4,3		X		X
4,3 < pH < 8,2	X			X
8,2 < pH	X		X	

ermittelt werden können. In **Tabelle 7.6** sind die möglichen Kombinationen zusammengestellt.

In Bild 7.1 sind die Vorgänge bei der Bestimmung der Säure- und Basekapazität anhand der Verteilung der einzelnen Kohlensäureformen dargestellt. Der Ausgangs-pH-Wert beträgt ca. 6,8, d. h. es können die Säurekapazität bis pH 4,3 und die Basekapazität bis pH 8,2 bestimmt werden. Das Bild zeigt, dass sich bei der Titration mit einer Säure (z. B. HCl) bis zum pH-Wert 4,3 das Kohlensäure-Gleichgewicht in Richtung des CO_2 gemäß der Reaktionsgleichung (7.9) verschiebt:

$$HCO_3^- + H^+ + Cl^- \leftrightarrow CO_2 \uparrow + H_2O + Cl^- \quad (7.9)$$

Liegt der Ausgangs-pH-Wert zwischen pH 4,3 und pH 8,2 ist dies die Hauptreaktion. Aus Gleichung (7.9) ist zu erkennen, dass die Säurekapazität in diesem Fall ein Maß für die Konzentration an Hydrogencarbonationen ist. Dabei ist zu beachten, dass ein chemisch reines Wasser eine Säurekapazität von ca. 0,05 mmol/L aufweist. Bei der Berechnung der Hydrogencarbonat-Konzentration aus der Säurekapazität muss daher dieser Wert abgezogen werden.

Bild 7.1 zeigt weiterhin, dass sich bei der Titration mit einer Lauge (z. B. NaOH) bis zum pH-Wert 8,2 das Kohlensäure-Gleichgewicht in Richtung des HCO_3^- gemäß der Reaktionsgleichung (7.10) verschiebt.

7

$$CO_2 + OH^- + Na^+ \leftrightarrow HCO_3^- + Na^+ \quad (7.10)$$

Liegt der Ausgangs-pH-Wert zwischen pH 4,3 und pH 8,2 ist dies die Hauptreaktion bei der Bestimmung der Basekapazität. Gleichung (7.10) belegt, dass die Basekapazität in diesem Fall ein Maß für die Konzentration an Kohlenstoffdioxid ist. Liegt der Ausgangs-pH-Wert über pH 8,2, wird eine Säurekapazität bis pH 8,2 bestimmt. Diese entspricht entsprechend Gleichung (7.11) der Carbonatkonzentration:

$$CO_3^{2-} + H^+ + Cl^- \quad HCO_3^- + Cl^- \quad (7.11)$$

Bei der Titration bis zum pH-Wert 4,3 reagieren sowohl die Carbonat- als auch die Hydrogencarbonationen, wenn der Ausgangs-pH-Wert über pH 8,2 liegt. Dies zeigt Gleichung (7.12):

Tabelle 7.7: Abschätzung der Konzentrationen an CO_2, HCO_3^- und CO_3^{2-}

	4,3 < pH < 8,2	**8,2 ≤ pH**
$c(CO_2)$	$K_{B8,2}$	vernachlässigbar
$c(HCO_3^-)$	$K_{S4,3}$ – 0,05 mmol/L	$K_{S4,3}$ – 0,05 mmol/L – 2 $K_{S8,2}$
$c(CO_3^{2-})$	vernachlässigbar	$K_{S8,2}$

$$CO_3^{2-} + HCO_3^- + 3H^+ + 3Cl^- \leftrightarrow 2CO_2\uparrow + 2H_2O + 3\,Cl^- \qquad (7.12)$$

Aus diesen Überlegungen ergeben sich je nach Ausgangs-pH-Wert folgende Näherungen für die Konzentrationen der Kohlensäureformen, die in **Tabelle 7.7** zusammengestellt sind.

7.2.4 Berechnung des pH-Werts

Aus der Dissoziation von Kohlenstoffdioxid (7.1) ergibt sich ein eindeutiger Zusammenhang zwischen dem Gehalt an Kohlenstoffdioxid und Hydrogencarbonat sowie dem pH-Wert. Wie Gleichung (7.13) belegt, ist die Aktivität an H^+ für ein gegebenes K_1 sowie gegebene Werte für die Säure- und die Basekapazität eindeutig definiert. **Bild 7.2** zeigt diesen Zusammenhang. Aufgetragen ist die Basekapazität (Konzentration an Kohlenstoffdioxid) über der Säurekapazität (Konzentration an Hydrogencarbonat) für einen vorgegeben pH-Wert. Beispielsweise liegt bei einer Säurekapazität von 3,0 mmol/L und einer Basekapazität von 0,8 mmol/L ein pH-Wert von 7,0 vor.

$$K_1 = \frac{a(HCO_3^-) \cdot a(H^+)}{a(CO_2)} \qquad (7.13)$$

Durch Umstellen und Logarithmieren erhält man aus Gleichung (7.13) eine Gleichung zur Berechnung des pH-Werts aus der Säure- und Basekapazität (jeweils in mmol/L) (Gleichung (7.14)). Die Werte für lg K_1 sind in Tabelle 7.4 für unterschiedliche Temperaturen zusammengestellt.

$$pH = -\lg K_1 - \lg \frac{K_{B8,2}}{K_{S4,3} - 0,05\,\frac{mmol}{L}} \qquad (7.14)$$

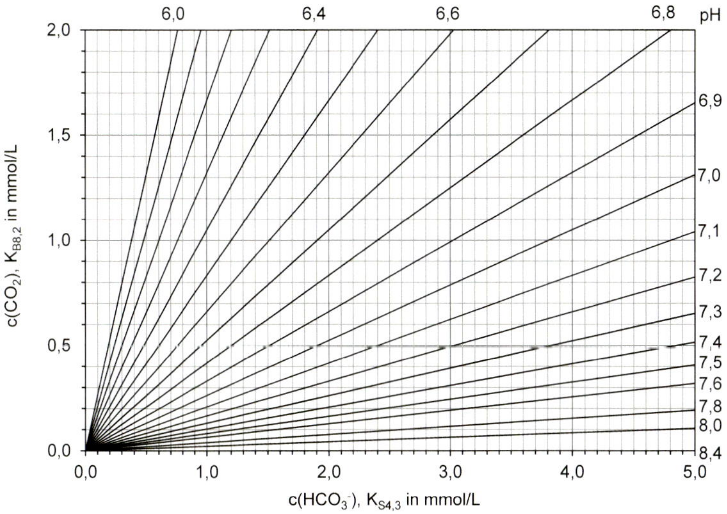

Bild 7.2: Zusammenhang zwischen Säure- und Basekapazität sowie dem pH-Wert (Temperatur = 10 °C, Ionenstärke = 10 mmol/L)

Eine weitere Methode zur Berechnung des pH-Werts enthält das DVGW-Arbeitsblatt W 214-1 [12].

7

7.2.5 m- und p-Wert

Von grundlegender Bedeutung für das Kohlensäure-System sind der m- und der p-Wert eines Wassers. Diese Größen sind eng mit der Säurekapazität (m-Wert) und der Basekapazität (p-Wert) verbunden. Diese Bezeichnungen begründen sich durch die Indikatoren Methylorange bzw. Phenolphthalein, die bei diesen Titrationen zur Endpunktanzeige verwendet werden können. Die Kohlensäuresumme c(C) ist die Gesamtsumme des anorganischen Kohlenstoffs und kann aus dem m- und p-Wert berechnet werden. Die Größen m, p und c(C) sind von der Temperatur und der Ionenstärke unabhängige Werte und sind daher für die Durchführung von Mischungs- oder Dosierungsrechnungen geeignet.

Die Herleitung der Gleichung für den m-Wert erschließt sich am einfachsten über eine Ladungsbilanz (7.15), die hinsichtlich der starken und schwachen Ionen umgeformt wird (7.16). Dabei sind die schwachen Ionen an der Dissoziation der Kohlensäure beteiligt. Die rechte Seite der Gleichung (7.16) ist die „normale“

Definition des m-Werts (17). Die linke Seite ist die „alternative" Definition des m-Werts, die natürlich den gleichen Zahlenwert ergibt. Beispielsweise zeigt die rechte Seite eindeutig, dass der Zusatz oder der Entzug von CO_2 keinen Einfluss auf den m-Wert haben kann. Der m-Wert bleibt konstant, auch wenn sich durch den Zusatz oder den Entzug von CO_2 der pH-Wert ändert und damit auch die Konzentrationen aller Ionen der „normalen" Definition des m-Werts.

$$c(Na^+) + c(K^+) + 2c(Ca^{2+}) + 2c(Mg^{2+}) + c(H^+) = c(Cl^-) + c(NO_3^-) + +2c(SO_4^{2-}) + c(HCO_3^-) + 2c(CO_3^{2-}) + c(OH^-) \quad (7.15)$$

$$c(Na^+) + c(K^+) + 2c(Ca^{2+}) + 2c(Mg^{2+}) + c(Cl^-) - c(NO_3^-) - 2c(SO_4^{2-}) = c(HCO_3^-) + 2c(CO_3^{2-}) + c(OH^-) + c(H^+) \quad (7.16)$$

$$m = c(HCO_3^-) + 2c(CO_3^{2-}) + c(OH^-) - c(H^+) \quad (7.17)$$

$$m = c(Na^+) + c(K^+) + 2c(Ca^{2+}) + 2c(Mg^{2+}) + c(Cl^-) - c(NO_3^-) - 2c(SO_4^{2-}) \quad (7.18)$$

$$p = -c(CO_2) + c(CO_3^{2-}) + c(OH^-) - c(H^+) \quad (7.19)$$

$$c(C) = c(CO_2) + c(HCO_3^-) + c(CO_3^{2-}) = m - p \quad (7.20)$$

Für Ausgangs-pH-Werte zwischen pH = 4,3 und pH = 8,2 ergeben sich die Näherungen in Gleichung (7.21) und (7.22):

$$m \approx K_{S4,3} - 0{,}05\ \text{mmol/L} \approx c(HCO_3^-) \quad (7.21)$$

$$p \approx -K_{B8,2} \approx -c(CO_2) \quad (7.22)$$

7.2.6 Auswirkung von Zusätzen

In **Tabelle 7.8** sind für einige Zusatzstoffe die Werte für m, p und c(C) für eine Konzentration von 1 mmol/L zusammengestellt. Danach hat eine HCl-Lösung

Tabelle 7.8: Lösungen mit einer Konzentration von c(i) = 1 mmol/L

Zusatz	m	c(C)	p	$c(Ca^{2+})$	m-2p	$m-2c(Ca^{2+})$
HCl	-1	**0**	-1	**0**	+1	-1
NaOH	+1	**0**	+1	**0**	-1	+1
CO_2	**0**	+1	-1	**0**	+2	**0**
$NaHCO_3$	+1	+1	**0**	**0**	+1	+1
$Na2CO_3$	+2	+1	+1	**0**	**0**	+2
$CaCO_3$	+2	+1	+1	+1	**0**	**0**
$Ca(OH)_2$	+2	**0**	+2	+1	-2	**0**
$CaCl_2$	**0**	**0**	**0**	+1	**0**	-2

einen m-Wert von -1 mmol/L und eine NaOH-Lösung hat den m-Wert +1 mmol/L. Eine reine CO_2-Lösung hat ebenso wie eine $CaCl_2$-Lösung den m-Wert 0. Eine $NaHCO_3$-Lösung weist einen m-Wert von +1 mmol/L und eine Na_2CO_3-Lösung sowie eine $CaCO_3$ und eine $Ca(OH)_2$ einen m-Wert von +2 mmol/L auf. Weiterhin sind in der Tabelle die Werte für m-2p und $m-2c(Ca^{2+})$ angegeben.

Von besonderer Bedeutung ist dabei, dass für den Zusatzstoff $CaCO_3$ sowohl m-2p als auch $m-2c(Ca^{2+})$ den Wert 0 ergeben. Das heißt, für ein gegebenes Wasser bleiben die Werte m-2p und $m-2c(Ca^{2+})$ auch nach Zusatz von $CaCO_3$ unverändert.

7

In Verbindung mit den Werten von Tabelle 7.8 lassen sich näherungsweise Veränderungen der Wasserparameter berechnen. Dies ist in **Bild 7.3** dargestellt. Als Beispiel dient ein Wasser mit einem m-Wert von 2,0 mmol/L und einem p-Wert von 1,0 mmol/L. Wird diesem Wasser 0,5 mmol/L CO_2 zugesetzt, erniedrigt sich der pH-Wert auf ca. 6,55. Der p-Wert beträgt dann –1,5 mmol/L, während der m-Wert unverändert bleibt (siehe Tabelle 7.8). Der Zusatz von 0,5 mmol/L HCl erniedrigt sowohl den m-Wert als auch den p-Wert um 0,5 mmol/L (siehe Tabelle 7.8). Der pH-Wert beträgt nach dem Zusatz ca. 6,42. Werden 1 mmol/L $NaHCO_3$ zugesetzt, erhöht sich der m-Wert um 1 mmol/L und der p-Wert bleibt konstant (siehe Tabelle 7.8). Nach diesem Zusatz wird ein pH-Wert von ca. 6,9 erreicht. Der Zusatz von 0,5 mmol/L NaOH erhöht sowohl den m-Wert als auch den p-Wert um 0,5 mmol/L (siehe Tabelle 7.8). Der pH-Wert beträgt nach dem Zusatz ca. 7,12. Wenn das Wasser mit 0,5 mmol/L $CaCO_3$ reagiert, erhöht sich der m-Wert auf 3,0 mmol/L und der p-Wert auf –0,5 mmol/L. Der pH-Wert beträgt dann 7,2. Weiterhin kann mit Hilfe dieses Bildes beispielsweise der p-Wert für einen gegebenen m- und pH-Wert ermittelt werden. Bei der Anwendung von Bild 7.3 ist zu beachten, dass das Kalk-Kohlensäure-Gleichgewicht nicht berücksichtigt wird.

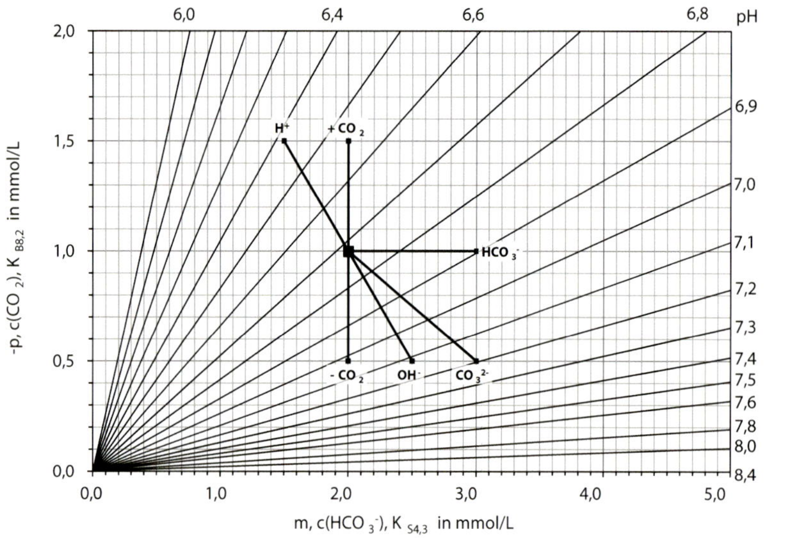

Bild 7.3: Veränderung der wasserchemischen Beschaffenheit durch Zusätze (Temperatur = 10 °C, Ionenstärke = 10 mmol/L)

7.2.7 Kalk-Kohlensäure-Gleichgewicht

7.2.7.1 Sättigungsindex

Zur Beurteilung, ob sich ein Wasser im Kalk-Kohlensäure-Gleichgewicht befindet, kann der Sättigungsindex berechnet werden. Der Sättigungsindex ist auf der Grundlage des Löslichkeitsprodukts K_C für Calciumcarbonat definiert:

$$SI = \lg \frac{a(Ca^{2+}) \cdot a(CO_3^{2-})}{K_C} = pH - pH_{c-CO_2} \tag{7.23}$$

Ein Wasser mit einem negativen Sättigungsindex ist calcitlösend. Ein Wasser mit einem positiven Sättigungsindex ist calcitabscheidend. Der Sättigungsindex kann formal auch als pH-Wert Differenz ausgedrückt werden (Gleichung (7.23)). Der pH_{C-CO2}-Wert stellt sich dann ein, wenn ein Wasser durch Entzug oder Zusatz von CO_2 in das Kalk-Kohlensäure-Gleichgewicht gebracht wird.

7.2.7.2 Tillmanskurve

Die Tillmanskurve stellt den Zusammenhang zwischen m- und p-Wert für das Vorliegen des Kalk-Kohlensäure-Gleichgewichts her. Unter Berücksichtigung des Löslichkeitsproduktes für Calciumcarbonat K_C und des Sättigungsindexes SI gilt im Gleichgewicht (SI = 0) folgender Zusammenhang:

$$K_C = a(Ca^{2+}) \cdot a(CO_3^{2-}) \tag{7.24}$$

Nach Umformung erhält man einen Zusammenhang zwischen der Kohlenstoffdioxid-Konzentration und den Aktivitäten an Calcium und Hydrogencarbonat im Kalk-Kohlensäure-Gleichgewicht:

$$c(CO_2) = \frac{K_2 \cdot c(Ca^{2+}) \cdot c(HCO_3^-)^2}{K_1 \cdot K_c} \rightarrow c(CO_2) = K_T \cdot c(Ca^{2+}) \cdot c(HCO_3^-)^2 \tag{7.25}$$

Mit der Annahme $c(Ca^{2+}) = c(HCO_3^-)/2$ ergibt sich die Tillmans-Kurve. Diese Annahme gilt näherungsweise für viele Wässer.

$$c(CO_2) = \frac{K_T}{2} \cdot c(HCO_3^-)^3 \rightarrow -p = \frac{K_T}{2} \cdot m^3 \tag{7.26}$$

7

Die allgemeine Form nach Gleichung (7.27) findet im DVGW-Regelwerk Anwendung.

$$c(CO_2) = K_T \cdot c(Ca^{2+}) \cdot c(HCO_3^-)^2 \rightarrow \frac{K_{B8,2}}{K_{S4,3}} = K_T \cdot c(Ca^{2+}) \cdot K_{S4,3} \tag{7.27}$$

In **Bild 7.4** ist die Tillmans-Kurve nach Gleichung (7.26) dargestellt. Für die eingezeichnete Kurve gilt der Sättigungsindex SI = 0. Das bedeutet, dass sich alle Zustände, die auf dieser Kurve liegen, im Gleichgewicht mit Calcit als Festphase befinden. Wässer, deren Werte oberhalb der Kurve liegen, können Calciumcarbonat auflösen (calcitlösend), Wässer unterhalb der Kurve sind Calciumcarbonat abscheidend.

Die Kurve gilt außer für t = 10 °C und I = 10 mmol/L auch nur für die Bedingung $m - 2c(Ca^{2+}) = 0$. Als Beispiel für das Vorgehen bei der Beurteilung eines Wassers hinsichtlich der Calcitlöseeigenschaften sowie der Beschreibung von Verände-

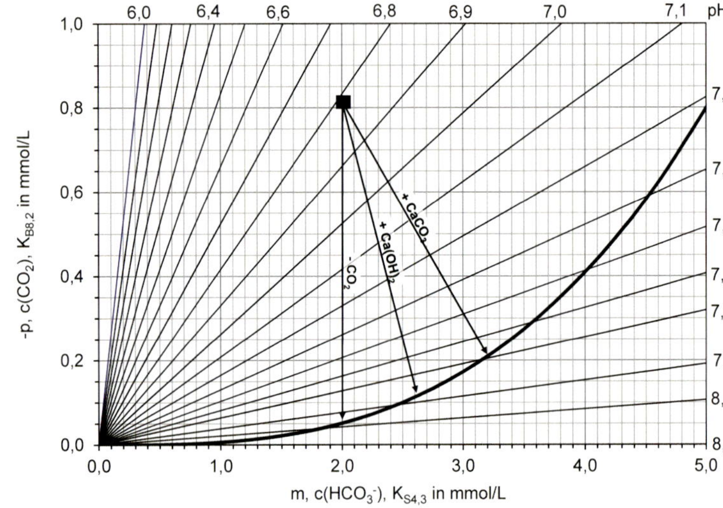

Bild 7.4: Tillmanskurve (Temperatur = 10 °C und m-2c(Ca^{2+}) = 0)

rungen durch Aufbereitungsmaßnahmen ist ein Wasser mit p = –0,8 mmol/L, m = 2 mmol/L und c(Ca^{2+}) = 1,0 mmol/L gegeben. Es liegt also der Fall m-2c(Ca^{2+}) = 0 vor. Es zeigt sich, dass das Wasser calcitlösend ist. Aus Bild 7.4 kann der tatsächliche pH-Wert von ca. pH 6,8 abgelesen werden. Durch verschiedene Aufbereitungsverfahren kann das Wasser ins Kalk-Kohlensäure-Gleichgewicht gebracht werden. Beim Kontakt mit der Luft kann gelöstes CO_2 bis zum Gleichgewicht mit dem CO_2 der Luft ausgetrieben werden. Dabei wird weder der m-Wert noch die Calciumkonzentration verändert, die Voraussetzung m-2c(Ca^{2+}) = 0 bleibt damit erhalten. Da der m-Wert konstant bleibt, wird das Gleichgewicht bei einem pH-Wert von ca. 8,0 und einem p-Wert von ca. –0,05 mmol/L erreicht. Der Differenz der p-Werte kann entnommen werden, dass dabei ca. 0,75 mmol/L CO_2 entfernt werden müssen. Durch den Entzug von CO_2 wird der größte mögliche pH-Wert im Gleichgewicht erreicht. Auch bei der Zugabe von $Ca(OH)_2$ bleibt die Voraussetzung m-2c(Ca^{2+}) = 0 erhalten. Dabei bleibt die Kohlensäuresumme c(C) und damit der Wert für m-p konstant. Die Wasserzusammensetzung ändert sich daher auf einer Geraden mit der Neigung –1 und erreicht das Gleichgewicht bei einem pH-Wert von ca. 7,8. Es zeigt sich, dass durch den erforderlichen Zusatz an $Ca(OH)_2$ bis zum Gleichgewicht der m-Wert von 2 auf 2,6 mmol/L erhöht werden muss. Es ist demnach ein Zusatz von 0,3 mmol/L $Ca(OH)_2$ notwendig. Auch bei der Reaktion mit $CaCO_3$ bleibt die Voraussetzung m-2c(Ca^{2+}) = 0 erhalten. Dabei bleibt der Wert für m-2p konstant. Die Wasserzusammensetzung ändert sich daher auf einer Geraden mit der Neigung -1/2 und erreicht das Gleichgewicht bei einem pH-Wert von ca. 7,6. Hierdurch wird der m-Wert auf ca. 3,3 mmol/L erhöht. Es ist demnach ein Zusatz von ca. 0,65 mmol/L $CaCO_3$ erforderlich. Durch die Reaktion mit Calciumcarbonat wird der niedrigste mögliche pH-Wert im Gleichgewicht erreicht. Weitere Aufbereitungsmaßnahmen sind in dem Bild nicht mehr darstellbar, da z. B. die Zugabe von NaOH, Na_2CO_3 oder $CaCl_2$ die Bedingung m-2c(Ca^{2+}) = 0 und damit die Gleichgewichtskurve verändert.

Bild 7.5 zeigt die modifizierte Tillmans-Kurve nach Gleichung (7.27). Für die eingezeichneten Kurven gilt der Sättigungsindex SI = 0 bei unterschiedlichen Temperaturen. Wässer, deren Werte oberhalb der jeweiligen Kurve liegen, können Calciumcarbonat auflösen (calcitlösend), Wässer unterhalb der jeweiligen Kurve sind Calciumcarbonat abscheidend.

Die Anwendung der modifizierten Tillmans-Kurve zur Berechnung der auszugasenden Menge an Kohlenstoffdioxid, um das Kalk-Kohlensäure-Gleichgewicht einzustellen, wird an Beispiel 7.1 erläutert. Dabei ist zu beachten, dass bei der Ausgasung von Kohlenstoffdioxid sowohl die Calcium-Konzentration als auch die Säurekapazität und damit auch deren Produkt konstant bleiben.

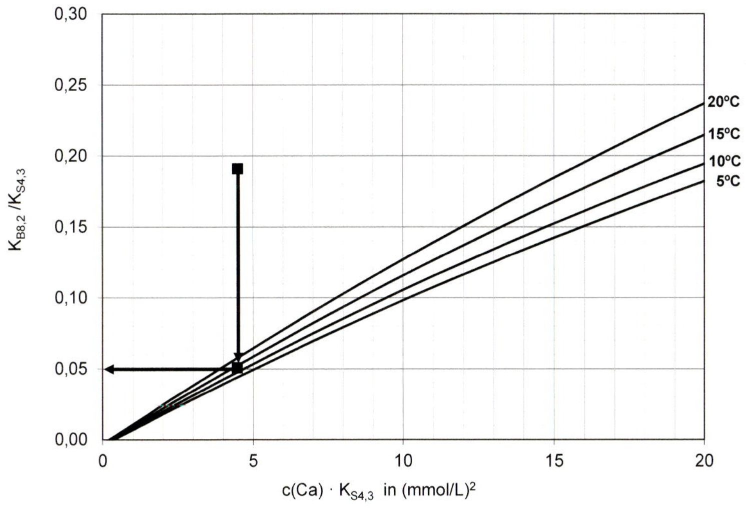

Bild 7.5: Modifizierte Tillmanskurve

7

Beispiel 7.1: Berechnung der auszugasenden Menge an Kohlenstoffdioxid

gegeben:	t_{bew}	= 12 °C
	$K_{S\,4,3}$	= 2,25 mmol/L
	$K_{B\,8,2}$	= 0,43 mmol/L
	c(Ca)	= 2,00 mmol/L
	pH	= 7,1 (12 °C)

gesucht: auszugasende Menge an Kohlenstoffdioxid $\Delta c(CO_2)$

Rechnung:	$K_{B\,8,2}/K_{S\,4,3}$	= 0,19
	$c(Ca)\,K_{S\,4,3}$	= 4,5 $(mmol/L)^2$ (bleibt konstant)
	$(K_{B\,8,2}/K_{S\,4,3})_{GG}$	= 0,05
	$(K_{B\,8,2})_{GG}$	= 0,05 · 2,25 mmol/L = 0,11 mmol/L
	$\Delta c(CO_2)$	= [0,43 – 0,11] mmol/L = 0,32 mmol/L

7.2.7.3 Calcitlösekapazität D_C

Die Gleichgewichtskonzentrationen an Calcium, die sich nach Reaktion mit Calcit einstellen ($c(Ca)_{GG\,10}$) sind als Funktion der Hilfsgrößen m-2c(Ca) und m-2p für eine Temperatur von 10 °C in **Tabelle 7.9** zusammengestellt. Bei anderen Temperaturen als 10 °C kann noch eine Temperaturkorrektur vorgenommen werden [8]. Bei der Reaktion eines Wassers mit Calciumcarbonat (auflösen oder abscheiden) bleiben die beiden Hilfsgrößen m-2c(Ca) und m-2p konstant. Um die Ionenpaarbildung zu berücksichtigen, wurde bei der Berechnung der Tabellenwerte jeweils eine Magnesium-Konzentration von 0,1·c(Ca) und eine Sulfatkonzentration von 0,3·c(Ca) angenommen. Die Ladungsbilanz wurde mit Natrium bzw. Chlorid ausgeglichen. Die Calcitlösekapazität D_C ergibt sich aus der Differenz zwischen der Gleichgewichtskonzentration $c(Ca)_{GG}$ und des Analysenwertes c(Ca). Ist der Wert negativ, wird D_C als Calcitabscheidekapazität bezeichnet.

Beispiel 7.2 zeigt die Vorgehensweise zur Berechnung der Calcitlösekapazität. Es ist zu beachten, dass bei einer Basekapazität $K_{B8,2}$ der p-Wert negativ ist. Hier ergibt sich ein calcitlösendes Wasser mit einer Calcitlösekapazität von 37 mg/L.

Beispiel 7.2: Berechnung der Calcitlösekapazität D_C

gegeben:	t_{bew}	= 10 °C
	κ_{25}	= 61 mS/m
	$K_{S\,4,3}$	= 5,05 mmol/L
	$K_{B\,8,2}$	= 1,25 mmol/L
	c(Ca)	= 2,00 mmol/L

Tabelle 7.9: Calciumkonzentration nach Reaktion mit Calciumcarbonat $c(Ca)_{GG}$ in Abhängigkeit von m-2c(Ca) und m-2p für T = 10 °C [nach 8]

m–2c(Ca) mmol/L	m – 2 p, mmol/L												
	0,0	1,0	2,0	3,0	4,0	5,0	6,0	7,0	8,0	9,0	10,0	11,0	12,0
4,0					0,08	0,40	0,73	1,04	1,32	1,57	1,82	2,04	2,26
3,0				0,08	0,43	0,79	1,13	1,42	1,69	1,95	2,19	2,41	2,63
2,0			0,08	0,47	0,85	1,20	1,52	1,82	2,09	2,34	2,58	2,80	3,01
1,0		0,08	0,49	0,91	1,29	1,63	1,94	2,24	2,50	2,74	2,98	3,19	3,40
0,0	0,11	0,51	0,96	1,37	1,74	2,07	2,37	2,65	2,91	3,16	3,38	3,60	3,80
-1,0	0,55	1,00	1,44	1,84	2,19	2,52	2,81	3,09	3,34	3,58	3,80	4,02	4,22
-2,0	1,03	1,49	1,92	2,31	2,66	2,98	3,27	3,53	3,78	4,02	4,24	4,44	4,64
-3,0	1,53	1,99	2,41	2,79	3,13	3,44	3,73	3,99	4,23	4,46	4,68	4,89	5,08
-4,0	2,03	2,48	2,90	3,27	3,61	3,91	4,19	4,45	4,69	4,92	5,13	5,33	5,53
-5,0	2,52	2,98	3,39	3,76	4,09	4,38	4,66	4,91	5,15	5,38	5,59	5,79	5,98
-6,0	3,02	3,47	3,88	4,24	4,57	4,86	5,13	5,38	5,62	5,84	6,05	6,25	6,43
-7,0	3,52	3,97	4,37	4,73	5,05	5,34	5,61	5,85	6,09	6,30	6,51	6,71	6,89
-8,0	4,02	4,47	4,87	5,22	5,53	5,82	6,08	6,33	6,56	6,77	6,98	7,17	7,36

gesucht: D_C

Rechnung:

m-Wert $= K_{S\,4,3} - 0{,}05 = 5{,}00$ mmol/L
p-Wert $= -K_{B\,8,2} = -1{,}25$ mmol/L

m–2c(Ca) $= 5{,}00 - 2 \cdot 2{,}0 = 1{,}00$ mmol/L
m–2p $= 5{,}00 - 2 \cdot (-1{,}25) = 7{,}50$ mmol/L

$c(Ca)_{GG\,10}$ = 2,37 mmol/L (Tabelle 7.9)
D_C = [2,37–2,00] mmol/L · 100,01 mg/mmol = 37 mg/L

7.2.7.4 Mischung von Wässern

Bei der Mischung von Wässern können die Konzentrationen der Ionen aus den Mischungsanteilen der beteiligten Wässer berechnet werden. Dies gilt auch für die Parameter Säure- und Basekapazität. Der pH-Wert kann dagegen nicht aus einer Mischungsrechnung ermittelt werden. Auch die Calcitlösekapazität und der Sättigungsindex können nicht aus der Mischungsrechnung berechnet werden. Die Ermittlung dieser Größen in der Mischung erfordert eine gesonderte Berechnung.

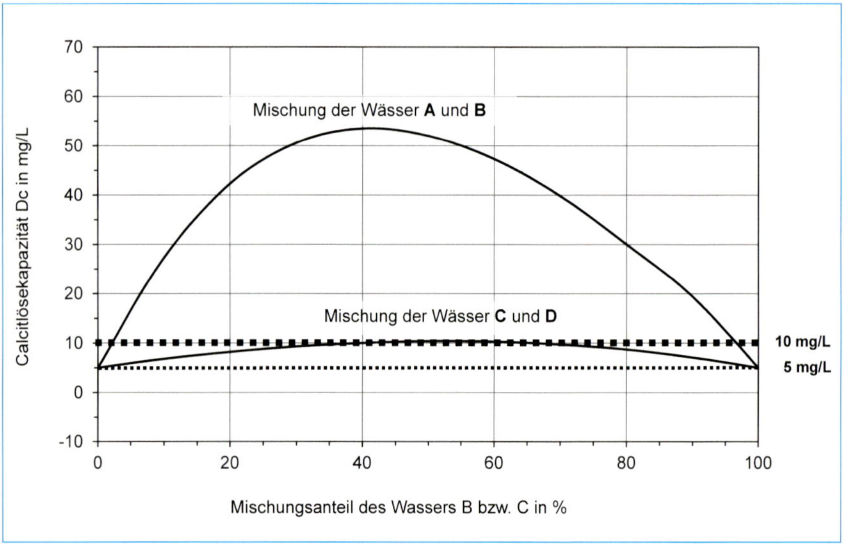

Bild 7.6: Calcitlösekapazität DC und pH-Wert bei der Mischung der Wässer A und B bzw. C und D (Tabelle 7.10)

Tabelle 7.10: Wasserchemische Daten der Wässer A, B, C und D

Wasser	t °C	pH	$K_{S4,3}$ mmol/L	$K_{B8,2}$ mmol/L	ß(Ca) mg/L	SI	D_C mg/L
A	6,9	7,69	0,71	0,03	18,7	-1,10	5
B	11,5	6,84	7,90	2,91	180	-0.02	5
C	12,0	7,13	4,72	0,85	121	-0.05	5
D	10,0	7,58	2,61	0,16	52,0	-0,18	5

Hinsichtlich des Kalk-Kohlensäure-Gleichgewichts hat bei der Mischung von Wässern der Sättigungszustand eine besondere Bedeutung, da Mischwässer entstehen können, die stärker calcitlösend sind als die Ausgangswässer. Dieses typische Verhalten wird in **Bild 7.6** verdeutlicht, in der die Calcitlösekapazität D_C für unterschiedliche Mischungsverhältnisse der Wässer A und B bzw. C und D dargestellt ist. Die wichtigsten Analysendaten sind in **Tabelle 7.10** zusammengestellt.

Die Wässer weisen eine Calcitlösekapazität von jeweils 5 mg/L auf und unterscheiden sich deutlich in der Säurekapazität. Bild 7.6 zeigt die Mischung der Wässer A und B sowie C und D. Aufgetragen ist die Calcitlösekapazität in Abhängigkeit vom jeweiligen Mischungsverhältnis. Bei der Mischung der Wässer A und B steigt ausgehend von Wasser A die Calcitlösekapazität zunächst an, erreicht bei einem Anteil von 40 % Wasser B ein Maximum von 53 mg/L und sinkt wieder ab. Durch die Mischung steigt die Calcitlösekapazität deutlich an. Dieses Verhalten ist bei der Mischung der Wässer C und D weniger ausgeprägt. Hier steigt die Calcitlösekapazität in der Mischung auf maximal 10 mg/L an. Der wesentliche Unterschied zwischen den Wässern A und B sowie C und D liegt in der Differenz der Werte für die Säurekapazität. Diese ist bei den Wässern A und B deutlich größer als bei den Wässern C und D.

Eine besondere Rolle spielen diese Effekte bei der Versorgung mit unterschiedlichen Wässern, bei der geprüft werden muss, ob eine zentrale Mischung und Aufbereitung der Wässer erforderlich sind. Mit der Charakterisierung der Unterschiedlichkeit von Wässern beschäftigt sich das DVGW-Arbeitsblatt W 216. Bei der Mischung der Wässer C und D, bei denen es sich im Sinne des Arbeitsblattes W 216 um Wässer gleicher Beschaffenheit handelt, ist unter den hier gewählten Bedingungen die Calcitlösekapazität für jedes Mischungsverhältnis kleiner als 10 mg/L. Bei den Wässern A und B handelt es sich dagegen im Sinne des Arbeitsblatts W 216 um Wässer unterschiedlicher Beschaffenheit.

An Beispiel 7.3 wird die Vorgehensweise bei einer Mischwasserberechnung verdeutlicht. Dabei werden zunächst die Werte für t, c(Ca), $K_{S\,4,3}$ und $K_{B\,8,2}$ in der Mischung berechnet. Auch der Wert für die elektrische Leitfähigkeit κ_{25} kann auf diese Weise für die Mischung ermittelt werden. Hieraus werden dann der m- und der p-Wert in der Mischung berechnet. Zur Berechnung der Calcitlösekapazität werden schließlich die Werte für m-2c(Ca) und m-2p berechnet und der Gleichgewichtswert $c(Ca)_{GG}$ aus Tabelle 7.9 durch Interpolation ermittelt. Der Einfluss der von 10 °C abweichenden Temperatur wird hier vernachlässigt.

Beispiel 7.3: Berechnung eines D_C-Werts in einem Mischwasser

gegeben:

	Wasser A	60 % A 40 % B	Wasser B
t, °C	6,9	8,7	11,5
$K_{S\,4,3}$, mmol/L	0,71	3,59	7,9
$K_{B\,8,2}$, mmol/L	0,03	1,18	2,9
c(Ca), mmol/L	0,47	2,08	4,5

gesucht: D_C in der Mischung

Rechnung:

m-Wert $= K_{S\,4,3} - 0{,}05 = 3{,}54$ mmol/L
p-Wert $= -K_{B\,8,2} = -1{,}18$ mmol/L

m–2c(Ca) $= 3{,}54 - 2 \cdot 2{,}08 = -0{,}62$ mmol/L
m–2p $= 3{,}54 - 2 \cdot (-1{,}18) = 5{,}90$ mmol/L

$c(Ca)_{GG\,10}$ = 2,61 mmol/L (Tabelle 7.9)
$D_C = [2{,}61 - 2{,}08]$ mmol/L * 100,01 mg/mmol = +53 mg/L

7.3 Entsäuerung

7.3.1 Entsäuerungsverfahren und Vorzugsbereiche

Die Vorzugsbereiche der Entsäuerungsverfahren hängen im Wesentlichen von der Säure- und der Basekapazität ab. Diese sind in **Tabelle 7.11** nach dem DVGW-Arbeitsblatt W 214-1 zusammengestellt. **Bild 7.7** zeigt diese Zusammenhänge grafisch. Weiterhin ist die CO_2-Konzentration dargestellt, die nicht durch Belüften des Wassers unterschritten werden kann. Diese beträgt bei einer Temperatur von 10 °C etwa 0,045 mmol/L. Bild 7.7 kann entnommen werden, dass sich Wässer mit einer Säurekapazität über 1,5 mmol/L in der Regel allein durch

Tabelle 7.11: Vorzugsbereiche für den Einsatz der Entsäuerungsverfahren in Abhängigkeit von der Wasserbeschaffenheit [12]

Verfahren	Wasserbeschaffenheit im Zulauf zur Entsäuerung
Ausgasen von Kohlenstoffdioxid	$K_{S\,4,3} \geq 1,5$ mmol/L
Filtration über Calciumcarbonat	$K_{S\,4,3} + 2\,K_{B\,8,2} \leq 1,5$ mmol/L
Filtration über halbgebrannten Dolomit	$K_{S\,4,3} + 2\,K_{B\,8,2} \leq 2,5$ mmol/L
Dosierung basischer Stoffe	kein Vorzugsbereich

den Einsatz mechanischer Entsäuerungsverfahren entsäuern lassen. Bei der mechanischen Entsäuerung wird durch intensiven Kontakt des Wassers mit Luft gelöstes CO_2 ausgetrieben, wobei die in dem Bild dargestellte CO_2-Konzentration nicht unterschritten werden kann. Bei Wässern mit einer Säurekapazität zwischen 1 und 2 mmol/L kann durch mechanische Entsäuerung der pH-Wert auf größer oder gleich 7,7 angehoben werden. Bei Wässern mit einer Säurekapazität von größer als ca. 2 mmol/L kann es auch zur Unterschreitung des Gleichgewichts und zu Calciumcarbonatausfällungen kommen. Wässer mit einem m-Wert unter

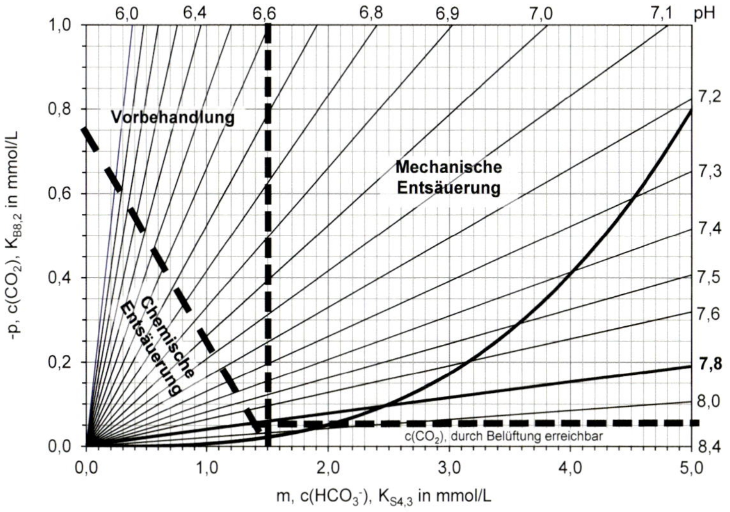

Bild 7.7: Einsatzbereiche der Entsäuerungsverfahren

7

1 mmol/L können durch chemische Entsäuerung, beispielsweise durch Filtration über Calciumcarbonat, bis zur Einstellung eines pH-Wertes von größer oder gleich 7,7 entsäuert werden. Dabei kann der chemischen Entsäuerung bei Vorliegen von hohen CO_2-Konzentrationen im Rohwasser eine mechanische Teilentsäuerung vorgeschaltet werden. Häufig ist es auch möglich, in solchen Fällen eine Aufhärtung (Erhöhung des m-Werts) mit anschließender mechanischer Entsäuerung durchzuführen.

7.3.2 Entsäuerungsziel

Die Anforderungen der Entsäuerung sind durch die Trinkwasserverordnung (TrinkwV) vorgegeben [1]. Grundsätzlich muss der pH-Wert des Trinkwassers zwischen 6,5 und 9,5 liegen und die Calcitlösekapazität darf den Wert von 5 mg/L $CaCO_3$ nicht überschreiten. Wenn der pH-Wert des Wassers mindestens 7,7 beträgt, gilt diese Anforderung als erfüllt. Bei Wässern mit einem pH-Wert von unter 7,7 muss rechnerisch gezeigt werden, dass die Calcitlösekapazität 5 mg/L nicht überschreitet. Da in der Praxis beim Betrieb der Anlagen Schwankungen der Entsäuerungsleistung auftreten, ist es in der Praxis erforderlich, entweder das Kalk-Kohlensäure-Gleichgewicht (D_C = 0 mg/L) oder einen pH-Wert von größer oder gleich 7,8 einzustellen [12]. Hierdurch ist gewährleistet, dass die Anforderungen der TrinkwV an die Parameter pH-Wert und Calcitlösekapazität in jedem Fall erfüllt werden.

Unter welchen Bedingungen welches Entsäuerungsziel gilt, hängt ab von der Säurekapazität $K_{S4,3}$ und dem Calciumgehalt des zu entsäuernden Wassers. In **Tabelle 7.12** sind in Abhängigkeit dieser Parameter pH-Werte (oberer Wert) und die dazugehörigen Basekapazitäten $K_{B8,2}$ zusammengestellt. Diese Tabelle gilt für die Temperatur 10 °C. Das DVGW-Arbeitsblatt W 214-3 [13] enthält auch noch Tabellen für die Temperaturen 5 und 15 °C. Die pH-Werte unter 7,8 sind Sättigungs-pH-Werte, die sich dann einstellen, wenn das Kalk-Kohlensäure-Gleichgewicht durch Austausch von Kohlenstoffdioxid erreicht wird (pH_{C-CO2}).

In Beispiel 7.4 wird die Anwendung von Tabelle 7.12 erläutert. Es ergibt sich ein pH_{C-CO2}-Wert von 7,66. Das Wasser ist damit calcitlösend, da der pH_{C-CO2}-Wert über dem tatsächlichen pH-Wert (7,1) liegt. Das Wasser muss mit dem Entsäuerungsziel pH = 7,66 entsäuert werden. Mit einer Säurekapazität $K_{S4,3}$ von 2,25 mmol/L liegt das Wasser im Vorzugsbereich für die physikalische Entsäuerung. Die Basekapazität $K_{B8,2}$ beträgt dann nach der Entsäuerung 0,113 mmol/L. Aus diesem Wert kann beispielsweise der erforderliche Wirkungsgrad berechnet werden.

Tabelle 7.12: Sättigungs-pH-Wert pH_{C-CO2} bzw pH 7,8 bei pH_C > 7,8 und entsprechende Basekapazitäten bis pH 8,2 ($K_{B8,2}$) bei 10 °C Wassertemperatur [nach 13]

c(Ca) mmol/l	$K_{S4,3}$, mmol/l															
	0,25	**0,5**	**0,75**	**1,00**	**1,25**	**1,50**	**1,75**	**2,00**	**2,50**	**3,00**	**3,50**	**4,00**	**5,00**	**6,00**	**7,00**	**8,00**
0,25	7,80 0,006	7,80 0,014	7,80 0,022	7,80 0,029												pH $K_{B\,8,2}$
0,50	7,80 0,006	7,80 0,014	7,80 0,022	7,80 0,030	7,80 0,037	7,80 0,045	7,80 0,053	7,80 0,060								
0,75	7,80 0,007	7,80 0,014	7,80 0,022	7,80 0,030	7,80 0,038	7,80 0,046	7,80 0,054	7,80 0,061	7,80 0,077							
1,00	7,80 0,007	7,80 0,015	7,80 0,023	7,80 0,031	7,80 0,039	7,80 0,046	7,80 0,054	7,80 0,062	7,80 0,078	7,80 0,093						
1,25	7,80 0,007	7,80 0,015	7,80 0,023	7,80 0,031	7,80 0,039	7,80 0,047	7,80 0,055	7,80 0,063	7,79 0,083	7,71 0,125	7,65 0,174	7,60 0,229				
1,50	7,80 0,007	7,80 0,015	7,80 0,023	7,80 0,031	7,80 0,039	7,80 0,048	7,80 0,056	7,80 0,064	7,71 0,105	7,64 0,155	7,58 0,213	7,53 0,279	7,44 0,431			
2,00	7,80 0,007	7,80 0,015	7,80 0,024	7,80 0,032	7,80 0,040	7,80 0,048	7,77 0,062	7,71 0,085	7,61 0,141	7,53 0,209	7,47 0,287	7,42 0,374	7,33 0,574	7,26 0,809	7,21 1,076	
2,50	7,80 0,007	7,80 0,015	7,80 0,024	7,80 0,032	7,80 0,041	7,77 0,055	7,70 0,079	7,64 0,106	7,54 0,173	7,46 0,254	7,39 0,350	7,33 0,461	7,25 0,707	7,18 0,995	7,12 1,322	7,07 1,685
3,00			7,80 0,024	7,80 0,033	7,79 0,043	7,71 0,066	7,64 0,094	7,58 0,125	7,48 0,202	7,40 0,295	7,33 0,405	7,27 0,532	7,18 0,832	7,11 1,170	7,05 1,554	7,00 1,982
4,00				7,80 0,034	7,70 0,057	7,62 0,086	7,55 0,120	7,49 0,159	7,39 0,254	7,31 0,368	7,24 0,503	7,18 0,659	7,09 1,030	7,01 1,480	6,95 1,986	6,90 2,533
5,00						7,55 0,104	7,48 0,143	7,42 0,189	7,32 0,298	7,24 0,432	7,17 0,588	7,11 0,769	7,02 1,199	6,94 1,721	6,87 2,334	6,82 3,035
7,00	pH $K_{B\,8,2}$								7,22 0,374	7,14 0,538	7,07 0,732	7,01 0,954	6,92 1,484	6,84 2,128	6,77 2,882	6,72 3,747

Beispiel 7.4: Berechnung des $pH_{C\text{-}CO2}$-Werts

gegeben: t_{bew} = 10 °C
κ_{25} = 60 mS/m
$K_{S\,4,3}$ = 2,25 mmol/L
c(Ca) = 2,00 mmol/L
pH = 7,1 (10 °C)

gesucht: $pH_{C\text{-}CO2}$-Wert

Rechnung: $pH_{C\text{-}CO2\,10}$ = 7,66 (aus der Tabelle interpoliert)
$K_{B8,2}$ = 0,113 mmol/L (aus der Tabelle interpoliert)

7.3.3 Nebeneffekte [12]

Die Entsäuerungsverfahren verändern auf unterschiedliche Weise die Beschaffenheit des zu entsäuernden Wassers. Diese Veränderungen sind in **Tabelle 7.13** zusammengestellt. Durch geeignete Auswahl der Verfahren können unerwünschte Veränderungen, zumindest teilweise, vermieden und erwünschte Veränderungen gefördert werden.

Ist eine Entsäuerung erforderlich, ist es sinnvoll, bei der Verfahrenswahl

- bei sehr weichen Wässern die Säurekapazität bis pH 4,3 und den Calciumgehalt zu erhöhen,

Tabelle 7.13: Qualitative Veränderungen der Rohwasserbeschaffenheit durch Entsäuerungsverfahren [12]

Verfahren	Änderung von:					
	pH	$K_{S\,4,3}$	$K_{B\,8,2}$	c(Ca)	c(Mg)	c(Na)
Ausgasen von:						
Kohlenstoffdioxid	+	0	-	0	0	0
Filtration über:						
Calciumcarbonat	+	+	-	+	0	0
halbgebrannten Dolomit	+	+	-	+	+	0
Dosierung von:						
Calciumhydroxid	+	+	-	+	0	0
Natriumhydroxid	+	+	-	0	0	+
Natriumcarbonat	+	+	-	0	0	+

\+ Zunahme - Abnahme 0 keine Veränderung

- bei harten Wässern die Konzentration von Calcium- und Magnesiumionen (Gesamthärte) nicht zu erhöhen und
- die Konzentration der Natriumionen vor allem bei Wässern mit Natriumgehalten in Grenzwertnähe nicht wesentlich zu erhöhen.

7.3.4 Physikalische Entsäuerungsverfahren

Physikalische Verfahren (Ausgasen, Belüften etc.) beruhen auf dem Austausch von Kohlenstoffdioxid an der Phasengrenze Luft/Wasser. Die Abmessungen der Apparaturen und deren Wirkungsgrad werden von der Größe der Phasengrenzfläche als Stoffaustauschfläche und der An- und Abtransportgeschwindigkeit der auszutauschenden Stoffe (Kohlenstoffdioxid) bestimmt. Die minimal mögliche Kohlenstoffdioxidkonzentration im Wasser, ist durch den natürlichen Kohlenstoffdioxidgehalt der Luft (0,04 Vol.-%) vorgegeben (siehe **Tabelle 7.14**).

Damit können mechanische Entsäuerungsverfahren mit dem Ziel der Einstellung des Kalk-Kohlensäure-Gleichgewichts nur bei Vorliegen solcher Wässer eingesetzt werden, die im Zustand der Calcitsättigung eine ausreichend hohe Säurekapazität $K_{S4,3}$ aufweisen und damit einen CO_2-Gehalt im Gleichgewicht über dem Wert der CO_2-Löslichkeit (Bild 7.7). Nach der Gleichgewichtseinstellung durch mechanische Entsäuerung wird der $pH_{C\text{-}CO2}$-Wert erreicht. Der Wirkungsgrad η der mechanischen Entsäuerung lässt sich bezogen auf den CO_2-Austrag wie folgt berechnen:

$$\eta = \frac{c(CO_2)_{Zulauf} - c(CO_2)_{Ablauf}}{c(CO_2)_{Zulauf} - c(CO_2)_{GG\ mit\ Luft}} = \frac{\Delta c(CO_2)}{c(CO_2)_{Zulauf} - c(CO_2)_{GG\ mit\ Luft}}$$

Es gibt eine Vielzahl von Apparaten mit unterschiedlichen Wirkungsgraden. Es werden beispielsweise feinblasige Flachbelüfter (Kreuzstrom), Füllkörperkolonnen (Gegenstrom), Kaskaden oder mehrstufige Wellbahnkolonnen eingesetzt. Weitere Hinweise sind im DVGW-Arbeitsblatt W 214-3 zusammengestellt [13].

Tabelle 7.14: CO_2-Konzentrationen im Gleichgewicht mit Luft [13]

Temperatur	°C	5	10	15	20	25
K_H	mmol/(L bar)	62,6	53,0	45,2	38,5	33,7
$c(CO_2)_{GG\ mit\ Luft}$	mmol/L	0,025	0,021	0,010	0,015	0,014
$\beta(CO_2)_{GG\ mit\ Luft}$	mg/L	1,10	0,92	0,79	0,66	0,62

7

Beispiel 7.5 zeigt die Vorgehensweise zur Ermittlung des erforderlichen Wirkungsgrades. Der $pH_{C\text{-}CO2}$-Wert (siehe Tabelle 7.12) ist mit 7,58 größer als der tatsächliche pH-Wert. Das Wasser ist daher calcitlösend und muss entsäuert werden. Da der Gleichgewichts-pH-Wert kleiner als 7,8 ist, ist das Ziel der Entsäuerung in diesem Fall die Einstellung des Gleichgewichts. Mit einem $K_{S\ 4,3}$-Wert von 3,50 mmol/L liegt das Wasser im Vorzugsbereich der physikalischen Entsäuerung (Ausgasen von Kohlenstoffdioxid, siehe Tabelle 7.11). Der $K_{B\ 8,2}$-Wert im Gleichgewicht wird ebenfalls aus Tabelle 7.12 abgelesen, dieser ist 0,213 mmol/L. Es ergibt sich ein erforderlicher Wirkungsgrad von 0,84 %.

Beispiel 7.5: Berechnung des erforderlichen Wirkungsgrads bei der physikalischen Entsäuerung

gegeben:	t_{bew}	= 10 °C
	pH	= 6,87
	$K_{S\ 4,3}$	= 3,50 mmol/L
	$K_{B\ 8,2}$	= 1,20 mmol/L
	c(Ca)	= 1,50 mmol/L
gesucht:	erforderlicher Wirkungsgrad	
Rechnung:	$pH_{C\text{-}CO2}$	= 7,58 (Tabelle 7.12)
	$K_{B\ 8,2}$	= 0,213 (Tabelle 7.12)
	η	= (1,20 – 0,213)/(1,20 – 0,021) = 0,84 (84 %)

7.3.5 Chemische Entsäuerungsverfahren

7.3.5.1 Filterverfahren

Bei den Filterverfahren erfolgt die Entsäuerung durch Kontakt des Wassers in Filterbehältern mit granulierten oder gekörnten Materialien aus Calciumcarbonat oder halbgebranntem Dolomit. Die Filter sind Lösebehälter, bei denen das Ausmaß der Konzentrationsänderungen bei sonst gleichbleibenden Bedingungen von der zur Verfügung gestellten Kontaktzeit abhängt. Dabei ist es unerheblich, ob es sich um offene oder geschlossene Behälter handelt. Als Dimensionierungsgröße wird in der Praxis die sogenannte fiktive Kontaktzeit t_F verwendet, die sich als rechnerische Verweilzeit des Wassers im leeren Filterbehälter ergibt. Eine gegebene fiktive Kontaktzeit t_F ist also verbunden mit dem Erreichen einer bestimmten Konzentration des zu lösenden Stoffes oder einer Eigenschaft (z. B. pH-Wert) des Wassers. Der Wert von t_F kann deshalb auch als spezifisches Einsatzvolumen V_M der Materialschüttung (m^3) pro Volumenstrom Q (m^3/h) für die gewünschte Änderung einer Konzentration oder einer Eigenschaft des Wassers angesehen

AQUADOSIL®

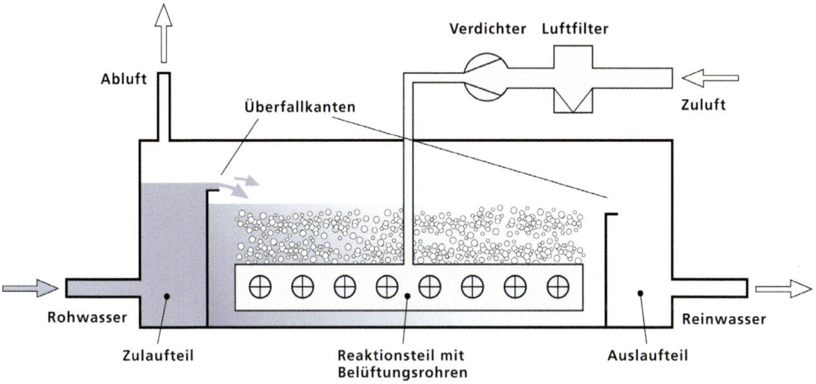

Wasserwerk Breitensee der Stadtwerke Dreieich
Q^{Wasser}: 500 m^3/h; CO_2-Absenkung: 76 mg/l auf unter 2,3 mg/l; Gesamthärte: 11,3 °dH

Hochleistungssystem zur physikalischen Entsäuerung
- CO_2-Entfernung bis unter 2 mg/l
- Einfache Anpassung an wechselnde Anforderungen
- Flache Bauweise

Korrosionsinhibitoren
- Gebrauchsfertige Dosierlösungen zur Rohrnetzpflege
- Vermeidung von Korrosionsschäden an Leitungen
- Vermeidung von Braunwasser

Aquadosil Wasseraufbereitung GmbH
45352 Essen, 0201 / 86148-60
www.aquadosil.de

werden. Aus dem aufzubereitenden Volumenstrom Q, der fiktiven Kontaktzeit t_F und der Temperaturkorrektur f_T ergibt sich das Mindestvolumen V_M an Entsäuerungsmaterial:

$$V_M = Q \cdot t_F \cdot \frac{f_T}{60} \tag{7.29}$$

Diesem Volumen V_M ist das Verbrauchsvolumen V_B zuzurechnen, das etwa 5 bis 10 % von V_M ist. Man erhält das Auslegungsvolumen V_F:

$$V_F - V_M + V_B \tag{7.30}$$

Die einzusetzende Masse m erhält man dann aus V_F unter Berücksichtigung der Schüttdichte ρ:

$$m = V_F \cdot \rho \tag{7.31}$$

Mit Calciumcarbonat kann bei theoretisch unendlich langer Kontaktzeit das Kalk-Kohlensäure-Gleichgewicht eingestellt werden. Für die Praxis bedeutet dies, dass bei technisch realistischen Verweilzeiten immer Unterschreitungen der Calcitsättigung auftreten müssen.

Im DVGW-Arbeitsblatt W 214-2 [14] sind Bemessungskurven für Entsäuerungsfilter mit dichtem Calciumcarbonat enthalten, aus denen abhängig von $K_{S4,3}$ und $K_{B8,2}$ die fiktive Kontaktzeit t_F bis zur Einstellung pH $\geq$ 7,8 ermittelt werden kann (siehe **Bild 7.8**). Aus der fiktiven Kontaktzeit t_F kann man das Einsatzvolumen V_M und weitere Auslegungsdaten berechnen.

Beispiel 7.6 zeigt die Vorgehensweise zur Ermittlung der erforderlichen Kontaktzeit und des stöchiometrischen Verbrauchsvolumens an Calciumcarbonat. Der $pH_{C\text{-}CO2}$-Wert ist mit 8,88 größer als der tatsächliche pH-Wert. Da der Gleichgewichts-pH-Wert größer als 7,8 ist, ist das Ziel der Entsäuerung in diesem Fall die Einstellung des pH-Werts 7,8. Mit einem $K_{S\,4,3}$-Wert von 0,50 mmol/L und einem $K_{B\,8,2}$-Wert von 0,25 mmol/L liegt das Wasser im Vorzugsbereich des Einsatzes von Calciumcarbonat als Filtermaterial (Tabelle 7.11). Die erforderliche Kontaktzeit wird aus Bild 7.8 ermittelt. Für andere Temperaturen als 10 °C muss nach dem DVGW-Arbeitsblatt W 214-2 ein Korrekturfaktor berücksichtigt werden. In Beispiel 7.6 ergibt sich eine erforderliche Kontaktzeit von 11 min. Das stöchiometrische

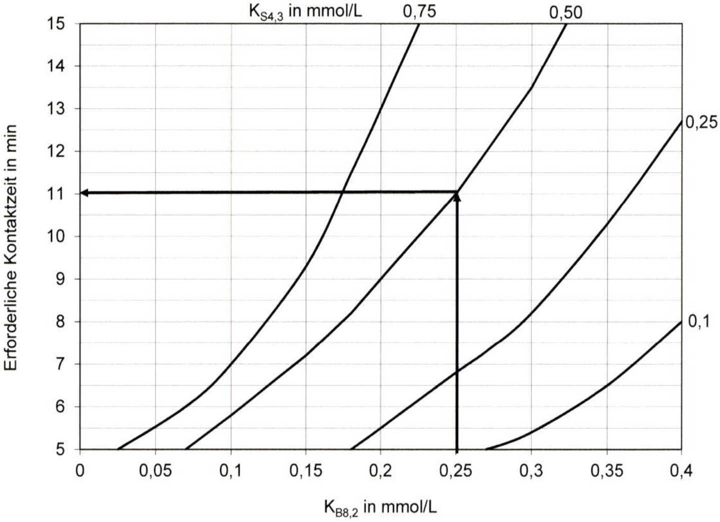

Bild 7.8: Erforderliche Kontaktzeit (t_F) für Ziel-pH ≥ 7,8 (Temperatur = 10 °C, Dichtes Calciumcarbonat, Körnung 1,0-2,0 mm) [Ausschnitt nach 14]

Verbrauchsvolumen beträgt 16 cm^3 Calciumcarbonat je 1 m^3 aufbereitetes Wasser. Bei der Berechnung wird angenommen, dass die Basekapazität bis pH 8,2 nach der Filtration 0,01 mmol/L beträgt. Dieser Wert muss im Einzelfall gemessen oder berechnet werden.

Wegen des geringen Wartungs- und Überwachungsaufwandes ist die Entsäuerung mit Calciumcarbonat besonders für kleine Wasserversorgungsanlagen geeignet.

Beispiel 7.6: Berechnung der Kontaktzeit und des Verbrauchsvolumens bei der Filtration über Calciumcarbonat

gegeben: t_{bew} = 10 °C
pH = 6,68
$K_{S\,4,3}$ = 0,50 mmol/L
$K_{B\,8,2}$ = 0,25 mmol/L
c(Ca) = 0,50 mmol/L
$pH_{C\text{-}CO2}$ = 8,88

$M(CaCO_3)$ = 100 mg/mmol, Molmasse $CaCO_3$

$\rho(CaCO_3)$ = 1,50 g/cm³, Schüttdichte $CaCO_3$
$K_{B\,8,2\,Reinw}$ = 0,01 mmol/L

gesucht: erforderliche Kontaktzeit t_F
stöchiometrisches Verbrauchsvolumen $V_{stöch.}$

Rechnung: t_F = 11 min (Bild 7.8)

$$V_{stöch.} = (K_{B\,8,2\,Rohw.} - K_{B\,8,2\,Reinw}) \; M(CaCO_3) \,/\, \rho(CaCO_3)$$
$$= (0{,}25 - 0{,}01)\ \text{mmol/L}\ 100\ \text{mg/mmol} \,/\, 1{,}50\ \text{g/cm}^3$$
$$= 16\ \text{cm}^3 \,/\, \text{m}^3$$

Halbgebrannter Dolomit wird durch Brennen von Dolomit unter streng definierten Bedingungen hergestellt. Der Magnesiumoxidanteil erhöht die Reaktionsgeschwindigkeit, sodass im Vergleich zum Calciumcarbonat die erforderlichen Kontaktzeiten deutlich geringer sind. Die Calciumcarbonat-Sättigung kann dabei überschritten werden, wodurch es zu Verbackungen des Filtermaterials und zu unerwünschten Kalkausscheidungen im Rohrnetz kommen kann.

Filteranlagen mit halbgebranntem Dolomit haben im Vergleich zu Anlagen mit Calciumcarbonat, bezogen auf die Wasserqualität, einen größeren Anwendungsbereich (siehe Tabelle 7.11). Sie müssen aber hinsichtlich der Einstellung des geforderten pH-Werts und des Überschreitens des maximal zulässigen pH-Werts überwacht werden. Weitere Hinweise zur Auslegung und zum Betrieb von Filteranlagen mit halbgebranntem Dolomit sind im DVGW-Arbeitsblatt W 214-2 zusammengestellt [14].

7.3.5.2 Dosierverfahren

Eine Entsäuerung durch Dosierung von Chemikalien ist bei allen Wasserqualitäten möglich. Häufig in der Praxis eingesetzte Dosierchemikalien sind Natronlauge und Calciumhydroxid. Die Dosierchemikalien müssen zur Entsäuerung bzw. pH-Wert-Einstellung zugelassen sein [1]. Dosierchemikalien werden als gefährliche Arbeitsstoffe eingestuft, deren entsprechende Sicherheitsdatenblätter und Vorschriften des Arbeitsschutzes eingehalten werden müssen. Als wassergefährdende Stoffe sind die einschlägigen Transport- und Lagervorschriften zu berücksichtigen. Die Einsatzgrenzen der Dosierchemikalien ergeben sich aus ihren Nebeneffekten und aus wirtschaftlichen Erwägungen. Während sich bei der Dosierung von Natronlauge die Konzentration an Hydrogencarbonat erhöht, nimmt durch Zugabe von Calciumhydroxid zusätzlich der Calciumgehalt zu. Letzteres ist besonders bei weichen Wässern erwünscht, bei denen neben einer „Aufhärtung" auch der pH-Wert der Calciumcarbonatsättigung vermindert wird. Die Erhöhung der Hydrogencarbonat-Konzentration durch die Dosierung von

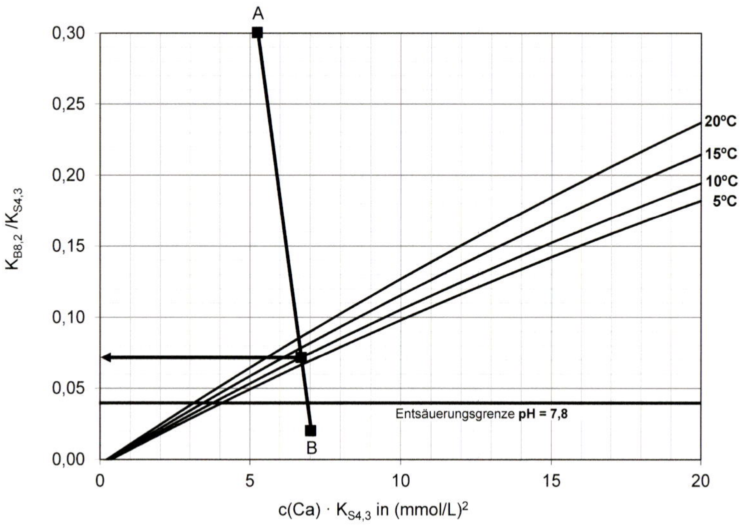

Bild 7.9: Diagramm zur Ermittlung der erforderlichen Dosiermenge

Natronlauge, Natriumcarbonat und Natriumhydrogencarbonat wirkt sich bei neutralsalzhaltigen Wässern aus korrosionschemischer Sicht vorteilhaft aus [15,16]. Die unvermeidbare Erhöhung der Natriumkonzentration ist im Hinblick auf den Grenzwert der Trinkwasserverordnung für Natrium zu beachten. Hinweise zum Betrieb von Dosieranlagen sind in dem DVGW-Arbeitsblatt W 214-4 zusammengestellt [17].

Die erforderliche Dosiermenge kann mit Hilfe der modifizierten Tillmans-Kurve berechnet werden (siehe **Bild 7.9**). Die Vorgehensweise wird anhand von Beispiel 7.7 gezeigt. Der Punkt A stellt das Rohwasser dar. Der Punkt B ist das Rohwasser, dem eine fiktive Natronlauge-Menge von 1,0 mmol/L zugesetzt wurde. An der Verbindungsgerade zwischen Punkt A und B ist zu erkennen, dass das Ziel der Entsäuerung die Einstellung des Gleichgewichts ist. Bei pH = 7,8 wäre das entsäuerte Wasser in diesem Fall calcitabscheidend. Am Schnittpunkt mit der Gleichgewichtslinie für 10 °C kann der Wert für $K_{B\,8,2}/K_{S\,4,3}$ im Gleichgewicht abgelesen werden. Hieraus ergibt sich die Dosiermenge z_C.

Beispiel 7.7: Berechnung der erforderlichen Dosiermenge bei der Entsäuerung mit NaOH

gegeben: t_{bew} = 10 °C
pH = 6,93
$K_{S\,4,3}$ = 3,70 mmol/L (= 4,70 nach +1,0 mmol/L NaOH)
$K_{B\,8,2}$ = 1,10 mmol/L (= 0,10 nach + 1,0 mmol/L NaOH)
$c(Ca)$ = 1,50 mmol/L
$pH_{C\text{-}CO2}$ = 7,56

gesucht: erforderliche Dosiermenge an NaOH z_C

Rechnung: $K_{B\,8,2}/K_{S\,4,3}$ = 0,30 (Rohwasser), Punkt A
$c(Ca)\,K_{S\,4,3}$ = 5,6 (Rohwasser)

$K_{B\,8,2}/K_{S\,4,3}$ – 0,02 (nach +1 mmol/L NaOH), Punkt B
$c(Ca)\,K_{S\,4,3}$ = 7,1 (nach +1 mmol/L NaOH)

$(K_{B\,8,2}/K_{S\,4,3})_{GG}$ = 0,071 (Schnittpunkt bei 10 °C)
$0{,}071 = (K_{B\,8,2\,A} - z_C)/(K_{S\,4,3\,A} + z_C)$

z_C = 0,78 mmol/L NaOH

Die erforderliche Dosiergenauigkeit der Dosieranlagen wird durch die Anforderungen der Trinkwasserverordnung vorgegeben. Dabei müssen der dort genannte pH-Wert von ≥ 7,7 bzw. $D_C \leq 5$ mg/L als Grenzwerte eingehalten werden. Die Schwankungen des pH-Werts werden durch das Pufferverhalten des Wassers wesentlich beeinflusst. Dies zeigt **Bild 7.10**, in dem die Änderung des pH-Werts von sechs unterschiedlich gepufferten Wässern dargestellt ist. Die Wässer haben alle einen pH-Wert von 7,00 aber eine unterschiedliche Säurekapazität bis pH 4,3 ($K_{S4,3}$). Die jeweiligen Säulen zeigen den pH-Wert, der sich einstellt, wenn dem Wasser eine Dosiermenge von 0,2 mmol/L an NaOH zugegeben wird. Es zeigt sich, dass bei geringer Säurekapazität (geringe Pufferung) der pH-Wert deutlich ansteigt. Bei einer hohen Säurekapazität (hohe Pufferung) ist bei gleicher NaOH-Zugabe der pH-Anstieg kaum merkbar. Dies bedeutet, dass die Anforderungen an die Dosiergenauigkeit mit abnehmender Säurekapazität deutlich ansteigen.

Die Dosierverfahren haben an Bedeutung verloren, da das Aufbereitungsziel in den meisten Fällen mit anderen, sichereren und einfacheren Verfahren erreicht werden kann. Die Anforderung pH ≥ 7,7 dürfte bei weichen Wässern wegen der geringen Pufferung problematisch sein und einen erheblichen Mess- und Regelaufwand erfordern. Im Gegensatz zu Dosierverfahren sind physikalische Verfahren umweltfreundlicher und erfüllen das Minimierungsgebot in hervorragender Weise. Dosierverfahren können dann eine Berechtigung haben, wenn die Entsäuerung unter Druck, z. B. in einer Rohrleitung durchgeführt werden muss.

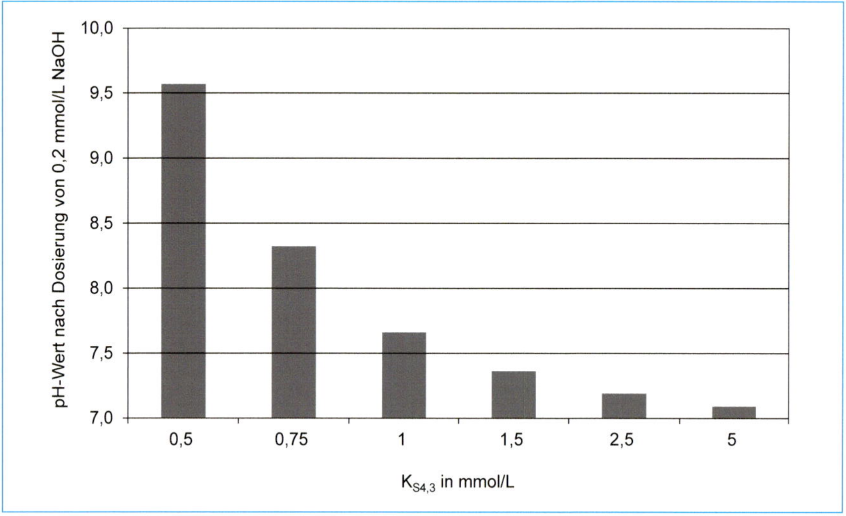

Bild 7.10: pH-Wert nach einer Dosierung von 0,2 mmol/L NaOH bei einem Anfangs-pH-Wert von 7,0

7.3.5.3 Verfahrenskombinationen

Bei Vorliegen bestimmter Wasserqualitäten außerhalb der Vorzugsbereiche nach Tabelle 7.11 (z. B. geringes $K_{S\,4,3}$ und gleichzeitig hohes $K_{B\,8,2}$) kann es günstig sein, nicht nur ein Entsäuerungsverfahren, sondern eine Kombination von mehreren Verfahren anzuwenden. Dies ist dann vorteilhaft, wenn weiche Wässer mit hohen CO_2-Gehalten zur Verbesserung der Pufferung aufgehärtet werden sollen. Eine Teilentsäuerung kann durch Filtration über Calciumcarbonat oder halbgebrannten Dolomit, aber auch durch Dosieren von Calciumhydroxid erfolgen. Die genaue pH-Wert-Einstellung ist dann z. B. mit physikalischen Verfahren möglich. Andererseits lassen sich auch hohe CO_2-Konzentrationen zunächst mit physikalischen Verfahren vermindern, bevor man z. B. Filterverfahren mit Calciumcarbonat einsetzt. Weitere Hinweise hierzu sind in dem DVGW-Arbeitsblatt W 215-5 [18] zusammengestellt. Hinweise zur Auswahl und Bewertung unterschiedlicher Entsäuerungsverfahren finden sich bei Nissing [19] sowie Hesse und Baldauf [20, 21].

7.4 Versorgung mit unterschiedlichen Trinkwässern

Die einzelnen Wasserarten, z. B. Grundwasser, Quellwasser, Flusswasser, Seewasser, Regenwasser, Meerwasser, unterscheiden sich beträchtlich in ihrem Gehalt an gelösten Bestandteilen. Es können aber auch Wässer einer Wasserart sehr verschieden in ihren Eigenschaften sein. Selbst Brunnenwässer aus dem gleichen Gebiet können schon so unterschiedlich beschaffen sein, dass bei deren Mischung Probleme zu erwarten sind. Dies ist beispielsweise bei Wässern aus anderen hydrogeologischen Formationen und aus anderen Einzugsgebieten der Fall, die jeweils eine andere Zusammensetzung haben. Wasser aus einer Gewinnungsstelle kann auch zeitlich in seiner Eigenschaft stark variieren. Das zur öffentlichen Wasserversorgung benötigte Wasser steht heute vielfach nicht in ausreichender Menge und Beschaffenheit zur Verfügung. Oft müssen die notwendigen Wassermengen über Fernwasserversorgungen in die Verbrauchsschwerpunkte transportiert werden. Die Versorgung über Fernwasserversorgungen wirft eine Vielzahl von Wassermengen- und Wassergüteproblemen auf. Probleme können außerdem dann auftreten, wenn ein Versorgungsunternehmen nur einen Teil seines Trinkwasserbedarfs aus örtlichen Vorkommen decken kann oder wenn ein Teil des Trinkwassers aus Oberflächenwasser gewonnen wird, ein anderer Teil aus Grundwasser.

Schwierigkeiten bei der Wasserversorgung treten immer dann auf, wenn die Beschaffenheit der einzelnen Trinkwässer unterschiedlich ist oder die Beschaffenheit stark schwankt. Zu diesen Problemen können beispielsweise Korrosion, Ablagerungen, Dosierung und Desinfektion oder auch der Waschmittelbedarf im Haushalt gehören. Die erste unangenehme Erscheinung beim Einspeisen „neuer“ Wässer in ein altes Netz ist oft trübes, braunes Wasser (sogenanntes Rostwasser). Deshalb wird die Wasserunterschiedlichkeit häufig ausschließlich unter dem Aspekt der Korrosion gesehen. Im Allgemeinen ist bei Vorliegen unterschiedlicher Wässer die Korrosionswahrscheinlichkeit erhöht [15,16]. Daher wird eine möglichst gleichmäßige und gleichbleibende Wasserbeschaffenheit angestrebt. Was eine gleichmäßige Wasserbeschaffenheit ist, ist in dem DVGW-Arbeitsblatt W 216 definiert [22, 23].

7.4.1 Definition der Unterschiedlichkeit von Wässern

Zur Beurteilung der Unterschiedlichkeit definiert das DVGW-Arbeitsblatt W 216 Anforderungen beispielsweise an die Parameter gelöster Sauerstoff, Säurekapazität bis pH = 4,3 ($K_{S4,3}$), Chlorid und Sulfat. Bei der Bewertung wird der Abstand zwischen dem minimalen (P_{min}) und dem maximalen (P_{max}) aller für den jeweiligen Parameter vorliegenden Messwerte ermittelt (Schwankungsbreite). Ist dieser Abstand kleiner als die im Arbeitsblatt vorgegebene Anforderung an den Parameter, so gilt die Schwankung für diesen Parameter als tolerierbar (ohne Nachteile für die Wasserversorgungsanlagen oder den Abnehmer).

Hieraus ergeben sich folgende Definitionen für die Bewertung eines Wassers im Hinblick auf zeitlich schwankende Parameter:

- Ein Wasser ist von gleichmäßiger Beschaffenheit, wenn bei allen Parametern die Schwankungsbreite kleiner oder gleich der vorgegebenen Anforderung ist.
- Ein Wasser ist von zeitlich wechselnder Beschaffenheit, wenn bei einem oder mehreren Parametern die Schwankungsbreite größer als die vorgegebene Anforderung ist.

Werden zwei oder mehrere Wässer bewertet, so ergeben sich folgende Definitionen:

- Zwei oder mehrere Wässer sind von gleicher Beschaffenheit, wenn bei allen Parametern die Schwankungsbreite kleiner oder gleich der vorgegebenen Anforderung ist.
- Zwei oder mehrere Wässer sind von unterschiedlicher Beschaffenheit, wenn bei einem oder mehreren Parametern die Schwankungsbreite größer als die vorgegebene Anforderung ist. Unterschiedliche Wässer können für sich jeweils von gleichmäßiger oder zeitlich wechselnder Beschaffenheit sein.

Werden in einem Versorgungsgebiet ein oder mehrere Wässer zeitlich gleichmäßiger und gleicher Beschaffenheit verteilt, so sind keine weiteren Maßnahmen erforderlich. Es ergeben sich immer Mischwässer von gleicher Beschaffenheit.

Wenn sich für ein Wasser formal ergibt, dass es von zeitlich wechselnder Beschaffenheit ist, so muss dies nicht zwangsläufig zu Störungen führen. Unter Berücksichtigung der Häufigkeit der Änderung der Wasserbeschaffenheit kann man jedoch die Wahrscheinlichkeit für das Auftreten von Störungen abschätzen.

Bei der Mischung von unterschiedlichen Wässern werden die Mischwässer calcitlösender. Dies gilt auch wenn sich die Ausgangswässer im Gleichgewicht befinden oder sogar calcitabscheidend sind. Dieser Effekt ist umso ausgeprägter, je größer der Unterschied in der Säurekapazität bis pH 4,3 ist. Für Werte, die die Anforderungen des Arbeitsblattes erfüllen, ist die Zunahme der Calcitlösekapazität durch diesen Mischungseffekt höchstens 5 mg/L. Somit kann bei der Mischung von Trinkwässern gleicher Beschaffenheit höchstens eine Calcitlösekapazität von 10 mg/L entstehen, was nach der TrinkwV bei der Mischung von Trinkwasser aus zwei oder mehreren Wasserwerken zulässig ist.

7.4.2 Technische Maßnahmen bei der Verteilung unterschiedlicher Wässer

Ziel technischer Maßnahmen soll sein, dass die Versorgung mit unterschiedlichen Wässern so erfolgt, dass keine Nachteile für die Wasserwerksanlagen einschließlich Rohrnetz und für die Abnehmer entstehen. Es sind daher eine gleichbleibende chemische Zusammensetzung des Wassers (Industrie, technisierter Haushalt), möglichst geringe Unterschiede der Wassereigenschaften in einem Versorgungsgebiet, Vermeidung von Korrosionen im Rohrnetz und in Hausinstallationen sowie Vermeidung von Inkrustierungen anzustreben.

7.4.2.1 Zonentrennung

Häufig ist es möglich, unterschiedliche Wässer in getrennten Versorgungszonen zu verteilen. Die Zonentrennung bringt oft quantitative Probleme, da in den verschiedenen Zonen jeweils die Spitzenverbrauchsmengen vorgehalten werden müssen. Die Wässer können ohne Änderung der Qualität nicht gegeneinander ausgetauscht werden. Häufig kommt es auch zu tarifpolitischen Diskussionen, wenn Kunden eine Wasserart für günstiger halten als die andere Wasserart und nun entweder für das ihnen gelieferte Wasser weniger zahlen möchten oder versuchen, auf die Zoneneinteilung Einfluss zu nehmen.

7.4.2.2 Mischung

7

Gleichmäßige Wasserqualität kann durch eine zentrale kontrollierte Mischung unterschiedlicher Wässer erzielt werden. Es entsteht dabei ein Wasser gleichmäßiger Zusammensetzung. Die Mischung kann nach verschiedenen Methoden erfolgen. Beispielsweise sind Mischkammern besonders geeignet. Durch strömungsgünstige Führung der Einzelwässer und einfache Einbauten lässt sich eine gute Vermischung erzielen. Die Größe der Mischkammer soll etwa dem Volumen entsprechen, das in einer Minute zufließt. Die Mischung kann auch in einem Wasserbehälter geeigneter Konstruktion durchgeführt werden. Allerdings müssen dann, um Totzonen zu vermeiden, meist aufwendige Einbauten vorgesehen werden.

Eine Mischung im Rohr ist nur mit speziellen Einbauten möglich, aber weniger empfehlenswert. Bei einer Einspeisung des Wassers in das Netz ohne Mischeinrichtungen kommt es zu „Pendelzonen“, in denen die Wasserqualität immer wieder fluktuiert, wo also keine konstanten Verhältnisse erzielt werden.

7.4.2.3 Aufbereitungsmaßnahmen

Wie bereits erwähnt, können bei der kontrollierten Mischung Wässer entstehen, die nicht mehr den Anforderungen der TrinkwV entsprechen bzw. nicht mehr im Kalk-Kohlensäure-Gleichgewicht sind. Durch Aufbereitungsmaßnahmen, entweder an einer der Mischkomponenten oder an der Mischung, kann das Mischwasser in den gewünschten Zustand, beispielsweise in das Kalk-Kohlensäure-Gleichgewicht gebracht werden. Bewährt hat sich die Entsäuerung mit physikalischen Verfahren oder die Dosierung von Chemikalien, in der Regel Natronlauge. Durch Aufbereitungsverfahren können aber auch die verschiedenen Mischkomponenten so aneinander angeglichen werden, dass die beiden Wasserarten sich nicht mehr unterscheiden. Dann ist keine kontrollierte Mischung mehr notwendig. Die beiden Wasserarten können dann an beliebigen Stellen ins gleiche Netz eingespeist werden, ohne dass es zu Qualitätsschwankungen kommt. Als Aufbereitungsverfahren kommen die Entsäuerung des Mischwassers oder einer der zu mischenden Komponenten, die Enthärtung der härteren Wasserkomponente und die Aufhärtung der weicheren Komponente in Frage. Verfahren zur Angleichung der Wasserbeschaffenheit vor der Mischung sind:

- CO_2-Entfernung: Belüftung (z. B. Injektor)
- pH-Wert-Einstellung: physikalische und chemische Entsäuerung
- Angleichung der Wasserbeschaffenheit: Enthärtung, Entsalzung, Aufhärtung

Nach der Mischung kommt ebenfalls die Einstellung des pH-Wertes mittels physikalischer oder chemischer Entsäuerung in Frage.

7.4.3 Beispiele für die Versorgung mit unterschiedlichen Wässern

In einem umfangreichen Forschungsprojekt wurden gezielte Untersuchungen über die Korrosion und Abgabe von Korrosionsprodukten von unlegierten Stahlrohren, die von unterschiedlichen Wässern durchflossen wurden, durchgeführt [24, 25]. Bei den Versuchen wurden unlegierte Stahlrohre DN 20 über einen Zeitraum von etwa einem Jahr mit gleichbleibender Wasserbeschaffenheit betrieben. Nach Ablauf dieser Versuchsphase wurden die Rohre ein halbes bis ein Jahr lang mit einer anderen Wasserqualität beaufschlagt. Während der einzelnen Versuchsphasen wurden die differentielle Korrosionsgeschwindigkeit und die Eisenabgaberate gemessen.

Diese Untersuchungen haben beispielsweise gezeigt, dass bei einer Umstellung von einem entsäuerten Wasser (pH 8,0) auf ein nicht entsäuertes Wasser (pH 6,2) die Korrosionsrate stark zugenommen hat und auch nach drei Monaten nach der Umstellung immer noch um den Faktor drei bis vier höher war, als vor der Umstellung. Ebenso drastisch hat die Eisenabgaberate zugenommen.

Auch bei einer Umstellung von einem neutralsalzarmen Wasser (c(Cl) = 2 mg/L und $c(SO_4)$ = 2 mg/L) auf ein neutralsalzhaltiges Wasser (c(Cl) = 60 mg/L und $c(SO_4)$ = 154 mg/L) stiegen sowohl die Korrosionsrate als auch die Eisenabgaberate stark an. Insgesamt war bei dieser Art des Wasserwechsels ein erheblich ungünstigeres Verhalten des Wassers im Rohrnetz festzustellen, d. h. es sind Probleme mit braunem Wasser zu erwarten. Im umgekehrten Fall – zunächst Betrieb mit dem neutralsalzhaltigen Wasser, dann Umstellung auf das neutralsalzarme Wasser – haben die Korrosions- und die Eisenabgaberate abgenommen.

In einem weiteren Versuch wurde der Einfluss eines Wasserwechsels calcitgesättigter Wässer unterschiedlicher Pufferung untersucht. Die Wässer hatten eine Säurekapazität $K_{S4,3}$ von 1,27 mmol/L (pH 8,0) bzw. 5,08 mmol/L (pH 7,3). Bei Wechsel des weichen, wenig gepufferten Wassers auf das besser gepufferte Wasser stiegen die Korrosionsgeschwindigkeit und die Eisenabgaberate etwa um den Faktor 2 an. Die Werte gingen im Laufe der Zeit zurück, erreichten aber nach drei Monaten noch nicht die niedrigeren Werte mit dem weniger gepufferten Wasser. Wurde dagegen das Rohr vorher mit besser gepufferten Wasser und dann mit dem schlechter gepufferten Wasser beaufschlagt, so nahm lediglich die Korrosionsrate kurzzeitig zu.

7

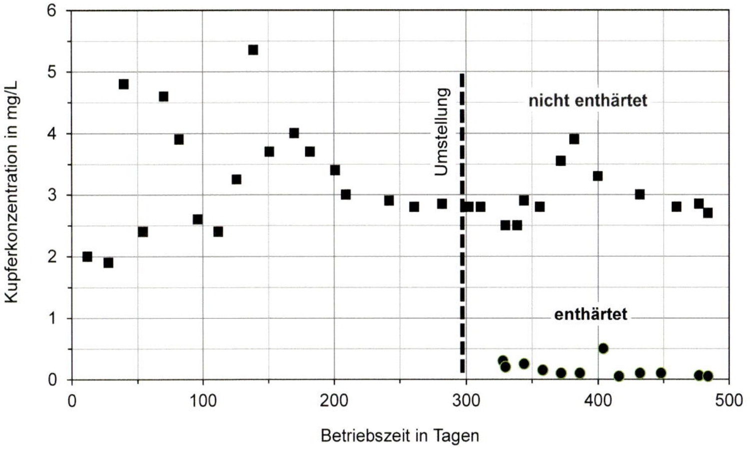

Bild 7.11: Einfluss der Enthärtung auf die Kupferabgabe (nach [25])

Auch bei dem Installationswerkstoff Kupfer hat die Veränderung der Wasserbeschaffenheit einen Einfluss auf das Korrosionsverhalten gezeigt. Dies zeigt das folgende Beispiel, bei dem ein hartes Wasser (pH = 7,00; c(Ca) = 157 mg/L; $K_{S4,3}$ = 5,6 mmol/L) chemisch enthärtet wurde (pH = 7,75; c(Ca) = 85 mg/L; $K_{S4,3}$ = 1,3 mmol/L) [25]. **Bild 7.11** macht den Einfluss der Aufbereitungsmaßnahme auf die Kupfer-Konzentration nach zwölf Stunden Stagnation deutlich. Durch die Enthärtung wurde der Kupfer-Gehalt von etwa 3 mg/L auf Werte deutlich unter 0,5 mg/L verringert. Ähnliche Ergebnisse im Hinblick auf eine Verminderung der Kupferkonzentrationen bei der Anhebung des pH-Werts wurden auch von anderen Autoren gefunden [26, 27].

7.5 Dosierung von Inhibitoren

7.5.1 Allgemeines

Neben den Entsäuerungsverfahren können dem Wasser zur Stabilisierung Chemikalien zudosiert werden. Die Zugabe von Inhibitoren hat das Ziel, Korrosionsvorgänge an metallischen Rohrleitungswerkstoffen zu hemmen. Hierzu werden vorwiegend Phosphate, Silikate und Phosphat-Silikat-Mischungen eingesetzt. Eine zentrale Dosierung von Inhibitoren sollte erst dann in Betracht gezogen werden, wenn andere aufbereitungstechnische Maßnahmen (z. B. Änderung von pH-Wert, Sauerstoff-Gehalt, Säurekapazität) sowie eine Veränderung der Betriebsbedingungen nicht möglich sind oder nicht zum Erfolg führen [28]. Die DVGW-Arbeitsblätter W 215-1 [28] und -2 [29] befassen sich mit der zentralen Dosierung von Korrosionsinhibitoren, deren Anwendung u. a. in Frage kommt, wenn

- im Rohrnetz eine Verunreinigung mit Eisen-Korrosionsprodukten (Rostwasser) auftritt, die nicht durch andere Maßnahmen beseitigt werden kann,

- gehäuft Korrosionsschäden in Hausinstallationen aus feuerverzinktem Stahl mit einer Verunreinigung des Trinkwassers durch gelöste und ungelöste Korrosionsprodukte auftreten,

- aus Bauteilen der Hausinstallation gelöste und ungelöste Korrosionsprodukte in das Trinkwasser gelangen (Kupfer, Nickel, Blei, Cadmium) oder

- durch eine Änderung der Wasserzusammensetzung Korrosionsschäden zu befürchten sind [22].

Vor Aufnahme einer zentralen Dosierung eines Inhibitors ist eine sorgfältige Analyse der Situation erforderlich. Hierzu gehören die Werkstoffart im Versorgungsgebiet und in den Hausinstallationen, Wasserbeschaffenheit, Intensität und Umfang der Korrosion, zeitliche und räumliche Verteilung der Korrosionsschäden sowie die Betriebsbedingungen.

Eine entsprechende Auswertung von Schadensmeldungen des Rohrnetzbetriebs und von Verbraucherbeschwerden ist zweckmäßig. Eine Dosierung von Inhibitoren soll erst dann erfolgen, wenn aufgrund dieser Situationsanalyse und einer fachgerechten Beurteilung der Wasserbeschaffenheit mit einem Erfolg gerechnet werden kann. Versuche im halbtechnischen Maßstab über einen ausreichend langen Zeitraum (6 bis 12 Monate) können zweckmäßig sein.

Eine zentrale Dosierung soll sich nach Möglichkeit auf die Problemgebiete beschränken. Die Zugabemengen sind örtlichen Gegebenheiten anzupassen und zu minimieren. Begleitende Maßnahmen und eine objektive Kontrolle des Verfahrenserfolgs sind notwendig. Es sollten jedoch alle Möglichkeiten ausgeschöpft werden, um längerfristig auf eine Dosierung verzichten zu können. Dazu gehört z. B. die Aufklärung von Installateuren, Architekten, Ingenieuren und Verbrauchern über eine geeignete, dem Wasser angepasste Werkstoffwahl oder einer günstigen Innenauskleidung [25].

Auf der anderen Seite muss eine bestehende Inhibitor-Dosierung im Hinblick auf sich ändernde Bedingungen immer wieder kritisch bewertet werden. Häufig wird eine Dosierung von Inhibitoren beibehalten, obwohl sich die Wasserbeschaffenheit inzwischen aus korrosionschemischer Sicht verbessert hat oder der Austausch bzw. die Auskleidung von ungeschützten Leitungen im Netz vorangeschritten ist. Hier ist mindestens eine Anpassung der Zugabemenge erforderlich. Oftmals ist eine Dosierung von Korrosionsinhibitoren nicht mehr erforderlich. Weitere Hinweise, Angaben und Untersuchungen zur Dosierung von Inhibitoren finden sich in einer Vielzahl von Publikationen (z. B. [30-39]).

7.5.2 Begleitende Maßnahmen [28]

Der Erfolg der Dosiermaßnahmen kann durch eine Entnahme von Wasserproben an Hydranten oder Zapfhähnen in kritischen Bezirken überprüft werden. Um Vergleichsdaten zu erhalten, ist mit den Probenahmen einige Zeit vor der Dosiermaßnahme zu beginnen. Das Ergebnis einer zentralen Dosierung ist im Hinblick auf Verfahrensziel und mögliche Nebenwirkungen zu kontrollieren. Vor Beginn einer zentralen Dosierung muss deshalb der Ist-Zustand festgestellt werden. Vor und während der Dosiermaßnahme werden Wasserproben auf Korrosionsprodukte untersucht und beurteilt. Zur Überprüfung der Wirksamkeit der Inhibitor-Dosierung hat sich seit einiger Zeit auch eine kontinuierliche Messung der Trübung, mit der die Korrosionsgeschwindigkeit ermittelt werden kann, bewährt [36]. Die

Ergebnisse sind die Grundlage für die Entscheidung über Fortsetzung bzw. Änderung der Dosierung.

7.5.3 Nebenwirkungen [28]

Nebenwirkungen bei der Dosierung von Inhibitoren beschränken sich vorwiegend auf Phosphate. Bei der Dosierung von Silikaten beobachtete Störungen sind meistens auf den unsachgemäßen Betrieb der Dosieranlagen zurückzuführen.

Bei der Dosierung von Phosphaten kann nicht ausgeschlossen werden, dass im Trinkwasser die Vermehrung von Mikroorganismen begünstigt wird. Es gibt Fälle, bei denen es zur Bildung schwarzer Beläge an den Zapfstellen gekommen ist. Der mikrobiologischen Beschaffenheit des Trinkwassers ist bei einer Phosphatdosierung daher erhöhte Aufmerksamkeit zu widmen.

Phosphate sind notwendige Bestandteile der menschlichen Ernährung. Die Phosphatzufuhr über das Trinkwasser ist allerdings so gering, dass negative Auswirkungen auf die menschliche Gesundheit daher ausgeschlossen werden können.

Orthophosphate in Konzentrationen über 1 mg/L PO_4 behindern die Kristallisation von Calciumcarbonat. Der Betrieb von Schnellentcarbonisierungsanlagen bei Wasserabnehmern kann dadurch beeinträchtigt werden. Bei Polyphosphaten ist dies schon bei wesentlich kleinerer Konzentration der Fall. Es wird deshalb empfohlen, vor Aufnahme einer zentralen Phosphatdosierung die betreffenden Abnehmer über die Maßnahme und die zu erwartenden Phosphat-Konzentrationen zu informieren.

Phosphate sind in stehenden und langsam fließenden Gewässern unerwünscht, da sie Eutrophierungsvorgänge auslösen können. In der Regel wird durch eine zentrale Phosphatdosierung die Gesamtbelastung des Abwassers und der Gewässer nur geringfügig erhöht.

7.6 Ursachen von Rostwasser und Netzspülung

Eine häufige Anwendung von Korrosionsinhibitoren ist die Vermeidung von Rostwasser bei der Wasserverteilung. Neuere Ergebnisse zeigen, dass Korrosionsvorgänge, die von Inhibitoren beeinflusst werden können, nur einen Teil der Ursache ausmachen [40]. Untersuchungen, die auf der Messung der Trübung beruhen, zeigen, dass Ablagerungen durch den Eintrag aus dem Wasserwerk und durch

Korrosion in das Verteilungsnetz gelangen können. Dies können im einzelnen Partikel (z. B. Eisenflocken) oder auch gelöste Bestandteile (z. B. Eisen, das erst im Verteilungsnetz oxidiert wird) aufgrund einer unzureichenden Aufbereitung sein. Weiterhin können Korrosionsvorgänge in ungeschützten Guss- und Stahlleitungen Eisen(II) freisetzen, welches wieder zu schwerlöslichem Eisen(III) umgesetzt werden kann. Dieses kann direkt an der Deckschicht (Ablagerungen akkumulieren an der Deckschicht) oder auch der Wasserphase (Verlagerung in andere Leitungen) auftreten. Hierbei und bei der Remobilisierung spielen die hydraulischen Bedingungen im Netz eine wesentliche Rolle [40].

Der Anteil der Ablagerungen, der aus dem Wasserwerk und nicht aus Korrosionsvorgängen im Netz stammt, kann mit Hilfe des vom Wasserwerk abgegebenen Eisen/Mangan-Verhältnisses ermittelt werden. Die Bildung von Eisenverbindungen durch die Korrosion im Netz bewirkt gegenüber der Wasserbeschaffenheit am Wasserwerksausgang einen Anstieg des Eisen/Mangan-Verhältnisses [40].

Für die Anreicherung von Ablagerungen sind Sedimentations- und Adsorptionsvorgänge verantwortlich [40]. Die maximale ablagerbare Menge an leicht mobilisierbaren Ablagerungen wird durch die vorliegenden Fließbedingungen bestimmt. In langsam durchflossenen Bereichen können sich größere Ablagerungsmengen anreichern als in schneller durchflossenen Leitungen. Das Ablagerungspotenzial für lose Ablagerungen, die infolge einer Mobilisierung bei Kunden zu Braunwasser führen können, wird durch die im Leitungsnetz vorliegende Fließgeschwindigkeit bestimmt [40].

Die Spülung von Trinkwasserleitungen stellt daher eine wichtige Maßnahme zur Vermeidung von Qualitätsbeeinträchtigungen bei der Wasserverteilung dar. Ein Austrag von losen Eisenverbindungen findet, in Abhängigkeit des vorliegenden Ablagerungsniveaus, bereits bei relativ niedrigen Spülgeschwindigkeiten von 0,5 m/s statt [41]. Mit einem Leitungsvolumen wird der überwiegende Anteil loser Ablagerungen ausgetragen [42]. Weitere Hinweise zu Spülverfahren und deren Optimierung sowie zur Korrosionskontrolle in Wasserverteilungsnetzen finden sich in weiteren Publikationen (z. B. [41-48]).

Literatur

[1] TrinkwV: Zweite Verordnung zur Novellierung der Trinkwasserverordnung vom 20. Juni 2023 (BGBl. 2023 Teil I Nr. 159)

[2] Nissing, W.: Die pH-Wert-Anforderung innerhalb der novellierten Trinkwasserverordnung. energie | wasser-praxis 52 (2001), 2, S. 26-28

[3] Stetter, D.: Neue Regelungen zum pH-Wert und ihre Auswirkungen auf die Trinkwasseraufbereitung – Teil I. bbr 52 (2001), 6, S. 36-40

[4] Nissing, W.: Neue Regelungen zum pH-Wert und ihre Auswirkungen auf die Trinkwasseraufbereitung – Teil II. bbr 52 (2001), 7, S. 49-54

[5] Höll, K.: Wasser. 8. Auflage. de Gruyter, 2002

[6] Eberle, S.H., Donnert, D.: Die Berechnung des pH-Wertes der Calcitsättigung eines Trinkwassers unter Berücksichtigung der Komplexbildung. Z. Wasser-Abwasser-Forsch. 24, S. 258-268, 1991

[7] DIN 38404-10: Physikalische und physikalisch-chemische Stoffkenngrößen (Gruppe C) – Teil 10: Berechnung der Calcitsättigung eines Wassers (C 10), Ausgabe Dezember 2012

[8] Johannsen, K.; Nissing, W.: Eine vereinfachte Methode zur Berechnung der Calcitlösekapazität. gwf Wasser | Abwasser 142 (2001), 9, S. 620-626

[9] Worch, E.: Hydrochemistry. Basic Concepts and Exercises. de Gruyter, 2023

[10] Jensen, J. N.: A Problem-Solving Approach to Aquatic Chemistry. John Wiley & Sons. 2003

[11] Maier, D.; Grohmann, A.: Bestimmung der Ionenstärke natürlicher Wässer aus deren elektrischer Leitfähigkeit. Z. Wasser- und Abwasser- Forschung 10 (1977), 1, S. 9-13

[12] DVGW-Arbeitsblatt W 214: Entsäuerung von Wasser – Teil 1: Grundsätze und Verfahren. Ausgabe Mai 2016

[13] DVGW-Arbeitsblatt W 214: Entsäuerung von Wasser – Teil 3: Planung und Betrieb von Anlagen zur Ausgasung von Kohlenstoffdioxid. Ausgabe September 2018

[14] DVGW-Arbeitsblatt W 214: Entsäuerung von Wasser – Teil 2: Planung und Betrieb von Filteranlagen. Ausgabe Juli 2019

[15] DIN EN 12502-1 bis 5: Korrosionsschutz metallischer Werkstoffe. Hinweise zur Abschätzung der Korrosionswahrscheinlichkeit in Wasserverteilungs- und speichersystemen. Ausgabe März 2005

[16] Umweltbundesamt: Bewertungsgrundlage für metallene Werkstoffe im Kontakt mit Trinkwasser (Version vom 11. Januar 2023 unter Berücksichtigung der 3. Änderung).

[17] DVGW-Arbeitsblatt W 214: Entsäuerung von Wasser – Teil 4: Planung und Betrieb von Dosieranlagen. Ausgabe Februar 2020

[18] DVGW-Arbeitsblatt W 214: Entsäuerung von Wasser – Teil 5: Vorbehandlung sehr weicher und sehr saurer Wässer. Ausgabe März 2017

[19] Nissing, W.: Entsäuerungsverfahren bei der Trinkwasseraufbereitung. energie | wasser-praxis 58 (2007) 6, S. 16-21

[20] Hesse, S. und Baldauf, G.: Einfluss aufbereitungstechnischer Maßnahmen auf die Wasserbeschaffenheit. energie | wasser-praxis 61 (2010) 12, S. 6-11

[21] Hesse, S. und Baldauf, G.: Vorfiltration zur Entsäuerung. energie | wasser-praxis 64 (2013), 7/8, S. 46-50.

[22] DVGW-Arbeitsblatt W 216: Versorgung mit unterschiedlichen Trinkwässern. Ausgabe August 2004.

[23] Nissing, W.: Versorgung mit unterschiedlichen Trinkwässern. energie | wasser-praxis 56 (2005), 2, S. 8-11

[24] Wagner, I.: Der Einfluss wechselnder Wasserqualität auf das Korrosionsverhalten unlegierter Eisenwerkstoffe. FE-KKs Projekt 5.2/1 AF-A Feldversuche. Trinkwasser–Teilprogramm Wasser – 1980-1983 (zitiert bei [18])

[25] Nissing, W.: Stabilisierung – Praxis. In: Wasseraufbereitung – Grundlagen und Verfahren. DVGW Lehr- und Handbuch Wasserversorgung, Bd. 6, Oldenbourg Verlag 2004

[26] Becker, A.; Kruse, C.-L.; Patzelt, T.; Overath, H.: Wasserseitige Möglichkeiten zur Reduzierung der Kupferabgabe aus Hausinstallationen in das Trinkwasser. Materials and Corrosion 47 (1996), S. 89-95

[27] Dartmann, J.; Dorsch, T.; Johannsen, K.: Einfluss einer pH-Änderung und der Phosphatdosierung auf die Kupferkorrosion in Trinkwasserleitungen. gwf Wasser | Abwasser 147 (2006), 4, S. 296-303

[28] DVGW-Arbeitsblatt W 215-1: Zentrale Dosierung von Korrosionsinhibitoren – Teil 1: Phosphate. Ausgabe Juli 2005

[29] DVGW-Arbeitsblatt W 215-2: Zentrale Dosierung von Korrosionsinhibitoren – Teil 2: Silikat-Mischungen. Ausgabe April 2010

[30] Becker A.: The effect of corrosion inhibitors in drinking water installations of copper. Materials and Corrosion 53 (2002), S. 560-567

[31] Böhler, E.; Döhrer, M.; Steinbrink, R.; Wricke, B.: Ergebnisse von Untersuchungen zur Vorbereitung der Umstellung der Wasserversorgung von hartem auf weiches Wasser. gwf Wasser | Abwasser 146 (2005) 12, S. 938-944

[32] Klinger, J.: Optimierung des Inhibitoreinsatzes zur Verminderung der Kupferabgabe. energie | wasser-praxis 58 (2007) 10, S. 40-43

[33] Kohl, S.; Johannsen, K.: Einfluss der Chlorung und Phosphatdosierung auf die Korrosion von Trinkwasser-Installationen aus Kupfer. energie | wasser-praxis 60 (2009) 2, S. 56-59

[34] Nissing, W.; Dülberg, A.: Vermeidung von Korrosionsschäden durch Dosierung von Inhibitoren. energie | wasser-praxis 62 (2011) 5, S. 33-37

[35] Jentzsch, T.; Becker, A.; Ruhrberg, U.; Kruse, C.-L.; Hater, W.; Schmidt, P.: Kupferlochkorrosion und Inhibitoren – elektrochemische Untersuchungen. energie | wasser-praxis 64 (2013) 6, S. 28-32

7

[36] Lohmann, M.; Korth, A.: Bewertungsmethoden für den Einsatz von Korrosionsinhibitoren in der Wasserverteilung. In: Handlungsstrategien bei sich ändernden Rahmenbedingungen. Veröffentlichungen aus dem Technologiezentrum Wasser 60 (2013), ISSN 1434-5765, S. 149-161

[37] Korth, A.; Lohmann, M.: Wirkung von Korrosionsinhibitoren in der Trinkwasserverteilung. energie | wasser-praxis 71 (2020) 9, S. 41-47

[38] Dartmann, J.; Dorsch, T.; Johannsen, K.: Einfluss einer pH-Änderung und der Phosphatdosierung auf die Kupferkorrosion in Trinkwasserleitungen. gwf Wasser | Abwasser 147 (2006), 4, S. 296-303

[39] Becker, A.; Kruse, C.-L.; Patzelt, T.; Overath, H.: Wasserseitige Möglichkeiten zur Reduzierung der Kupferabgabe aus Hausinstallationen in das Trinkwasser. Materials and Corrosion 47 (1996), S. 89-95

[40] Korth, A.; Richardt, S.; Wricke, B.: Optimierte Spülpläne für Trinkwassernetze. energie | wasser-praxis 61 (2010) 5, S. 66-71

[41] Korth, A.; Donath, O.: Spülverfahren für Trinkwasserleitungen problemspezifisch auswählen. energie | wasser-praxis 66 (2015) 1, S. 36-41

[42] Korth, A.; Donath, O.; Wricke, B.: Spülverfahren und Spülstrategien für Trinkwasserverteilungssysteme – Einsatzmöglichkeiten und Einsatzgrenzen. energie | wasser-praxis 62 (2011) 6, S. 24-28

[43] Tränckner, J.; Böhler, E.; Hofmann, D.: Einfluss von Betriebsbedingungen und Wasserbeschaffenheit auf Rostwasserbildung. energie | wasser-praxis 55 (2004) 11, S. 30-33

[44] Korth, A.; Donath, O.; Wricke, B.: Spülverhalten zur Rohrnetzpflege. Veröffentlichungen aus dem Technologiezentrum Wasser 50 (2011), ISSN 1434-5765, S. 119-131

[45] Richardt, S.; Korth, A.; Wricke, B.: Präventive Qualitätsverbesserung bei der Trinkwasserverteilung mit Hilfe optimierter Spülkonzepte. energie | wasser-praxis 60 (2009), 3, S. 78-92

[46] Becker, A.; Jentzsch, T.; Ruhrberg, U.: Trinkwasseraufbereitung und Korrosionskontrolle in Wasserverteilungsnetzen. bbr 65 (2014), 6, S. 24-29.

[47] Korth, A.; Donath, O.: Zustandsorientierte Spülstrategie für Trinkwassernetze. energie | wasser-praxis 69 (2018) 11, S. 36-41

[48] Korth, A.; Wolf, M.; Oberreuter, C.; Boeck, U.: Trinkwassernetze effizient spülen mit der zustandsorientierten Netzspülung. energie | wasser-praxis 74 (2023) 11, S. 16-21

8 Enthärtung

Dr.-Ing. Sebastian Hesse

8.1 Einführung

Unter Enthärtung von Wasser versteht man die Verminderung von Calcium- und/oder Magnesiumionen. Sofern nur gezielt Carbonat- und/oder Hydrogencarbonationen aus dem Wasser entfernt werden, handelt es sich um einen Entcarbonisierungsprozess. Bei einer Entsalzung bzw. Teilentsalzung werden in mehr oder weniger großem Ausmaß die Konzentrationen auch weiterer Kationen und Anionen wie z. B. Natrium, Sulfat, Chlorid oder Nitrat verringert.

Gemäß Trinkwasserverordnung besteht keine rechtliche Verpflichtung zur Enthärtung des Trinkwassers, da weder eine Mindest- noch eine Maximalkonzentration an Härtebildnern gefordert wird. Die im Trinkwasser enthaltenen Calcium- und Magnesium-Ionen gelten vielmehr als wichtige Mineralstoffe, die für die menschliche Gesundheit von Bedeutung sind. Der normale Trinkwasserkonsum trägt allerdings nicht ausreichend zur Deckung des erforderlichen Tagesbedarfs bei.

Die DIN 2000 gibt als technischer Leitfaden für die zentrale Trinkwasserversorgung lediglich den Hinweis, dass Trinkwasser einen gewissen Mindestgehalt an Härte aufweisen sollte, der jedoch nicht so hoch sein sollte, dass der Gebrauch des Trinkwassers für die üblichen technischen Zwecke im Haushalt unverhältnismäßig stark beeinträchtigt wird. Es handelt sich bei der Trinkwasserenthärtung folglich im Wesentlichen um eine Komfortmaßnahme, die sowohl aus ökonomischer als auch aus ökologischer Sicht nutzbringend sein kann.

Allerdings bedeutet eine Enthärtung einen zusätzlichen Aufwand und führt zu entsprechenden Mehrkosten. Diese stehen den möglichen Einsparungen bei der Verwendung des enthärteten Trinkwassers im Haushalt gegenüber. Die zentrale Enthärtung kann im Idealfall für den Verbraucher kostendeckend sein. Inwiefern eine Enthärtung zentral oder in den einzelnen Haushalten (beim Verbraucher) sinnvoll ist, ist jeweils zu bewerten und letztendlich im Einzelfall zu entscheiden.

8.2 Gründe einer zentralen Enthärtung

Die Versorgung mit hartem Trinkwasser führt in den Haushalten zu merklichen Beeinträchtigungen. Kalkablagerungen verursachen einen erhöhten Reinigungs-

und Wartungsaufwand. Die Waschkraft von Tensiden wird verringert, sodass der Verbrauch an Waschmitteln steigt. Kalkbeläge im Durchlauferhitzer oder Warmwasserboiler erhöhen den Energiebedarf für die Warmwassererzeugung und führen häufig zur Unterbelagskorrosion, da der Kalk an der wärmsten Stelle ausfällt. Dadurch verkürzt sich die Lebenszeit von Geräten im Warmwasserbereich und Sanitärarmaturen (z. B. Kaffeemaschine, Wasserkocher, Duschköpfe, Perlatoren etc.) erheblich, woraus entsprechende Mehrkosten für die Ersatzbeschaffung resultieren.

Mit der zunehmenden Verwendung von technischen Geräten in privaten Haushalten, in denen Trinkwasser eingesetzt wird, dem gestiegenen Komfortbedürfnis und dem Wunsch nach geringerem Wartungs- und Reinigungsaufwand verstärkt sich in Gebieten mit hartem Trinkwasser der Druck auf Wasserversorgungsunternehmen, weiches Trinkwasser anzubieten. Dies tritt insbesondere dann ein, wenn Nachbarversorgungen mit weicherem Trinkwasser versorgt werden.

Das gestiegene Bedürfnis nach weichem Wasser äußert sich u. a. in einer starken Zunahme von dezentralen Wasseraufbereitungsgeräten, wie z. B. Kationenaustauschern in privaten Haushalten. Entsprechende Geräte erhöhen zwar den Komfort, sind jedoch auch mit Nachteilen verbunden. Üblicherweise werden die Geräte auf sehr geringe Härte eingestellt, um aufgrund der fehlenden Entfernung des Hydrogenkarbonats einen gewünschten Effekt zu erzielen. Eine ungenügende Wartung kann ferner zu hygienischen Problemen in der Haushaltsinstallation führen, die Regeneration mit Kochsalz bei Kationenaustauschern bewirkt eine Erhöhung der Salzfracht im Abwasser. Bei Tischgeräten ist beispielhaft die Entsorgungsfrage der beladenen Ionenaustauscher (Kartuschen) zu nennen. Im Vergleich zu einer zentralen Enthärtung erscheinen dezentrale Enthärtungsmaßnahmen eher nicht zielführend.

Der Härtegehalt des Trinkwassers beeinflusst durch entsprechend höhere Kohlenstoffdioxidgehalte (Kalkkohlensäure-Gleichgewicht), die in den Leitungen stattfindenden Korrosionsprozesse. Durch eine Verringerung der Härte kann die Löslichkeit von Metallwerkstoffen aus Rohren und Armaturen verringert und damit der Korrosion entgegengewirkt werden. Dies gelingt allerdings nur, wenn der Kohlenstoffdioxidgehalt ebenfalls vermindert wird, was bei dezentralen Maßnahmen in der Regel nicht erfolgt. Die Einhaltung der Anforderungen der Trinkwasserverordnung wird bei einer fachgerecht durchgeführten zentralen Enthärtung im Wasserwerk sichergestellt, sowie gesundheitsamtlich begleitet und regelmäßig professionell geprüft.

Bei der zentralen Enthärtung entstehen erhebliche Kosten, die über den Trinkwasserpreis auf die Verbraucher umgelegt werden müssen. Demgegenüber sind die Kosten für dezentrale Maßnahmen, je nach Verbraucherverhalten, auch nicht unerheblich. Diese Kosten werden jedoch durch den Verbraucher selbst finanziert und oft nicht bewusst wahrgenommen.

Die erzielbaren Einsparungen bei der Verwendung von enthärtetem Trinkwasser können deutlich größer sein als die Mehrkosten für eine zentrale Enthärtung. Dies ist insbesondere der Fall, wenn beispielsweise eine dezentrale Enthärtungsanlage außer Betrieb genommen wird. In anderen Fällen können je nach Ausstattung der Haushalte und individuellem Verbraucherverhalten die entstehenden Mehrkosten für die zentrale Enthärtung mehr oder minder vollständig durch die anderen möglichen Einsparungen kompensiert werden.

8.3 Zielvorgaben einer zentralen Enthärtung

Nach den Empfehlungen des DVGW-Arbeitsblatts W 235-1 sollte die Möglichkeit einer zentralen Enthärtung vor allem dann geprüft werden, wenn die Härte des Trinkwassers über 3,5 mmol/L beträgt. Die Option einer zentralen Enthärtung zur Vermeidung von Verkalkungsproblemen im Warmwasserbereich wäre zudem in Betracht zu ziehen, wenn die Calcitabscheidekapazität des Wassers bei einer Wassertemperatur von 90 °C den Wert von 70 mg/L $CaCO_3$ überschreitet. Erfahrungsgemäß wird beim Verbraucher ein Trinkwasser hinsichtlich des Kalkausfalls als zufriedenstellend empfunden, wenn nach dem Sieden weniger als 30 mg/L $CaCO_3$ ausfallen. Dieser Zufriedenheitsbereich ist in **Bild 8.1** schraffiert dargestellt

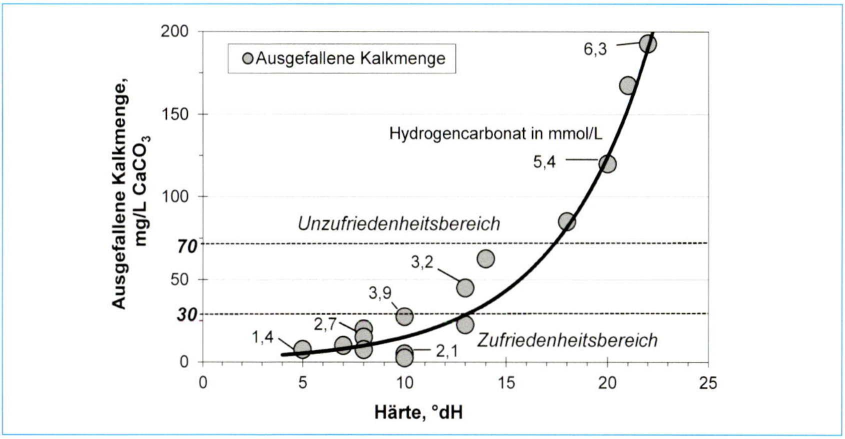

Bild 8.1: Experimentell bestimmte ausgefällte Kalkmenge bei unterschiedlich harten Trinkwässern

und ergibt sich je nach Beschaffenheit des vorliegenden Wassers bei einer Zielhärte von 8 bis 10 °dH, sofern ein Hydrogencarbonat-Gehalt von < 3 mmol/L vorliegt.

Der technische Aufwand für eine zentrale Enthärtung von Trinkwasser ist nach dem DVGW-Arbeitsblatt W235-1 gerechtfertigt, wenn die Gesamthärte um mindestens 1 mmol/L (5,6 °dH) verringert wird. Die Säurekapazität bis pH 4,3 sollte im verteilten Trinkwasser mindestens 1,5 mmol/L betragen und ein Calciumgehalt von > 0,5 mmol/L (20 mg/L) vorliegen, um die nach der Enthärtung aus korrosionschemischen Gründen erforderliche Entsäuerung und pH-Wertkorrektur mittels einer Intensivbelüftung auch betriebswirtschaftlich sinnvoll durchführen zu können.

8.4 Verfahren zur Härteverringerung

Zur Enthärtung stehen sehr unterschiedliche Aufbereitungsverfahren zur Verfügung, die sich hinsichtlich des physikalisch-chemischen Aufbereitungsprinzips, der Beschaffenheit des enthärteten Wassers sowie der Menge und Zusammensetzung der anfallenden Rückstände unterscheiden. In der Trinkwasseraufbereitung werden grundsätzlich die drei folgenden Verfahren zur Härteminderung eingesetzt:

- Kalkfällungsverfahren
- Ionenaustauschverfahren mit CO_2-Regeneration
- Membranverfahren (dichte Membranen)

Die Verfahren unterscheiden sich u. a. hinsichtlich der Zusammensetzung des resultierenden Trinkwassers und dessen korrosionschemischen Parametern, der hydraulischen Flexibilität im Anlagenbetrieb, des Personal- und Betreuungsaufwands sowie in Menge und Zusammensetzung des anfallenden Abwassers bzw. der Reststoffe.

Üblicherweise wird nur ein Teilstrom des Wassers enthärtet und mit nicht behandeltem Wasser entsprechend der Zielhärte verschnitten. Bei allen Verfahren ist eine Nachbehandlung des enthärteten Wassers zur Einstellung des Kalkkohlensäure-Gleichgewichts erforderlich.

Für eine detaillierte Prüfung im konkreten Anwendungsfall und im Rahmen einer als Entscheidungsgrundlage zu erstellenden Vorplanung sind durch Fachleute Kenntnisse über die Rohwassersituation und deren Verfügbarkeit, den Enthärtungszielen sowie über die mögliche Anbindung notwendig. Hierzu sei auf die DVGW-Arbeitsblattreihe W 235 verwiesen.

8.4.1 Fällungsverfahren

Bei der Fällungsenthärtung wird der pH-Wert des Wassers über den pH-Wert der Calciumcarbonatsättigung hinaus bis weit in den calcitabscheidenden Bereich angehoben. Dabei fällt Calciumcarbonat aus. Die Anhebung des pH-Werts erfolgt bei der Trinkwasseraufbereitung meist durch Zugabe von Calciumhydroxid (Kalkmilch, Kalkwasser) oder von Natriumhydroxid (Natronlauge) als Fällungsmittel. Hierbei erfolgt stets eine gleichzeitige Entfernung von Calcium und Hydrogencarbonat, also eine Enthärtung und Entcarbonisierung.

Beim Einsatz von Calciumhydroxid verringert sich die Gesamthärte um den als Calciumcarbonat ausgefällten Anteil. Um ein Mol Calcium aus dem Wasser zu entfernen, muss gemäß Reaktionsgleichung (8.1) ein Mol Calciumhydroxid zugesetzt werden, wobei mit dem zugesetzten Fällungsmittel insgesamt zwei Mol Calciumcarbonat ausfallen:

$$Ca^{2+} + 2\,HCO_3^- + Ca(OH)_2 \rightarrow 2\,CaCO_3 \downarrow + 2\,H_2O \qquad (8.1)$$

Vor der eigentlichen Fällung von Calciumcarbonat muss gemäß Reaktionsgleichung (8.2) zunächst gelöstes Kohlenstoffdioxid (CO_2) in Hydrogencarbonat (HCO_3^-) bzw. Carbonat (CO_3^{2-}) überführt werden:

$$CO_2 + Ca(OH)_2 \rightarrow CaCO_3 \downarrow + H_2O \qquad (8.2)$$

Aus diesem Grund wird in der Regel das Wasser vor der Fällung mittels Gasaustausch vorentsäuert, um Fällungsmittel einzusparen, den Rückstandanfall zu minimieren und die Entcarbonisierung zu verbessern. Bei zu intensiver Vorentsäuerung können jedoch Probleme durch vorzeitigen Kalkausfall bei den unmittelbar nachgeschalteten Anlagenkomponenten auftreten. Erfahrungsgemäß sollte möglichst eine Calcitabscheidekapazität im vorentsäuerten Wasser von > 20 mg/L vermieden werden. Daher genügt zur Vorentsäuerung meist eine technisch einfache und vergleichsweise wartungsarme Entsäuerungstechnik.

Ein wesentlicher Unterschied bei der Nutzung von NaOH gegenüber $Ca(OH)_2$ ist die deutlich geringere Entfernung von Hydrogencarbonat (geringere Entcarbonisierung). Bei gleicher Zielhärte werden im Vergleich zur Verwendung von Calciumhydroxid gemäß Reaktionsgleichung (8.3) nur halb so viele HCO_3^--Ionen eliminiert. Dies bedeutet, dass bei gleicher Gesamthärte im Trinkwasser die Calcitabscheidekapazität höher ist.

$$Ca_2^{+} + HCO_3^{-} + NaOH \rightarrow CaCO_3 \downarrow + Na^{+} + H_2O \qquad (8.3)$$

Durch die Zugabe der Natronlauge erhöht sich der Natriumgehalt des Wassers, und zwar um etwa 23 mg/L bei Herabsetzung der Calciumkonzentration um 1 mmol/L, was hinsichtlich des Trinkwassergrenzwerts von Bedeutung sein kann. Durch die Verringerung der CO_2-Konzentration mittels einer Vorentsäuerung können neben der Minimierung der Natriumzunahme auch die Bildung von Karbonat verringert werden, wie aus der Reaktionsgleichung (8.4) hervorgeht:

$$CO_2 + NaOH \rightarrow HCO_3^{-} + Na^{+} \qquad (8.4)$$

Durch den Einsatz von Natronlauge wird bei gleicher Verringerung der Säurekapazität die Härte deutlich weiter verringert als mit dem Zusatz von Calciumhydroxid. Dies kann aus korrosionschemischer Sicht erwünscht sein.

Wie aus **Bild 8.2** hervorgeht, wird mit zunehmender Fällungsmitteldosierung und pH-Wertanhebung der $K_{S4,3}$-Wert im Wasser zunächst verringert und nimmt bei einer weiteren Dosierung wieder zu. Typischerweise liegt das Optimum des Entcarbonisierungsprozesses innerhalb des pH-Bereichs von 9 und 10,5.

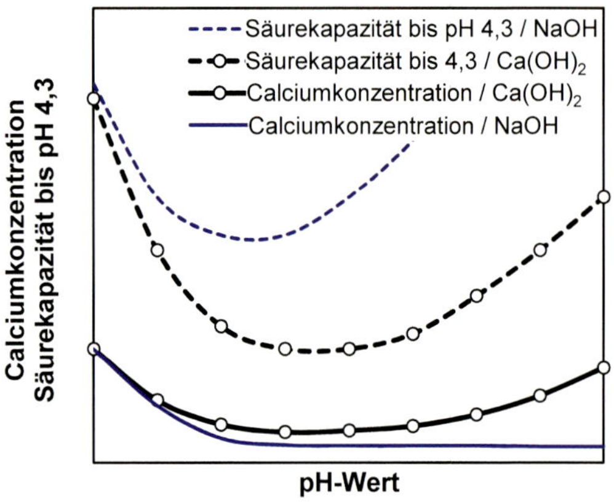

Bild 8.2: Calciumkonzentration sowie $K_{S4,3}$ im Reaktorablauf in Abhängigkeit des pH-Werts

Eine weitere Erhöhung der Dosiermenge bewirkt eine Zunahme des $K_{S4,3}$-Werts sowie bei der Kalkmilchdosierung auch eine Zunahme der Calciumkonzentration. Ferner beginnt bei pH-Werten von > 10 zunehmend Magnesium mit auszufallen. Die bei der SEC erreichbaren Rest-Calciumgehalte liegen im Fall der Kalkmilchzugabe bei 25 mg/L und bei Einsatz von Natronlauge bei 20 mg/L.

Um bei dem Fällungsverfahren mittels der Kalkmilchdosierung moderate Ablauftrübungen erreichen zu können, ist eine hohe Lösegeschwindigkeit der in der Kalkmilch enthaltenen Calciumhydroxidpartikel von Bedeutung. Hier wurden in den letzten Jahren spezielle Verfahren entwickelt, mit denen eine besonders schnelllösliche stabilisierte Kalkmilch hergestellt werden kann. Die dabei erzeugten Partikel sind wesentlich feindisperser als bei konventionell hergestellter Kalkmilch und bewirken in Verbindung mit einer gleichzeitig wesentlich höheren Teilchenzahl eine höhere Viskosität der Suspension. Infolgedessen ist diese in Grenzen ohne Zusatz von Dispergiermittel sedimentationsstabil.

Schnelllösliche feindisperse Kalkmilch kann als dosierfertiges Produkt möglichst mit geringem Wassergehalt und entsprechend hoher Wirkstoffkonzentration bezogen werden. Der Aufwand der eigenen Kalkmilchbereitung entfällt, jedoch sind die Bezugskosten der fertigen Lösung im Vergleich zu den trockenen Ausgangsstoffen höher. Bei eigener Herstellung ist zur Erzielung einer hohen Lösegeschwindigkeit auf die Verwendung von möglichst reinen Ausgangsstoffen mit möglichst geringer Korngröße zu achten. Das Ansetzwasser sollte demineralisiert sein und wenig Kohlensäure beinhalten.

Entsprechend der gewünschten Verringerung der Säurekapazität kann der spezifische Calciumhydroxid-Bedarf sowie der Calciumcarbonat-Anfall bei der Entcarbonisierung wie folgt ermittelt werden.

Entcarbonisierungsziel:

8

$$\Delta K_{S4,3} = K_{S4,3\ Zulauf} - K_{S4,3\ Ablauf} \qquad \text{in mmol/L}$$

Enthärtung:

$$\Delta \text{Härte}^* = (K_{S4,3\ Zulauf} - K_{S4,3\ Ablauf}) \times 2{,}8 \qquad \text{in °dH}$$

*Die Magnesiumkonzentration wird als konstant angenommen

Calciumhydroxid-Bedarf:

$$Ca(OH)_2\text{-Bedarf} = K_{B8,2\ Zulauf} + (K_{S4,3\ Zulauf} - K_{S4,3\ Ablauf}) / 2 \quad \text{in mmol/L}$$

Calciumcarbonat-Anfall:

$$CaCO_3\text{-Anfall} = K_{B8,2\ Zulauf} + K_{S4,3\ Zulauf} - K_{S4,3\ Ablauf} \quad \text{in mmol/L}$$

$$= (K_{B8,2\ Zulauf} + K_{S4,3\ Zulauf} - K_{S4,3\ Ablauf}) \times 100 \quad \text{in g/m}^3$$

Wird Natronlauge als Fällungsmittel eingesetzt, ergeben sich folgende Kenndaten bei der Enthärtung:

$$\Delta \text{ Härte*} = (K_{B8,2\ Zulauf} + K_{S4,3\ Zulauf} - K_{S4,3\ Ablauf}) \times 5{,}6 \quad \text{in °dH}$$

*Die Magnesiumkonzentration wird als konstant angenommen

Natriumhydroxid-Bedarf:

$$NaOH\text{-Bedarf} = 2 \times K_{B8,2\ Zulauf} + K_{S4,3\ Zulauf} - K_{S4,3\ Ablauf} \quad \text{in mmol/L}$$

Natrium-Erhöhung:

$$Na^+\text{-Erhöhung} = NaOH\text{-Bedarf} \times 23 \quad \text{in g/m}^3$$

Calciumcarbonat-Anfall:

$$CaCO_3\text{-Anfall} = K_{B8,2\ Zulauf} + K_{S4,3\ Zulauf} - K_{S4,3\ Ablauf} \quad \text{in mmol/L}$$

$$= (K_{B8,2\ Zulauf} + K_{S4,3\ Zulauf} - K_{S4,3\ Ablauf}) \times 100 \quad \text{in g/m}^3$$

Beispielsweise entstehen bei der zentralen Enthärtung von 1 Mio. m³ Wasser um 1 mmol/L (5,6 °dH) bei Verwendung von $Ca(OH)_2$ ca. 200 t Calciumcarbonat und bei Einsatz von Natronlauge ca. 100 t jeweils berechnet als Trockenrückstand. Müssen 1 mmol/l an CO_2 seitens des Anlagenzulaufs ($K_{B8,2\ Zulauf}$) abgebunden werden, so fallen bei Einsatz von $Ca(OH)_2$ bzw. Natronlauge zusätzlich etwa 100 t $CaCO_3$ an.

Zum Abstoppen einer unerwünschten Nachfällung, die ggf. zu Verkalkungsproblemen bei den nachgeschalteten Armaturen und wasserberührten Messgeräten sowie Verbackungen des Filtermaterials führen können, wird üblicherweise nicht entsäuertes, kohlensäurehaltiges Rohwasser dem Ablauf von Schnellentcarbonisierungsreaktoren zugemischt. Durch Zugabe von Kohlenstoffdioxid kann ggf. eine Nachjustierung erfolgen, um weiteren Kalkausfall infolge der Nachreaktion zu vermeiden.

Zur Optimierung der Partikelentfernung können typischerweise eisenhaltige Flockungsmittel sowie Flockungshilfsmittel dosiert werden. Ein Pilotversuch zu den Fragestellungen der Filtermaterialauswahl und Flockungsmitteleinsatzes ist im Vorfeld zur Optimierung empfehlenswert.

8.5 Verfahrenstechnik der Fällungsverfahren

Reaktionstechnisch wird zwischen der Langsam- und der Schnellentcarbonisierung (LEC bzw. SEC) unterschieden.

Bei der LEC erfolgt die Fällungsreaktion ausschließlich durch pH-Wert-Anhebung verhältnismäßig langsam und es sind entsprechend große Fällungsbecken erforderlich. Mittels Schlammrückführung zur Sedimentationsbeschleunigung entsprechend **Bild 8.3** können kürzere Aufenthaltszeiten erreicht werden. Als Kon- 8

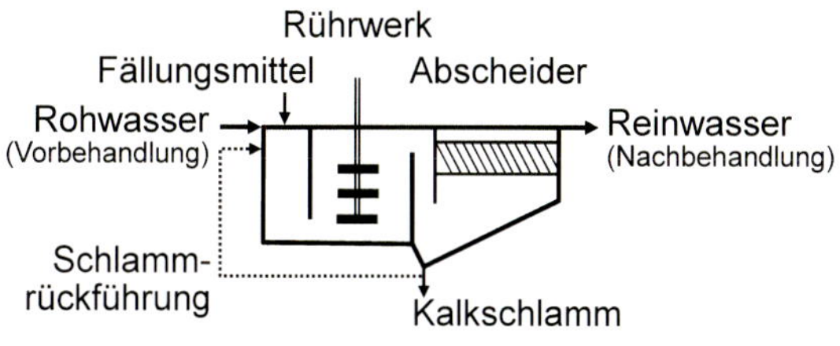

Bild 8.3: Verfahrensschema LEC

taktschlammkonzentration in den LEC-Mehrkammerreaktoren wird üblicherweise ein Wert von 6–10 g/L eingestellt.

Der nicht als Kontaktschlamm zurückgeführte Schlammanteil wird abgezogen und zur Minimierung des Wasseranteils einer weiteren Eindickungsstufe zugeführt. Damit können Feststoffgehalte von ca. 50 % (nach statischem Eindicken) bis 70 % (z. B. nach Zentrifugieren) erreicht werden. Mit steigendem Feststoffgehalt verliert der Schlamm jedoch an Fließfähigkeit, weshalb der Transport in Tanklastzügen ab einem gewissen Feststoffanteil allenfalls nach Zugabe eines Dispergiermittels möglich ist.

Bei der mittlerweile bevorzugten SEC findet der Entcarbonisierungsprozess vergleichsweise schnell innerhalb von ca. 8 bis 12 min in aufwärts durchströmten Reaktoren statt. In diesen werden die basisch reagierenden Stoffe im unteren Reaktorbereich dosiert und die Ausfällung durch feinkörnigen Sand (Impfsand) im Schwebebett beschleunigt. Das ausfallende Calciumcarbonat lagert sich bevorzugt an die große spezifische Oberfläche des Sandes an und es bilden sich Kalkpellets. Zu groß gewordene Pellets (> 1 mm) werden regelmäßig entfernt und durch frischen Impfsand (< 0,4 mm) ersetzt. Typischerweise werden ca. 5 g Impfsand pro m^3 behandelten Wassers zugegeben. Beim Fällungsprozess werden Eisen und Mangan sowie weitere Schwermetalle im gewissen Umfang mit ausgefällt.

Die Aufstromgeschwindigkeiten in der Hauptreaktionszone liegen je nach Bauform zwischen 50 und 80 m/h. Bei niedrigeren Geschwindigkeiten wird das Schwebebett zu kompakt, was die gleichmäßige Durchströmung und ein gleichmäßiges Kornwachstum stört, bei zu großer expandiert das Bett zu stark, was die spezifische Oberfläche für die Fällung verringert und höhere Resttrübstoffgehalte verursacht.

Die bei der SEC anfallenden kompakten Pellets entwässern schnell und weisen üblicherweise einen geringen Wasseranteil von etwa 5 % durch das Porenwasser auf, die das Reststoffmanagement vereinfachen. Verwertungsmöglichkeiten der Kalkpellets als Rohstoff bestehen z. B. in der Landwirtschaft, Kalk- und Stahlindustrie oder der Herstellung von Baumaterial. Somit ist die Entsorgung der Pellets i. d. R. kostenneutral möglich, da diese üblicherweise die jeweiligen Reinheitsanforderungen erfüllen. Beispielsweise werden die hochreinen Kalkpellets aus der SEC-Anlage im WW Langenau der Landeswasserversorgung zur gezielten Aufhärtung von sehr weichen und sauren Quell- und Talsperrenwässern in der Trinkwasseraufbereitung eingesetzt.

Die im Ablaufwasser der SEC-Reaktoren verbleibende Kalktrübung muss filtrativ abgetrennt werden. Die Anforderungen an die der SEC nachzuschaltenden Fil-

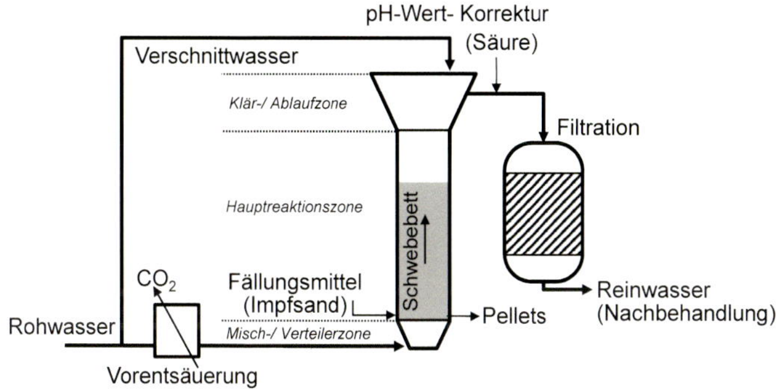

Bild 8.4: Verfahrensschema SEC

terstufe sind vergleichsweise hoch. Es fällt folglich zur Filterspülung ein höherer Spülwasserbedarf an, was bei der Bestandsanlagentechnik zu berücksichtigen ist. Der zusätzliche Rohwasserbedarf hierfür beträgt in der Regel deutlich mehr als 1 %, eher 3 %.

Die erforderliche Anlagentechnik der SEC ist wesentlich kompakter als die der LEC aufgebaut. **Bild 8.4** zeigt das typische Verfahrensschema einer SEC-Anlage, bestehend aus einer Entcarbonisierungs- und einer nachgeschalteten Filterstufe.

In der Praxis werden unterschiedliche Reaktorbauarten eingesetzt. Die ersten Reaktoren Anfang des letzten Jahrhunderts wurden als vollständig konische Reaktoren mit tangentialer Rohwasserzuführung und mit einer innenliegenden Tulpe als Ablaufzone aufgebaut. Der Pelletabzug und die komplette Neubeimpfung erfolgte früher üblich in mehrtägigen Zeitabständen, wodurch zur Bevorratung der sich bildenden Pellets hinreichend Speicherkapazität bis zum Abzug durch entsprechend hohe Reaktoren vorgehalten wurden.

Neue Entwicklungen basieren auf zylindrische Reaktoren mit speziellen Düsenboden und einer außen umlaufenden Rinne als Ablaufzone, mit denen, hydraulisch bedingt, eine geringere Ablauftrübung insbesondere während der Wiederinbetriebnahme erzielt werden können. Mittels automatischem Pelletabzug innerhalb von wenigen Stunden können kompakte Reaktorbauformen mit entsprechend geringer Bauhöhe eingesetzt werden. **Bild 8.5** zeigt zwei typische Ausführungsbeispiele.

Neuerdings werden zur Aufrechterhaltung des kontinuierlichen Betriebs auch Systeme mit interner Rezirkulation eingesetzt, um bei der Wiederinbetriebnahme

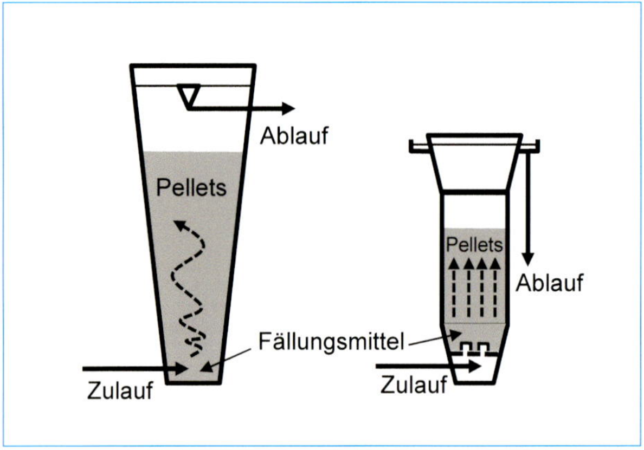

Bild 8.5: Beispiel von typischen SEC-Reaktoren; links konische, rechts zylindrische und kompakte Bauform

unerwünscht hohe Trübstoffbelastungen für die nachfolgende Filterstufe zu vermeiden.

Generell empfiehlt es sich, einen weitestgehend kontinuierlichen Betrieb mit möglichst konstantem Durchsatz anzustreben. Da die Fällungsverfahren im Vergleich zu den anderen Enthärtungsverfahren einen deutlich höheren Betreuungs- und Wartungsaufwand benötigen, muss üblicherweise durch eine Bereitschaftsregelung rund um die Uhr Betriebspersonal vorgehalten werden.

8.5.1 Ionenaustauschverfahren

Für die zentrale Enthärtung wird in der Trinkwasseraufbereitung im Hinblick auf die Salzbelastung nur das sogenannte CARIX-Verfahren (CArbon dioxide Regenerated IoneXchanger) als Ionenaustauschverfahren eingesetzt.

Als Austauscherharz kommt je nach Aufbereitungsziel entweder ein schwach saurer Kationenaustauscher oder ein Mischbett aus schwach saurem Kationenaustauscher und stark basischen Anionenaustauscher in einem Festbettfilter zum Einsatz. Der Kationenaustauscher tauscht die zweiwertigen Kationen gegen Protonen aus und enthärtet so das Wasser. Der Anionenaustauscher nimmt Anionen in der Präferenzreihenfolge Sulfat, Nitrat und Chlorid auf und gibt dafür Hydrogencarbonationen ab. Er entfernt damit Neutralsalzanionen aus dem Wasser.

Am weitesten verbreitet ist der Einsatz von Mischbettaustauschern mit einem Überschuss an Kationenaustauscheräquivalenten, sodass durch die abgegebe-

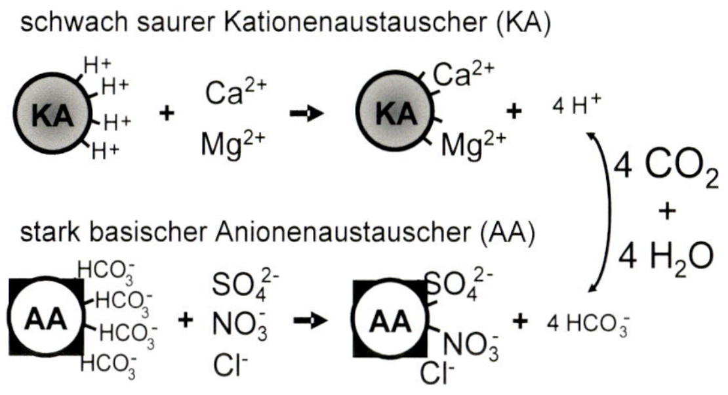

Bild 8.6: Schema des Ionenaustauschs mit schwach sauren Kationenaustauscherharzen, kombiniert mit stark basischen Anionenaustauscherharzen; oben Beladungsvorgang, unten Regenerationsvorgang

nen Protonen nicht nur die vom Harz freigesetzten, sondern auch im Rohwasser bereits vorhandenen Hydrogencarbonationen zu CO_2 und Wasser umgesetzt werden (Teilentcarbonisierung). Das sich bildende CO_2 muss dann in einem nachfolgenden Behandlungsschritt aus dem Wasser entfernt werden.

Nach einem gewissen Durchsatz ist die Kapazität des Mischbettes erschöpft und es muss regeneriert werden. Es erfolgt nach **Bild 8.6** eine Regeneration des Austauschermaterials im Gegenstrom (Aufwärtsstrom) mit CO_2. In das Regenerierwasser wird unter Druck so viel CO_2 gebracht, dass die Konzentration an Protonen und Hydrogencarbonationen ausreicht, um die Reaktionsrichtung im Austauscherharz umzukehren. Das aus der Regeneration abfließende Eluat enthält neben den im vorangegangenen Zyklus aus dem Trinkwasser entfernten Ionen einen sehr großen CO_2-Überschuss, jedoch keine zusätzlich zu entsorgenden Fremdsalze aus dem Regeneriermittel.

Das Verfahrensprinzip und die erforderlichen Anlagenkomponenten des CARIX-Verfahrens sind in **Bild 8.7** dargestellt. Kernstück der Anlage sind die Austauscherbehälter, die mit dem Ionenaustauscherbett befüllt sind.

Der Betrieb eines CARIX-Filters lässt sich unterteilen in eine Beladungsphase und eine Regenerations- bzw. Standby-Phase. Während der Beladungsphase werden Ionen aus dem Wasser entfernt und es entsteht ein weiches, teilentsalztes Wasser im Filterablauf. Nach einem gewissen Durchsatz ist die Kapazität des Ionenaustauscherharzes erschöpft, und es erfolgt eine Regeneration der Harze mit CO_2.

Die Anlagen bestehen typischerweise aus drei Filtern, die wechselweise betrieben und regeneriert werden. Um die volle Aufbereitungskapazität aufrecht bzw.

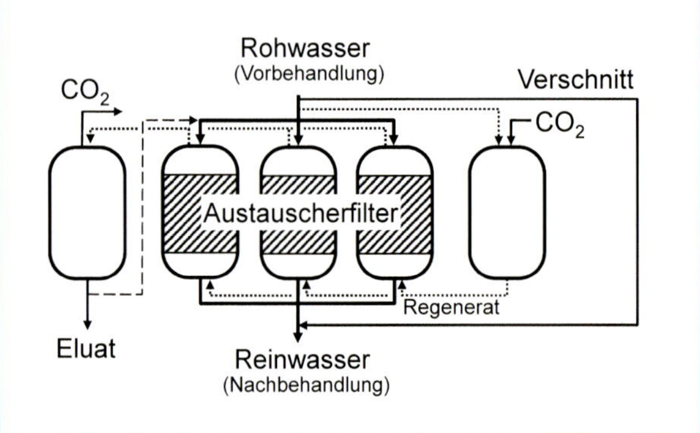

Bild 8.7: Verfahrensschema Ionenaustauschverfahren CARIX

verfügbar zu halten, wird jeder der drei Austauschbehälter auf 50 % der Anlagenleistung ausgelegt. Üblicherweise sind immer zwei Austauschbehälter im Beladungsmodus und einer im Stand-by- oder Regenerationsmodus. Der Start der Beladungsphasen erfolgt zur Vergleichmäßigung der Gesamtablaufqualität immer zeitversetzt um mindestens 5 bis 6 h, d. h. die Beladungsphasen aller Austauscherbehälter überlappen sich typischerweise um die Hälfte des durchsetzbaren Bettvolumens.

Während der Regeneration fällt ein Abwasser, das sogenannte Eluat (= Rückstand aus dem Aufbereitungsprozess) an. Das Eluat wird einem Entgaser zugeführt, in dem ca. 90 % des darin gelösten CO_2 zurückgewonnen wird. Das Eluat selbst kann nicht verwertet werden und ist in eine öffentliche Abwasseranlage oder ein Gewässer einzuleiten. Hierfür ist die Erlaubnis des Betreibers der Abwasseranlage einzuholen oder eine wasserrechtliche Erlaubnis für die Einleitung in ein Gewässer erforderlich. Der für den Regenerationsprozess zusätzliche Rohwasserbedarf liegt erfahrungsgemäß im Größenbereich von 5 bis 10 %, was hinsichtlich des verfügbaren Wasserdargebots und Entnahmerechts berücksichtigt werden muss.

Die Anlagentechnik beinhaltet neben den Austauschbehältern Einrichtungen zur Be- und Entgasung sowie zur Bevorratung von Spülwasser und Eluat. Aufgrund der zunehmend höheren Energiekosten wird bei neueren Anlagen auf die CO_2-Rückgewinnung verzichtet und stattdessen entsprechend mehr CO_2 bezogen. Das bei der Regeneration anfallende Eluat muss zwischengespeichert werden, um eine gleichmäßige Ableitung zu ermöglichen.

Zur erforderlichen pH-Korrektur ist den Ionenaustauschern nach der Zuführung des Verschnittwassers in der Regel eine Intensivbelüftung nachgeschaltet. Da während der Beladungsphase die Konzentration der zu entfernenden Ionen im Filterablauf entsprechend ihrem Durchbruchsverhalten ansteigt, ist der Anlage zudem eine Reinwasserkammer mit entsprechender Vermischungseinrichtung nachzuschalten. Hierdurch werden die schwankenden Ablaufwerte der einzelnen Austauscherfilter hinreichend vergleichmäßigt. Wenn der Bypass-Strom um die CARIX-Anlage in Abhängigkeit der Leitfähigkeit des CARIX-Ablaufes gesteuert wird, kann der Speicherbehälter deutlich kleiner ausfallen.

Die Auslegung der Anlage obliegt dem Anlagenbauer. Beispielsauslegungen von CARIX-Anlagen in Abhängigkeit der Rohwasserbeschaffenheit sind im DVGW-Arbeitsblatt W235-3 näher beschrieben.

In der Regel ist ein vollautomatisierter Betrieb möglich. Das Verfahren zeichnet sich durch eine relativ hohe hydraulische Flexibilität auch hinsichtlich des Stopp-/Go-Betriebs und Lastschwankungen aus. Allerdings ist der Investitionsaufwand durch die umfangreiche Anlagentechnik (Filterbehälter, Zwischenspeicher, Riesler) vergleichsweise hoch.

8.5.2 Membranverfahren

Bei den Membranverfahren werden durch den Einsatz von dichteren Membranen (Nanofiltration (NF) / Umkehrosmose (UO)) gelöste Salze, u. a. die Härtebildner Calcium und Magnesium zurückgehalten. Im Ergebnis entsteht ein, je nach Dichtheit der verwendeten Membran, teil- oder vollentsalztes Permeat, das häufig durch Verschnitt mit unbehandeltem Wasser remineralisiert wird. Das Mischungsverhältnis dieser beiden Teilströme bestimmt den Salzgehalt und damit auch den Härtegrad im Trinkwasser.

Ihr Einsatz ist besonders interessant, wenn vergleichsweise geringe Volumenströme aufzubereiten sind oder, wenn neben der Enthärtung noch andere Aufbereitungsziele erreicht werden sollen, wie zum Beispiel die Entfernung von organischen Spurenstoffen oder Neutralsalzanionen wie Nitrat, Chlorid oder Sulfat. 8

Neben dem Permeat entsteht im Aufbereitungsprozess ein zweiter Teilstrom, das sogenannte Konzentrat, welches die zurückgehaltenen Wasserinhaltsstoffe um den Faktor 4 bis 5 aufkonzentriert enthält. Bezogen auf die gesamte Trinkwassermenge liegt der Konzentratanfall, bzw. der zusätzliche Rohwasserbedarf, bei Verschnitt mit Rohwasser etwa zwischen 12 und 15 % und ohne Verschnitt bei ca. 20 %, was hinsichtlich des verfügbaren Wasserdargebots und Entnahmerechts berücksichtigt werden muss.

Eine Verwertung des Konzentrats ist in der Regel nicht möglich. In Deutschland erfolgt die Entsorgung des Konzentrats zumeist per Direkteinleitung in einen Vorfluter und seltener per Indirekteinleitung in eine Kläranlage. Eine entsprechende wasserrechtliche Erlaubnis oder Erlaubnis des Betreibers der Abwasseranlage ist erforderlich.

Das Verfahrensschema bei der Teilenthärtung mittels Umkehrosmose ist in **Bild 8.8** dargestellt. Die zu installierende Anlagentechnik besteht im Wesentlichen aus der Membrananlage, typischerweise aus mehreren parallel und hintereinander geschalteten Modulen, die wiederum eine gewisse Anzahl in Reihe geschalteter Membranelemente enthalten, und einer mechanischen Entsäuerung, der das Mischwasser aus Permeat und Rohwasser (Verschnittwasser) zu unterziehen ist.

Im Zulauf der Membrananlage (Feed) ist die Zugabe von sogenannten Scaling-Inhibitoren (Antiscalant) erforderlich, um anorganische Ablagerungen auf der Membranoberfläche zu vermeiden. Gemäß §-20-Liste TrinkwV (2023) sind sowohl phosphathaltige (Polyphosphate, Phosphonsäuren) als auch phosphatfreie Produkte (Polycarbonsäuren) als Aufbereitungsstoffe (Antiscalants) zugelassen. Bei Einsatz von dichten Umkehrosmosemembranen verbleibt das Antiscalant weitestgehend im Konzentrat.

Die Membranverfahren erfordern, wie Praxiserfahrungen seit gut zwei Jahrzehnten zeigen, aufgrund der hohen Automatisierung und der aus der Meerwasserentsalzung stammenden ausgereiften Technik einen vergleichsweise geringen Wartungs- und Personalaufwand. Der Anlagenbetrieb ist vollautomatisch möglich und erlaubt auch problemlose Betriebsunterbrechungen. Die UO-Anlagentechnik

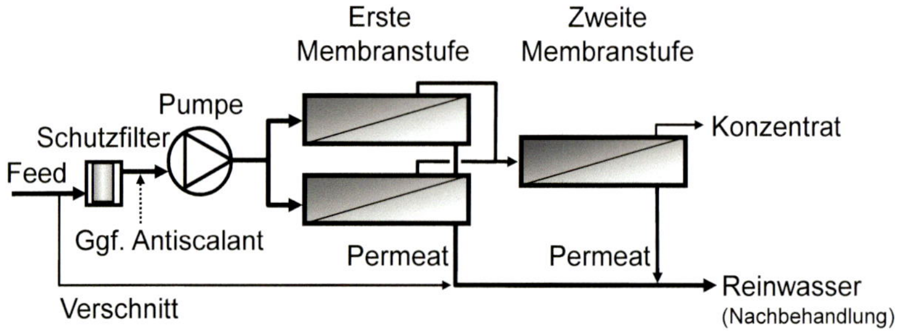

Bild 8.8: Verfahrensschema Membranverfahren

ist sehr kompakt und modular aufgebaut, sodass für die Unterbringung die gebäudetechnischen Anforderungen vergleichsweise gering sind.

Die Verfahrensauslegung erfolgt in der Regel mit Hilfe von entsprechenden Softwaretools des Membranherstellers.

Grundvoraussetzung für die Realisierung des Membranverfahrens ist eine betriebswirtschaftlich tragbare und genehmigungstechnisch umsetzbare Entsorgungsmöglichkeit des im Anlagenbetrieb anfallenden Konzentrats. Im Falle einer Einleitung in die Kanalisation sind gegebenenfalls Abwassergebühren zu entrichten, die in der Größenordnung der sonstigen Betriebskosten der Enthärtung liegen können.

8.6 Gegenüberstellung der Verfahren

Neben den grundsätzlichen Verfahrensprinzipien und den damit verbundenen Nebeneffekten ist bei der Auswahl des geeigneten zentralen Enthärtungsverfahrens eine Vielzahl von sehr unterschiedlichen, zum Teil auch standortspezifischen Faktoren zu beachten. Bei den Investitions- und Betriebskosten sind auch das Ausmaß der Enthärtung, die örtlichen Gegebenheiten und die notwendige Voraufbereitung von entscheidender Bedeutung.

Bei den Fällungsverfahren werden als Hauptzielsetzung Calcium und Hydrogencarbonat sowie freie Kohlensäure entfernt. Bei der Aufbereitung mittels CARIX-Verfahren werden sowohl Calcium- und Magnesiumionen als auch insbesondere Sulfat mit entfernt. Je nach Verhältnis der Harzvolumina (Kationen-/Anionenaustauscherharze) und der Konzentrationen der unterschiedlichen Anionen im Rohwasser können auch Nitrat und Chlorid teilentfernt werden.

Bei der Aufbereitung mittels Membranfiltration werden in der Regel alle Ionen und auch gelöste organische Wasserinhaltsstoffe, nicht aber gelöste Gase entfernt. Der Rückhaltung einzelner Ionen hängt von der Wasserbeschaffenheit und dem Membrantyp ab.

Die wesentlichen Merkmale und Unterschiede der einzelnen Verfahren zur Teilenthärtung sind in **Tabelle 8.1** gegenübergestellt.

Tabelle 8.1: Wesentliche Unterschiede der Teilenthärtungsverfahren

Kriterium	Fällung	Ionenaustausch	Membran
Verringerung der Gehalte an Nitrat, Sulfat, Chlorid (= korrosionschemisch günstig)	nein	Mischbett: ja Kationen-austauscher: nein	ja
Verringerung der Gehalte an anthropogenen Spurenstoffen	nein	nein	ja (ggf. Konzentratbehandlung erforderlich)
Rohwasservorbehandlung	oft nicht erforderlich, optional möglich	weitestgehend Trinkwasserqualität	Trinkwasserqualität
Zusatzstoffe (Trinkwasserzulassung gemäß §20-Liste TrinkwV 2023)	$Ca(OH)_2$ Impfsand Flockungsmittel HCl/NaOH zur Reinigung	CO_2 ggf. Antiscalant für Eluat	Antiscalant HCl, NaOH zur Membranreinigung
Ausbeute bezogen aufs Trinkwasser	> 97 %	> 85 %	> 85 %
Rückstand	Pellets (fest)	Eluat (flüssig)	Konzentrat (flüssig)
Stop-/Go-Betrieb	möglich, jedoch ungünstig	möglich	möglich
Personal / Betreuungsaufwand	hoch	gering	gering
Platzbedarf	hoch: Vorlagebehälter Reaktor Kalkmilchbereitung Filterstufe Absetzbecken	hoch: Adsorberstufe Eluatbehälter Intensivbelüfter Verdichterstation CO_2-Tank etc.	gering: Membranracks inkl. Vorfilter Intensivbelüfter
Relativer Investitionsbedarf (Technik + Gebäude)	hoch	hoch	mittel
Energiebedarf	gering	höher	höher

8.7 Anforderungen der Enthärtungsverfahren an das Rohwasser

Voraussetzung für die Anwendung des geeigneten Verfahrens ist die genaue Kenntnis der Konzentrationen der jeweils relevanten Wasserinhaltsstoffe. Die verfahrenstechnisch relevanten Anhaltswerte für den jeweiligen Einsatzbereich der Verfahren gibt **Tabelle 8.2** wieder.

Das Fällungsverfahren, insbesondere die LEC, ist das gegenüber Rohwassereinflüssen am wenigsten empfindlich, sofern erhöhte Konzentrationen an den Stoffen

Tabelle 8.2: Anforderung der Enthärtungsverfahren an das Rohwasser (Anhaltswerte gemäß DVGW W235-1)

Bewertungskriterien		**Verfahren**			
		Fällungsverfahren SEC	**Fällungsverfahren** LEC	**Ionenaustauschverfahren** [a]	**Membranverfahren NF/UO**
Rohwasserseitige Anforderungen	Fe^{2+}	< 6 mg/L	–	< 0,1 mg/L	< 0,05 mg/L
	Fe^{3+}	< 8 mg/L	–	< 0,1 mg/L	< 0,05 mg/L
	Mn^{2+}	< 2 mg/L	–	< 0,1 mg/L	< 0,02 mg/L
	PO_4^{3-}	< 0,2 mg/L	–	< 1 mg/L	–
	Trübung,	< 30 FNU	–	< 5 FNU	< 1 FNU
	TOC bzw. DOC	< 5 mg/L	–	< 3 mg/L	–
			–	möglichst gering	
	Al^{3+}		–	–	möglichst gering
	Sr^{2+}		–	–	möglichst gering
	Ba^{2+}		–	–	möglichst gering
	Silikate	> 3 mmol/L (mit $Ca(OH)_2$)		–	möglichst gering
	$K_{S4,3}$	< 5 mmol/L (mit NaOH) > 1,5 (mit $Ca(OH)_2$)		–	–
	$K_{S4,3}/Ca^{2+}$	> 1,0 (mit NaOH)			–
	SDI	–		–	< 3

a = Mischbett aus schwach saurem Kationenaustauscher kombiniert mit einem stark basischen Anionenaustauscher

wie Phosphaten, Huminstoffen oder Eisen die Kristallisation von Calciumcarbonat nicht hemmen. Bei dem Membran- oder CARIX-Verfahren sollte das Rohwasser trübstofffrei und frei von den belagsbegünstigenden Stoffen sein, wie zum Beispiel Barium, Strontium, Silikat und bioverfügbaren organischen Inhaltsstoffen.

Bei problematischer Rohwasserbeschaffenheit muss eine entsprechende Vorbehandlung erfolgen, die möglichst durch einen Pilotversuch im Vorfeld funktionsüberprüft werden sollte. Möglich sind auch der Einsatz von spezifischen Antiscalanten, deren Eignung ebenfalls im Pilotversuch nachgewiesen werden sollte.

8.8 Entscheidungskriterien für die Verfahrenswahl

Für Rohwässer mit geringer bis mäßiger Konzentration an Neutralsalzanionen wie Sulfat, Chlorid und Nitrat sind bei mittleren bis hohen Aufbereitungsleistungen ab ca. 100 m^3/h die Fällungsverfahren interessant. Bei höherer Anionenkonzentration ist in den meisten Fällen Natronlauge als Fällungsmittel zu wählen, um den korrosionschemischen Anforderungen zu genügen.

Sofern aus korrosionschemischer Sicht insbesondere auch Sulfat mit zu entfernen ist, wären der Ionenaustausch bzw. die Membrantechnik in Betracht zu ziehen. Sofern insbesondere weiter Neutralsalze und zudem Spurenstoffe mit entfernt werden sollen, bietet sich die Membrantechnik als geeignetes Enthärtungsverfahren an.

Die Membrantechnik ist zudem aufgrund des vergleichsweise geringen Betriebsaufwands zu favorisieren, wenn kleinere Versorgungen mittels zentraler Aufbereitung weicheres Trinkwasser dem Verbraucher anbieten wollen.

Weitere Entscheidungskriterien sind der bereits vorhandene Anlagenbestand mit der Möglichkeit, das Enthärtungsverfahren dort integrieren zu können und insbesondere die vorhandenen Rohwasserreserven unter Berücksichtigung der künftigen Bedarfsprognose.

8.9 Fazit

Aus der Kombination von Rohwasserbeschaffenheit, gewünschter Aufbereitungsleistung, Zielwasserbeschaffenheit und Standortbedingungen (vorhandene Aufbereitungsanlage, verfügbare Rohwassermenge, Ableitmöglichkeit für Abwässer,

Verwertungsmöglichkeiten für Rückstände, Rohrleitungsmaterialien und Netzstruktur, Mischzonen) ergeben sich standortspezifische Kriterien für die Verfahrenswahl. Allerdings können diese Randbedingungen auch zum Ergebnis führen, dass im vorliegenden Fall eine zentrale Enthärtung nicht sinnvoll ist.

Aus korrosionschemischer Sicht kann eine zentrale Enthärtung prinzipiell durch die Anhebung des pH-Werts und/oder Verminderung der Neutralsalzkonzentration vorteilhaft sein. Auch aus ökologischen Gesichtspunkten ist eine Enthärtung im Zuge der Minimierung von Wasch- und Reinigungsmitteln sinnvoll. Bereits durch die Außerbetriebnahme von dezentralen Ionenaustauschern wird die Salzfracht im Abwasser und folglich in den Gewässern erheblich minimiert.

Allerdings ergeben sich bei der zentralen Enthärtung Mehrkosten, die durch eine entsprechende Erhöhung des Trinkwasserpreises kompensiert werden müssen. Der höhere Trinkwasserpreis (i.d.R. < 0,5 €/m^3) kann durch Einsparungen im Haushalt zumindest teilweise ausgeglichen werden. Es können darüber hinaus sogar abhängig von der Ausstattung des Haushaltes und vom individuellen Verhalten des Verbrauchers merklich Kosten eingespart werden. Diese Thematik wird implizit bei der Fraunhofer/TZW-Studie behandelt. Die vergleichende Kostenbetrachtung beruht zwar aus dem Jahr 2004, jedoch sind die einzelnen Zusammenhänge weiterhin aktuell.

Letztendlich sollte bei einer Realisierung einer zentralen Enthärtung zur korrosionschemischen und fühlbaren Komfortverbesserung für den Verbraucher eine entsprechende Trinkwasserqualität bereitgestellt werden.

Literatur

[1] Zentrale Enthärtung von Trinkwasser, DVGW Wasser-Information Nr. 29, Ausgabe 7/91

[2] Institut WAR der Technischen Universität Darmstadt (Hrsg.): Zentrale oder dezentrale Enthärtung von Trinkwasser – Konkurrenz oder sinnvolle Ergänzung. Darmstädter Seminar, Schriftenreihe WAR, Darmstadt (1998)

[3] Baldauf, G.: Kriterien für eine zentrale Trinkwasserenthärtung aus wasserchemischer und technologischer Sicht. WAR-Schriftenreihe 106, 33-62 (1998)

[4] Hillenbrand, T.; Böhm, E.; Kotz, C.; Schikorra, V.; Schleich J.; Hesse, S.; Baldauf, G.: Zentrale Enthärtung von Trinkwasser – Eine ökologische und ökonomische Bewertung. Fraunhofer, 2004

[5] Hesse, S.; Baldauf, G.; Hillenbrand, T.; Böhm, E.: Ökologische und ökonomische Aspekte einer zentralen Enthärtung von Trinkwasser. energie | wasser-praxis 05/2004

[6] Stetter, D.; Merkel, W.: Pro und Contra der zentralen Trinkwasserenthärtung. gwf Wasser | Abwasser 47 Nr. 13 (2016)

[7] DVGW-Arbeitsblatt W 235-1: Zentrale Enthärtung in der Trinkwasserversorgung – Teil 1: Grundsätze und Verfahren. Ausgabe 2009. WVGW-Verlag, Bonn

[8] DVGW-Arbeitsblatt W 235-2: Zentrale Enthärtung in der Trinkwasserversorgung – Fällungsenthärtung. Ausgabe 2016. WVGW-Verlag, Bonn

[9] DVGW-Arbeitsblatt W 235-3: Zentrale Enthärtung in der Trinkwasserversorgung – Fällungsenthärtung. Ausgabe 2012. WVGW-Verlag, Bonn

[10] DVGW-Arbeitsblatt W 236: Nanofiltration und Niederdruckumkehrosmose in der zentralen Trinkwasseraufbereitung. Noch in der Bearbeitung. WVGW-Verlag, Bonn

[11] DVGW-Arbeitsblatt W 221-3: Rückstände und Nebenprodukte aus Wasseraufbereitungsanlagen; Teil 3: Vermeidung, Vermarktung und Verwertung. Ausgabe 2014, WVGW-Verlag, Bonn

[12] Hardness in Drinking-water – Background document for development of WHO Guidelines for Drinking-water Quality, verfügbar unter: http://www.who.int/water_sanitation_health/dwq/chemicals/hardness.pdf

[13] Holmer, F.; Haakh, F.: Reaktoren zur Schnellentcarbonisierung mit Kalkwasser, Teil 3: Erste Betriebserfahrungen. gwf Wasser | Abwasser Nr. 10 (2018)

[14] Hahn, S.; Stetter, D.; Panglisch, S.: Die Schnellentcarbonisierung zur zentralen Enthärtung von Trinkwasser – ein Praxisvergleich. energie | wasser-praxis, 1/2021

9 Aufbereitungsrückstände

Dr.-Ing. Eckhard Dammann

9.1 Einleitung

Grundwasser und Oberflächenwasser enthalten je nach Herkunft unterschiedliche Mengen an gelösten und ungelösten Stoffen natürlichen und anthropogenen Ursprungs. Diese Stoffe werden bei den verschiedenen Aufbereitungsverfahren in unterschiedlichem Maße entfernt und bestimmen zusammen mit möglicherweise eingesetzten Hilfsstoffen wie z. B. Flockungsmitteln Art, Qualität und Menge der Rückstände aus der Trinkwasseraufbereitung.

Massenrückstände, die bei der Wasseraufbereitung anfallen, wurden bis Mitte der 1990er Jahre überwiegend nach Entwässerung deponiert, in Erdbecken abgelagert oder in Abwasserkanäle eingeleitet. Ausgelöst durch Fortschreibungen der Abfallgesetzgebung veränderte sich die Entsorgung seither beträchtlich. Dabei wird dem Grundprinzip der Abfallwirtschaft Rechnung getragen, dass Abfälle zunächst zu vermeiden sind und bei unvermeidbaren Abfällen der Verwertung Vorrang vor der Beseitigung einzuräumen ist. Die deutsche Abfallgesetzgebung [1] schreibt die Verwertung von Abfallstoffen vor, sobald diese „technisch möglich und wirtschaftlich zumutbar" ist. Die Zumutbarkeit ist auch dann noch gegeben, wenn die Verwertung teurer als eine Deponierung ist. Derartige Abwägungen werden in Einzelfällen getroffenen und berücksichtigen, um welche Rückstandsfrachten es sich handelt und ob es für den jeweiligen Rückstand gängige Verwertungswege gibt.

9.2 Stand der Verwertung und Vermarktung

Die erforderliche Umstrukturierung von einer Beseitigung hin zur Verwertung ist bei den Wasserwerksrückständen bis heute weitgehend abgeschlossen. Einen Überblick über die häufig beschrittenen Verwertungswege gibt **Bild 9.1** auf Basis von zwei DVGW-Umfragen aus den Jahren 2005 [2] und 2013 [3]. Der Anteil der Beseitigung ist erfreulicherweise auf noch 9 % der Rückstände gesunken. Die Gründe für eine Beseitigung liegen teils in den Schadstoffbelastungen einzelner Rückstände, die eine Verwertung verhindern und teils in abgelegenen Standorten, an denen nur geringe Rückstandsmengen anfallen. Durch die Bündelung der Verwertung wäre hier künftig eine Verbesserung erreichbar.

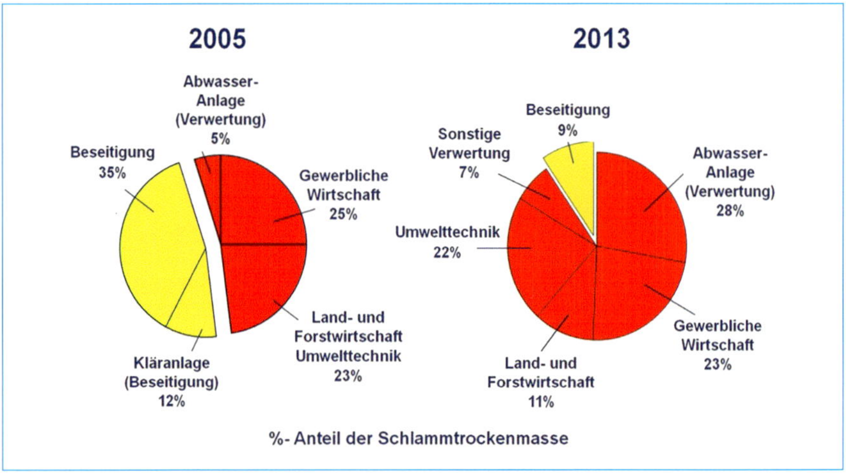

Bild 9.1: Verwertungswege der Wasserwerksrückstände

In Deutschland werden überwiegend die abfallrechtlichen Wege der Verwertung oder Beseitigung sowie der wasserrechtliche Weg der Abwassereinleitung beschritten. Dabei ist zu beachten, dass auch im Fall einer Verwertung die zu entsorgenden Rückstände aus der Wasseraufbereitung zunächst Abfälle sind, bis sie dem Wirtschaftskreislauf zugeführt sind. Sie unterliegen nur dann nicht mehr der Abfallgesetzgebung, wenn sie in den Zuständigkeitsbereich anderer Regelungen, wie beispielsweise dem Wasserhaushaltsgesetz oder dem Düngemittelgesetz, überführt worden sind.

Vergleichsweise wenig Beachtung findet bisher die Vermarktung als Nebenprodukte. Stoffe, die bei der Wasseraufbereitung entstehen, können unter bestimmten Voraussetzungen als Nebenprodukte vermarktet werden. Die Regelungen des Abfallrechts finden dann keine Anwendung. Die Länderarbeitsgemeinschaft Abfall (LAGA) [4] schlägt vor, die Einstufung als Nebenprodukt nach folgenden Kriterien vorzunehmen:

- Positiver Marktwert
- Handelsvertrag
- Regelmäßige Abnahme
- Erfüllung allgemeiner Produktnormen
- Qualitätskontrolle

In Zeiten von knapper werdenden Rohstoffen wird zumindest für qualitativ höherwertige Rückstände in den kommenden Jahren die Vermarktung zunehmend interessant werden. Bereits heute lässt sich feststellen, dass nicht nur das Wasserwerk die Entsorgung vergütet, sondern durchaus auch der Endabnehmer für das Produkt bezahlt. Der Stoff, der bei der Wasseraufbereitung anfällt, hat also einen Wert, den es zu erlösen gilt. Dabei kann es aufgrund des europäischen Chemikalienrechts [5] erforderlich sein, das Nebenprodukt einer REACH-Registrierung zu unterziehen.

9.3 Behandlung

Die erste Stufe der Behandlung besteht meist darin, die flüssig anfallenden Spülwässer zu sedimentieren und das abgetrennte Klarwasser einzuleiten. Klassischerweise geschieht dies in chargenweise arbeitenden Absetzbecken. Die Behandlungszyklen richten sich nach den Spülintervallen der Filter in der Trinkwasseraufbereitungsanlage. Werden höhere Reinigungsanforderungen für die Einleitung oder die Rückführung des Klarwassers in die Wasseraufbereitung gestellt, werden in der Spülwasserbehandlung Filteranlagen nachgeschaltet. Neuere Anlagen setzen auch Membranfilteranlagen ein. Die chargenweise Behandlung erfordert meist große Beckenvolumina und bedingt Stillstandszeiten bei nachgeschalteten Behandlungsstufen. Aus diesen Gründen kann es sinnvoll sein, die Spülwasserreinigung auf ein kontinuierliches Verfahren umzustellen. Als erster Schritt wird dabei der Spülwasserstrom in einem Speicherbecken vergleichmäßigt, ohne dass dabei Feststoffe sedimentieren. Danach wird die eigentliche Reinigungsstufe (beispielsweise Flockung und Sedimentation oder Ultrafiltration; siehe Kapitel 2) kontinuierlich beschickt. Ein Beispiel einer solchen

Bild 9.2: Anlage zur Klarwasseraufbereitung (Bauzustand)

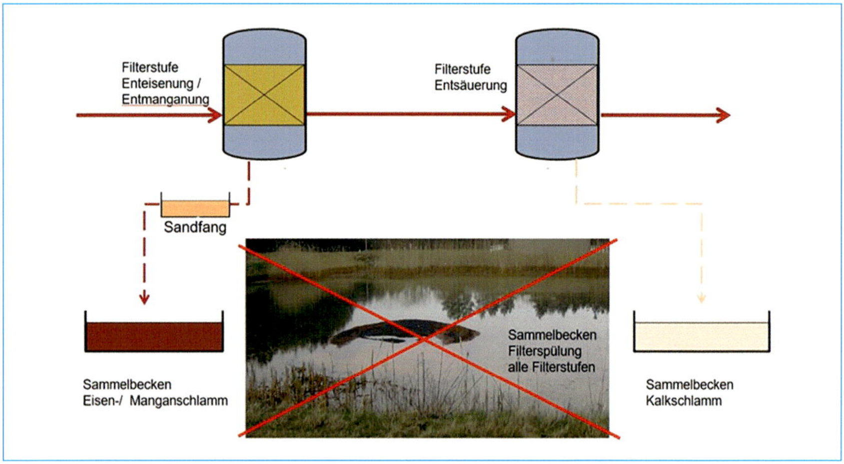

Bild 9.3: Trennung der Stoffströme

Anlage bestehend aus Flockungsbecken, Lamellenklärer und Sandfilter (Bauzustand) zeigt **Bild 9.2**. Der Schlamm aus den Lamellenklärern fällt kontinuierlich in gleicher Qualität an, was die Verwertung erleichtert. Ein weiterer Vorteil aus hygienischer Sicht besteht darin, dass die Anlage komplett geschlossen ausgeführt werden kann. Dies erleichtert die Rückführung des Klarwassers in die Wasseraufbereitung.

Neben der allgemeinen Verpflichtung, Abfälle zu vermeiden und zu verwerten, hat der Abfallerzeuger eine Produktverantwortung, die ihn verpflichtet, die Produktion, aber auch das Produkt so zu gestalten, dass es verwertet werden kann. Für die Wasserwerksrückstände bedeutet dies zumeist eine getrennte Erfassung, Sammlung und Behandlung der Rückstände (siehe **Bild 9.3**).

Der erste Schritt der Rückstandsbehandlung ist also zunächst die Planungsaufgabe, alle Rückstände getrennt und sortenrein zu erfassen und zu sammeln. Die Mülltrennung, die in der Industrie seit Jahren umgesetzt und in jedem Haushalt gelebte Praxis ist, sollte auch bei Produktionsprozessen der Wasseraufbereitung zur Selbstverständlichkeit werden.

Neben der sortenreinen Sammlung der unterschiedlichen Stoffe ist die Reinheit eines Abfalls oder Produkts das wichtigste Kriterium für dessen erfolgreiche Nutzung. Bei der Spülung sind ausgetragener Filtersand, Zweige, Laub oder Bewuchs, die bei offener Lagerung in Absetzbecken oder Schlammteichen eingetragen werden, die häufigsten Störstoffe (siehe **Bild 9.4**), die das weitere

Bild 9.4: Förderschnecke mit Laub verstopft

Handling und die Verwertung behindern. Sandfänge, einfache Siebanlagen oder eine Abdeckung können die Produktreinheit gewährleisten.

Ein weiteres Argument für die Akzeptanz des Wasserwerksrückstands bei möglichen Abnehmern ist die Homogenität des Produkts. Um diese zu erreichen, sollte vor allem der Feststoffanteil weitgehend konstant gehalten werden (siehe **Bild 9.5**). Schlämme werden teilweise flüssig dosiert (siehe „Abwasseranlagen"). Dabei ist das Eintrocknen der Oberflächen im Sommer extrem nachteilig. Die sich bildenden festen Krusten und Klumpen lassen kaum wieder auflösen und verhindern eine zielgerichtete Dosierung des Schlamms.

Eine weitergehende Rückstandsbehandlung kann sinnvoll sein, um Transport und Lagerung zu ermöglichen oder die Weiterverarbeitung zu erleichtern. Die Ent-

Bild 9.5: Homogenisierung der Rückstände

wässerung eines Schlamms ist hierfür das klassische Beispiel. Dabei kann unter Kostenaspekten durchaus ein geringeres Entwässerungsergebnis das Optimum darstellen. Entscheidend ist es, die Behandlung auf die Art der Verwertung, die Logistik des Verwerters und die Anforderungen an die Einsatzstoffe beim weiterverarbeitenden Produzenten oder Verwerter abzustimmen.

9.4 Verwertungswege für Wasserwerksschlamm

Für die Wasserwerksrückstände besteht eine Vielzahl verschiedener Möglichkeiten der Verwertung. Eine Einzelfallprüfung unter Beachtung technischer, rechtlicher und betriebswirtschaftlicher Gesichtspunkte ist erforderlich. In **Tabelle 9.1** sind die grundsätzlichen Verwertungsmöglichkeiten gemäß W 221-3 [6] für die mengenmäßig bedeutendsten Arten der Wasserwerksrückstände dargestellt.

Tabelle 9.1: Derzeitige Verwertungsmöglichkeiten [6]

Anwendungsbereich	Rückstandstyp				
	Fe-/Mn-GW*-Schlamm	Eisen Flockungsschlamm	Aluminium Flockungsschlamm	Kalkschlamm	Kalkpellets
Abwasseranlage					
• Flockungsmittel-Herstellung	-	-	-	--	-
• Phosphat-Eliminierung	++	++	+	--	--
• Schlammentwässerung	++	++	++	++	--
• Schwefelwasserstoff-Bindung	++	++	--	--	--
Gewerbliche Wirtschaft					
• Aquaristik (Phosphateliminierung)	++	++	--	--	--
• Betonzuschlagstoffe und Straßenbau	--	--	--	--	++
• Füllstoffindustrie	--	--	--	++	++
• Kalkherstellung	--	--	--	+	+
• Metallurgie	--	--	--	--	+
• Pflanzgranulat	++	++	++	--	--

Tabelle 9.1: (Fortsetzung)

Anwendungsbereich	**Rückstandstyp**				
	Fe-/Mn-GW*-Schlamm	**Eisen Flockungsschlamm**	**Aluminium Flockungsschlamm**	**Kalkschlamm**	**Kalkpellets**
• Viehhaltung	--	--	--	-	+
• Zementproduktion	++	++	++	++	++
• Ziegel- und Keramikherstellung	++	++	++	+	--
Land- und Forstwirtschaft					
• Bodenhilfsstoff, Kalkdünger	--	--	--	++	++
• Bodenschutzkalkung	--	--	--	+	++
Wasseraufbereitungsanlagen					
• Aufhärtung und Entsäuerung	--	--	--	--	+
Umwelttechnik					
• Biogasanlagen	++	+	--	-	--
• Gas-Reinigung (Schwefelwasserstoffentfernung)	++	++	--	--	--
• Gas-Reinigung (Schwefeldioxidentfernung)	--	--	--	-	-
• Gewässersanierung	++	++	--	-	--
• Kompostherstellung	--	++	++	-	--
• Rekultivierung	++	++	++	++	++

++ gängiger Weg
+ Einzelfall
- denkbar
-- ausgeschlossen
* Schlamm aus der Aufbereitung eisen- und manganhaltiger Grundwässer

9

9.4.1 Gewerbliche Wirtschaft

Besonders günstige Verwertungsmöglichkeiten für Wasserwerksrückstände bietet die Zementindustrie. Zement wird überwiegend aus Kalk und Ton hergestellt und soll in der Regel ca. 5 % Eisen enthalten. Die Zusammensetzung der Zementrohstoffe und der Wasserwerksrückstände ist ähnlich, sodass sie sich in der Regel problemlos zusammen verarbeiten lassen. Der Einsatz von kalk- und eisenhaltigen Rückständen wird häufig praktiziert. Da Zement auch bestimmte Aluminiumanteile enthalten muss, kann dieser häufig auch durch den Einsatz von aluminiumhaltigen Flockungsschlämmen erreicht werden. Die Zugabe der Wasserwerksrückstände erfolgt teils als pastöser Schlamm, als Filterkuchen oder in Form von Schnellreaktor-Pellets. In Einzelfällen ist auch die flüssige Dosierung möglich. Der erforderliche Wassergehalt ist auf die Logistik des Zementwerks einzustellen.

In den Bereichen Ziegelherstellung und Keramikgranulat sind für eisen- und aluminiumhaltige Schlämme günstige Voraussetzungen für eine Verwertung gegeben. Bei erhöhten organischen Bestandteilen in den Wasserwerksrückständen ist insbesondere der Einsatz bei der Herstellung von Hintermauerziegeln sinnvoll, da die entstehenden Mikroporen die Wärmedämmeigenschaften verbessern. Durch die Mitverziegelung von Eisenschlämmen können auch günstige Auswirkungen auf das Ausbrennverhalten und die Farbgebung der Ziegel eintreten.

Hochreiner Kalkschlamm kann für die Füllstoffherstellung z. B. für die Papierindustrie eingesetzt werden. Hierbei lassen sich durchaus Erlöse erzielen. Generell ist festzustellen, dass sich oft höherwertige Vermarktungswege finden lassen, wenn das Produkt von größerer Reinheit und definierter Färbung ist. Wenn der Weg in die Vermarktung mit festen Lieferverträgen beschritten wird, ist eine Registrierung eines Nebenprodukts nach REACH erforderlich.

9.4.2 Land- und Forstwirtschaft, Umwelttechnik

Kalkschlämme aus der Entcarbonisierung, die einen CaO-Gehalt von mehr als 30 % aufweisen und bei denen Grenzwerte für beispielsweise Blei, Cadmium, Nickel, Quecksilber und Thallium nicht überschritten werden, können als Düngemittel in den Verkehr gebracht werden. Hierfür wurde in der Düngemittelverordnung [7] der Düngemitteltyp „Kalkdünger aus der Aufbereitung von Trinkwasser“ definiert. Vorschriften über Kennzeichnung, Verpackung und Überwachung sind einzuhalten. Gut abgepresste Filterkuchen können so ohne weitere Vorbehandlung ausgebracht werden (siehe **Bild 9.6**).

Die Düngemittelverordnung enthält Frachtbegrenzungen und Nachweispflichten beim Einsatz von Polyacrylamide zur Konditionierung bei der Entwässerung. Alternativ können stärkehaltige Produkte zur Konditionierung eingesetzt werden. Bei bedarfsgerechter Ausbringung ist es nach vorliegenden Erfahrungen auch möglich, Kalkschlamm flüssig auf Ackerflächen auszubringen. Da jedoch der Bedarf für die Kalkung in der Landwirtschaft nur saisonal im Jahr besteht, ist häufig zum Erreichen der Lagerfähigkeit eine Entwässerung erforderlich.

Bild 9.6: Landwirtschaftliche Verwertung

Beim Einsatz von Pellets aus der Schnellentcarbonisierung in der Landwirtschaft ist vor allem die vorgeschriebene Lösegeschwindigkeit des kristallinen Calcits zu prüfen. Für die im Abstand von etwa zehn Jahren zu wiederholende Waldkalkung können sie in der Regel nur eingesetzt werden, wenn der hierzu notwendige Anteil an Magnesium zugesetzt wird.

Für die Rekultivierung von Brachland, Bergbauhalden und Deponien werden eisen-, aluminium- und kalkhaltige Schlämme insbesondere aus der Oberflächenwasseraufbereitung bei der Herstellung von Kultursubstraten erfolgreich eingesetzt. Bei der getrennten Sammlung von Hausmüll anfallende Bioabfälle werden häufig durch Kompostierung behandelt. Hier können Eisenoxidhydrat- und Kalkschlämme aus der Wasseraufbereitung eingesetzt werden, da sie die für die Rotte erforderliche Feuchte liefern, die Pufferkapazität erhöhen und auch die Krümelstruktur des Komposts verbessern.

9.4.3 Abwasseranlagen

Eine Zugabe von schlammhaltigen Wässern und Schlämmen aus Wasseraufbereitungsanlagen in Abwasseranlagen wird in zunehmendem Maße praktiziert. Dem Verwertungsgebot wird dadurch Rechnung getragen, dass damit auch für die Betreiber öffentlicher Abwasseranlagen ein Nutzen verbunden ist. Hierzu müssen die schlammhaltigen Wässer oder Schlämme allerdings gezielt und absprachegemäß dosiert und nicht unregelmäßig in das Kanalnetz abgelassen werden. Den Betreibern der Abwasseranlagen ist der Nutzen einer derartigen Dosierung aufzuzeigen und zu quantifizieren. Grundvoraussetzungen für das Einleiten in öffentliche Abwasseranlagen bilden die Zustimmung des Betreibers der Abwasseranlage und der zuständigen Aufsichtsbehörde.

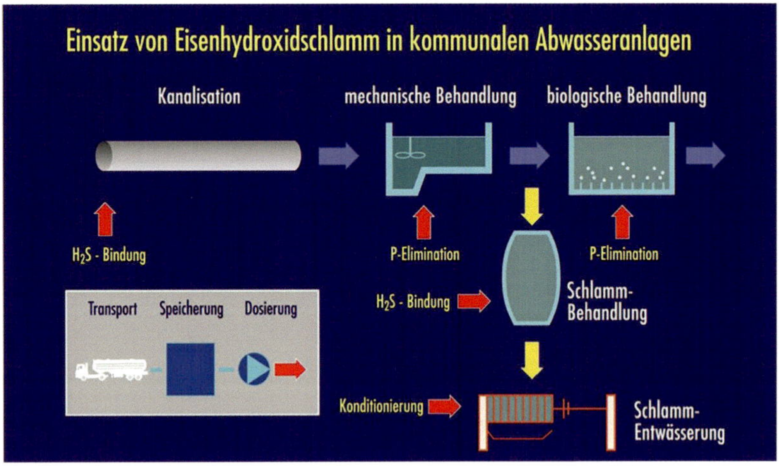

Bild 9.7: Verwertungsmöglichkeiten in Abwasseranlagen

Wasserwerksschlämme lassen sich in vielfältiger Form in Abwasseranlagen nutzen. Das breiteste Anwendungsspektrum hat der Eisenschlamm mit der Bindung von Schwefelwasserstoff in Faulbehältern und Abwasserleitungen sowie der Phosphat-Adsorption (siehe **Bild 9.7**). In Abhängigkeit von den Milieubedingungen wird in Feststoffen gebundenes (oder partikuläres) Eisen in Faulbehältern oder in Anaerobbecken reduziert, sodass es auch zu Fällungsreaktionen mit Phosphaten kommt. Bei der Klärschlammentwässerung kann vor allem Kalkschlamm zur Konditionierung dosiert werden. Die Wirkung muss im Einzelfall durch Vorversuche abgeschätzt werden.

Die Dosierung des Wasserwerksschlamms ist bei entsprechender Fließfähigkeit ins Kanalnetz oder direkt in die Abwasserbehandlungsanlage möglich. Bei flüssiger Dosierung sollte zur Vermeidung von Ablagerungen im Normalfall der Trockenrückstand nicht über 3 % eingedickt werden. Entscheidend für die Wahl des sinnvollsten Trockenrückstands sind spezifische Anforderungen des Betreibers. Hinweise auf Wirkungen und technische Randbedingungen sind den technischen Regelwerken [8] und der Fachliteratur zu entnehmen. Die Effekte der Nutzung in Abwasseranlagen sind stark von Örtlichkeit, Abwasserzusammensetzung und Verfahrenskonzept der jeweiligen Anlage abhängig.

Auf Kläranlagen, die mit einer Schlammfaulung betrieben werden, wird häufig das Faulgas zur Kraft-Wärme-Kopplung genutzt. Dazu bedarf es normalerweise einer Entschwefelung. Das Faulgas wird entweder außerhalb vom Faulbehälter gereinigt oder Sulfid durch Dosierung von Eisensalzen im Faulbehälter ausgefällt. Hier

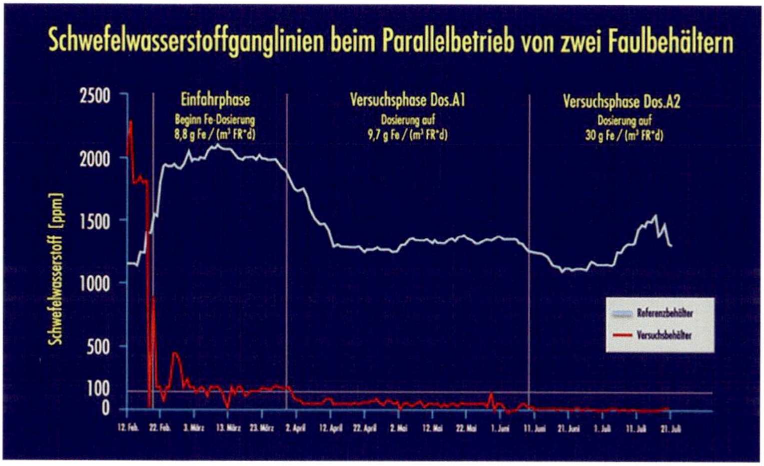

Bild 9.8: Faulgasentschwefelung mit Eisenschlamm

bietet sich die Möglichkeit, anstelle von Eisensalzen Eisenhydroxidschlamm aus der Wasseraufbereitung einzusetzen. Die Eisenhydroxide sind mit den üblicherweise verwendeten Eisensalzen insofern vergleichbar, da die gleichen mikrobiologisch-chemischen Reduktionsvorgänge wirksam werden, die einer Eisensulfidbildung vorausgehen. Die durch die Reduktion der Eisenhydroxide in Lösung gehenden Eisen-(II)-Ionen reagieren bevorzugt mit den gelösten Sulfiden und werden als Eisensulfid ausgefällt.

Wirkung und betriebliche Aspekte des Eisenhydroxideinsatzes in der Faulung sind in Forschungsvorhaben und Praxis mittlerweile ausreichend untersucht worden. In Großversuchen konnte die Wirksamkeit nachgewiesen werden. Die H_2S-Werte im Faulgas lagen dabei durchgehend unter der geforderten Grenze von 100 ppm (**Bild 9.8**). Gleich gute Wirkungen ließen sich in industriellen Anaerobanlagen und in landwirtschaftlichen Biogasanlagen erreichen, die in den letzten Jahren einen steigenden Anteil der Wasserwerksschlämme abgenommen haben.

Die gleichen chemisch-biologischen Effekte kommen außerdem in ausgedehnten, flachen Kanalnetzen oder bei Abwasserdruckleitungen zum Tragen, wo sich im anaeroben Milieu Schwefelwasserstoff bildet und Geruchsbelästigung sowie biogene Schwefelsäurekorrosion ernste Probleme darstellen. Auch hier lässt sich Eisenschlamm aus der Wasseraufbereitung mit Erfolg zur Geruchsbekämpfung einsetzen.

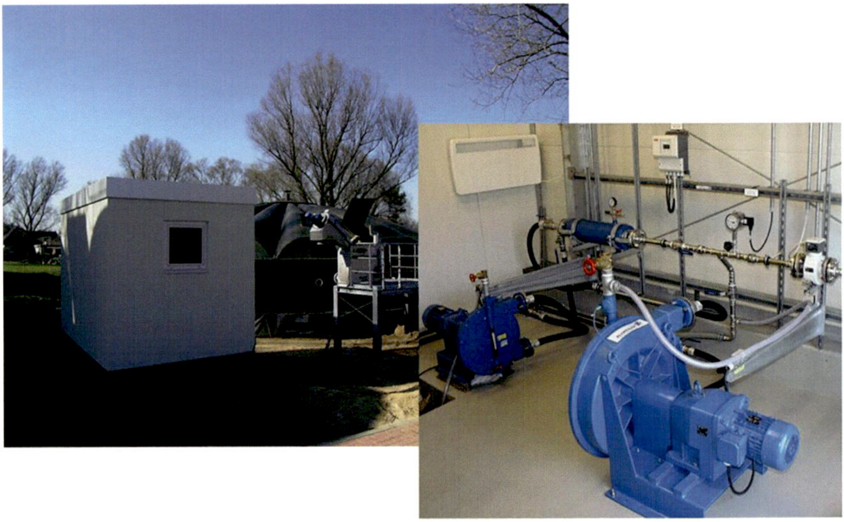

Bild 9.9: Dosierstation für Eisenschlamm

Wichtig ist für den Erfolg dieser Anwendung auch wieder die gezielte Dosierung des Schlamms. Dafür sind entsprechende Dosieranlagen (siehe **Bild 9.9**) zu bauen. Die sinnvollste Dosierstelle für den Wasserwerksschlamm sowie Menge und Dosierzeitraum sind mit dem Betreiber der Abwasseranlagen abzustimmen. Gemeinsam sollte auch der effektivste Verwertungsaspekt (Sulfidbildung in Kanal oder Faulung, Phosphatadsorption, Schlammkonditionierung) erörtert und ggf. im Versuchsbetrieb getestet werden.

9.5 Sonstige Rückstände

Neben den beschriebenen Rückständen, die beim Betrieb einer Wasseraufbereitungsanlage regelmäßig anfallen, können je nach Verfahren in größeren Abständen Rückstände wie Filtersande bzw. -kiese, Kornaktivkohle oder Ionenaustauscherharze auftreten. Teilweise kann, beispielsweise durch Regeneration der Kornkohle, dem Abfallvermeidungsverbot Rechnung getragen werden. In den meisten Fällen werden diese Rückstände entsorgt. Dabei ist wiederum zunächst nach Möglichkeiten zur Verwertung zu suchen.

So kann beispielsweise beladene Kornaktivkohle vermahlen und anschließend zur Elimination von Spurenstoffen oder Rest-CSB in Abwasseranlagen eingesetzt werden. Die Vorbeladung ist nach einem Einsatz zur Trinkwasseraufbereitung so gering, dass die Kohle mit handelsüblichen Produkten in der Abwasserreinigung vergleichbar ist [6].

Filtersand aus der Enteisenung bietet aufgrund der Eisen- und Mangankruste unterschiedliche Verwertungsmöglichkeiten. Biogas wird häufig zur Entschwefelung durch Reaktoren mit einem eisenhaltigen Produkt oder mit Aktivkohle geleitet. Hier kann stattdessen häufig der eisenhaltige Filtersand eingesetzt werden. Zur Abschätzung der Standzeit sind Vorversuche sinnvoll. Ansonsten besteht die Möglichkeit, die Adsorptionsfähigkeit des Eisens zur Phosphorelimination in der Abwasserreinigung zu nutzen. Hier sind der Einbau in Pflanzenkläranlagen oder um Drainageleitungen bekannt.

Filtermaterialien aus der Grundwasseraufbereitung müssen nach aktuellen rechtlichen Vorschriften vor einer Verwertung oder Beseitigung auf Radionuklide untersucht werden [9].

Literatur

[1] Gesetz zur Förderung der Kreislaufwirtschaft und Sicherung der umweltverträglichen Bewirtschaftung von Abfällen, vom 24.02.2012 (BGBl. I S. 212)

[2] Wichmann, K.: Rückstände aus der Wasserversorgung. In: DVGW (Hrsg.): Wasseraufbereitung – Grundlagen und Verfahren. DVGW Lehr- und Handbuch Wasserversorgung, Bd. 6, Oldenbourg Industrieverlag, München 2004

[3] Lipp, P.; Dammann, E.: Wasserwerksrückstände. energie | wasser-praxis, 12/2013

[4] Länderarbeitsgemeinschaft Abfall (LAGA): Definition und Abgrenzung von Abfallverwertung und Abfallbeseitigung sowie von Abfall und Produkt nach dem Kreislaufwirtschafts- und Abfallgesetz (KrW-/AbfG), Arbeitspapier, Bearbeitungsstand: 17./18. März 1997

[5] Verordnung (EG) Nr. 1907/2006 (REACH-Verordnung)

[6] DVGW-Arbeitsblatt W 221-3: Rückstände und Nebenprodukte aus Wasseraufbereitungsanlagen; Teil 3: Vermeidung, Vermarktung und Verwertung. Ausgabe Juli 2014, WVGW-Verlag, Bonn

[7] Verordnung über das Inverkehrbringen von Düngemitteln, Bodenhilfsstoffen, Kultursubstraten und Pflanzenhilfsmitteln, vom 5.12.2012

[8] DVGW-Merkblatt W 222: Einleiten und Einbringen von Rückständen aus Anlagen der Wasseraufbereitung in Abwasseranlagen. Ausgabe März 2010, WVGW-Verlag, Bonn

[9] DVGW-Arbeitsblatt W 256: Radionuklidhaltige Rückstände aus der Aufbereitung von Grundwasser – Bewertung und Entsorgung. Ausgabe Dezember 2020, WVGW-Verlag, Bonn

10 Planung und Konzeption von Aufbereitungsanlagen

Dr. Frank Urban

10.1 Wann muss über Veränderungen an der Aufbereitungsanlage nachgedacht werden?

Ein Wasserversorgungsunternehmen unterliegt den gesetzlichen Verpflichtungen, dem Verbraucher stets Trinkwasser

- in ausreichender Menge und mit genügendem Druck, siehe DIN 2000, [1] und
- mit einer Mindestqualität, siehe TrinkwV [2],

zur Verfügung zu stellen.

Die aktuell gültige TrinkwV verlangt, dass Wasseraufbereitungsanlagen nach dem Stand der Technik errichtet und betrieben werden müssen. Sowohl die Qualität des Trinkwassers als auch die technische Leistungsfähigkeit für die Wassergewinnung, -förderung, -aufbereitung und Netzeinspeisung sowie für den Transport bis zum Verbraucher unterliegen ständigen Überprüfungen. Bereits der begründete Verdacht, den qualitativen und quantitativen Lieferverpflichtungen nicht in vollem Umfang nachkommen zu können, muss Überlegungen zur Verbesserung der Situation initiieren. Welche Veränderungen können zu solchen Situationen führen? Sie lassen sich in vier Kategorien A bis D differenzieren, siehe **Tabelle 10.1**.

Tabelle 10.1: Mögliche Gründe für Veränderungen von Wasseraufbereitungsanlagen

Kat.	Nr.	Gründe für Veränderungen an Aufbereitungsanlagen
A	1	Alterung der baulichen, elektro- und verfahrenstechnischen Substanz. Damit sind Erosion, Abrasion, Korrosion, Verschleiß und andere Materialveränderungen gemeint.
	2	Voranschreitende Techniken und Technologien erlauben eine Verbesserung der **Effektivität und/oder Wirtschaftlichkeit** der Aufbereitung und des Transports von Wasser. Z. B. gestatten Regelungen, Fernbedienungen und Automatisierungen eine leichtere Bedienung. Elektrische Antriebe haben evtl. einen höheren Wirkungsgrad.
	3	Ein hoher Automatisierungsgrad ist oft verbunden mit einer kurzen Aktualität der dafür benötigten Hard- und Software. Wenn der Hersteller die Belieferung mit Ersatzteilen und die Pflege der Software einstellt, wird oft eine „Migration" erforderlich. Diese setzt i. d. R. zuerst ein Nachdenken über die Aktualität der Aufbereitungsprozesse in Gang.

Tabelle 10.1: (Fortsetzung)

Kat.	Nr.	Gründe für Veränderungen an Aufbereitungsanlagen
B	1	Rohwassereigenschaften unterliegen **anthropogenen und natürlichen Einflüssen** z. B.: – Saurer Regen und dadurch hervorgerufener Härteanstieg – Eintrag von CKW durch Verunreinigungen – Eintrag von Nitrat durch Überdüngung – Eintrag von Krankheitserregern durch Fäkaleinleitungen – Eintrag von Pflanzenbehandlungsmitteln durch die Fehl- oder Überbehandlung der Landwirtschaft (z. B. Metazachlor oder Glyphosat) – Eintrag von Industriechemikalien über Direkteinleiter oder diffuse Eintragsquellen (z. B. PFT oder EDTA) – Eintrag von Medikamentenrückständen und Röntgenkontrastmitteln durch Krankenhäuser und Privathaushalte (z. B. Ibuprofen oder Diclofenac)
	2	Wandlung der **Ansprüche des Verbrauchers** aufgrund gestiegenen Lebensstandards z. B.: Wunsch nach weichem Wasser
C	1	Analysemethoden und -techniken erlauben genauere Betrachtungen der Wasserqualität
	2	Erkenntnisgewinn über die Wirkungsweise der chem. und biol. Wasserinhaltsstoffe z. B.: Cryptosporidien, Giardien, krebserregende Stoffe, Pharmazeutica
	3	Neue Erkenntnisse führen zu **Änderungen der Gesetzeslage** z. B.: Arsen, Blei, PFAS
D		Aktualisierung, Vervollständigung und Erzeugen einer besseren Verfügbarkeit von Anlagendokumentationen

Als Grund der Kategorie D ist das Aktualisieren, Vervollständigen oder Erzeugen einer besseren Verfügbarkeit von Anlagendokumentationen genannt. Oftmals lösen solche Dokumentationen einen Erkenntnisgewinn zu Optimierungsmöglichkeiten aus, der dann auch zu einer Planung von Veränderungen an der Anlage führen kann.

10.2 Phasen der Planung

10.2.1 Definition der Leistungsphasen

Die nachfolgend beschriebenen Leistungsphasen der Planung, Ausschreibung und Bauüberwachung sind in der Honoraranordnung für Architekten und Ingenieure HOAI (aktuelle Fassung: 2021) als sogenannte Grundleistungen definiert.

Daneben gibt es aber je nach Qualitätsanspruch des Auftraggebers und Komplexität der zu planenden Wasseraufbereitungsanlage auch Leistungen, die nicht Grundleistungen der HOAI sind.

10.2.2 Grundlagenermittlung

Für die Ermittlung der Grundlagen werden alle relevanten Daten zusammengetragen und ausgewertet. Dies betrifft sowohl Zustands- als auch Funktionsdaten. Unabhängig vom auslösenden Anlass sollte unbedingt eine ganzheitliche Betrachtung der Aufbereitungsanlage stattfinden, d. h. bau-, verfahrens- und elektrotechnische Komponenten müssen einbezogen werden.

Kernstück der Analyse ist der komplette theoretische Nachvollzug der existierenden Aufbereitungsschritte, beginnend mit der Rohwasserbeschaffenheit. Es sollten möglichst mehrere Rohwasseranalysen, die eine langjährige Entwicklung zeigen, genutzt werden. So lassen sich Trends ableiten.

Nach eventuellen Rohmischwasserberechnungen muss eine Beurteilung der chemischen, biologischen und physikalischen Eigenschaften des Rohwassers geschehen. Es folgt die Durchleuchtung der vorhandenen Aufbereitungskette auf Plausibilität und Funktionalität hin. Bereits das Rohwasser muss der Planer mit den gesetzlichen Vorgaben zur Qualität des Trinkwassers vergleichen. Ebenso bedarf es bereits der Betrachtung tangierender Normen, wie z. B. der DIN EN 12 502 (Teile 1 bis 5). Sie definiert Parameter zur Abschätzung des Korrosionsrisikos metallischer Werkstoffe. Bei erhöhtem Korrosionsrisiko ist eine günstige Beeinflussung während der Aufbereitung wünschenswert und kann sich auf die Wahl der Techniken bzw. Technologien auswirken.

Die bauliche Substanz der Aufbereitungs- und auch der Gewinnungsanlagen stellt ein wichtiges Kriterium für weitere Sanierungs- und Ertüchtigungsüberlegungen dar.

Meist bestehen bei veralteten Aufbereitungsanlagen nicht einzelne Mängel, die zu einem Versagen führen, sondern es ist eher das Zusammenspiel mehrerer:

- Oft ist mit alter Technik ein hoher Reinigungs- und Wartungsaufwand verbunden.
- Alte Techniken zeigen ihre Schwächen bei Lastwechsel und Maximalbelastungen.
- Der spezifische Durchsatz ist durch den Qualitätsanspruch begrenzt und meist gering.

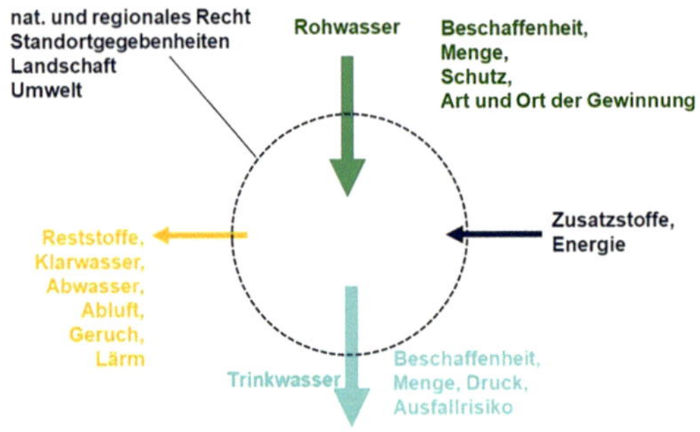

Bild 10.1: Projekt- und Objektrandbedingungen

Die Grundlagenermittlung beginnt mit einem Überprüfen aller Projekt- und Objektrandbedingungen, siehe **Bild 10.1**. Dazu werden in der Praxis Checklisten verwendet, siehe **Anhang** am Kapitelende.

10.2.3 Begutachtungen und Studien

Begutachtungen und Studien sind keine definierten Leistungsphasen der HOAI. Sie sind darauf ausgerichtet, ein Problem zu identifizieren und Lösungen dazu aufzuzeigen. Sie beinhalten i. d. R. die Leistungsphase „Grundlagenermittlung" vollständig und die Leistungsphase „Vorplanung" meist teilweise.

Begutachtungen und Studien werden durch das Ingenieurbüro, durch Institute und/oder Kräfte des Versorgers selbst erstellt.

- Da die Überprüfung verfahrens-, elektro- und bautechnischer Zustände erforderlich ist, sind solche Ingenieurbüros gefragt, die alle wesentlichen Gewerke selbst bearbeiten.
- Leiten sich wichtige Veränderungen der Aufbereitungsanlage aus den Voruntersuchungen ab, kann der Planer in der späteren Entwurfsplanung auf dem eigenen Kenntnisstand aufbauen. Er steht dann gesamtheitlich in der Verantwortung.
- Die Praxisnähe in Zusammenarbeit mit dem Personal des Betreibers wirkt auf die Problemanalyse begünstigend.

Liegen Untersuchungsgründe der Kategorie C (siehe **Tabelle 10.1**) vor, werden oft wissenschaftliche Institute mit Problemanalysen betraut. Dazu ist besonders dann zu raten, wenn Versuche im halbtechnischen Maßstab erforderlich sind. Anschließend kann der Planer sowohl die fertige Problemanalyse als auch die Verfahrensvorschläge als Basis weiterer Arbeiten übernehmen. Damit geht eine Teilung der Verantwortung und im Idealfall auch eine gegenseitige fachliche Befruchtung einher.

Eigene Kräfte des Wasserversorgers können oft nur kleinere Aufgaben mit überschaubarem zeitlichem Aufwand neben ihren täglichen Aufgaben abwickeln. Größere Versorger unterhalten aber auch eigene Planungsteams, die einen gewissen Grundstock an Planungsarbeiten bewältigen. Die ständige Nähe zu den Wasseraufbereitungsanlagen stellt einen Vorteil bei der Problemanalyse dar. Für die Diagnose bei komplexen Problemstellungen fehlt jedoch meist die umfassende Bandbreite an Kenntnissen und Erfahrungen. Es herrscht auch eine gewisse Betriebsblindheit vor.

Ein ebenfalls oft praktizierter Weg ist das gemeinsame Bearbeiten der Grundlagen durch Betreiber, wissenschaftliches Institut und Ingenieurbüro. Das Institut beleuchtet die möglichen Konzepte aus wissenschaftlicher Sicht, ggf. auch kombiniert mit Pilotversuchen; das Ingenieurbüro liefert hierzu eine konstruktive Planung und Kostenermittlung.

10.2.4 Vorplanung

Mit Beginn der Vorplanung ist meist schon die Notwendigkeit einer Veränderung der Wasseraufbereitungsanlage erkannt. Davon weichen solche Vorplanungen ab, die den finanziellen Rahmen der beabsichtigten Veränderung aufdecken sollen. Solche Fälle findet man für

- Vorhaben, die dem Wunsch des Verbrauchers entsprechen, aber nicht gesetzlich gefordert sind, z. B. die Realisierung einer Enthärtungsanlage, und
- Vorhaben, die auf wirtschaftlicher Motivation beruhen. Solche Vorplanungen haben z. B. dann Bedeutung, wenn Fragen der Eigenwasserversorgung, Fremdbelieferung oder Zentralisierung mehrerer Wasseraufbereitungsanlagen zur Debatte stehen.

Die Vorplanung beinhaltet:

- Aufstellen einer Bedarfsprognose
- Auswertung zurückliegender Versorgungskennwerte zum Finden des Spitzenfaktors für den maximalen Tagesverbrauch im Jahr
- Grobdimensionierung aller Verfahrensschritte
- Betriebskostenschätzung

- Schätzung der voraussichtlich entstehenden Investitionskosten nach DIN 276, Aufgliederung in der zweiten Gliederungsebene, siehe Beispiel der Kostengruppe 400:
  - 100 Grundstück
  - 200 Herrichten und Erschließen
  - 300 Bauwerk – Baukonstruktionen
  - 400 Bauwerk – Technische Anlagen:
    410 Abwasser-, Wasser- und Gasanlagen
    420 Wärmeversorgungsanlagen
    430 Raumlufttechnische Anlagen
    440 Elektrische Anlagen
    450 Kommunikation, Sicherheit, Information
    460 Förderanlagen
    470 Verfahrenstechnische Anlagen
    480 Gebäude- und Anlagenautomatik
    490 Sonstige Maßnahmen für technische Anlagen
  - 500 Außenanlagen
  - 600 Ausstattung und Kunstwerke
  - 700 Baunebenkosten

Da die Technik im Fokus der Betrachtung liegt, gliedert man i. d. R. die Technischen Anlagen der Verfahrenstechnik und der Elektrotechnik bereits weiter auf.

Für die Kostenschätzung werden auch Trendkurven aus Erfahrungswerten genutzt.

Die Vorplanung soll alle technisch sinnvollen Konzepte beleuchten. Dies schließt die Schätzung der voraussichtlich entstehenden Investitionskosten für alle betrachteten Varianten ein.

Sie mündet in der Berechnung der sich aus den aktuellen monetären Bedingungen ergebenden Kapitaldienste und Annuitäten. Trotz ihres geringen Genauigkeitsgrads von ±30 % ist diese Ermittlung, kombiniert mit der Betriebskostenschätzung, meist die Grundlage der Entscheidungsfindung.

Detaillierte Ausschreibungen fertigende Planer sind in der Lage, bereits in dieser Phase deutlich genauere Schätzungen abzugeben. So beträgt die Abweichung in der Schätzung eines guten und erfahrenen Planers i. d. R. nur ca. ±10 %. Dies ist allerdings in konjunkturell bewegten Zeiten und bei langlaufenden Planungen schwieriger.

Nicht unbedeutenden Einfluss auf die zu erwartenden Investitionskosten hat das Bauwerk. Ob ein Leichtbau (als einfache Halle oder mit einer ästhetischen Außenansicht) oder aber ein Massivbau (wiederum als einfacher Zweckbau oder mit architektonischen Ansprüchen) in Frage kommt, hängt entscheidend vom Wunsch des Auftraggebers und von der Lage des Bauwerks ab. Hier sind auch behördliche Vorgaben zu beachten. Landschafts- oder Naturschutzgebiete sowie Denkmalschutzbestimmungen setzen dabei durchaus Grenzen oder auch Maßstäbe.

Eine besonders große Bedeutung hat die Vorplanung bei Sanierungen und Erweiterungen. Hier spielen Kreativität und Geschick des Planers eine große Rolle. Es gilt, die vorhandene Substanz so effektiv wie möglich in die Planung einzubeziehen. Die Verwendung bestehender Substanz ist auch eine ökologische Frage. Auch ist eine große Erfahrung notwendig, will man Umfang und Kosten von Sanierungsmaßnahmen treffend bewerten.

In vielen Fällen zeigt die Vorplanung Kostenneutralität oder sogar -vorteile eines Neubaus gegenüber einer Sanierung. Dieser bringt auch meist eine reibungslose Inbetriebnahme und Übernahme der Wasserversorgung mit sich.

Tabelle 10.2 zeigt Verfahrensschritte zur Beeinflussung der störenden Parameter eines Rohwassers in einer gewissen, chemisch bedingten, Reihenfolge. Dabei

Tabelle 10.2: beispielhafte, fiktive Reihenfolge von Verfahren zur Wasseraufbereitung

Störender Parameter		Verfahren
H_2S	Schwefelwasserstoff	phys. Gasaustausch
CH_4	Methan	phys. Gasaustausch
Fe^{++}	Gelöstes Eisen	biologisch/mechanisch
		chemisch/mechanisch
DOC	Gelöster org. Kohlenstoff	Mitfällung durch Flockung
NH_4	Ammonium	biologisch
NO_2	Nitrit	biologisch
Mn^{++}	Gelöstes Mangan	biologisch/mechanisch
		chemisch/mechanisch
Bakterien		Ultrafiltration (UF) + Mikrofiltration (MF), Desinfektion, Ozon, UV-Bestrahlung
Parasiten		UF + MF
Viren		UF (MF), Desinfektion, Ozon, UV
Organische und anorganische Spurenstoffe		Nanofiltration (NF) / Umkehrosmose (UO), Ozon + Adsorption

gilt es, die Möglichkeit auszunutzen, dass eine Verfahrensstufe mehrere Schritte einschließen kann. Diese Aufzählung ist rein fiktiv, da aufgrund der verschiedenen Rohwassertypen das Vorhandensein einiger Stoffe die Präsenz anderer Stoffe ausschließt.

Neben den chemischen Randbedingungen ist eine gravierende Beeinflussung der Wahl der Verfahrenstechniken durch das hydraulische Gesamtkonzept gegeben. So bedingen solche Verfahrensschritte, die mit einer Entspannung des Wassers verbunden sind, in der Regel eine nachfolgende Druckerhöhung. Die Kombination aus sinnvoller Platzierung und Auswahl des Verfahrensschritts bestimmt in großem Maße den technischen Umfang und auch die Betriebskosten der zukünftigen Wasseraufbereitungsanlage.

In diesem Zusammenhang ist auch die Einordnung der Baumaßnahme in die Ziele der Raumordnung und Landesplanung zu bewerten [3].

Inhalt der Vorplanung ist auch eine zeichnerisch konstruktive Planung der Hauptleitungsführung für Rohrinstallationen. Nur so kann der tatsächliche Raumbedarf hinreichend genau erfasst werden. Für die elektrotechnische Vorplanung sind die sich aus der Verfahrenstechnik ergebenden elektrischen Verbraucher mit dem Energiebedarf und der Gleichzeitigkeit wichtig, da darauf sowohl Nieder-, Mittelspannungs- als auch Trafo-Anlagen und ggf. auch Netzersatzanlagen ausgerichtet werden müssen. Besonderes Augenmerk ist auf die Ausstattung von Motoren mit Frequenzumrichtern zu legen, weil diese für die Auslegung von Transformatoren und Oberwellenfilter wichtig sind.

10.2.5 Entwurfs- und Genehmigungsplanung

Die Entwurfsplanung baut auf der Vorplanung und der daraus hervorgegangenen Entscheidung auf und beinhaltet nur noch eine Verfahrensvariante.

Wie die Autoren in [4] ausführen, sind sorgfältige Voruntersuchungen entscheidend für den Gesamterfolg einer Maßnahme. Insgesamt ist bekannt, dass gerade die Grundlagenermittlung sowie die Vor- und Entwurfsplanung dominierend für die richtigen Entscheidungen kostenbewussten Bauens sind, siehe **Bild 10.2**. Diese (schon älteren) Erfahrungen haben auch heute noch Bestand. Dadurch, dass heute in der Entwurfsplanung typischerweise bereits dreidimensional mit CAD konstruiert wird und somit durch Verwenden von Objekten aus Bibliotheken der Detaillierungsgrad viel höher ist, als dies vor Jahren möglich und sinnvoll war, sind Genauigkeit und aber auch Zeitbedarf gestiegen. Dem sollte auch der Zeitraum für die Entwurfsplanung Rechnung tragen.

Bild 10.2: Kostenbeeinflussbarkeit in Abhängigkeit der Projektphasen

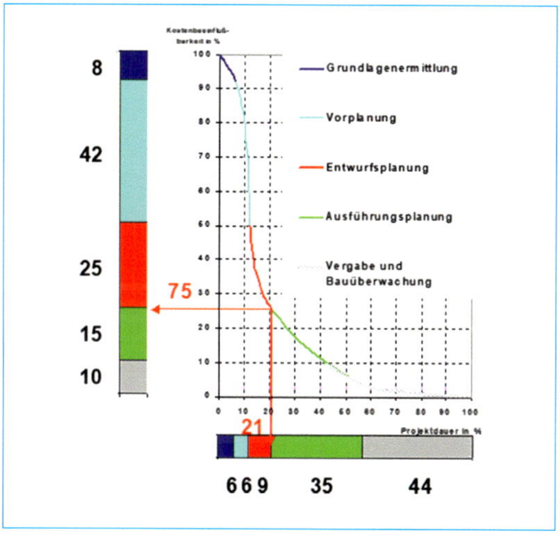

Als entscheidendes Planungsdokument, das später den gesamten Planungs- und Bauüberwachungsprozess entscheidend beeinflusst und in diesen Phasen auch „weiterlebt“, wird jetzt das Rohrleitungs- und Instrumenten-Schema (auch als R&I-Schema oder Verfahrensschema bezeichnet) erstellt. Es beinhaltet alle Aggregate, Verfahrenskomponenten, Messgeräte und ggf. auch Wirklinien für Regelungen und Steuerungen.

In dieser Phase erfolgen Detaildimensionierungen der wichtigsten Maschinen, Rohrleitungen und Armaturen.

Innerhalb der Entwurfsplanung entsteht die Kostenberechnung nach DIN 276. Die DIN 276 ist nicht speziell für Wasseraufbereitungsanlagen aufgestellt worden. Daher ist die Wasseraufbereitungstechnik erst in der dritten Ebene der Kostengruppen (474) angesiedelt. Wenn also vom Planer die Aufgliederung bis auf die dritte Ebene der Kostengliederung gefordert ist, dann würde sich die gesamte Wasseraufbereitungstechnik in einer Zahl widerspiegeln. Für eine gute Genauigkeit ist daher eine tiefere Gliederung dringend angeraten.

Vor allem die hydraulischen Berechnungen des Gesamtsystems und daraus ableitbare Optimierungen der Rohrdurchmesser, der Formstücke und Armaturen haben einen grundlegenden Einfluss auf die Gesamtplanung und Funktionalität. Jede Aufbereitungsanlage lässt sich hydraulisch in eine Mehrzahl von separaten Systemen gliedern, die unterschiedliche Prioritäten haben. Während hydraulische

Entlastungen und Überläufe die höchste Priorität haben, wirken sich andere Systeme ggf. nur auf Pumpendruckhöhen aus.

Innerhalb der Entwurfsplanung besteht ein weites Feld der innovativen Arbeit des Planers. Intelligent angelegte Systeme können sowohl Investitions- als auch Betriebskosten senken.

Ein Planer, der sich um eine nachhaltige Marktpräsenz bemüht, wird versuchen, wirtschaftliche Werke mit geringen Investitionen und einer stabilen Funktionalität zu planen.

Die Entwurfsplanung muss neben dem Hauptziel der Wasseraufbereitung zu Trinkwasser auch folgende Punkte klären:

1. Gewünschter Automatisierungsgrad der Gesamtanlage
2. Sicherstellung der Stromversorgung, ggf. über Netzersatzgeräte
3. Spülwasserbevorratung
4. Behandlung des schlammhaltigen Wassers
5. Reststoffverwertung oder -entsorgung
6. Klarwasserableitung oder -weiterverwendung

Innerhalb der Entwurfsplanung ersetzt eine grobe Darstellung der Rohrinstallation bereits die der Leitungsführung aus der Vorplanung.

Die Genehmigungsplanung beinhaltet eine Reihe von Anträgen bzw. Anzeigen. Bei der herrschenden Gesetzeslage existiert ein starkes Mitspracherecht der Bundesländer; daher sind unterschiedliche Genehmigungen gemäß der länderspezifischen Gesetzgebung zu beantragen. Folgende Genehmigungen für den Erweiterungsbau eines Wasserwerks sind in NRW in der Regel zu erbringen:

- Bauantrag
- Anzeige der Errichtung oder wesentlichen Veränderung einer Aufbereitungsanlage für die öffentliche Trinkwasserversorgung
- Antrag auf Erlaubnis für Bau, Betrieb und wesentliche Änderung einer Abwasserbehandlungsanlage
- Antrag auf Erlaubnis zur Einleitung von Regen- und geklärtem Filterrückspülwasser in den Untergrund oder die Vorflut
- Anzeige gemäß Trinkwasserverordnung (TrinkwV) zur baulichen oder betriebstechnischen Veränderung der Wasserversorgungsanlage an das Gesundheitsamt

Die Behandlung des schlammhaltigen Wassers gewinnt immer mehr an Bedeutung. Daher wurde das Arbeitsblatt W221 über die Splittung in vier Teile den aktuellen Anforderungen angepasst [5].

Eine Aufbereitung und Rückführung von Klarwasser kann sich als wirtschaftlich darstellen, wenn die Ableitung der geklärten Wässer oder aber die Gewinnung von Rohwässern kostenpflichtig ist.

In Abhängigkeit von der Lage des Wasserwerkes bzw. von der Notwendigkeit zur Verwendung von Betriebschemikalien sind (beispielhaft in NRW) eventuell folgende Anträge zu stellen:

- Antrag auf Eignungsfeststellung zur Lagerung und Umgang mit wassergefährdenden Stoffen
- Antrag auf „Umwandlung von Wald in eine andere Nutzungsart“

Je nach Art und Umfang der Baumaßnahmen sowie der Lage des Objekts können weitere Genehmigungen erforderlich sein oder ggf. entfallen, z. B. Ausnahmegenehmigungen für Bau in Landschafts- oder Naturschutzgebieten oder Befreiung von den Verboten der Wasserschutzgebietsverordnung oder Ausnahmegenehmigungen für Bau in Landschafts- oder Naturschutzgebieten.

10.2.6 Ausführungsplanung

Wesentliche Inhalte dieser Projektphase sind die Komplettierung und Detaillierung der Planunterlagen nach den Ergebnissen aus der Entwurfs- und Genehmigungsplanung. Dazu zählen das Einarbeiten aller Dimensionen und die Ergänzung nach der Ausschreibung. Schlitz- und Durchbruchspläne werden angefertigt.

Die detaillierte verfahrenstechnische Planung erlaubt das Aufstellen von Armaturen-, Aggregate- und Messgerätelisten aus dem Verfahrensschema heraus. Dazu müssen aber dort jedem Gerät eindeutige Anlagenkennzeichnungen (AKZ) und ggf. weitergehende Informationen zugeordnet werden.

Die Anlagen- und Funktionsbeschreibung (AFB) – eine sehr wichtige Arbeitsgrundlage für die ausführende Elektrofirma – sollte zur verbalen Funktionsbeschreibung mittels Anlagenkennzeichnung AKZ auf das Verfahrensschema Bezug nehmen.

Mit der AFB liegt dann ein Lastenheft vor, aus dem alle Steuer- und Regelungsvorgänge hervorgehen. Es korrespondiert mit dem Verfahrensschema und ist quasi dessen verbale Variante. Diese beiden Unterlagen sind die wichtigsten

Dokumente einer verfahrenstechnischen Planung von Wasseraufbereitungsanlagen.

Mit den Speicherprogrammierbaren Steuerungen (SPS) und intelligenter BUS-Technik steigen nicht nur die Flexibilität und Leistungsfähigkeit solcher Anlagen, sondern auch die Ansprüche, die an exakte Funktionsvorgaben zu stellen sind. Die AFB dient als Grundlage für das Pflichtenheft, das der Elektrounternehmer erarbeiten muss. Es spiegelt mit exakten Programmabläufen die Funktionsbeschreibung wider. Auch hier liegt ein Arbeitsschwerpunkt des planenden Ingenieurs, der dieses Pflichtenheft auf Richtigkeit und Vollständigkeit prüft.

10.2.7 Zusatzleistungen innerhalb der Planungsphasen

10.2.7.1 Projektmanagement mit Risikoanalyse für das Projekt

Der Planer fertigt mit Projektstart (innerhalb der Grundlagenermittlung und Vorplanung oder im Rahmen einer Studie) zunächst

- eine allgemeine Risikoanalyse und
- eine erste Kostenschätzung.

Nach der Vorplanung und damit dem Finden der groben technischen Lösung werden folgende Projektmanagementdokumente erarbeitet:

- Finanzplanung (Mittelabflussplan)
- Angepasster und abgestimmter Zeitplan
- Projektorganisationsplan mit Einbezug eventuell erforderlicher externer Spezialisten (Drittleistungsmanagement)

Diese Dokumente münden dann in eine spezifische Risikoanalyse. Sie ist in Kategorien eingeteilt. Jedes Risiko wird mit einer Eintrittswahrscheinlichkeit und mit einem Schadensausmaß abgeschätzt. Sodann werden Schadensklassen gebildet und Gegenmaßnahmen aufgezeigt. In einem Diskussionstermin müssen dann alle Risiken gemeinsam mit dem Auftraggeber besprochen und ggf. Gegenmaßnahmen dazu beschlossen werden.

Mit der nächsten Detaillierungsstufe der Planung, der Entwurfsplanung, entsteht dann die detaillierte technische Lösung. Im Projektmanagement müssen jetzt Kontaktübersichten und Kommunikationsplan gefertigt werden. Ab jetzt setzt das Change-Management ein. Dieses zeigt Auswege und Reaktionen auf geänderte Projektbedingungen auf. Dies können z. B. geänderte Ressourcen sein.

10.2.7.2 HACCP

Die Methode der Hazard Analysis Critical Control Point (HACCP, Gefährdungsanalyse und kritische Lenkungspunkte) betrachtet ein (z. B. Versorgungs-)System so, dass wesentliche Überwachungsinstrumente und -werte präventiv erkennen lassen, ob die notwendige Qualität des Produkts (in diesem Fall Trinkwasser), am Ende der Produktionskette eingehalten werden kann.

Hat ein Versorger solch eine Methode integriert oder beabsichtigt diese einzuführen, muss die neue oder veränderte Wasseraufbereitung nach den Grundsätzen der HACCP entwickelt werden. Dabei wirken sich sowohl die Auswahl von Aufbereitungsmethoden und deren Reihenfolge als auch die Gliederung und konstruktive Ausbildung der Anlagen darauf aus, wo welche Kontrollmessungen am sinnvollsten anzuordnen sind.

Hierfür muss dann der Planer die neue Verfahrenstechnik („Methode“) inklusive der eingesetzten Materialien („Material“) hinsichtlich möglicher Gefährdungen analysieren, siehe [6].

Bei den Materialien spielen vor allem mögliche Gefährdungen resultierend aus der Rohwasserqualität (inklusive möglicher Kontaminationen) sowie den eingesetzten Zusatz- und Hilfsstoffen eine Rolle.

In Bezug auf die Methode (das Verfahren) werden potenzielle Gefährdungen aus den einzelnen Prozessstufen aufgeführt.

In einem nächsten Schritt werden die aus den identifizierten Gefährdungen resultierenden Risiken für das Erreichen des Aufbereitungsziels bewertet und kritische Kontrollpunkte (CCPs) definiert, die mit entsprechenden Limiten in die Mess-, Steuer- und Regelungstechnik des neuen Wasserwerks bzw. der übergeordneten Leitsysteme zu integrieren sind. Maßnahmen bei Überschreitung dieser Alarmwerte werden festgelegt und in Zusammenarbeit mit dem Betreiber in bestehende Prozesse/Systeme integriert bzw., wo erforderlich, in neu zu entwickelnde organisatorische Abläufe eingebunden.

Die Ergebnisse der HACCP-Analyse müssen dann dokumentiert werden, um eine Integration in die bestehenden Prozesse und Dokumentenstrukturen für den Hauptprozessverantwortlichen des Betreibers zu erleichtern und Kongruenz im Erscheinungsbild und der Detailtiefe z. B. zu anderen Werken zu ermöglichen.

Auf Wunsch können ergänzende Prozessanweisungen inklusive mitgeltender Unterlagen ausgearbeitet und in die bestehende Dokumentenstruktur des Qualitätsmanagementsystems eingebunden werden.

Weiterhin besteht die Möglichkeit, die festgelegten Limite mit den formulierten Maßnahmen bei Nichteinhaltung in die Anlagen- und Funktionsbeschreibung zu integrieren.

Ungeachtet der HACCP-Betrachtung müssen natürlich die neuen Aufbereitungsanlagen so konstruiert und ausgeschrieben werden, dass die Sicherstellung der Trinkwasserqualität jederzeit gewährleistet ist und keine Kontamination durch die eingesetzten Maschinen oder Materialien auftreten kann.

10.2.7.3 CE-Gefährdungsanalyse

Die CE-Kennzeichnung bedeutet, dass die Anlagen den geltenden Anforderungen der anzuwendenden EU-Richtlinien entsprechen (z. B. Maschinenrichtlinie 2006/42/EG, Niederspannungsrichtlinie 2014/35/EU, Druckgeräterichtlinie 2014/68/EU, EMV-Richtlinie 2014/30/EU). Im Rahmen des Kennzeichnungsprozesses wird dies überprüft, bei Bedarf die Planung entsprechend angepasst und schließlich durch eine Konformitätserklärung bestätigt.

Während Anlagen- und Funktionsbeschreibung (AFB) sowie HACCP-Konzept Dokumente sind, deren Erstellung die Qualitäts- und Quantitätssicherheit des Aufbereitungsprozesses auf einem hohen Niveau sicherstellen sollen, hat eine Gefährdungsanalyse für die CE-Kennzeichnung folgende Aspekte im Fokus:

- Sicherheits- und Gesundheitsschutz für das Personal
- Umwelt (Unfallreduzierung, Gesundheitsschutz, Umweltschutz)
- Maschinen- und Anlagensicherheit (Sicherheit & Verfügbarkeit)

Diese Risikoanalyse muss für jede Gefährdung und Gefährdungssituation getrennt geschehen.

Im Rahmen der Bearbeitung ist das Risiko des betrachteten Einzelfalls und damit die Planung so lange anzupassen, bis die Risikoanalyse eine ausreichende Risikominimierung ausweist.

Bild 10.3 zeigt die grundsätzliche Vorgehensweise bei dieser Risikobeurteilung und die Rückwirkung auf die Planung, sowie die Eingliederung in das CE-Konformitätsbestätigungsverfahren.

Es ist also zu erwarten, dass aus den durchzuführenden Risikoanalysen konstruktive oder technische Maßnahmen zur Risikosenkung führen werden. Das bedeutet, dass planungsbegleitende Risikoprüfungen Rückwirkungen auf die Planung haben. Insofern liegt das Erbringen dieser Leistung im Interesse des

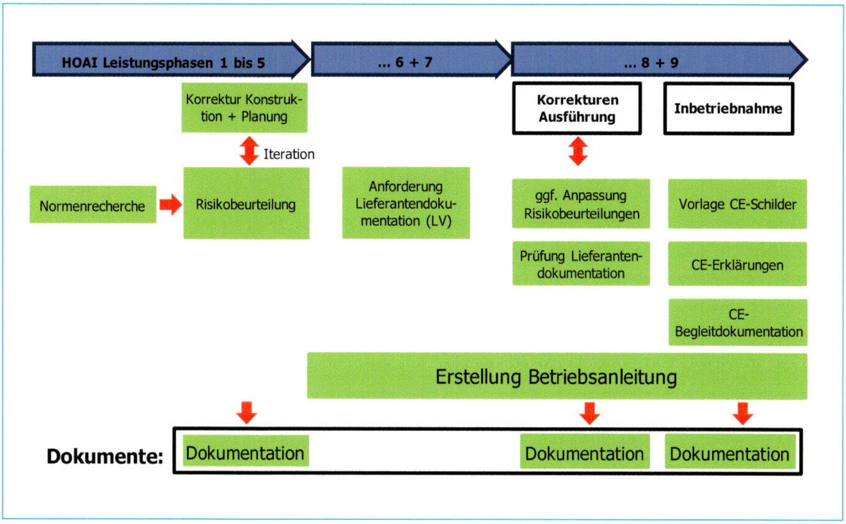

Bild 10.3: Vorgehensweise der Risikobeurteilung

Planers, da er dadurch seine Planung optimieren kann. Wird die Risikoanalyse und -minimierung nach erfolgtem Planungsprozess durchgeführt, müssen erst einmal ggf. schon materialisierte Tatsachen geprüft und dann (kostenintensive) Korrekturen überlegt werden.

10.2.7.4 Baustellen-Logistik-Konzept (BLK)

Für komplexe Baustellen, ggf. unter engen Platzverhältnissen, bietet es sich an, während der Ausführung eine dritte Partei mit der Überwachung der Baustellenlogistik zu beauftragen. Dies muss allerdings vorher geplant werden, weil die Bieter der Ausführungsleistungen für die Wasseraufbereitungsanlage wissen müssen, unter welchen Voraussetzungen die Baustelle zu betreiben ist.

Dazu erarbeitet der Planer ein Logistikhandbuch, das einer Baustellenordnung entspricht und später auch Vertragsbestandteil für die ausführenden Unternehmen wird.

Folgende Leistungen sollten einfließen:

- Beschreibung der Organisation der Zugangskontrolle und der Lieferungen
- Planung der Umzäunung nach Sicherheits- und Logistikaspekten

- Ausweisung von Lade- und Lagerflächen
- Für Lieferungen werden externe Pufferzonen gesucht und ausgewiesen
- System der Personenkontrolle wird geplant
- Fluchtwege und Maßnahmen zu deren Freihaltung werden konzipiert
- Baustellenbewachung wird geplant
- Entsorgung wird mit den Zielen der verbesserten Außendarstellung, der optimierten Ökologie (Trennung der Abfallarten) und Ökonomie (zentrale und effektive Transporte), aber auch der hohen Arbeitssicherheit und Brandschutzgewährleistung sowie der effizienteren Platzausnutzung organisiert
- Alle Flächen und Bewegungen werden geplant
- Ausschreibungsunterlagen für die im Vorfeld definierten baulogistischen Leistungen inklusive Kostenaufstellung werden erstellt.

10.2.8 Vorbereitung und Mitwirkung bei der Vergabe

10.2.8.1 Leistungsbeschreibung funktional oder detailliert?

Funktionalbeschreibungen als Form der Ausschreibung stellen eine Möglichkeit dar, einen Wettbewerb zur Abgabe eines Angebots zu realisieren, sind in der kommunalen Wasserversorgung Deutschlands aber eher selten. Funktionalausschreibungen basieren auf einer Beschreibung der Rahmenbedingungen und der Zielgrößen sowie einer Festlegung der zu realisierenden Standards. Der Bieter ist dann in größerem Umfang für die planerische Gestaltung der Anlage verantwortlich und sucht nach Möglichkeiten, die Aufgabe mit den „günstigsten Mitteln" zu erfüllen, die die Funktionalausschreibung zulässt. Die Einflussmöglichkeiten des Auftraggebers auf die Qualität und die Ausführungsart sind beschränkt.

Die Detailausschreibung, als weit häufigere Form der Ausschreibung, nutzt detaillierte Leistungsverzeichnisse (LVs). Viele Ingenieurbüros fertigen nahezu grundsätzlich detaillierte LVs an. Mit der Erstellung des LVs schafft man sich nebenbei die Möglichkeit eines Kostenvoranschlags. Durch den Einsatz von aktuellen Marktpreisen (aus den ständig eingehenden Preisen für die laufenden Projekte) in das aufgestellte, detaillierte LV entsteht eine recht hohe Genauigkeit.

Mit solch einer hohen Kostensicherheit ist dem Auftraggeber ein Mittel an die Hand gegeben, nun die Verwirklichung der geplanten Anlagen durch das Herausgeben der Anfragen auf den Markt zu beginnen.

Das LV ist die wesentliche Vertragsbasis für die spätere Ausführung und Vergütung. Daher wird bei dessen Erstellung eine wesentliche Grundlage dafür gelegt, in welchem Umfang später Nachtragsansprüche durch die ausführenden Unternehmen formuliert und durchgesetzt werden können.

In der Regel wird für die Ausführung von Bauleistungen die VOB Teil B als Vertragsgrundlage vereinbart. Sie stellt eine bewährte Grundlage für die Abwicklung von Bauaufträgen dar, in der sich die Interessen von Auftraggeber und Auftragnehmer ausgewogen widerspiegeln.

Zusätzlich gehören zu einem rechtssicheren Vertrag aber auch sogenannte Objektbezogene Vertragsbedingungen (OVB), in denen alle für die Realisierung wichtigen Rahmendaten festgelegt werden (z. B. Termine, Vertragsstrafen, Versicherungen, erweiterte Ausführungsbestimmungen etc.).

10.2.8.2 Vergaberecht

Wozu dient das Vergaberecht?

- Wirtschaftliche und sparsame Verwendung von Haushaltsmitteln für den Beschaffungsbedarf der öffentlichen Hand
- Durch Gleichbehandlung, Nichtdiskriminierung und Transparenz soll es einen fairen Wettbewerb zwischen den bietenden Unternehmen sichern
- Korruption und Vetternwirtschaft sollen wirksam verhindert werden

Grundsätzlich ist anzumerken, dass die juristisch korrekte Vorbereitung der Vergabe von Bauleistungen einen stetig wachsenden Raum einnimmt. Einerseits wächst unter Wettbewerbsdruck die Bereitschaft von Bewerbern, juristische Mittel einzusetzen. Andererseits wird das Vergaberecht im Kontext der EU-Vorgaben, die in verschiedenen deutschen Gesetzen und Verordnungen Anwendung finden, immer komplexer und überfordert so manchen unerfahrenen Auftraggeber und auch Planer.

Grundsätzlich gilt: Ein geeigneter Planer ist erfahren im Umgang mit den verschiedenen Vergabeverfahren und berät den Auftraggeber bei der Durchführung – eine juristische Beratung kann er im Rahmen seiner Planungsleistung allerdings nicht liefern.

In seiner gesamten Bandbreite ist das europäische und das deutsche Vergaberecht eine hochkomplexe Angelegenheit, sodass sich bereits eine Vielzahl von Rechtsanwaltskanzleien auf dieses Fachgebiet spezialisiert hat.

Die Vorgehensweise bei der Auswahl des richtigen Vergabeverfahrens und bei dessen Durchführung gestaltet sich – sehr vereinfacht dargestellt – nach dem Muster in **Bild 10.4**.

Vorgehen zur Auswahl des Vergabeverfahrens:

1. Auf Basis der aktuellen Ermittlung der voraussichtlichen Netto-Baukosten ist zu entscheiden, ob die Schwellenwerte nach aktueller Vergabeverordnung (§106 GWB Gesetz gegen Wettbewerbsbeschränkungen) überschritten sind. Die aktuelle Ermittlung der voraussichtlichen Netto-Baukosten am Tag der Einleitung des Vergabeverfahrens resultiert in der Regel aus der Kostenberechnung zum Abschluss der Entwurfsplanung oder – wenn diese noch nicht vorliegt – aus der Kostenschätzung zum Abschluss der Vorplanung.
2. Der Auftraggeber muss nach GWB seinen Auftraggeberstatus feststellen (z. B. rein öffentlicher oder privater Auftraggeber, Tätigkeit im Sektorenbereich etc.).
3. Der Auftraggeber prüft, ob und wenn ja, welche interne Vergaberegeln Anwendung finden müssen.
4. In Abhängigkeit der Ergebnisse der Punkte 1 bis 3 ist festzulegen, ob die Sektorenverordnung oder die VOB/A und wenn letztere, welcher Abschnitt, Anwendung finden muss.

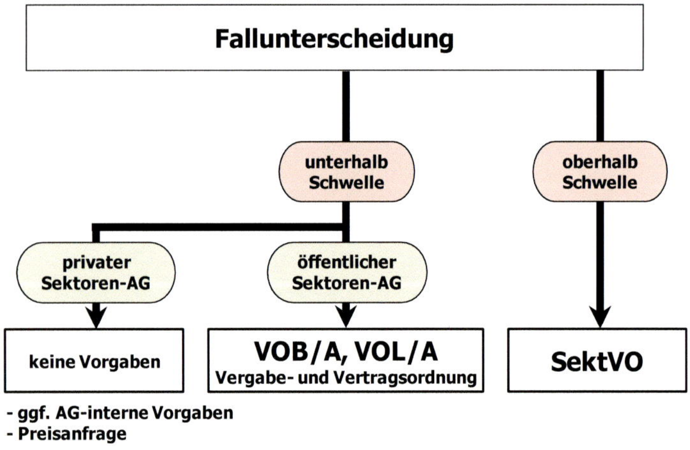

Bild 10.4: Auswahl des Vergabeverfahrens

Wann ist ein Auftraggeber öffentlich?

Die Antwort lässt sich nach Beantworten der folgenden vier Fragen finden:

1. Gibt es einen besonderen Gründungszweck?
2. Liegt eine Tätigkeit im Allgemeininteresse vor?
3. Handelt es sich um eine nichtgewerbliche Tätigkeit?
4. Wird von staatlicher Seite Kontrolle ausgeübt?

Für Vergabeverfahren unterhalb der Schwellenwerte gilt:

Fall A) Wenn keine Anwendung der VOB/A erforderlich ist, werden in der Regel Preisanfragen durchgeführt („Beschränkte Ausschreibung unter Ausschluss der VOB, Teil A"): Ein Leistungsverzeichnis wird dabei einem beschränkten, qualifizierten Bieterkreis mit der Aufforderung zur Erstellung eines Angebots zugestellt. Es erfolgt eine Auswertung durch den Planer und ein Vergabegespräch, das beiden Parteien die Möglichkeit für eine Anpassung des Leistungskatalogs oder des Angebots bietet. Ergänzend zum Leistungsverzeichnis und zum Angebot werden im Auftragsschreiben alle wesentlichen Vertragsbedingungen und Inhalte detailliert festgehalten.

Fall B) Aus Regelungen des Landesrechts resultiert die Pflicht zur Anwendung der VOB/A, Abschnitt 1, der im Detail die Regeln für das Vergabeverfahren festlegt:

1. In der Regel ist „Öffentliche Ausschreibung" vorgeschrieben.
2. Bei Erfüllen bestimmter Ausnahmetatbestände darf eine beschränkte Ausschreibung erfolgen – ggf. nach vorherigem Teilnahmewettbewerb.
3. Äußerst wenige Ausnahmefälle erlauben eine freihändige Vergabe.

Für Vergabeverfahren oberhalb der Schwellenwerte gilt:

In der Regel sind Wasserversorger Sektorenauftraggeber und müssen daher die Sektorenverordnung anwenden. Die Sektorenverordnung legt im Detail die Regeln für das Vergabeverfahren fest. Diese sind den Regeln der VOB/A sehr ähnlich, bieten allerdings etwas mehr Freiheitsgrade hinsichtlich der Anwendung nichtoffener Verfahren. Man unterscheidet

- das offene Verfahren und
- das nicht offene Verfahren sowie
- das Verhandlungsverfahren und
- den wettbewerblichen Dialog.

10.2.8.3 Auswerten der Angebote

Die Auswertung der Angebote hat unter hohen Transparenzanforderungen und unter strikter Vermeidung von Diskriminierung zu erfolgen und kann in folgende, vier Schritte gegliedert werden:

1. In der Regel wird zuerst die Einhaltung der juristischen Form, d. h. der verlangten Garantien, Forderungen und Unterschriften geprüft. Alle angefragten Positionen müssen ausgefüllt werden.
2. Danach folgt eine Eignungsprüfung anhand der Eignungskriterien, wie Fachkunde und Leistungsfähigkeit.
3. Als dritter Schritt wird die rechnerische, technische und wirtschaftliche Korrektheit geprüft.
4. Zuletzt wird anhand der Zuschlagskriterien das wirtschaftlichste Angebot ermittelt.

Nebenangebote und Alternativen: I. d. R. ist es erwünscht, Ideen der Bieter einfließen zu lassen. Allerdings sind sie aus Sicht des Vergaberechts mit besonderem Augenmerk zu bewerten. Um Nebenangebote und Alternativen vergaberechtskonform zuzulassen, muss exakt beschrieben sein, für welche Bereiche bzw. Positionen man diese zulässt, welche Mindestbedingungen diese erfüllen müssen und wie die Auswertung vorgenommen wird. Es dürfen keine Bedingungen gestellt werden, weil diese den Wettbewerb verzerren würden.

Änderungs- und Nebenangebote müssen technisch und wirtschaftlich beurteilt werden. Nebenangebote sind dann schwierig zu handhaben, wenn dessen Inhalte eine andere Ausschreibung beeinflussen. Bei der Ausschreibung von Wasseraufbereitungsanlagen ist eine Teilung der Ausschreibungen in drei Hauptgewerke üblich: Bau, Verfahrenstechnik und Elektrotechnik. Diese Teilung hat zwei wesentliche Gründe: Zum einen laufen Planung und auch Umsetzung dieser Gewerke zeitversetzt. Strebt der Bauherr eine zügige Planung und Umsetzung an, dann hilft diese Dreiteilung sehr. Zum anderen setzen (zumindest in Deutschland) i. d. R. auch verschiedene Firmen diese Gewerke um. Besteht der Wunsch nach einem einzigen Partner auf der ausführenden Seite, dann bleibt entweder ein Generalunternehmer oder eine Bieter-/Arbeitsgemeinschaft. Beides ist mit zusätzlichen Koordinierungsaufwänden und damit -kosten verbunden.

Der Planer erzeugt einen Preisspiegel mittels Auswerteprogramm. Neben dem Angebotspreis kann man auch andere Wertungskriterien einbeziehen. Diese müssen allerdings mit der Angebotsanfrage deutlich kommuniziert werden. Deren Wertung muss allen Bietern klar sein.

Das auswertende Planungsbüro spricht eine Empfehlung zur Beauftragung des wirtschaftlichsten Angebots an den Auftraggeber aus.

§16d Abs. 4 des Teils A der VOB besagt, dass der Zuschlag auf das wirtschaftlichste Angebot erteilt werden soll. Der niedrigste Angebotspreis allein ist nicht entscheidend, sondern zur Ermittlung des besten Preis-Leistungs-Verhältnisses können auch qualitative, umweltbezogene oder soziale Aspekte in die Wertung einbezogen werden.

Die Vergabe der Leistungen kann nach einem Einheitspreis- oder einem Pauschalpreisvertrag geschehen. Ersterer bietet den Vorteil, dass die Vergütung auf den tatsächlich ausgeführten Mengen basiert. Der Pauschalvertrag soll eine Ausnahme bilden und nur entstehen, wenn mit einer Änderung der Ausführung nicht zu rechnen ist. Der Vorteil dabei besteht im Verzicht auf Abrechnungen.

10.2.9 Bauoberleitung und Örtliche Bauüberwachung

Die ausführenden Firmen erstellen Montagepläne, nach denen die Beschaffung der Komponenten erfolgt [7]. Die Kontrolle dieser Zeichnungen und Dokumente durch den Planer muss absichern, dass Fehlentwicklungen frühestmöglich abgewendet werden.

Teil B der VOB hat „Allgemeine Vertragsbedingungen für die Ausführung von Bauleistungen – DIN 1961 (9/2016)" zum Inhalt und ist damit der Leitfaden für die Vertragsgestaltung und die Abwicklung der Bauleistung.

Bauüberwachungsaufgaben lassen sich differenzieren in Bauoberleitung und fachliche Bauüberwachung. Während Erstere weisungsgebend und überprüfend bezüglich des Gesamtvorhabens wirkt, ist die fachliche Bauüberwachung für die Abnahmen und Kontrollen im Detail und speziell je Gewerk zuständig.

Generell sind Bauoberleitung und fachliche Bauüberwachung für die Durchsetzung der Interessen des Auftraggebers verantwortlich und müssen das Zusammenwirken der verschiedenen Firmen organisieren. Dazu dient u. a. eine Terminplanung, die von den realisierenden Firmen strikt einzuhalten ist. Verschiebungen einzelner Vorgänge wirken sich negativ auf den weiteren reibungslosen Ablauf aus. Sie sind insbesondere bei mehreren ausführenden Parteien unbedingt zu vermeiden. Die Vertragsgestaltung bietet die Möglichkeit eines Schadensersatzes bei schuldhaftem Verzug durch den Auftragnehmer. Entdeckte Mängel der Bauausführung müssen zu einer Korrektur des Terminplans führen. Dies gilt ebenso für unvermeidbare Einwirkungen durch Witterung. Daher sind die Terminpläne ständig zu aktualisieren bzw. Konsequenzen für die Organisation zu ziehen.

Tabelle 10.3: Ablauf der Inbetriebnahme

Zeitdauer	Betriebsübernahmeschritte
	Inbetriebnahmeplan
4 Wochen	Montageende
	Antrag auf Erst-Inbetriebnahme
2 Wochen	
mind. 24h	Erst-Inbetriebnahme
	trocken
	nass
	Schulung
1 Woche	Einfahrphase
	Antrag auf Start Probebetrieb, Vorlage Probebetriebsplan
4 Wochen	
4 Wochen	Probebetrieb
8 Tage	Antrag auf Abnahme
	Abnahme
	Endgültige Betriebsübernahme
2-4 Wochen	Optimierungsphase

Für die Planung zeichnet der Planer verantwortlich. Deshalb ist die Überwachung der Realisierung sein ureigenes Interesse und dient der Verwirklichung der Planungsvorgaben sowohl bezüglich der Funktionen als auch der Qualitäten der eingesetzten Materialien. Probleme, die durch Fehler (Zeit-, und Geldmangel, Inkompetenzen) entstehen, können schnell in Streitigkeiten oder Einbußen der Funktionalität der Wasseraufbereitungsanlage münden. Deshalb sind die Fachkompetenz und die Eindeutigkeit der Planungen und Leistungsbeschreibungen von äußerster Wichtigkeit. Im Alltag sind Mängel bei der Bauausführung zu finden, die einen Wasserversorger ohne kompetente Bauleitung überfordern würden.

Bei der örtlichen Bauüberwachung für Bau, Verfahrens- und Elektrotechnik durch das Ingenieurbüro ist zunehmend vor allem die Wertigkeit der Inbetriebnahme zu betonen. Sie stellt durch steigenden regelungstechnischen Aufwand hohe Anforderungen an die Qualität der ausgeführten Arbeiten, insbesondere bei Erweiterung eines bestehenden Werks.

Der Gesamtprozess der Inbetriebnahme führt immer wieder zu Missverständnissen bezüglich Verantwortung und Honorierung. Obwohl das DVGW-Arbeitsblatt W 202, siehe [8], hier eine Klärung versucht, bleiben detaillierte Abläufe unklar. **Tabelle 10.3** zeigt den Versuch, Leistungen des gesamten Inbetriebnahmeprozesses zeitlich zu ordnen. Nach VOB, Teil B hat der Anlagenbauer nach erfolgreichem Probebetrieb den Anspruch auf eine technische Abnahme. Dies ist der Zeitpunkt des Gefahrenübergangs auf den Eigentümer und auch der Beweislastumkehr. Dies ist außerdem der Zeitpunkt, bis zu dem die Bauüberwachung des Ingenieurbüros innerhalb der Honorierung der Bauüberwachung Verantwortung trägt.

Zur Objektüberwachung gehören auch das Mitwirken beim Aufmaß und die Prüfung der Rechnungen. Bei der Abnahme müssen noch einmal geforderte und tatsächlich erbrachte Leistungen miteinander verglichen werden. Mit der Abnahme beginnt der Gewährleistungszeitraum.

Zu diesem Zeitpunkt noch nicht beseitigte Mängel finden sich im Abnahmeprotokoll wieder. Die Beurteilung des Projektverlaufs durch das Planungsbüro ist gefragt, wenn der Auftragnehmer Nachforderungen stellt.

10.3 Planungsbüro für Wasseraufbereitungsanlagen

10.3.1 Projektmanagement

Wie im vorangegangenem Kapitel 10.2 erläutert, laufen Planung, Ausschreibung und Bauüberwachung in vordefinierten HOAI-Leistungsphasen nacheinander ab. Diese Leistungsphasen lassen sich in viele Unterleistungen aufgliedern, deren Abarbeitungsreihenfolge oftmals zwingend ist. Daher kann man die Organisation dieser Bearbeitungsstufe auch klassisch als „Waterfall"-Projektmanagement bezeichnen. Wichtige Management-Werkzeuge sind „Work Flow"-Vorlagen und intelligente Zeitpläne, die die einzelnen Vorgänge in der erforderlichen Abhängigkeit verknüpfen.

Befindet man sich in der Bearbeitung einer Unter-Leistungsphase, verbessert ein „Agil & Lean"-Projektmanagement Effektivität und Zeitbedarf. Dabei wird in kurzen, regelmäßigen Projekttreffen der Bearbeitungsstand abgefragt und in Abhängigkeit davon sowie von der verfügbaren Kapazität werden neue Aufgaben definiert und zugeordnet. Hilfswerkzeuge dafür sind z. B. ein „zentraler Aufgabenmanager", der eine Übersicht gibt, welche Aufgaben bis wann und von wem zu bearbeiten sind.

10.3.1.1 Notwendigkeit

Die Bedeutung des Projektmanagements steigt mit dem Grad der Komplexität von Projekten und der Anzahl der involvierten Akteure in Abhängigkeit von der Projektgröße und der geplanten Umsetzungszeit. Außerdem ist Projektmanagement auch ein wesentlicher Teil der Qualitätssicherung, weil Bearbeitungsprozesse transparenter und nachvollziehbarer werden. Damit werden eine Substitution von Akteuren oder eine Änderung von Projektrandbedingungen leichter umsetzbar.

10.3.1.2 Kommunikation und Dokumentation

Zum Projektmanagement gehören die Kommunikation mit dem Auftraggeber und zwischen anderen an der Planung Beteiligten. Diese geordnet zu führen und zu dokumentieren, ist wesentlich, damit Projektziele effizient erreicht werden können. Hilfreich ist dabei, wenn die anderen an der Planung Beteiligten gleiche Tools und Methoden verwenden. Auf jeden Fall muss das Projektmanagement für alle Kommunikations- und Dokumentationsprozesse den Standard bzw. „kleinsten gemeinsamen Nenner" vorgeben.

10.3.1.3 Kosten- und Zeitmanagement

… sind Teilaufgaben des Projektmanagements. Hier geht es primär darum, möglichst stets den aktuellen Stand des Wissens parat zu haben, also zu dokumentieren. Erst wenn man Ursachen von Kosten- oder Zeitverschiebungen erkennt, kann man darüber nachdenken, diese ggf. zu kompensieren. Dies kann dann fachliche oder organisatorische Maßnahmen nach sich ziehen.

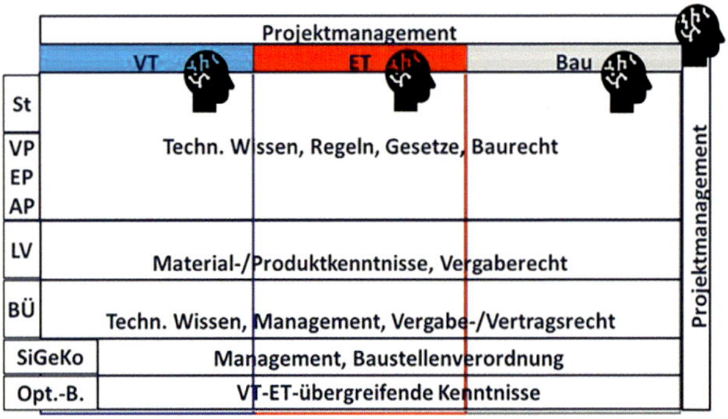

Bild 10.5: Notwendiges Fachwissen in einem Planungsbüro für Wasseraufbereitung, beispielhaft

10.3.2 Kapazität

Die Planung von komplexen Anlagen der Wasseraufbereitung erfordert in verschiedenen Fachgebieten eine Tiefe von Kenntnissen und Erfahrungen, siehe **Bild 10.5** und **Tabelle 10.4**.

Je nach der Aufgabenstellung kann die personelle Ausstattung eines Planungsbüros für seine Eignung von verschiedener Wichtigkeit sein. Grundsätzlich ist es von immensem Vorteil, wenn die erforderlichen Fachgebiete in einem Planungsbüro existent sind und die dafür eingesetzten Fachleute auch über genügend Kenntnisse und Erfahrungen verfügen, alle gefragten Leistungen zu erbringen.

Viele Planungsbüros halten dieses Spektrum an Fachleuten jedoch nicht vor und müssen eigene Leistungen mit denen Dritter kombinieren und koordinieren. Die gemeinsame Optimierung aller Fachgewerke wird durch wirtschaftliche Zwänge der einzelnen Projektbeteiligten stark behindert. Auch wirkt das eigene Profilierungsstreben der Projektbeteiligten gegenüber dem gemeinsamen Auftraggeber einem optimalen Gesamtergebnis entgegen.

Tabelle 10.4: Matrix: Erforderliches Fachwissen eines Planers für Wasseraufbereitungsanlagen und Anwendung in Planungsphasen

<table>
<tr><th colspan="3">Verfahrenstechnik</th><th colspan="4">Elektrotechnik</th><th colspan="4">Bautechnik</th><th>Geotechnik</th></tr>
<tr><th>Prozesstechnik</th><th>Wasserchemie</th><th>Hydraulik</th><th>Leittechnik</th><th>MSR</th><th>Automatisierung</th><th>Mittel- und Niederspannung</th><th>Beton- und Stahlbau</th><th>Holzbau</th><th>Tragwerk</th><th>Architektur</th><th>Standsicherheit</th></tr>
<tr><td colspan="12">Begutachtungen/Studien</td></tr>
<tr><td colspan="12">Planung</td></tr>
<tr><td colspan="12">Ausschreibung</td></tr>
<tr><td colspan="12">Bauüberwachung</td></tr>
<tr><td colspan="9">SiGeKo</td><td></td><td></td><td></td></tr>
<tr><td colspan="6">Optimierungsbetrieb</td><td></td><td></td><td></td><td></td><td></td><td></td></tr>
</table>

10.3.3 Qualifikation und Erfahrung

Der Mix an richtig qualifizierten und erfahrenen Fachexperten macht ein gutes Planungsbüro aus. „Erfahren“ bedeutet in diesem Zusammenhang auch, konstruktiv technische Lösungen erfolgreich umgesetzt zu haben und die Auswirkungen von technischen Veränderungen oder Variationen der Prozessrandbedingungen beurteilen zu können. Wen wundert es, dass es wenige Hochschulabsolventen gibt, die direkt nach ihrem Studium bei einem Planungsbüro arbeiten.

Zunehmend haben Ausschreibende von Planungsleistungen die Wichtigkeit von Erfahrungen erkannt und fragen diese, i. d. R. auch durch Referenzen, ab und ordnen dann diesem Kriterium eine deutliche Punktzahl bei der Bewertung der Angebote/Bieter zu.

Natürlich muss man Erfahrungen nicht persönlich erleben, sondern kann fremde Erfahrungen auch erwerben, z. B. durch Erfahrungsaustausch oder Literaturstudium. Allerdings gibt es dafür keine Belege außer ggf. dem Grad der Qualifikation, der eine gewisse Nutzung fremder Erfahrungen erwarten lässt. Daher kommt es den Ausschreibenden i. d. R. auf einen richtigen Mix aus Qualifikation und Erfahrung an. Und dies spielt auch für Effizienz und Fehlerfreiheit für den Planer eine gewichtige Rolle.

10.3.4 Ökologie und Nachhaltigkeit

Eine schnell zunehmende Bedeutung wird das Fachwissen von Planungsbüros bezüglich ökologischer Aspekte gewinnen. Gerade für die Planung von Wasseraufbereitungsanlagen, wo so verschiedene Gewerke miteinander kombiniert werden müssen, ist die ökologische Bewertung verschiedener konstruktiver Ausbildungen und Materialisierungen sehr komplex.

Einen immer höheren Stellenwert nehmen die Kriterien Energie- und Chemikalienverbrauch ein. Bei beiden stellt sich nicht nur die Frage „wieviel“, sondern auch „woher“ die Energie oder die Chemikalien kommen und wie diese erzeugt wurden.

Zur Ökologie gehört auch das umfassende Thema der Reststoffverwertung. So wird es zunehmend sinnvoll sein, Wasseraufbereitungsprozesse so zu gestalten, dass optimale Mengen und Qualitäten von Reststoffen resultieren, damit diese einer sinnvollen weiteren Nutzung zugeführt werden können.

10.3.5 Digitalisierung

Überall spielt Digitalisierung eine wichtige Rolle, allein schon, um wettbewerbsfähig gut und schnell arbeiten zu können. Im Bereich der Konstruktion ist das aber nicht nur eine Frage der Effektivität. Für Neuplanungen von Wasseraufbereitungsanlagen wird die Zukunftsfähigkeit, dass dem echten späteren Wasserwerk ein digitaler Zwilling zugehört, erwartet. Mit dem digitalen Modell kann man nicht nur die Errichtung, sondern auch Wartung und Instandhaltung planen sowie Prozesssimulationen durchführen.

Eine Besonderheit bei der Planung von Wasseraufbereitungsanlagen ist, dass für die Spezialfelder Hochbau, Tiefbau, Verfahrenstechnik und Elektrotechnik verschiedene Spezialprogramme zur 3D-Konstruktion genutzt werden. Für die Kollisionsprüfung und Gesamtdarstellung ist dann ein Datenaustausch zwischen diesen Programmen erforderlich.

Im Rahmen eines BIM-Projekts (Building Information Modeling) bestehen 3D-Modelle nicht mehr aus Linien, Punkten und Volumenkörpern, sondern aus vorgruppierten Objekten. Diesen können dann Informationen verschiedenster Art zugeordnet werden. So lässt sich als ein Resultat aus dieser Vorgehensweise ein Leistungsverzeichnis aus dem Modell heraus mit Daten beschicken.

10.3.6 Leitsätze für den Planer

Der Planer von Wasseraufbereitungsanlagen trägt ästhetisch-soziale Verantwortung für die Baukultur. Er berät als unabhängiger Treuhänder den Bauherrn bei der Suche nach optimalen Lösungen bezüglich:

- Qualität
- Lebensdauer
- Wirtschaftlichkeit
- Ökologie
- Energieeinsatz

Dazu muss der Planer frei von Lieferinteressen sein. Um neutral die beste Lösung zu finden, darf der Planer kein monetäres Interesse an bestimmten Lösungen haben. Er liefert Know-how – ein geistig kreatives Produkt. Der Planer sucht nach der besten Technik für den jeweiligen Aufbereitungsfall. Das können mit Planungen beauftragte Firmen und solche Ingenieurbüros, die ein eigenes Lieferinteresse haben, nicht. Sie werden immer die von ihnen angebotene Technik vertreten.

Gerade der Überblick über alle Techniken und Technologien erfordert einen hohen Erfahrungsgrad und hohe Qualifikation. Dieses Wissensspektrum kann zu neuen Ideen führen, wenn die verfügbare Technik den gestellten Anforderungen nur unzureichend gerecht wird und Lücken lässt.

Muss das Ingenieurbüro zu nicht auskömmlichen Kosten planen, so leidet zunächst die Qualität und die Qualifizierung des Personals – und dann, langfristig gesehen, der Findungsprozess zur besten Lösung, also das Projekt selbst.

Das Ingenieurbüro organisiert einen Angebotswettbewerb!

Aufbereitungsanlagen von Anfang an ganzheitlich zu optimieren und alle Gewerke in die Optimierung einzubeziehen, erfordert eine „integrale Planung“. Sie entsteht, wenn Experten verschiedener Fachrichtungen zusammen eine Lösung erarbeiten. Im Falle der Planung von Wasseraufbereitungen sind Verfahrenstechniker, Hydrauliker sowie Bau- und Elektroexperten beteiligt. Obwohl die Verfahrenstechnik in der Gesamtplanung dominiert und damit bestimmend für die anderen Gewerke wirkt, sind Rückkopplungen vorhanden und müssen beachtet werden.

Auch der Auftraggeber ist gefordert, indem er die erforderliche Planungszeit und das kompetente Planungsteam einsetzt. Der hierfür am Anfang erforderliche finanzielle und zeitliche Mehraufwand wird durch eine bessere Anlage allemal aufgewogen [9].

Alle Leitsätze sind in gegenseitiger Abhängigkeit zu sehen.

Literatur

[1] DIN 2000, Zentrale Trinkwasserversorgung – Leitsätze für Anforderungen an Trinkwasser, Planung, Bau, Betrieb und Instandhaltung der Versorgungsanlagen, DIN-Normenausschuss Wasserwesen (NAW), Ausgabe Februar 2017

[2] Zweite Verordnung zur Novellierung der Trinkwasserverordnung, Bundesgesetzblatt Teil I Nr. 159, 20.6.2023

[3] Czychowski, M.; Prümm, G.: Wasserrecht Nordrhein-Westfalen. Kommunale Schriften Nr. 16, 10. Auflage, Deutscher Gemeindeverlag Köln, 1998

[4] Haas, R.; Franz, E.: Wirtschaftlichkeitsvergleiche und Qualitätssicherung – eine Grundleistung des Ingenieurs. 12. Trinkwasserkolloquium am 19.02.1998 in Stuttgart, Universität Stuttgart, 1998

[5] DVGW-Arbeitsblatt W 221, Teile 1-4: Rückstände und Nebenprodukte aus Wasseraufbereitungsanlagen. Ausgabe Juli 2014 bis Mai 2023, WVGW-Verlag, Bonn

[6] Klein, H.-P.; Kaiser, H.-P.: HACCP-Methode bei der Wasserversorgung Zürich, Vortrag auf der WHO, 2003

[7] Jung, C.: Outsourcing von Aufgaben des Projektmanagements. Wasserwirtschaft Zeitschrift für Wasser und Umwelt (2000), Nr. 6, S. 272

[8] DVGW-Arbeitsblatt W 202: Technische Regeln Wasseraufbereitung (TRWA) – Planung, Bau, Betrieb und Instandhaltung Anlagen zur Trinkwasseraufbereitung. Ausgabe März 2010, WVGW-Verlag, Bonn

[9] Oesterle, E.; Koenigsdorff, R.: Noch fehlen die Schnittstellen. Vom linearen zum integralen Planen und Bauen. Deutsches IngenieurBlatt (2000), Nr. 6, S. 14

Anhang

Checkliste
Grundlagen zur Planung von Wasseraufbereitungsanlagen

	1. Beurteilung des Standorts
1.1 Recht	• Gesetze und Vorschriften der regionalen/nationalen Behörden • Einstellung der Behörden zur geplanten Maßnahme • Regionalpolitische Aspekte und Tendenzen • Besondere Regelungen (Restriktionen) • Wasserrechte • Recht zur Einleitung von Klarwasser aus Reinigung der Filterrückspülwässer • Schutzzonen • Recht zum Deponieren von Rückständen • Behördliche Bebauungsvorschriften, Bebauungsziffern, Baulinie, Bauhöhe • Sonstige Bauvorschriften und besondere Auflagen • Einschränkungen bei der Verwendung von Chemikalien für Wasseraufbereitung (über UBA-Liste hinaus)
1.2 Lokale Bedingungen	• Art des aufzubereitenden Wassers Grundwasser / Oberflächenwasser/ Brack- oder Meerwasser • Zusammensetzung des Rohwassers – Analysen über zurückliegende Jahre sind erforderlich • Welcher Gefährdung ist das Rohwasser ausgesetzt? • Geologischer Aufbau des Untergrunds • Erdbewegungsgefahr – Erdbeben? • Hochwassergefahr?
1.3 Bodenbeschaffenheit	• Erdbewegungsgefahr: Hanglage – Erdrutsch? • Höhenverhältnisse des Geländes • Gründungsmöglichkeiten (Tiefe + Tragfähigkeit des gewachsenen Bodens) • Zusammensetzung (Bodenstruktur + chem. Verhalten) • Schwierigkeitsgrad der Erdarbeiten (Fels etc.) • Höhe des Grundwasserspiegels • Wasserdurchlässigkeit des Bodens • Bisherige Nutzung – Altlasten?

	1. Beurteilung des Standorts	
1.4 Grenzverlauf		• Geradlinig, rechteckig • Natürliche, unabänderliche Grenzen (Fluss, Berghang, Hauptstraße) • Straßenzufahrt (Lage, Anzahl, verkehrstechnische Gegebenheiten)
1.5 Lage des Standorts		• Geographische Situation (Lage, Verteilung) • Entwicklungsrichtungen • Erreichbarkeit • Industriegebiet? • Gewerbezone? • Platzreserve? • Spätere Zukaufsmöglichkeiten (Vorkaufsrechte, Option) • Eingeschränkte Nutzungsrechte?
1.6 Nachbarn		• Entfernung und Art der Wohnsiedlungen • Entwicklungspläne und Erweiterungsrichtung der Wohnsiedlungen • Zu erwartende ökologische Beeinträchtigungen (Lärm, Rauch, Gas, Geruch, Verkehr)
1.7 Bestand an Anlagen		• Planunterlagen des Bestandes verfügbar • Sind Außerbetriebnahmen möglich? Zu welchem Grad? Wie lange?
1.8 Ökologie	1.8.1 Naturschutz	• Vorschriften für die Erhaltung des Landschaftsbilds • Geforderte Maßnahmen zur Anpassung an das Landschaftsbild
	1.8.2 Gewässerschutz	• Möglichkeiten zur Versickerung oder Einleitung von Klarwasser
	1.8.3 Lärmbekämpfung	• Nationale und regionale Vorschriften für Lärmemission • Vorschriften für Lärmpegel am Arbeitsplatz
	1.8.4 Umweltgefährdung	• Vorschriften für Maßnahmen bei Umweltbelastung bzw. -gefährdung (z. B. Lagerung und Transport wassergefährdender Stoffe) • Erforderliche interne Sicherheitsabstände • Situation im Katastrophenfall

	1. Beurteilung des Standorts	
1.9 Kosten	1.9.1 Einmalige Kosten	• Grundstückspreis, voraussichtliche Wertsteigerung • Erforderliche Erschließungskosten (Straße, Umzäunungen, Anbindungen) • Abräumungskosten • Ablösung von Dienstbarkeiten • Erforderliche Verbesserungen an Zufahrtsstraßen • Landschaftsschutzmaßnahmen • Zeitwert vorhandener Anlagen
	1.9.2 Laufende Kosten	• Laufende Grundstückskosten (Mieten, Steuern, Abgaben) • Strompreis (Arbeitsstrom, Wärmestrom, Nachtstrom, Spitzenbedingungen) • Wasserentnahmegebühr? • Reststoffentsorgung
	1.9.3 Subventionen	... bei der Grundstücksbeschaffung (Zuschuss, zinsfreies Darlehen) ... bei der Erschließung ... für Umweltschutzmaßnahmen ... für Energiesparmaßnahmen ... für Beschaffung neuer Arbeitsplätze ... bei der Abschreibung/ Steuer ... der Investitionen als Wirtschaftsförderungsmaßnahme ... bei Ver- und Entsorgungskosten

	2. Qualitätsanforderungen
2.1 Überwachung	Laborkapazitäten
2.2 Trinkwasser	• Nationale Vorschriften für die Wasserqualität TVO; DVGW, DIN-EN • Beeinträchtigungen im Verteilungsnetz (Aufenthaltszeiten?)
2.3 Brauchwasser	• Nationale und regionale Vorschriften • Weitergehende Qualitätskriterien für die Wasserqualität wie: Temperatur, Korrosionsbedingungen, Geruch, Trübung, Keimfreiheit? • Klarwasser aus der Spülwasserreinigung • Nationale und regionale Vorschriften für die Wasserqualität BSB_5, CSB, NO_X, N, NH_4, Phosphor, AOX • Sind bestimmte Verfahren gefordert: wie Ozon, Ultrafiltration, UV-Behandlung, Aktivkohle?

	3. Quantität Trinkwasser
	• Versorgungs-/Aufbereitungsleistung maximal am Tag Q_{dmax} und maximal je Stunde Q_{hmax} notwendige Speicherung im Netz bzw. in Behältern, Abgabeganglinien vorhanden? • Erweiterbarkeit erforderlich/möglich? • Sicherheitsreserven bei der Dimensionierung = Redundanzen erforderlicher Versorgungsdruck

	4. Ver- und Entsorgung
4.1 Stromversorgung	• Technische Anschlussmöglichkeiten und deren Kosten, mögliche Anschlussleistung • Störungsanfälligkeit (Statistik der vergangenen Jahre) – Notwendigkeit einer Notstromversorgung • Stromliefervertrag
4.2 Technische Gase – z. B. Sauerstoff oder CO_2	• Falls benötigt – ist vorhanden, kann geliefert oder muss selbst erzeugt werden?
4.3 Zusatzstoffe	• Falls benötigt – Bezugsquellen, Versorgungssicherheit, Versorgungsmenge, Lagermenge
4.4 Reststoffe/ Rückstände	• Verwertungs- / Absatzmöglichkeiten • Benutzung von öffentlichen Einrichtungen (Verbrennungsanlagen, Deponien) • Deponiemöglichkeiten für spätere größere Abfallmengen
4.5 Abluft, Abgas	• Nationale und regionale Vorschriften • Empfindlichkeit der Umgebung
4.6 Zuluft	• Durch Landwirtschaft oder Industrie anthropogen beeinträchtigt?
4.7 Abwasser	• Kanalanschluss vorhanden? • Schmutzwassertank vorhanden?

11 Qualitätssicherung in der Wasseraufbereitung

Dr.-Ing. Rudi Winzenbacher

11.1 Einführung

Trinkwasser als das Lebensmittel Nr. 1 bedarf besonderer Her- und Bereitstellungssorgfalt. Es muss dem Verbraucher sowohl in ausreichender Menge als auch in qualitativ einwandfreier Beschaffenheit zur Verfügung gestellt werden. Um diesem hohen Anspruch stets genügen zu können, ist die Etablierung eines Systems zur Qualitätssicherung (QS) notwendig. Dem Produktionsbereich – sprich der Aufbereitung einschließlich der dort eingesetzten Zusatzstoffe – kommt dabei eine wesentliche Bedeutung zu. Ansätze wie das „Technische Sicherheitsmanagement TSM" (auf Basis des DVGW-Arbeitsblattes W 1000 [1]) oder der „Water Safety Plan" der WHO-Guidelines (mit Risikoanalyse nach dem sogenannten HACCP-Konzept[1]) sollen helfen,

- Kontaminationsgefahren zu vermeiden und Schwachstellen zu minimieren,
- effiziente Organisationsstrukturen zu schaffen, die zur Vermeidung von Verfahrens- und Anwendungsfehlern beitragen und einem Organisationsverschulden vorbeugen,
- Prozessabläufe entsprechend dem Stand der Technik aktuell zu halten und weiter zu optimieren sowie

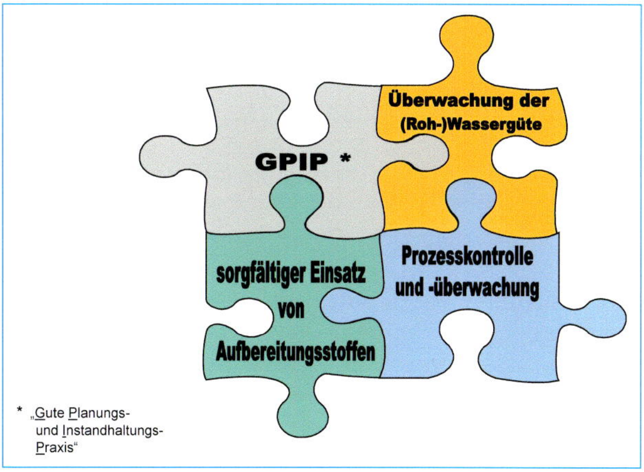

Bild 11.1: Wesentliche Bausteine der Qualitätssicherung (QS) in der Wasseraufbereitung

[1] HACCP = Hazard Analysis and Critical Control Points

- durch Überwachung und Dokumentation eine einfache und schnelle Abklärung beziehungsweise Behebung der Ursachen von Trinkwasserverunreinigungen zu ermöglichen („Rückverfolgbarkeitsprinzip").

In der Trinkwasserverordnung (TrinkwV) [2] sowie in einschlägigen Normen und Regelwerken (z. B. [3]) findet man neben allgemeinen QS-Grundsätzen wie Personalqualifikation, Eigen- und Fremdüberwachung oder Dokumentation immer wieder Verweise auf konkrete QS-Aspekte, die im Rahmen der Aufbereitung zu berücksichtigen sind. Zur Strukturierung können übergeordnet vier wesentliche QS-Bausteine skizziert werden (siehe **Bild 11.1**). Nachfolgend sollen die drei Bausteine „Überwachung der (Roh-)Wassergüte", „Prozesskontrolle" und „Sorgfältiger Einsatz von Aufbereitungsstoffen" präzisiert werden.

11.2 Überwachung der Rohwassergüte

Bereits für die Planung von Aufbereitungsanlagen ist eine ausreichende Kenntnis sowohl der räumlichen (z. B. entlang einer Brunnenreihe, Fließstrecke oder Talsperrentiefe) als auch der zeitlichen Schwankungen der Rohwasserbeschaffenheit notwendig. Dabei zeigen Langzeitverläufe von Wassergüteparametern das wirkliche Ausmaß an zu beherrschenden Belastungssituationen und sind der Angabe von Mittel-, Minimal- und Maximalwerten überlegen. Letztere können allenfalls zusammen mit weiteren statistischen Kenngrößen wie 10- und 90-Perzentilwerten eine bewertbare Informationsverdichtung darstellen. Sofern die vorhandene Datenlage nicht die gesamte Bandbreite der Qualitätsunterschiede (z. B. auch bei Hochwasserereignissen) aufzeigen kann, ist eine Kampagne für detaillierte Rohwassermessungen einzuleiten.

Allgemein verbindliche Vorgaben, auf welche Parameter und mit welcher Häufigkeit überwacht werden soll, gibt es nicht. Dies muss für jeden Anwendungsfall unter Berücksichtigung von behördlichen Nutzungsbewilligungen, einer Gefährdungsanalyse des Rohwassereinzugsgebiets und der Aufbereitungsaufgabe festgelegt werden. Orientierend kann für die Überwachung von Grundwasser, aus [4] beziehungsweise [5] abgeleitet, bei physikalisch-chemischen Parametern eine Messfrequenz von ein- bis sechsmal pro Jahr (je nach anthropogener Beeinflussung) genannt werden. Für sogenannte prioritäre Stoffe (Bewertung gemäß [6]) kann, unabhängig vom Gewässertyp, orientierend eine monatliche Messfrequenz angesetzt werden. Bei Flusswasser ist zu beachten, dass sich bestimmte Wassergüteparameter wie organische Spurenstoffe sehr viel rascher ändern können als etwa bei anthropogen unbeeinflusstem Grundwasser und daher häufiger gemessen werden müssen. Im Idealfall kann bei gut geschützten Grundwässern eine jährlich einmal durchgeführte Rohwasseruntersuchung ausreichen, wobei dann aber alle wesentlichen Inhaltsstoffe erfasst werden müssen.

Neben Rohwasserart beziehungsweise den chemischen und vor allem hygienischen Belastungen sowie deren Häufigkeit ist für die Festlegung eines Rohwassermonitorings noch ein weiterer Aspekt relevant: Es ist zu überlegen, aus welchen Messungen nicht nur Überwachungs-, sondern auch Steuerungsmöglichkeiten für die Aufbereitung abgeleitet werden können. Ziel ist, dass die Aufbereitung stets optimal zur aktuellen Rohwasserbeschaffenheit passend betrieben wird – bei häufig oder rasch auftretenden Qualitätsänderungen ist in dem Kontext die Zweckmäßigkeit von kontinuierlichen Messungen zu sondieren.

11.3 Prozesskontrolle

11.3.1 Kontinuierliche Wassergütemessungen (Online-Messungen)

An allen steuerungs- und qualitätsrelevanten Stellen des Aufbereitungsprozesses sollten möglichst einfache und zuverlässige Online-Wassergütemessungen etabliert werden. Nicht alle kontinuierlich Betriebsmessgeräte sind aber für jeden Punkt der Aufbereitung geeignet. In **Tabelle 11.1** finden sich zu den in der Wasserversorgung gängigen Online-Parametern die typischen Anwendungspunkte (Rohwasser, Trinkwasser, relevante Aufbereitungsverfahren). Während die Trübung (Messung einer Lichtstreuung) beispielsweise über einen weiten Feststoffgehalt zuverlässig bestimmt werden kann, liefert die Partikelzählung (Messung von einzelnen Laserlichtabschattungssignalen) nur bei relativ niedrigen Feststoffkonzentrationen brauchbare Werte. Bei höheren Feststoffkonzentrationen (Trübung oberhalb ca. 1 bis 2 FNU) kommt es zunehmend zu Koinzidenzfehlern, d. h. zwei oder mehrere Partikel werden fälschlicherweise als ein einzelnes größeres Partikel gezählt. Außerdem nimmt dann, bedingt durch die sehr kleinen Abmessungen der Partikelmesszelle, die Verstopfungsgefahr zu, was nicht nur zu Fehlmessungen, sondern auch zu relativ hohem Wartungsaufwand führt. Bei Trübungen nahe der Nachweisgrenze (< ca. 0,05 FNU) ist die Partikelzählung der Trübungsmessung wiederum überlegen, da sie auch wenige und kleinste Teilchen bis zu 1 µm Durchmesser erfassen kann.

Die in Tabelle 11.1 aufgeführte Durchflusszytometrie bietet die Möglichkeit zur bakteriologischen Zellzählung quasi in Echtzeit. Sie hat sich in der medizinischen Diagnostik bewährt und findet inzwischen vermehrt auch in der Trinkwasserversorgung Anwendung. Da sie zwischen Totalzellzahl und membranintakter Lebendzellzahl unterscheiden kann, hat sie das Potenzial zur kontinuierlichen Überwachung von Prozessschritten mit membranschädigender Desinfektionswirkung

Tabelle 11.1: Gängige kontinuierliche Qualitätsmessungen (in Anlehnung an [7])

	Parameter	Typische Anwendung
physikalisch	Trübung / FNU	Roh-/Trinkwasser, Flockung, Sedimentation, Filtration, Enteisenung/Entmanganung, Enthärtung, Desinfektion
	UV-Absorption (SAK_{254}) / m^{-1}	Roh-/Trinkwasser, Flockung, Ozonung, Adsorption, Desinfektion
	Färbung (SAK_{436}) / m^{-1}	Rohwasser, Trinkwasser
	elektr. Leitfähigkeit / (µS/cm)	Roh-/Trinkwasser, Enthärtung/Aufhärtung, Membranfiltration (NF, UO)
	Temperatur / °C	Roh-/Trinkwasser
	Sauerstoffgehalt / (mg/L)	Roh-/Trinkwasser, Filtration, Belüftung, Enteisenung / Entmanganung, Ozonung, Nitratentfernung
	Partikelanzahl / mL^{-1}	Trinkwasser, Filtration
	Redoxspannung / mV	Roh-/Trinkwasser, Desinfektion, Enteisenung/ Entmanganung
chemisch	pH-Wert	Roh-/Trinkwasser, Flockung, Enteisenung/ Entmanganung, Enthärtung/Aufhärtung, Nitratentfernung, pH-Einstellung/Entsäuerung
	Eisen, Mangan, Aluminium / (mg/L)	Rohwasser, Flockung, Enteisenung/Entmanganung
	Ozon / (mg/L)	Ozonung, Desinfektion
	Desinfektionsmittel / (mg/L)	Desinfektion, Trinkwasser
mikrobiologisch	Durchflusszytometrie [Zellzahl / mL^{-1}]	?

(z. B. Ozonung). Mikrobiologische Untersuchungen nach TrinkwV kann sie jedoch nicht ersetzen.

Bild 11.2 zeigt den Aufbau einer typischen Wassergütemonitoringstation bestehend aus Messwasserzuführung und mehreren Durchflussmessgeräten. Beim Design ist darauf zu achten, dass das Messwasser repräsentativ entnommen wird. Bei einem Rohr beispielsweise soll die Entnahme relativ mittig und nicht im Wand- beziehungsweise Sohlebereich oder im Scheitelbereich positioniert sein

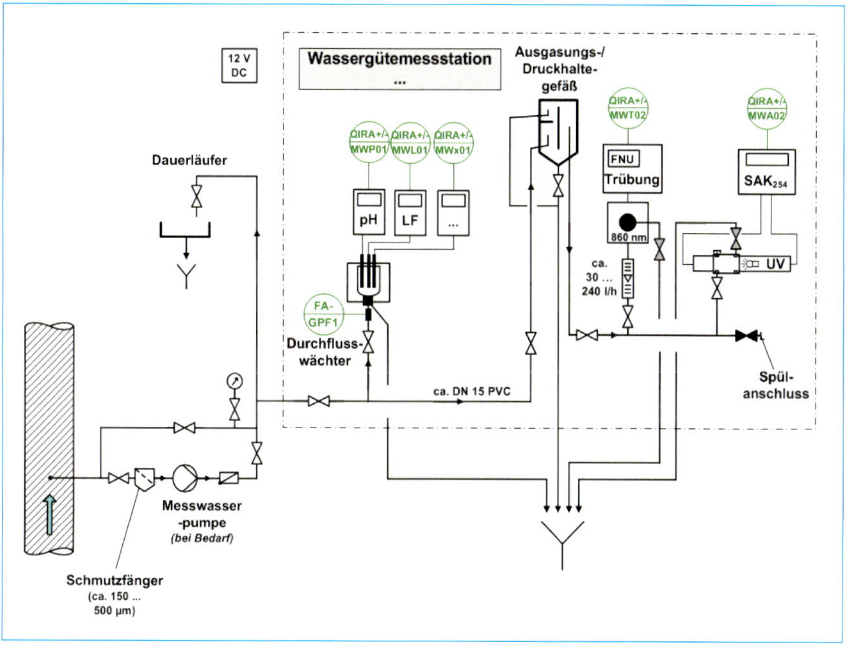

Bild 11.2: Monitoringstation zur kontinuierlichen Wassergüteerfassung

(Störungsgefahr durch Ablagerungen oder Lufteinschluss). Auch muss sichergestellt sein, dass die Wasserbeschaffenheit durch Messwasserpumpen, -zwischenbehälter oder zu lange beziehungsweise zu groß dimensionierte Zuleitungen nicht verfälscht wird. Geräte, deren Messverfahren überwiegend auf physikalischen Prinzipien beruhen, setzen vielfach einen gewissen Mindestdurchfluss voraus. Die Installation eines Strömungswächters kann hier bei der Plausibilitätsprüfung im Rahmen von Fernabfragen helfen. Bei optischen Online-Messsystemen wie für Trübung, UV-Absorption (SAK_{254}) oder Färbung (SAK_{436}) ist ein möglichst konstanter und luftblasenfreier Messwasserstrom besonders wichtig. Dies kann beispielsweise durch Vorschalten eines kleinen Ausgasungsgefäßes, das auf einer definierten Wasserspiegelhöhe installiert ist („Druckhaltewehr"), gewährleistet werden. Die Installation einer einfachen Spülmöglichkeit für Messwasserzuleitung und Durchflussmesszellen schließlich dient der schnellen Beseitigung von Verstopfungen und störenden Ablagerungen.

Die meisten kontinuierlich arbeitenden Messgeräte bestehen aus drei Grundelementen:

- Messwertaufnehmer, auch Geber bezeichnet
- Messwertumformer
- Teil zur Datenauswertung (Erfassung, Speicherung, Verarbeitung) sowie Weiterleitung der Messwerte

Die Messwertaufnehmer können nicht nur als Durchfluss-, sondern auch als Eintauchgeräte (Inline-Sonden) ausgeführt sein. Letztere müssen in luftblasenfreien, gut durchströmten Zonen eines Behälters oder einer Rohrleitung eingebaut werden. Zu Wartungszwecken empfiehlt sich der Einbau in Verbindung mit einer speziellen Wechselarmatur, die die unterbrechungsfreie Entnahme und Wiedereinführung der Inline-Sonde in den Wasserkörper (auch unter Druck) ermöglicht. Für im Durchfluss betriebene Online-Sonden mit optischer Messwertaufnahmefunktion empfehlen sich Geräte mit einer Funktion zur automatischen Messzellenreinigung oder Freistrahlmessgeräte.

Zur Sicherstellung einwandfreier Messwerte erfordern alle Messwertaufnehmer eine regelmäßige fachkundige Wartung und Messwertkontrolle bzw. Kalibrierung (= akkreditierte Feststellung / Dokumentation von Abweichungen anhand Standards). Gegebenenfalls muss eine (Nach-)Justierung erfolgen, sprich eine fachmännische (Neu-)Einstellung etwa des Nullpunkts oder der Empfindlichkeit. Die Zeitabstände für die Gerätekontrollen richten sich nach Maßgabe der Hersteller sowie nach Betriebserfahrungen und sind parameterabhängig. Bei pH-Wert- oder Partikelmessung beispielsweise sollte ein wöchentlicher Kontrollzyklus eingeplant werden. Die pH-Sonde muss sorgfältig auf Ablagerungen überprüft und nach Bedarf gereinigt werden. Sind störende Verkalkungserscheinungen in noch kürzeren Zeitintervallen zu verzeichnen, ist über eine automatische Säuerungsfunktion nachzudenken. Da bei der Partikelzählung die Messergebnisse auf das durchgesetzte Messwasservolumen bezogen werden, muss bei der Gerätekontrolle der Sensordurchfluss überprüft und gegebenenfalls korrigiert werden. Auch die Reinigung der Messzelle ist ein wichtiger Bestandteil der regelmäßigen Wartung. Eine Messwertkontrolle bzw. Kalibrierung des Partikelzählers mittels Standardpartikeln oder Referenzgerät sollte mindestens einmal jährlich vorgenommen werden. Wird dabei eine kritische Abweichung festgestellt, muss herstellerseitig eine Justierung erfolgen. Unter Umständen ist ein Austausch der gealterten Laserlichtdiode erforderlich.

Bei den Messwertumformern und Datenauswertungseinheiten ist zu beachten, dass diese sehr empfindliche elektronische Bauteile enthalten. Sie müssen vor Feuchtigkeit gut geschützt in trockenen Räumen oder in sehr gut abgedichteten Gehäusen eingebaut sein. In Wasserversorgungsanlagen mit hoher Luftfeuchtigkeit bereitet dies oft solche Schwierigkeiten, dass der Einsatz einer kleinen Heizung oder Lufttrocknung nicht zu umgehen ist. Häufig können an einen Messwertumformer beziehungsweise einer Datenauswertungseinheit auch mehrere

Messwertaufnehmer angeschlossen werden. Letzteres ermöglicht den kostengünstigeren Aufbau von Wassergütemessstationen. Dem steht allerdings die Gefahr des gleichzeitigen Ausfalls mehrerer Parameter bei Störung der zentralen Umformer-/Auswerteeinheit gegenüber, was mit dem wirtschaftlichen Vorteil abzuwägen ist.

11.3.2 Überwachungs- und Steuerungsstrategien

Aufbauend auf einem zuverlässigen Wassergütemonitoring sind effiziente Überwachungs- und Steuerungsstrategien ableitbar. Diese können in Form von konventionellen Automatisierungs- und Prozessleittechniken oder durch Arbeiten mit Fuzzy-Logiken („Wenn-Dann"-Regeln) beziehungsweise fortgeschritten – mit Hilfe von künstlicher Intelligenz (KI) etabliert werden.

Als erster Schritt zur Entwicklung einer Kontrollstrategie sind alle kritischen Überwachungspunkte eines Prozesses zu benennen, abgeleitet beispielsweise aus einer Risikoanalyse (→ HACCP, siehe oben). Für die zur Kontrolle dieser Punkte festgelegten Messungen müssen dann Warn- und Eingreifwerte, z. B. im Prozessleitsystem, festgelegt werden. Die im Störfall einer Aufbereitungsstufe – definiert durch das Ansprechen dieser Werte – zu ergreifenden Gegenmaßnahmen sind etwa im Betriebshandbuch zu beschreiben. Dabei ist sowohl das Prinzip der Praktikabilität (sinnvoller Umfang, einfache Anweisungen) als auch das des kontrollierten Störfallhandlings (stets Plausibilitätskontrolle, Treffen bewusster Entscheidung, wiederkehrendes Personaltraining) zu berücksichtigen.

Ein relativ einfaches Beispiel einer HACCP-basierten Prozessüberwachung ist die in **Tabelle 11.2** skizzierte Strategie bei einer UV-Desinfektion. Für jeden kritischen Kontrollpunkt wurde eine Überwachungsmessung beziehungsweise ein Überwachungsprocedere implementiert und das Wann und Wie eines notwendigen Eingriffs definiert. Außerdem wurde die Art und Weise der Dokumentation festgelegt.

Zur Überwachung und Steuerung von Oberflächenwasseraufbereitungsanlagen hat sich die Trübung als ganz wesentlicher Parameter etabliert. Bei Flusswässern wird sie, insbesondere in Hochwassersituationen, vor allem durch mineralische Trübstoffe hervorgerufen, während bei Talsperrenwässern z. B. Algenblüten einen Trübungsanstieg verursachen können. In beiden Fällen nimmt mit steigender Trübung der aufbereitungstechnische Bedarf an Flockungsmitteln in der Regel zu, was als grundlegender Zusammenhang zur Anlagensteuerung genutzt werden kann. Verdeutlicht werden soll dies am Beispiel einer Flockungssedimentationsanlage zur Flusswasservorreinigung (siehe **Bild 11.3**). Die Anlageneffizienz hängt hier vom Zusammenwirken zahlreicher Prozessparameter ab, und die notwendi- 11

Tabelle 11.2: Risikoanalyse und Prozessüberwachung einer UV-Desinfektion

Verfahrensschritt	Gefahr (Hazards)	Überwachte Parameter	CCP's	Toleranz	Überwachung	Maßnahmen	Dokumentation
Trübungsmessung	Wassertrübung	Trübung	CCP 1	0,3 FNU	kont. Trübungsmessung (mit Alarm)	Vorfiltration, Verwurf, Kontrolle durch Meister	kont. Schreiber, Betriebstagebuch
UV-Desinfektion (Bestrahlung)	zu alter Strahler	Strahlungsdauer	CCP 2	max. Brenndauer (z.B. 100.000 h)	Betriebsstundenzähler	Strahler auswechseln	EDV, Betriebstagebuch, Datenblatt
	zu geringe Transmission	Strahlungsintensität	CCP 3	z.B. 80 % (mind. 400 J/m²)	kont. Transmissionsmessung (mit Alarm)	Verwurf, Kontrolle & Behebung durch Meister	EDV, Betriebstagebuch, Datenblatt
	partiell verunreinigter Strahler	Strahlerverschmutzung	CCP 4	mit Auge sichtbare Verunreinigungen	regelmäßige Reinigung (lt.Hersteller)	Strahler wechseln, falls Reinigung nicht möglich	Betriebstagebuch, Datenblatt
	zu hoher Durchfluss	Durchfluss	CCP 5	max. m³/h	z.B. MID (mit Alarm)	Durchfluss vermindern, Abschaltung	kont. Schreiber, Betriebstagebuch

in Anlehnung an A. Auckenthaler:
„Qualitätssicherung in Wasserversorgungen“
Der Hygieneinspektor, 12 (2004)

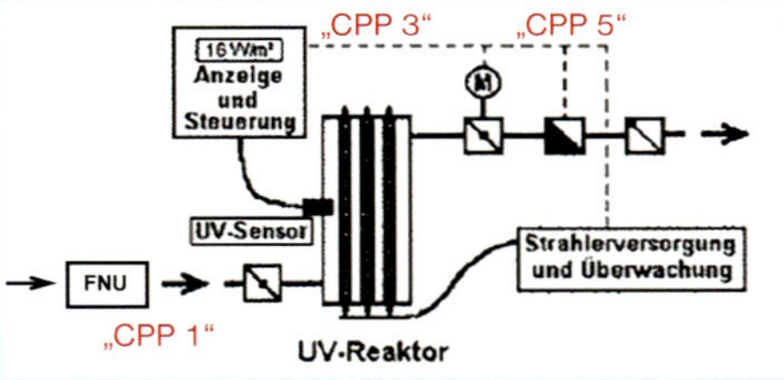

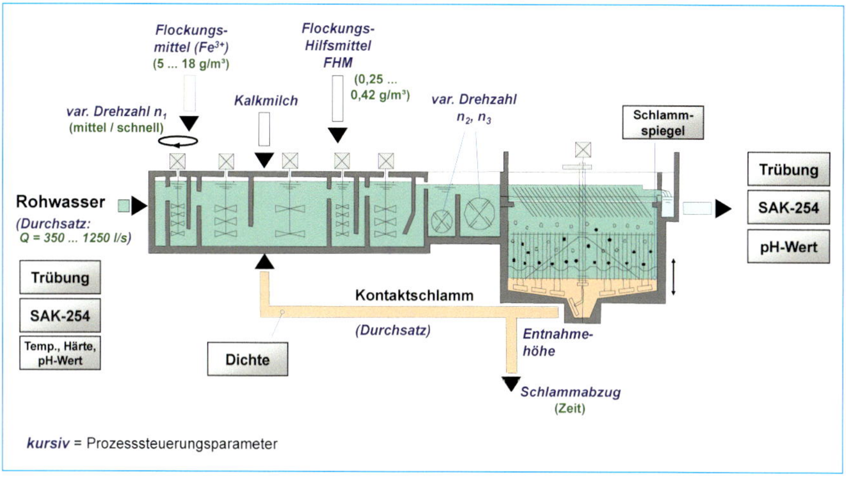

Bild 11.3: Kompaktflockungsanlage zur Flusswasseraufbereitung
(Quelle: Zweckverband Landeswasserversorgung)

ge Zugabemenge an Flockungs- und Flockungshilfsmittel muss laufend an die aktuelle Aufbereitungssituation angepasst werden. Das Fahren der Anlage ist entsprechend anspruchsvoll, kann aber durch ein relativ einfaches mathematisches Abbild der langjährigen Betriebserfahrung (eingestellte Flockungs- bzw. Flockungshilfsmitteldosis in Abhängigkeit von Trübung × SAK_{254} im Rohwasser) erleichtert werden (siehe **Bild 11.4**). Der Leitstandfahrer erhält so Orientierungs-

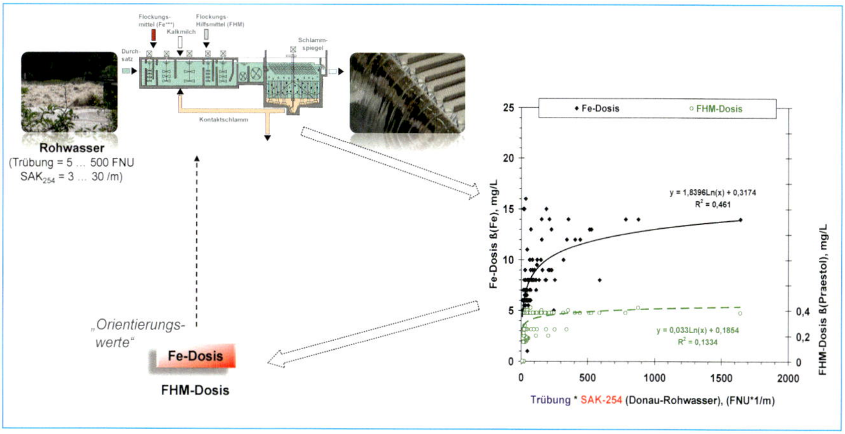

Bild 11.4: Einfaches Prozessabbild zur Steuerung der Flockungssedimentation

werte zur Dosisvorgabe, sollte allerdings die Qualität des Wassers im Ablauf der Anlage im Auge behalten und gegebenenfalls nachjustieren.

Der Nachteil der fehlenden automatischen Rückkopplung des Flockungssedimentationserfolgs bei dieser einfachen Steuerungslösung kann durch Implementierung eines KI-Systems eliminiert werden. Ein entsprechender Ansatz basiert auf der Modellierung mittels künstlicher neuronaler Netze (KNN), welches das Anlagenverhalten aus der Vergangenheit gelernt hat und situationsspezifisch Ablaufwerte prognostizieren kann [8, 9]. Das im IT-System eingebundene Modell erhält vom Leitsystem laufend die aktuellen Online-Daten, simuliert den Prozess mit unterschiedlichen Flockungs(hilfs)mitteldosen und vergleicht alle Prognosen im Hinblick auf das erreichte Aufbereitungsziel. Die mithilfe sogenannter genetischer Optimierungsalgorithmen ausgewählte beste Lösung wird dann an das Leitsystem ausgegeben und bei aktiver Steuerungsautomatik als Dosis-Sollwert übernommen (siehe **Bild 11.5**). Hier muss der Leitstandfahrer nur noch bei außerplanmäßigen Handlungen und Störungen eingreifen.

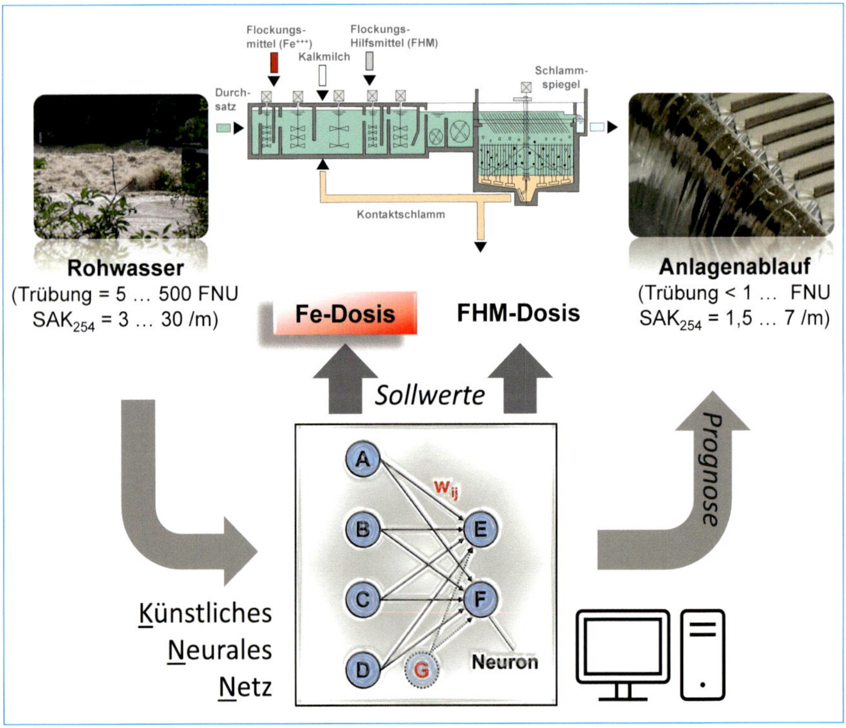

Bild 11.5: KI-Steuerung der Flockungssedimentation

In **Bild 11.6** sind Betriebsphasen mit aktiver intelligenter Anlagensteuerung dargestellt. Es ist ersichtlich, dass die Steuerungslösung nach Anpassung der Software an vorliegende Prozesseigenheiten (z. B. Berücksichtigung der Reaktorverweilzeit) einwandfrei funktioniert – prognostizierte und real erreichte Ablaufwerte stimmen gut überein. Zwar ist das Procedere zur Entwicklung eines solchen KI-gestützten Systems (Zusammenstellung / Auswertung von mehrjährigen Prozessdaten, Modellerstellung und -training, Validierung des Modells, Testphase, Anwendungsphase) relativ aufwendig. Es kann aber zu einem spürbar verminderten Flockungsmittelbedarf bei unverändert hoher Aufbereitungsleistung führen und wirtschaftlich lohnenswert sein [10].

Ein weiterer Anwendungsfall mit Überwachung durch Online-Trübung ist die Schnellfiltration. Beginnende Filterdurchbrüche und erhöhte Trübungen nach Filterspülungen können damit sofort erkannt und die erforderlichen Gegenmaßnahmen rechtzeitig eingeleitet werden. Insbesondere bei der Schnellfiltration im Rahmen von Oberflächenwasseraufbereitungen empfiehlt sich ergänzend eine Online-Partikelzählung. Sie dient nicht nur zur Überwachung, sondern kann auch zur Steuerung hinzugezogen werden, beispielsweise als rückgeführte Regelgröße bei einer Flockungsfiltration. Die Automatisierung einer „gleitenden" Flockungs-

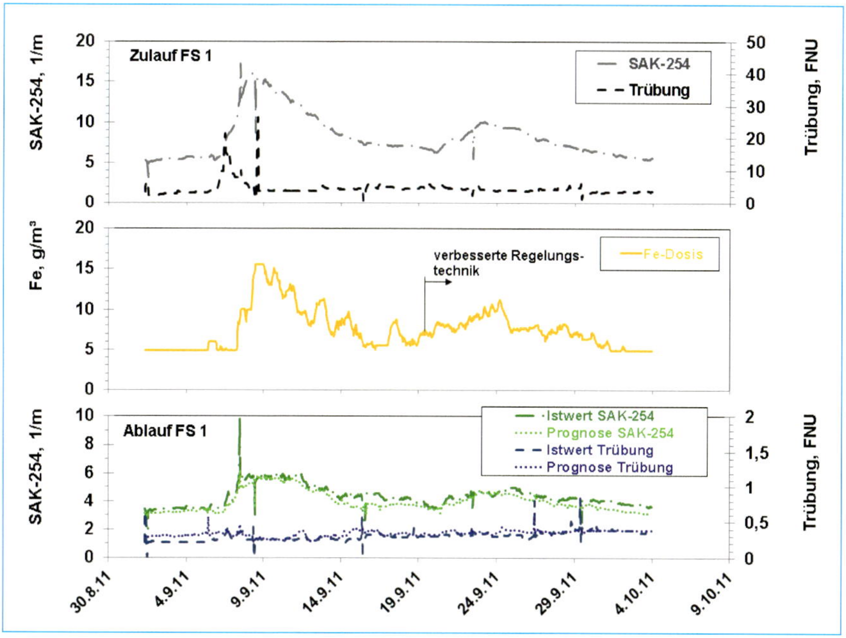

Bild 11.6: Flockungssedimentationsbetrieb mit aktivierter „intelligenter" Steuerung

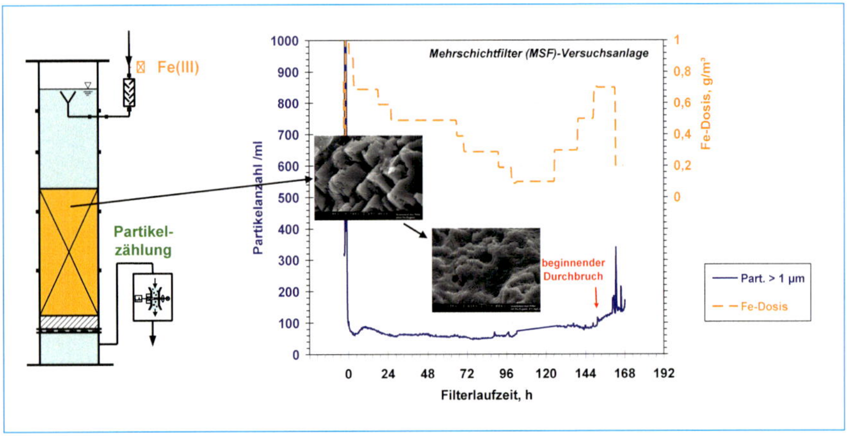

Bild 11.7: Überwachung und Steuerung einer Flockungsfiltration mittels Online-Partikelmessung

mitteldosierung (langsame schrittweise Dosisabsenkung/-anpassung während der Filterlaufzeit) ist damit möglich (siehe **Bild 11.7**). Insgesamt stellt die Partikelzählung zur Optimierung der Filterstufe ein ganz entscheidendes Element dar [11, 12].

11.4 Sorgfältiger Aufbereitungsstoffeinsatz

11.4.1 Allgemeines

11.4.1.1 Grundsätze

Werden Aufbereitungsstoffe eingesetzt, ist besondere Sorgfalt notwendig bei:

- Auswahl und Beschaffung
- Warenannahme
- Kontrolle der Produktqualität
- Dokumentation des „Produktlebenslaufs“

Die daraufhin abzielenden QS-Elemente müssen dazu beitragen, dass mit den eingesetzten Produkten keine Verunreinigungen über das technisch unvermeidbare und gesundheitlich unbedenkliche Maß hinaus in das Wasser eingetragen werden. In dem Zusammenhang sind auch mögliche Kontaminationsquellen im Rahmen der Lieferkette vom Hersteller bis zur Anwendungsstelle zu minimieren.

Bei der Koordination und Durchführung von Auswahl / Beschaffung, Warenannahme usw. ist Fachkompetenz erforderlich. Für den Umgang mit den Aufbereitungsstoffen sind Arbeits- und erforderlichenfalls Betriebsanweisungen zu erstellen, und das zuständige Personal ist einzuweisen und wiederkehrend zu schulen (inkl. Probennahme-Unterweisung). Alle Vorgänge müssen durch geschultes Fachpersonal überwacht werden (beginnend bei der Anlieferung der Aufbereitungsstoffe), das „Mehr-Augen-Prinzip“ sollte zum Tragen kommen.

Hinweise zur praktischen Umsetzung dieser allgemeinen QS-Grundsätze finden sich im DVGW-Arbeitsblatt W 204 [13]. Es gibt dem Wasserversorger eine wichtige Hilfestellung zur Erfüllung seiner Sorgfaltspflicht.

11.4.1.2 Rechtliche Regelungen

Die Forderung einer qualitätsgesicherten Aufbereitungsstoffverwendung ergibt sich aus der TrinkwV. Bereits durch § 7 wird ein generelles Minimierungsgebot für chemische Verunreinigungen im Trinkwasser gemäß den allgemein anerkannten Regeln der Technik (a. a. R. d. T.) ausgesprochen. In § 19 werden allgemeine Anforderungen an die Aufbereitung benannt (z. B. Prüfpflicht für Aufbereitungsstoffe, Minimierungsgebot im Speziellen) und zur weiteren Konkretisierung auf die Liste zulässiger Aufbereitungsstoffe und Desinfektionsverfahren gemäß § 20 verwiesen. In dieser Liste [14] werden Reinheitsanforderungen, Verwendungszweck, zulässige Zugabemengen sowie zulässige Restgehalte respektive Reaktionsprodukte von Aufbereitungsstoffen genau fixiert. In § 22 der TrinkwV wird klargestellt:

„Der Betreiber einer Wasserversorgungsanlage darf Wasser nicht als Trinkwasser abgeben, wenn das Wasser ohne eine Ausnahmegenehmigung nach § 21 Absatz 1 Satz 1 oder Absatz 5 oder nicht entsprechend § 21 Absatz 6 mit Aufbereitungsstoffen oder Desinfektionsverfahren aufbereitet wurde, die nicht in der Bekanntmachung der Liste zulässiger Aufbereitungsstoffe und Desinfektionsverfahren gemäß § 20 [...] aufgeführt sind.“

Eine Zuwiderhandlung stellt nach § 71 sogar eine Straftat dar. In § 25 wird ferner die Aufzeichnungspflicht des Wasserversorgers für die angewandten Aufbereitungsstoffe ausgesprochen.

In der §-20-Liste sind sämtliche zulässigen Aufbereitungsstoffe aufgeführt. Nur diese Stoffe dürfen zur Trinkwasseraufbereitung eingesetzt werden. Vor 2023 eingesetzte und nicht gelistete Ionenaustauscher, Membranen und andere Filtermedien sowie Stoffe für die Bildung von Kristallkeimen des Calciumcarbonats dürfen nur dann weiter eingesetzt werden, wenn die a. a. R. d. T. beachtet werden und die Wirksamkeit durch den Betreiber nachgewiesen werden kann. Die auf Grundlage des Minimierungsgebots spezifizierten zulässigen Zugabemengen für die Aufbereitungsstoffe folgen der 10 %-Regel. Diese besagt, dass durch Aufbereitungsstoffzugabe die Konzentration eines mit einem Grenzwert nach Anlage 2 der TrinkwV versehenen (gesundheitsrelevanten) Parameters um nicht mehr als 10 % seines Grenzwerts erhöht werden darf. Der Grenzwert selbst darf selbstredend nicht überschritten werden. Entscheidend für die zulässige Zugabemenge ist also nicht nur die technische Notwendigkeit, sondern auch der Gehalt an Verunreinigungen im Aufbereitungsstoff. Diesbezüglich wird auf entsprechende europäische Produktnormen verwiesen, gegebenenfalls ergänzt um Detailspezifikationen beziehungsweise weiterführende Anforderungen. In den Produktnormen sind die Gehalte an zulässigen Verunreinigungen und Nebenbestandteilen genau spezifiziert, ebenso Begrenzungen für sogenannte chemische Parameter (ehemals beziehungsweise zum Teil noch als „toxische Substanzen“ bezeichnet).

Trotz der in der TrinkwV beziehungsweise §-20-Liste klar skizzierten Regeln bleiben in der Praxis noch Fragen offen. Während oben genannte Aufzeichnungspflicht genau vorgeschrieben ist (mindestens wöchentlich alle verwendeten Aufbereitungsstoffe sowie ihre Konzentration im Trinkwasser), fehlt für die Prüfung der Aufbereitungsstoffprodukte eine konkrete Aussage zu Art und Umfang (in [13] wird dazu Hilfestellung gegeben). Unsicher ist zum Teil auch, wie sich ein Wasserwerksbetreiber zu verhalten hat, wenn zur Produktion von qualitativ einwandfreiem Trinkwasser die zulässige Zugabemenge im Ausnahmefall überschritten werden muss. Im Zweifel empfiehlt es sich, die zuständigen Überwachungsbehörden respektive das Umweltbundesamt zu kontaktieren.

11.4.2 Auswahl und Beschaffung

Speziell für die Auswahl und Beschaffung von Aufbereitungsstoffen sind in [13] folgende Richtlinien zu finden:

- Im Vorfeld der Beschaffung wird eine verfahrenstechnische Prüfung der Eignung und Wirksamkeit von in Frage kommenden Produkten empfohlen („Prozessverträglichkeit“). Beispielsweise ist bei Verwendung von Flockungs(hilfs)mitteln deren Effizienz eng an den spezifischen Anwendungsfall gekoppelt und nicht oder nur schwer aus Erfahrungswerten abzuleiten. Und auch bei Aktivkohle ist die Adsorptionskapazität für organische Substanzen eine nicht trivial zu erfassende Wirkeigenschaft, die aus der Produktnorm abgelesen werden könnte. Die Durchführung von Labor- und / oder Pilot- beziehungsweise Demonstrationsversuchen ist meist unumgänglich.

- Bei der Auswahl sind Produktzulässigkeit, Gehalt an Verunreinigungen und Nebenbestandteilen, Materialverträglichkeit, ausreichende Lagerbarkeit und Lieferzuverlässigkeit, Reststoffmanagement, Umweltschutzaspekte sowie notwendige Arbeitsschutz- und Sicherheitstechniken zu berücksichtigen. Ferner ist darauf zu achten, dass der Hersteller oder Lieferant des Produkts selbst qualitativ zuverlässig arbeitet und ein entsprechendes QS-System etabliert hat (z. B. nach DIN EN ISO 9001 oder einer gleichwertigen Grundlage zertifiziert ist).

- In der Ausschreibung des Aufbereitungsstoffes ist die Einhaltung der Produktspezifikationen und insbesondere der Reinheitsanforderungen explizit zu fordern. Es sollte schriftlich darauf hingewiesen werden, dass das Produkt entsprechend der §-20-Liste für die Trinkwasseraufbereitung zugelassen sein muss. Leider kommt es immer wieder vor, dass aufgrund von Unkenntnis der Rechtslage oder im schlimmsten Falle wider besseren Wissens nicht trinkwasserkonforme Produkte angeboten werden. Weiterhin sollten Nachweise der Produktqualität (Produktdatenblatt, zertifizierte Chargenanalyse, ausreichend aktuelles Analysenzertifikat plus Konformitätsbescheinigung) sowie der geforderten Zertifizierung des Herstellers / Lieferanten verlangt werden. Die einzuhaltenden Transportbedingungen, das Wareneingangsprocedere und das Verhalten bei Nichterfüllung der Wareneingangskontrolle oder der Produktqualität (z. B. Zurückweisung, Preisminderung usw.) sollten beschrieben werden.

11.4.3 Warenannahme und produktspezifische Prüfung

Für eine ordnungsgemäße Warenannahme ist zu beachten, dass

- eine eindeutige Regelung der Zuständigkeiten und Verantwortlichkeiten der Mitarbeiter getroffen wurde,
- die Anlieferung nur in Behältern stattfindet, die ausschließlich zum Transport des angeforderten Produkts eingesetzt oder vor Anlieferung fachgerecht gereinigt werden (Bestätigung durch Reinigungszertifikat),
- die Anlieferung – sofern für die jeweilige Beschaffung praktikabel – nur in verplombten oder alternativ versiegelten Behältern erfolgt (Sicherstellung der „Transportunversehrtheit“),
- der Fahrer / Beifahrer in der Lage ist, sich mit dem Betriebspersonal vor Ort ausreichend verbal zu verständigen,
- eine exakt festgelegte Wareneingangskontrolle durchgeführt wird und dass

- der Wareneingang dokumentiert wird (gezeichneter Wareneingangskontrollschein usw.).

Die Wareneingangskontrolle umfasst einen formalen Teil und eine produktspezifische Prüfung. Zur formalen Wareneingangskontrolle gehört die Einsicht beziehungsweise Annahme der Lieferdokumente des Fahrers (wie Lieferschein, Speditionsauftrag, Reinigungszertifikat oder GGVSE-Bescheinigung) und die Prüfung der korrekten Produktkennzeichnung, des ordnungsgemäßen Zustands der Verpackung / Verplombung sowie der Identität des Lieferfahrzeugs einschließlich Fahrer. Die produktspezifische Prüfung beinhaltet – in Ergänzung zu den erhaltenen Nachweisdokumenten zur Produktqualität – eine erste, relativ einfache Identifikationsprüfung und die Entnahme von Rückstellproben. Zur Identifikationsprüfung von festen Aufbereitungsstoffen kann beispielsweise die äußere Form und Farbe, der Geruch oder die Rieselfähigkeit des Produkts herangezogen werden. Bei flüssigen Aufbereitungsstoffen kann unter anderem eine Dichtemessung erfolgen (siehe **Tabelle 11.3**). Gelegentlich ist sogar eine zeitnahe Prüfung des Wirkstoffgehalts z. B. in einem Betriebslabor möglich. Eine zeitnahe Laborprüfung ist beispielswiese für eine Natriumchloritlösung durchführbar, bei der in kurzer Zeit der Aktivchlorgehalt titrimetrisch ermittelt werden kann.

Unter Umständen kann eine Probennahme und Identifikationsprüfung bei Anlieferung nicht praktikabel sein (z. B. bei Anlieferung kleinerer Mengen in nicht wiederverschließbaren Gebinden). Die (formale) Warneingangskontrolle sollte dann aber wenigstens einmal im Jahr – oder bei Lieferantenwechsel – durch eine analytische Laborprüfung der Reinheit ergänzt werden (siehe 11.4.4).

Bei nicht bestandener formaler oder produktspezifischer Prüfung beziehungsweise bei sonstigen Auffälligkeiten sollte die Warenannahme zunächst verweigert werden. Der Wasserversorger entscheidet dann in Absprache mit dem Lieferanten über das weitere Vorgehen (z. B. Annahme trotz formaler Unzulänglichkeiten im Falle eines versorgungstechnischen Engpasses).

11.4.4 Ergänzende, produktspezifische Prüfung

Zur Kontrolle der erhaltenen Produktqualität (und der Zuverlässigkeit des Herstellers beziehungsweise Lieferanten) ist die Identifikationsprüfung allein nicht ausreichend. Sie muss durch regelmäßige Stichprobenuntersuchungen mit erweitertem Analysenumfang („regelmäßige analytische Laborprüfung der Reinheit“) ergänzt werden. Vorrangig sind Parameter der einschlägigen Produktnorm zu bestimmen (wichtig: Nebenbestandteile und Verunreinigungen, chemische Parameter / toxische Substanzen), gegebenenfalls auch zusätzlich vereinbarte Qualitätsmerkmale.

Tabelle 11.3: Ausgewählte Möglichkeiten für eine Identifikationsprüfung bei Anlieferung von Aufbereitungsstoffprodukten (aus [13], dort weitere Auflistungen)

Prüfeigenschaft	Prüfmethode (Beispiele)
A Flüssige Aufbereitungsstoffe	
Äußere Form, Farbe, Geruch	visuelle Begutachtung, geruchliche Abweichung
Dichte	Präzisions-Aräometer, digitales Dichtemessgerät, Abwägen eines bestimmten Volumens, geeigneter Schwimmkörper
pH-Wert	Indikatorpapier/-Stäbchen bzw. elektrometrisch mittels Elektrodenmesskette
Viskosität	Ausflussviskosimeter, ggf. Kapillar- oder Rotationsviskosimeter
Wirkstoffgehalt	vereinfachte Prüfungen / Schnelltests (photometrisch, titrimetrisch, refraktometrisch, Moisture Analyzer)
B Feste Aufbereitungsstoffe	
Äußere Form, Farbe, Geruch	visuelle Begutachtung, geruchliche Abweichung
Schüttdichte	genormter Messzylinder (Schüttvolumen)
Rieselfähigkeit	Rieseltrichter (Schüttkegel)
Feuchtigkeit	Bestimmung des Trockenrückstandes
Wirkstoffgehalt	vereinfachte Prüfungen / Schnelltests (photometrisch, titrimetrisch)

Die für die analytische Laborprüfung beauftragte Untersuchungsstelle muss eine entsprechend dem Analysenumfang ausreichende Qualifikation aufweisen, Beprobungs- und Analysemethoden müssen validiert beziehungsweise akkreditiert sein. Die Untersuchungshäufigkeit ist produktspezifisch und entsprechend der Schwankung der Produktqualität, der Liefermenge, der angewandten Dosis und dem zugeschriebenen Kontaminationspotenzial eines Stoffs festzulegen. In jedem Fall sollte eine analytische Laborprüfung vorgenommen werden bei: Erstanlieferung des Produktes (oder wenn seit fünf Jahren kein Produkt mehr geliefert wurde), Wechsel des Rohstoffs oder der Bezugsquelle vom Hersteller, maßgeblichen Veränderungen im Herstellungsprozess.

Ergeben sich aus der produktspezifischen Prüfung Hinweise, dass die geforderten Produkteigenschaften nicht eingehalten sind oder das angelieferte Produkt ungeeignet ist, muss der Einsatz – bei bestehender gesundheitlicher Gefahr für den Verbraucher – unterbunden werden. Die zuständigen Behörden sind zu informieren und gegebenenfalls zur Festlegung des weiteren Vorgehens miteinzubeziehen.

11.4.5 Dokumentation

Für eine lückenlose Rückverfolgung, z. B. zur Ursachenforschung nach Störungen, ist eine Dokumentation des gesamten betrieblichen Produktlebenslaufs unerlässlich. Bei der Festlegung des Dokumentationsumfangs empfiehlt sich die Vergegenwärtigung des Grundsatzes „Was nicht dokumentiert ist, hat nicht stattgefunden!". Im Wesentlichen sollte die Dokumentation Folgendes beinhalten:

- Ausschreibungs- und Beauftragungsunterlagen
- Produkt- und Sicherheitsdatenblätter
- Zertifikate und Konformitätsbescheinigungen
- Wareneingangskontrollunterlagen (z. B. gegengezeichnete Lieferdokumente, Ergebnisse produktspezifischer Prüfungen, Probenbegleitschein)
- Auffälligkeiten und Unstimmigkeiten

Ferner sollten die wesentlichen Vorgänge im Bereich der Aufbereitungsstoffanwendung (z. B. Produktverbräuche, Wirkstoffkonzentration der Dosierlösungen, Dosiervolumenströme, Aufbereitungsleistung) nachvollzogen werden können.

11.4.6 Erfahrungen aus der Wasserwerkspraxis

In der Praxis der Wareneingangskontrolle hat sich zur Identifikationsprüfung bei flüssigen Aufbereitungsstoffen die Kombination aus optischer Begutachtung und Dichtebestimmung besonders bewährt. Letztere kann beispielswiese mithilfe eines tragbaren digitalen Messgeräts (siehe **Bild 11.8**) erfolgen, das für den Wasserwerksalltag ausreichend robust ist und aufgrund seiner Präzision einen guten Rückschluss auf den Wirkstoffgehalt der Lösung ermöglicht. Es hat sich gezeigt, dass Produktlösungen damit zuverlässig voneinander abgegrenzt werden können (siehe **Tabelle 11.4**) und so die Gefahr einer Verwechslung etwa minimiert ist.

Bei als Granulat angelieferten Aufbereitungsstoffen hat sich zur Identifikationsprüfung die Inspektion der äußeren Form und Farbe in Verbindung mit einem Geruchstests als hilfreich erwiesen. Gerade der Geruchstest ist in seiner Sensitivität nicht zu unterschätzen. So wird über einen Fall berichtet, bei dem sich das Flockungshilfsmittel einer Liefercharge, welche lediglich durch einen stärker stechenden Geruch auffiel, im Aufbereitungsprozess als nahezu wirkungslos erwies [15]. Im Nachgang konnte dies auf eine geringe Restfeuchtigkeit in der Produktverpackung zurückgeführt werden, die zu einer (Vor-)Hydrolyse des

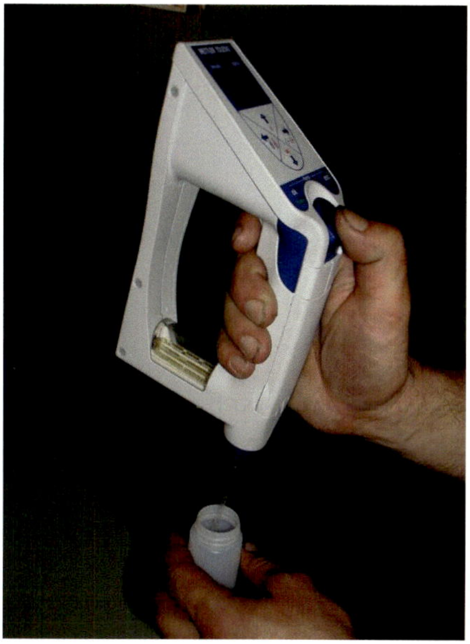

Bild 11.8: Digitales Dichtemessgerät zur Identifikationsprüfung bei flüssigen Aufbereitungsstoffen

Polymers führte. Einige Zeit nach der Hydrolyse werden die wirksamen Polymerketten zerstört, das Produkt wird unlöslicher und es wird Ammoniak freigesetzt.

Tabelle 11.4: Dichtekontrollmessungen bei flüssigen Aufbereitungsstoffen (exemplarisch)

Aufbereitungsstoff	Farbe	Dichtespezifikation g/cm³	Messwerte Proben (n = 30)		
			Min.	Mittel g/cm³	Max.
Eisen(III)-chloridsulfat (41 %ig)	dunkelbraun	1,52	1,527	1,533	1,538
Natriumchlorit (ca. 25 %ig)	farblos bis schwach grünlichgelb	1,214	1,216	1,219	1,222
Wasserstoffperoxid (30-35 %ig)	farblos	1,13	1,128	1,139	1,150
Salzsäure (31 %ig)	farblos bis gelblich	1,15	k.A.	1,156	k.A.
k.A. – keine Angabe					

Die Wichtigkeit der Durchführung einer ergänzenden, regelmäßigen und analytischen Laborprüfung hat sich im Fall eines Chlordioxideinsatzes gezeigt (beschrieben in [15]). Chlordioxid wird vor Ort unter anderem aus Natriumchlorit hergestellt. Die anlässlich eines Lieferantenwechsels durchgeführte Stichprobenuntersuchung der Natriumchloritlösung gemäß Produktnorm (DIN EN 938) hatte hier ergeben, dass sowohl bei Natriumnitrat als auch bei Nickel die Spezifikation überschritten wurde. Formale Wareneingangskontrolle, Identifikationsprüfung und herstellerseitige Produktanalysen waren dagegen einwandfrei. Eine erneute analytische Laborprüfung in einer nachfolgenden Charge zeigte, dass das Problem des erhöhten Natriumnitratgehalts immer noch bestand. Letztendlich musste das Produkt über Dritte bezogen werden, um den zulässigen Einsatz entsprechend der §-20-Liste zu ermöglichen und einen Straftatbestand im Sinne von § 71 TrinkwV abzuwenden.

Literatur

[1] DVGW-Arbeitsblatt W 1000: Anforderungen an die Qualifikation und die Organisation von Wasserversorgungsunternehmen. Ausgabe 08/2022, WVGW-Verlag, Bonn

[2] Verordnung über die Qualität von Wasser für den menschlichen Gebrauch (Trinkwasserverordnung – TrinkwV); Zweite Verordnung zur Novellierung der Trinkwasserverordnung vom 20. Juni 2023 (BGBl. 2023 I Nr. 159, S. 2)

[3] DIN 2000: Zentrale Trinkwasserversorgung – Leitsätze für Anforderungen an Trinkwasser, Planung, Bau, Betrieb und Instandhaltung der Versorgungsanlagen – Technische Regel des DVGW. Ausgabe 2017-02

[4] Verordnung zum Schutz des Grundwassers (Grundwasserverordnung – GrwV) vom 9. November 2010 (BGBl. I S. 1513), zuletzt geändert durch Art. 1 der zweiten Verordnung vom 12. Oktober 2022 (BGBl. I S. 1802)

[5] DVGW-Arbeitsblatt W 254: Grundsätze für Rohwasseruntersuchungen. Ausgabe Mai 2021, WVGW-Verlag, Bonn

[6] Richtlinie 2000/60/EG des Europäischen Parlaments und des Rates vom 23. Oktober 2000 zur Schaffung eines Ordnungsrahmens für Maßnahmen der Gemeinschaft im Bereich der Wasserpolitik (Wasserrahmenrichtlinie – WRRL); ABl. vom 22. Dezember 2000, Nr. L 327 S. 1, zuletzt geändert durch Artikel 1 der Richtlinie 2013/39/EU vom 12. August 2013

[7] DVGW-Arbeitsblatt W 645-1: Überwachungs-, Mess-, Steuer und Regeleinrichtungen in Wasserversorgungsanlagen – Teil 1: Messeinrichtungen. Ausgabe Dezember 2007, WVGW-Verlag, Bonn

[8] Mälzer, H.-J. und Strugholtz, S.: Artificial neural networks for cost optimization of coagulation, sedimentation and filtration in drinking water treatment. Water Science & Technology: Water Supply – WSTWS 8.4 (2008), S. 383-388

[9] Strugholtz, S.; Mälzer, H.-J.; Gimbel, R.; Gebhardt, J.; Zach, W.: Künstliche Neuronale Netze in Flockungsprozessen – Kostenoptimierung durch effiziente Steuerung. gwf Wasser – Abwasser 151 (2010), Nr. 3, S. 286-293

[10] Winzenbacher, R.; Gebhardt, J.; Müller, S.: Intelligent process control by use of artificial neural networks and genetic algorithms during treatment of danube water. In: Proceedings of the International Conference of Particle Separation. Advances in Particle Separation – Science, Technology, Practice. Berlin, 18.-20.06.2012

[11] Winzenbacher, R.; Schick, R.; Stabel H.-H.: Fe(III)-unterstützte Filtration (ßFe < 0,1 mg/l) bei der Trinkwasseraufbereitung. gwa 1/2000, S. 20-28

[12] Winzenbacher, R.: Optimierung der Filterstufe einer Flusswasseraufbereitung. energie | wasser-praxis 4/2014, S. 20-24

[13] DVGW-Arbeitsblatt W 204: Aufbereitungsstoffe in der Trinkwasserversorgung – Regeln für Auswahl, Beschaffung und Qualitätssicherung. Ausgabe Juni 2024, WVGW-Verlag, Bonn

[14] Liste zulässiger Aufbereitungsstoffe und Desinfektionsverfahren gemäß § 20 der Trinkwasserverordnung (aktuelle Fassung gemäß Internetseite des Umweltbundesamts www.umweltbundesamt.de)

[15] Winzenbacher, R.: Qualitätssicherung beim Einsatz von Aufbereitungsstoffen in den Wasserwerken der Landeswasserversorgung. Schriftenreihe der Landeswasserversorgung – Heft 28 (LW-Schriftenreihe 2011), S. 42-51

Stichwortverzeichnis

C

D

E

Inserentenverzeichnis